普通高等教育“十一五”系列教材
PUTONG GAODENG JIAOYU SHIYIWU XILIE JIAOCAI （高职高专教育）

DIANCHANG QILUNJI SHEBEI
JI YUNXING

电厂汽轮机设备及运行

主编　王　勇　孙文杰
编写　陈　焰　付妍玉
主审　安敏善

中国电力出版社
CHINA ELECTRIC POWER PRESS

内 容 提 要

本书体现了职业教育的性质、任务和培养目标；符合职业教育的课程教学基本要求和有关岗位资格和技术等级要求；具有思想性、科学性、适合国情的先进性和教学适应性；符合职业教育的规律，具有明显的职业教育特色；符合国家有关部门颁发的技术质量标准。

全书共分七章，主要内容包括汽轮机级的工作原理、多级汽轮机、汽轮机的变工况、汽轮机结构与强度、凝汽设备、汽轮机调节及保护系统、汽轮机运行与事故处理。为了便于学生对所学知识的理解，每章后均有复习思考题及习题。

本书既可以作为学历教育教学用书，也可作为职业资格和岗位技能培训教材。

图书在版编目（CIP）数据

电厂汽轮机设备及运行/王勇，孙文杰主编. —北京：中国电力出版社，2010.2（2024.1 重印）

普通高等教育“十一五”规划教材. 高职高专教育

ISBN 978-7-5083-9892-1

Ⅰ.①电… Ⅱ.①王…②孙… Ⅲ.①火电厂-蒸汽透平-高等学校：技术学校-教材 Ⅳ.①TM621.4

中国版本图书馆 CIP 数据核字（2009）第 237880 号

中国电力出版社出版、发行

（北京市东城区北京站西街 19 号 100005 http：//www.cepp.sgcc.com.cn）

北京盛通印刷股份有限公司印刷

各地新华书店经售

*

2010 年 2 月第一版 2024 年 1 月北京第十次印刷

787 毫米×1092 毫米 16 开本 17.25 印张 419 千字

定价 49.00 元

前　言

本书为普通高等教育“十一五”系列教材（高职高专教育），是根据教育部审定的电力技术类专业主干课程的教学大纲编写而成的，体现了职业教育的性质、任务和培养目标；符合职业教育的课程教学基本要求和有关岗位资格和技术等级要求；具有思想性、科学性、适合国情的先进性和教学适应性；符合职业教育的规律，具有明显的职业教育特色。

全书共分七章，主要内容包括汽轮机级的工作原理、多级汽轮机、汽轮机的变工况、汽轮机结构、凝汽设备、汽轮机调节和汽轮机保护系统、汽轮机运行与事故处理。为了便于学生对所学知识的理解，每章后均有复习思考题及习题。

本书可作为高职高专电力技术类火电厂集控运行和电厂热能动力装置专业的教学用书，也可作为职业资格和岗位技能培训教材。

本书由西安电力高等专科学校王勇和孙文杰主编，其中王勇编写了绪论、第一～三章，孙文杰编写了第四、六章，陈焰编写了第五章，付妍玉编写了第七章。本书由西安热工研究院安敏善主审，主审老师提出了许多宝贵的意见，在此深表谢意！

由于编者水平所限，书中疏漏之处在所难免，恳请广大读者批评指正。

编者

2009 年 12 月

目　　录

绪　论

一、汽轮机在国民经济中的地位

汽轮机又名“蒸汽透平”，是以水蒸气为工质，将热能转变为机械能的高速旋转式原动机。它与其他原动机（如燃气轮机、柴油机等）相比，具有单机功率大、效率高、运转平稳、单位功率制造成本低和使用寿命长等优点，广泛用于常规火电厂和核电站中驱动发电机来生产电能。为保证汽轮机安全经济地进行能量转换，需配置若干附属设备，比如凝汽设备、回热加热设备和调节、保护装置及供油系统等，汽轮机及其附属设备通过管道和阀门连成的整体，称为汽轮机设备。汽轮机与发电机的组合称为汽轮发电机组，全世界由汽轮发电机组发出的电量约占各种形式发电总量的80%左右。汽轮机可以设计成变速运行，用于驱动泵、风机、压气机和船舶螺旋桨等。此外，汽轮机的排汽或中间抽汽可用来满足生产和生活上供热的需要，这种用于热能和电能联合生产的热电式汽轮机，具有更高的经济性，对节约能源和环境保护具有重要意义。所以汽轮机是现代化国家中重要的动力机械设备。

二、汽轮机的发展概述

1883年，瑞典工程师拉伐尔（Laval）创造出世界上第一台轴流式汽轮机，这是一台3.7kW的单级冲动式汽轮机，转速高达2600r/min，相应的圆周速度为475m/s。在这台汽轮机中，拉伐尔解决了等强度轮盘、挠性轴和缩放喷嘴等较为复杂的汽轮机技术问题。

1884～1894年，英国工程师帕森斯（C. A. Parsons）相继创造了轴流式多级反动式汽轮机、辐流式汽轮机和背压式汽轮机。

1900年前后，美国工程师寇蒂斯（Curtis）创造出了复速级单级汽轮机。与此同时，法国工程师拉托（Rateau）和瑞士工程师崔利（Zoelly）分别在拉伐尔的基础上制造出了多级冲动式汽轮机。这样在前后十几年的时间里，已形成了汽轮机的两种基本类型，即多级冲动式和多级反动式汽轮机。

1903～1907年间，出现了热能、电能联合生产的汽轮机，即背压式和调节抽汽式汽轮机以满足其他工业部门对蒸汽的需要。

1920年左右，随着蒸汽动力装置循环的改进，出现了采用回热循环的汽轮机。这种汽轮机的应用提高了装置的循环效率，特别是创造了提高单机功率的条件。所以，此后采用回热循环的汽轮机几乎完全代替了原来的纯凝汽式汽轮机，一直使用到现在。

1925年，出现了第一台中间再热式汽轮机。这种汽轮机的优点是减少了末级的蒸汽湿度，能提高汽轮机的相对内效率和在再热参数选择合适时提高循环效率。

1912年，瑞典的容斯特罗姆兄弟创造了具有两个反向转子的辐流式汽轮机，这种汽轮机的缺点是不能制造成大功率机组。1930年德国西门子公司将辐流式高压级与普通的任何一种轴流式低压级结合起来，制造成一种能应用较高参数的汽轮机。至此，现在所能见到的电站汽轮机主要类型已经基本具备。

自汽轮机产生到现在的一百多年时间里，其发展速度很快，尤其是近几十年发展更加迅速，其发展的主要特点有以下几点。

1. 增大单机功率

世界工业发达国家的汽轮机生产在20世纪60年代已达到500～600MW机组等级水平。1972年瑞士BBC公司制造的1300MW双轴全速汽轮机（24MPa/538℃/538℃、n=3600r/min）在美国投入运行；1976年西德KWU公司制造的单轴半速（n=1500r/min）1300MW饱和蒸汽参数汽轮机投入运行；1982年世界最大1200MW单轴全速汽轮机（24MPa/540℃/540℃）在苏联投入运行。

增大单机功率不仅能迅速发展电力生产，而且能相应减少大功率机组单位功率用的材料、人工等，使单位功率投资成本降低；可提高机组的热经济性，如国产引进型300MW机组的热耗率为8091kJ/kWh，而国产100MW机组的热耗率9252kJ/kWh，前者为后者的87%；可加快电站建设速度，降低电站建设投资和运行费用。

2. 提高蒸汽参数

增大单机功率后适宜采用较高的蒸汽参数。当今世界上300MW以上容量的机组均采用亚临界（16～18MPa）或超临界压力（23～26MPa）的机组，甚至采用压力可达32MPa的超超临界压力的机组。蒸汽初温度多采用535～565℃，即尽量控制在珠光体钢所允许的565℃以下，力求不用或少用奥氏体钢。

3. 采用中间再热

采用中间再热后可降低低压缸末级排汽湿度，减轻末级叶片水蚀程度，为提高初压创造了条件，从而可提高机组内效率、热效率和运行可靠性。

4. 采用燃气—蒸汽联合循环

采用燃气—蒸汽联合循环，可实现能量的梯级利用，大大提高发电装置的热效率，还可解决燃煤发电厂存在的严重环境污染问题，节省大量冷却水，而且投资相对降低，负荷适应性也较好。

5. 提高机组的运行水平

现代大型机组增设和改善了保护、报警和状态监测系统，有的还配置了智能化故障诊断系统，提高了机组运行、维护和检修水平，增强了机组运行的可靠性，并保证了设备的规定使用寿命。

目前世界上生产多级轴流冲动式汽轮机的主要制造企业有美国的通用电气公司（GE）、英国的通用电气公司（GEC）、日本的东芝公司和日立公司、意大利的安莎多公司，以及俄罗斯的列宁格勒金属工厂、哈尔科夫透平发动机厂和乌拉尔透平发动机厂等。制造反动式汽轮机的企业有美国西屋公司（WH）、欧洲ABB公司、日本的三菱、英国帕森斯公司、法国电气机械公司（CMR）公司等。另外，法国的阿尔斯通—大西洋公司（AA），既生产冲动式汽轮机也生产反动式汽轮机。

我国自1955年制造第一台中压6MW汽轮机，以后陆续生产出12、25、50、100、125、200MW和300MW汽轮发电机组。20世纪80年代初又从美国电气公司引进了300MW和600MW机组整套制造技术，经过消化吸收、不断优化，机组的各项技术性能均基本达到国外同类机组的先进水平，已经经历了从中压机组到超临界600MW机组的发展过程，特别是近十几年内汽轮机的较快发展还预示着我国将制造出更大功率等级的汽轮机，逐步赶上世界先进水平。

我国生产汽轮机的主要工厂有上海汽轮机厂、哈尔滨汽轮机厂、东方汽轮机厂，其次有北京重型电机厂、青岛汽轮机厂和武汉汽轮发电机厂等，还有以生产工业汽轮机为主的杭州汽轮机厂和以生产燃气轮机为主的南京汽轮发电机厂等。

三、汽轮机的分类及型号

(一) 汽轮机的分类

汽轮机的用途广泛，类型繁多，可以从不同的角度对汽轮机进行分类。

1. 按工作原理分类

蒸汽在汽轮机中以不同方式进行能量转换，便形成不同工作原理的汽轮机，即冲动式汽轮机和反动式汽轮机。

(1) 冲动式汽轮机。主要由冲动级组成，蒸汽主要在喷嘴叶栅（或静叶栅）中膨胀，在动叶栅中只有少量膨胀。

(2) 反动式汽轮机。主要由反动级组成，蒸汽在喷嘴叶栅（或静叶栅）和动叶栅中都进行膨胀，且膨胀程度相同。现代喷嘴调节的反动式汽轮机，因反动级不能做成部分进汽，故第一级调节级常采用单列冲动级或双列速度级。

2. 按热力特性分类

(1) 凝汽式汽轮机。蒸汽在汽轮机中膨胀做功后，进入高度真空状态下的凝汽器凝结成水。

(2) 背压式汽轮机。汽轮机的排汽压力高于大气压力，直接供热用户使用，无凝汽器。当排汽作为其他中、低压汽轮机的工作蒸汽时，称为前置式汽轮机。

(3) 调整抽汽式汽轮机。从汽轮机中间某几级后抽出一定参数、一定流量的蒸汽（在规定的压力下）对外供热，其余排汽仍排入凝汽器。根据供热需要，有一次调整抽汽和二次调整抽汽之分。

(4) 中间再热汽轮机。蒸汽在汽轮机内膨胀做功过程中被引出，再次加热后返回汽轮机继续膨胀做功。

(5) 多压式汽轮机。汽轮机的进汽不止一个参数，在汽轮机的某中间级前又引入其他来源的蒸汽，与原来的蒸汽混合后共同膨胀做功。

背压式汽轮机和调整抽汽式汽轮机统称为供热式汽轮机，供热式汽轮机还有一种具有调整抽汽的背压式汽轮机，其调整抽汽和排汽分别供给不同的热用户。目前大容量凝汽式汽轮机均采用回热抽汽和中间再热。

3. 按主蒸汽参数分类

进入汽轮机的蒸汽参数是指进汽的压力和温度，汽轮机按不同的压力等级可分为如下几类。

(1) 低压汽轮机：主蒸汽压力小于 1.5MPa。

(2) 中压汽轮机：主蒸汽压力为 2～4MPa。

(3) 高压汽轮机：主蒸汽压力为 6～10MPa。

(4) 超高压汽轮机：主蒸汽压力为 12～14MPa。

(5) 亚临界压力汽轮机：主蒸汽压力为 16～18MPa。

(6) 超临界压力汽轮机：主蒸汽压力大于 22.15MPa。

(7) 超超临界压力汽轮机：主蒸汽压力大于 32MPa。

此外，按汽流方向分类可分为轴流式、辐流式；按用途分类可分为电站汽轮机、工业汽轮机、船用汽轮机；按汽缸数目分类可分为单缸、双缸和多缸汽轮机；按机组转轴数目分类可分为单轴和双轴汽轮机；按工作状况分类可分为固定式和移动式汽轮机等。

（二）国产汽轮机产品型号组成及蒸汽参数表示法

为了便于识别汽轮机的类别，常用一些符号来表示它的基本特性或用途，这些符号称为汽轮机的型号。我国生产的汽轮机所采用的系列标准及型号已经统一，主要由汉语拼音和数字组成。

1. 产品型号组成

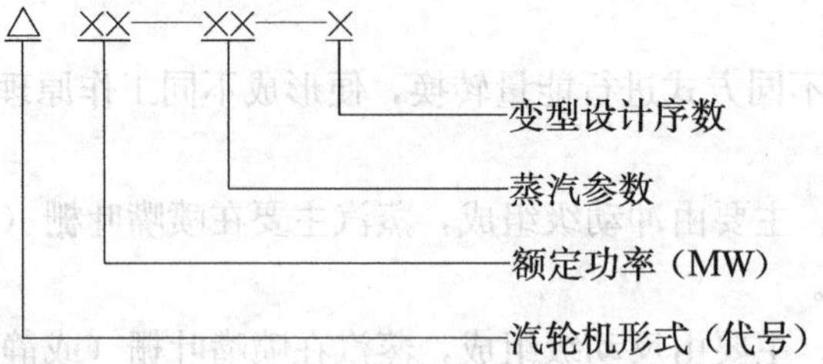

2. 汽轮机型号的汉语拼音代号

汽轮机型号的汉语拼音代号见表 0－1。

表 0－1　汽轮机型号的汉语拼音代号

代号	N	B	C	CC	CB	H	Y
形式	凝汽式	背压式	一次调整抽汽式	二次调整抽汽式	抽汽背压式	船用	移动式

3. 汽轮机型号中蒸汽参数表示法见表 0－2。

表 0－2　汽轮机型号中蒸汽参数表示法

形　式	参数表示方法	示　例
凝汽式	主蒸汽压力/主蒸汽温度	N100－8.83/535
中间再热式	主蒸汽压力/主蒸汽温度/中间再热温度	N300－16.7/535/538
抽汽式	主蒸汽压力/高压抽汽压力/低压抽汽压力	C50－8.83/0.98/0.118
背压式	主蒸汽压力/背压	B50－8.83/0.98
抽汽背压式	主蒸汽压力/抽汽压力/背压	CB25－8.82/0.98/0.118

注　功率单位为 MW；压力单位为 MPa；温度单位为℃。

四、现代汽轮机的结构简介

多级冲动式汽轮机和反动式汽轮机在现代电厂中都获得了广泛应用。这两种类型汽轮机的差异不仅表现在工作原理上，而且还表现在结构上，前者为隔板型，后者为转鼓型。

图 0－1 是东方汽轮机厂生产的 300MW 冲动式多级汽轮机的纵剖面图。虽然汽轮机由很多部件组成，但概括地看，仍分为两大部分，即转动部分和静止部分。转动部分即转子，转子主要由主轴、叶轮、动叶片及联轴器组成。静止部分主要由汽缸、隔板、静叶以及轴承组成。转动部分和静止部分之间的密封是用汽封实现的，它的作用是减少转动表面和静止表面之间的间隙中可漏过的工质流量，以保证汽轮机有较高的效率。在汽轮机内部，凡是有压差而又不希望有大量工质流过的地方都装有汽封，如隔板汽封、叶顶汽封等，在汽缸的两端，转轴穿出汽缸的地方均装有轴封。汽缸的作用是形成一个空间，容纳蒸汽在其中流动和转子在其中旋转，并支持装在汽缸内的其他部分。隔板装在汽缸上，而喷嘴叶栅（静叶）装在隔板上。轴承分支持轴承和推力轴承，支持轴承是用来承受转子的重量及确定转子在汽缸

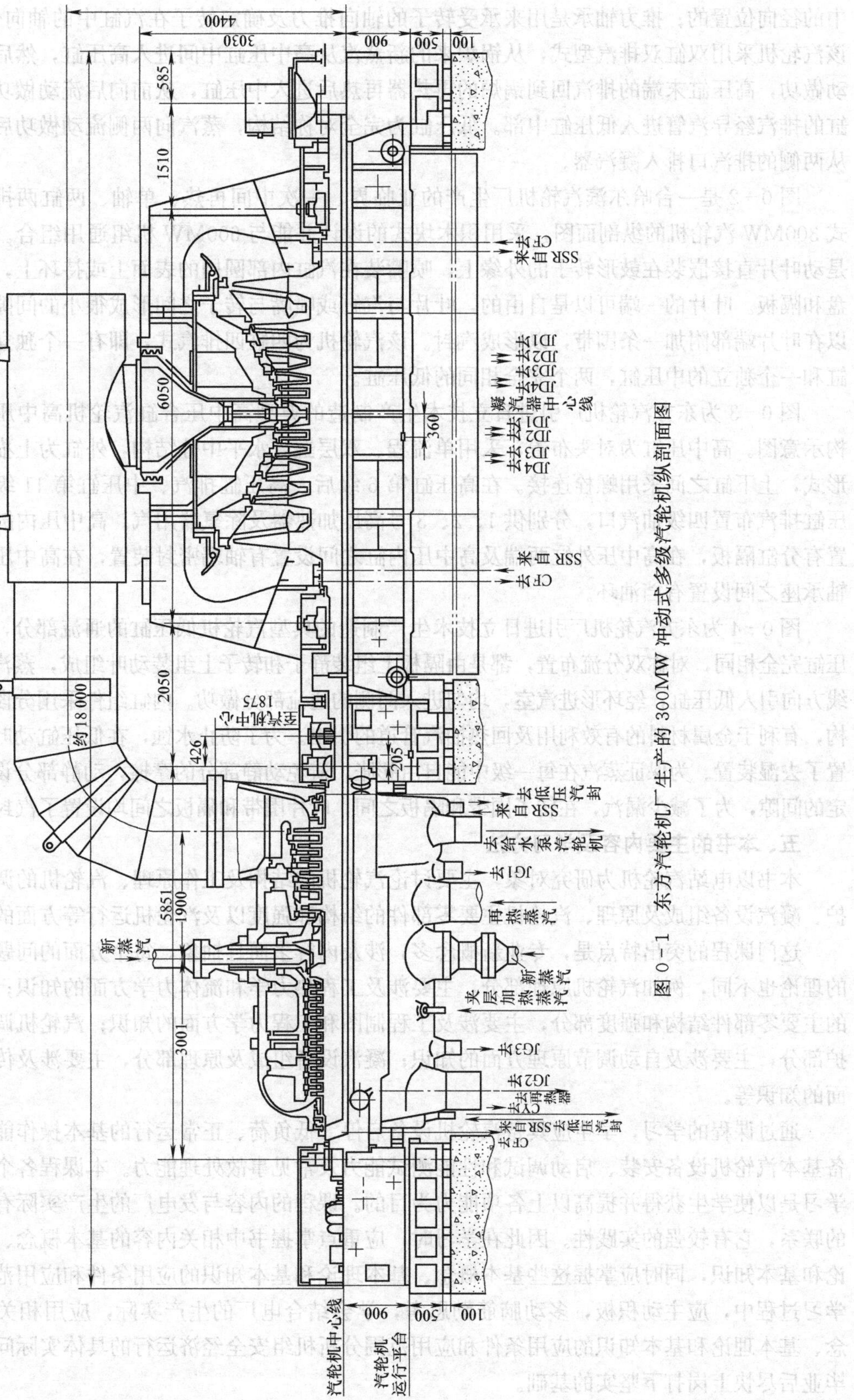

图0－1 东方汽轮机厂生产的300MW冲动式多级汽轮机纵剖面图

中的径向位置的；推力轴承是用来承受转子的轴向推力及确定转子在汽缸中的轴向位置的。该汽轮机采用双缸双排汽型式，从锅炉来的新蒸汽从高中压缸中间进入高压缸，然后逐级流动做功，高压缸末端的排汽回到锅炉的再热器再热后进入中压缸，从前向后流动做功，中压缸的排汽经导汽管进入低压缸中部。低压缸为完全对称结构，蒸汽向两侧流动做功后，乏汽从两侧的排汽口排入凝汽器。

图 0－2 是一台哈尔滨汽轮机厂生产的亚临界、一次中间再热、单轴、两缸两排汽反动式 300MW 汽轮机的纵剖面图，采用积木块式的设计并能与 600MW 机组通用组合。其特点是动叶片直接嵌装在鼓形转子的外缘上，喷嘴装在汽缸内部圆周的表面上或持环上，没有轮盘和隔板。叶片的一端可以是自由的，叶片与汽缸或喷嘴与转子之间形成很小的间隙，也可以在叶片端部附加一条围带，以形成汽封。该汽轮机为四缸四排汽式，即有一个独立的高压缸和一个独立的中压缸，两个完全相同的低压缸。

图 0－3 为东方汽轮机厂引进日立技术生产制造的典型高中压合缸汽轮机高中压部分结构示意图。高中压缸为对头布置，采用单流程、双层缸、水平中分结构，外缸为上猫爪支撑形式，上下缸之间采用螺栓连接。在高压缸第 6 级后、高压缸排汽、中压缸第 11 级后和中压缸排汽布置四级抽汽口，分别供 1、2、3 号高压加热器及除氧器用汽。高中压内缸之间设置有分缸隔板，在高中压外缸两端及高中压内缸之间设置有轴端密封装置，在高中压外缸和轴承座之间设置有挡油环。

图 0－4 为东方汽轮机厂引进日立技术生产制造的典型汽轮机低压缸的通流部分，两个低压缸完全相同，对称双分流布置，都是由隔板上组装静子和转子上组装动叶组成，蒸汽沿中心线方向引入低压缸，经环形进汽室，均匀进入两侧的通流部分做功。内缸组件采用分段组合结构，有利于金属材料的有效利用及回热抽汽管道的引出。为了防止水蚀，在低压缸动叶顶部设置了去湿装置。为保证蒸汽在每一级中能自由膨胀，避免动静部分的摩擦，动静部分设置了一定的间隙，为了减少漏汽，在转子围带和隔板之间，叶片围带和隔板之间均设置了汽封装置。

五、本书的主要内容及学习方法

本书以电站汽轮机为研究对象，主要讨论汽轮机的结构及工作原理、汽轮机的调节和保护、凝汽设备组成及原理、汽轮机主要零部件的结构和强度以及汽轮机运行等方面的内容。

这门课程的突出特点是，专业新概念多，涉及内容多而且抽象，每个方面的问题所依据的理论也不同，例如汽轮机原理部分，主要涉及工程热力学和流体力学方面的知识；汽轮机的主要零部件结构和强度部分，主要涉及工程制图和工程力学方面的知识；汽轮机调节和保护部分，主要涉及自动调节原理方面的知识；凝汽设备组成及原理部分，主要涉及传热学方面的知识等。

通过课程的学习，学生应具备汽轮机设备启停、低负荷、正常运行的基本操作能力，具备基本汽轮机设备安装、启动调试和性能测试能力及常见事故处理能力。本课程各个侧面的学习是以使学生获得并提高以上各项能力为目的。课程的内容与发电厂的生产实际有着密切的联系，它有较强的实践性。因此在学习时，应重点掌握书中相关内容的基本概念、基本理论和基本知识，同时应掌握这些基本概念、基本理论和基本知识的应用条件和应用范围。在学习过程中，应主动积极，多动脑筋勤思考，学会结合电厂的生产实际，应用相关基本概念、基本理论和基本知识的应用条件和应用范围分析机组安全经济运行的具体实际问题，为毕业后尽快上岗打下坚实的基础。

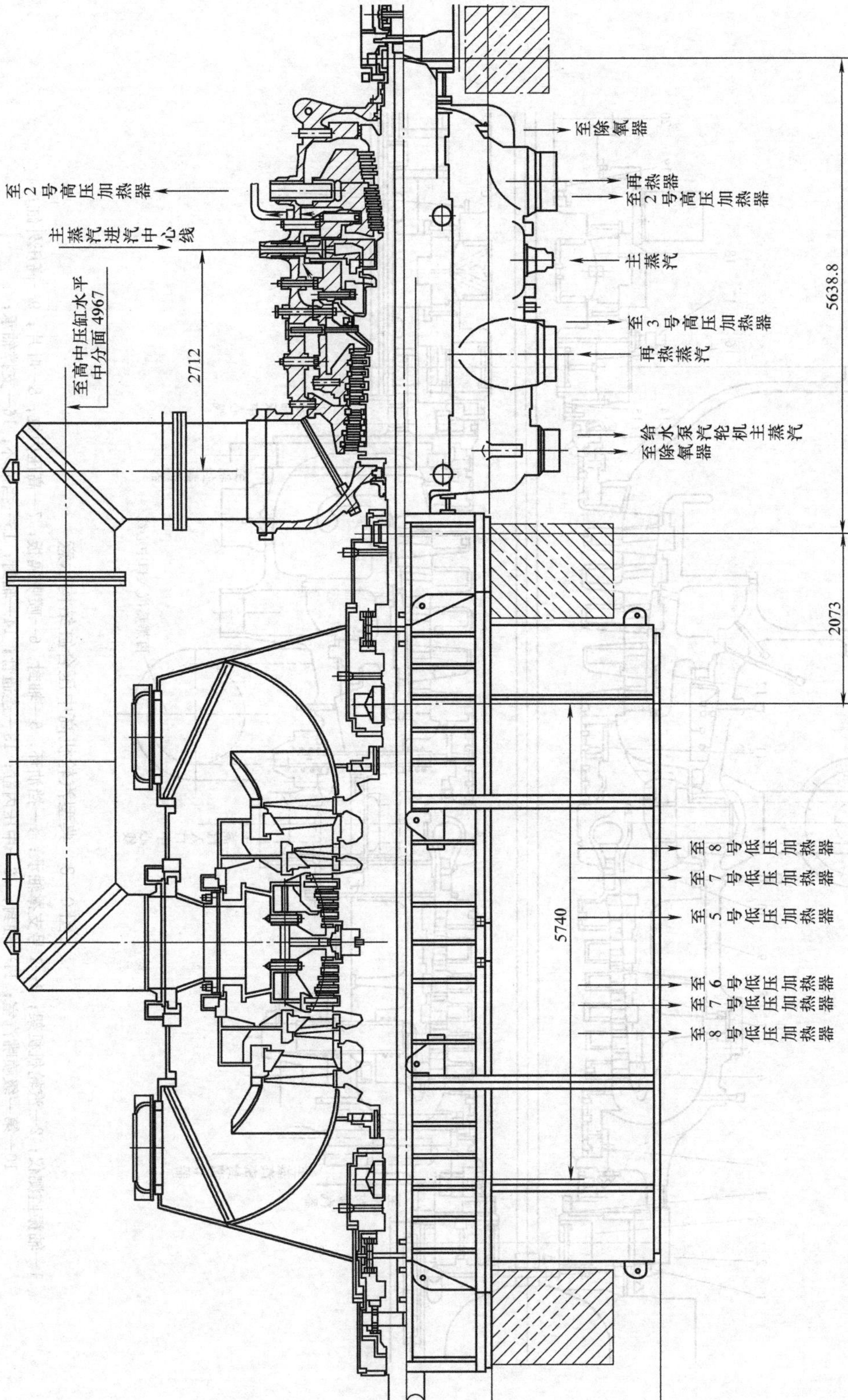

图 0-2 哈尔滨汽轮机厂生产的 300MW 汽轮机纵剖面

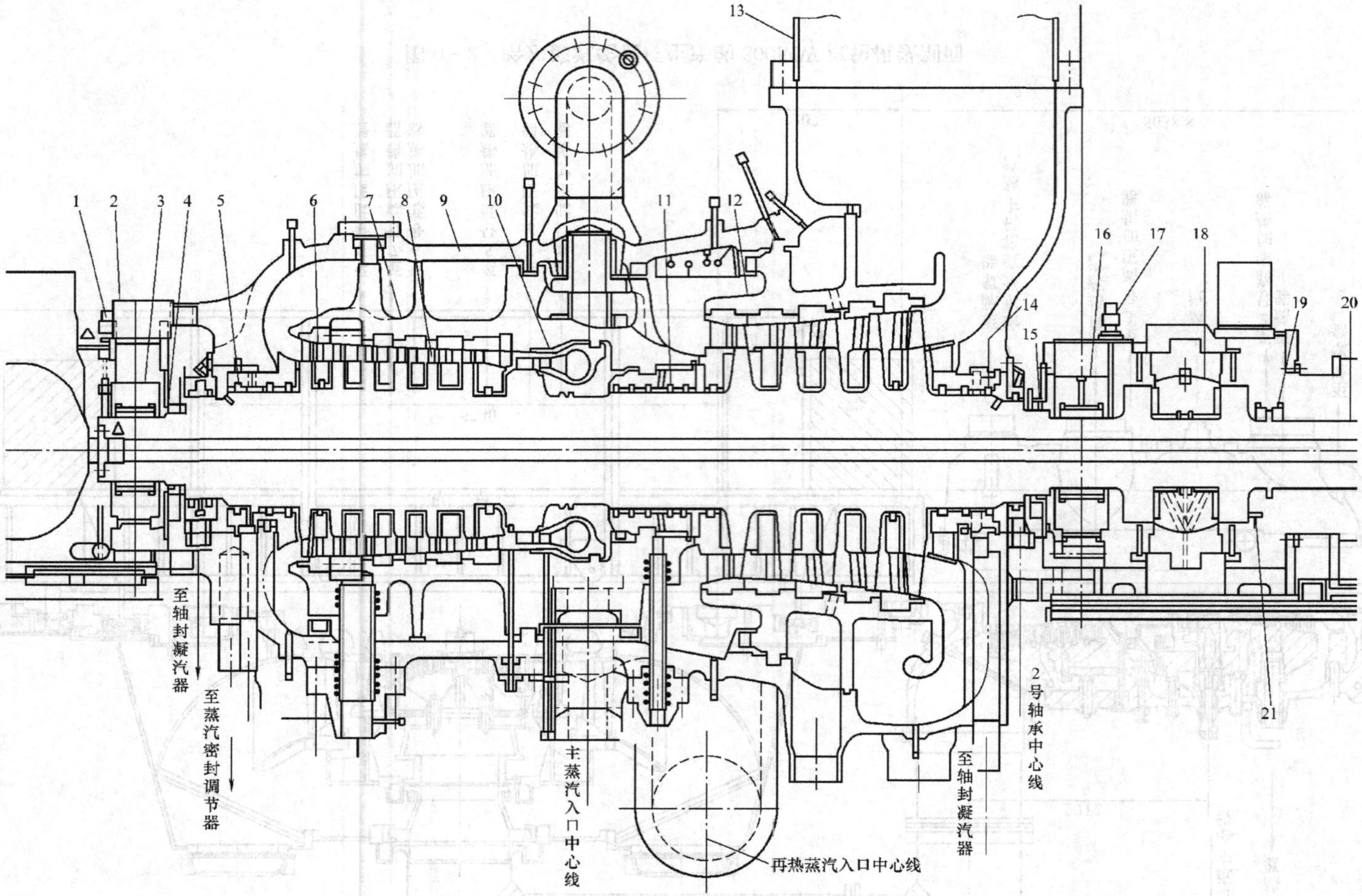

图 0-3　典型汽轮机高中压合缸结构示意

1—轴振监测仪；2—汽轮机机架；3—1 号支撑轴承；4—挡油环；5—轴封；6—喷嘴隔板；7—高压内缸；8—叶片；9—高压外缸；10—第一级喷嘴汽室；11—轴封；12—中压内缸；13—连通管；14—轴封；15—挡油环；16—支撑轴承；17—轴承测振仪；18—推力轴承；19—推力轴承磨损监测器；20—转子；21—轴向位移监测仪

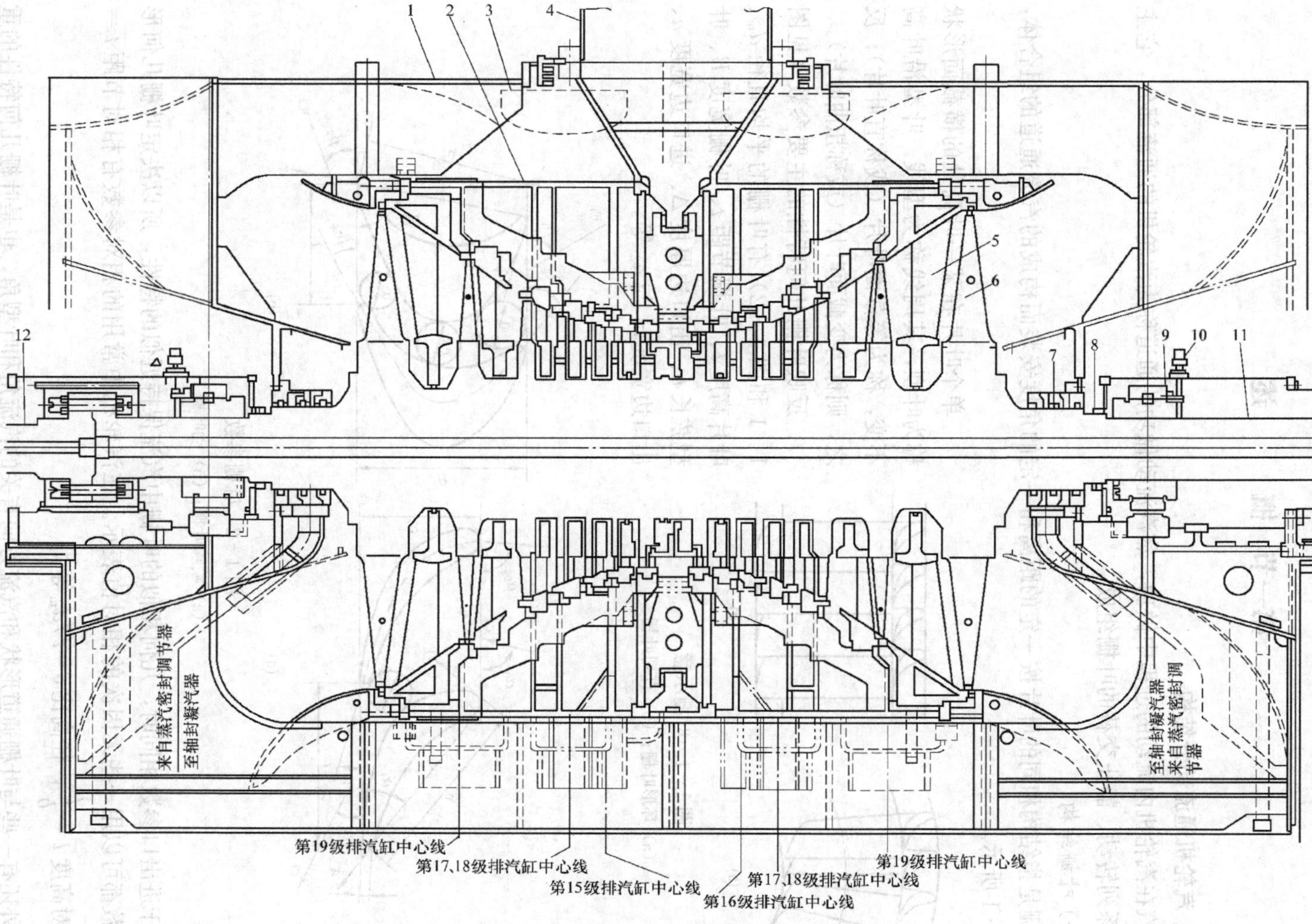

图 0-4　典型汽轮机低压缸的纵剖面图

1—低压外缸；2—低压内缸；3—大气泄放阀；4—连通管；5—喷嘴隔板；6—叶片；7—汽封；8—挡油环；9—轴承座；10—轴振动监测仪；11—低压转子；12—高中压转子

第一章　汽轮机级的工作原理

第一节　概　　述

一、汽轮机通流部分结构

蒸汽在汽轮机内流动的过程中做功，蒸汽流动做功的通道称为汽轮机的通流部分，它主要由一系列转动、静止交替的叶栅组成。

（一）叶栅结构

叶栅是指结构相同的叶片按一定的距离和一定的角度安装而构成的汽流通道的组合体，如图1-1所示。

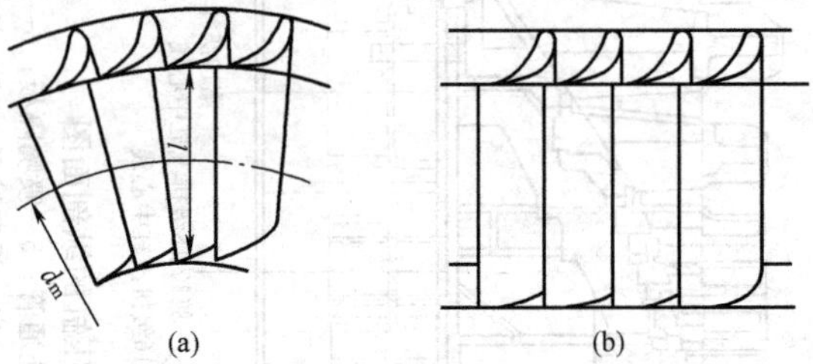

图1-1　叶栅示意

（a）环形叶栅；（b）直列叶栅

单个叶片在某一叶高处的横截面形状称为叶型，其周线称为型线。叶型沿叶高不变，称为等截面叶片（或称直叶片）；反之，则称为变截面叶片（或称扭曲叶片）。

反映叶栅几何特性的主要参数（见图1-1和图1-2）有叶栅的平均直径 d_m、叶片高度 l、叶栅节距 t、叶栅宽度 B、叶型弦长 b、出口边厚度 Δ、进口边宽度 a、出口边宽度 a_1 与 a_2 等。

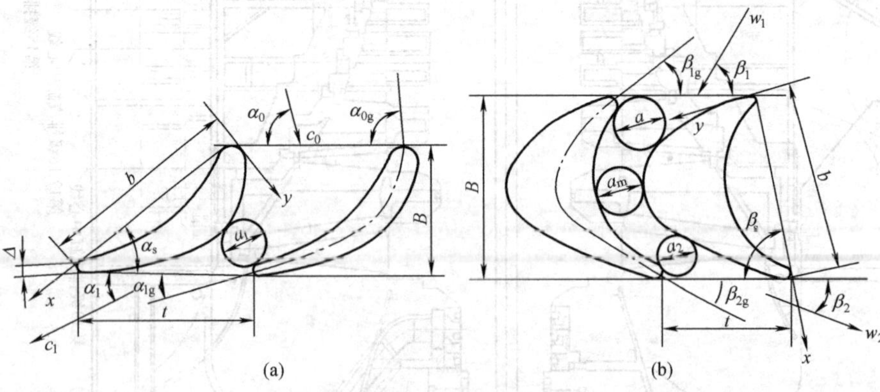

图1-2　叶栅参数

（a）喷嘴叶栅；（b）动叶栅

由于进出口参数相同时，几何相似的叶栅中汽流保持近似的特性，所以决定叶栅几何形状的参数都可以用一些无因次的相对值表示。在汽轮机中常用的相对参数有相对节距 $\bar{t}=\dfrac{t}{b}$，相对高度 $\bar{l}=\dfrac{l}{b}$，径高比 $\theta=\bar{t}/d_m$ 等。

另外还有一些与叶栅通道形状和汽流方向有关的汽流角和叶型角，也是叶栅几何特性的重要参数。图1-2中 α_1 和 β_2 为喷嘴叶栅和动叶栅的出口汽流角；α_0 和 β_1 为进口汽流角；α_s 和 β_s 为叶栅的安装角，它是叶栅额线与弦长之间的夹角，对一定的叶型，安装角直接影响到叶栅汽道的形状和出口汽流角 $\alpha_1(\beta_2)$ 的大小；α_{0g} 和 β_{1g} 为叶型进口角，它是叶型中弧线在前缘点的切线与叶栅前额线之间的夹角，它只随安装角变化，与汽流无关。叶型几何进口角与汽流进口角之差称为汽流冲角，用 δ 表示，当叶型几何进口角大于汽流角时，称为正冲角，反之称为负冲角。

（二）通流部分的构成

在汽轮机中，级是最基本的做功单元，在结构上它是由一列静止的喷嘴叶栅和其后相邻的一列与汽轮机轴一起转动的动叶栅组成。蒸汽的热能转变成机械能的能量转变过程就是在级内进行的。汽轮机从结构上可分为单级汽轮机和多级汽轮机，只有一个级的汽轮机称单级汽轮机，有多个级的汽轮机称多级汽轮机。因此，研究级的工作原理，就掌握了整个汽轮机工作原理的核心。

图 1－3 是单级汽轮机主要部分结构图。动叶按一定的距离和一定的角度安装在叶轮上形成动叶栅，并构成许多相同的蒸汽通道。动叶栅装在叶轮上，与叶轮以及转轴组成汽轮机的转动部分，称为转子。静叶按一定的距离和一定的角度排列形成静叶栅，静叶栅固定不动，构成的蒸汽通道称为喷嘴或静叶栅。

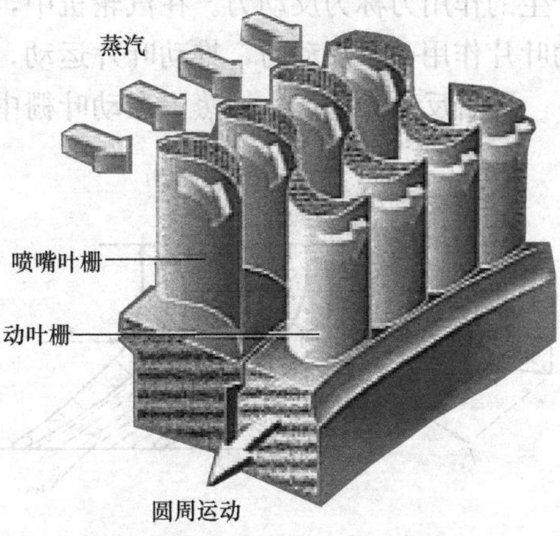

图 1－3 单级汽轮机结构简图

二、蒸汽的冲动作用原理和反动作用原理

高速汽流经过级叶栅时，具有一定压力和温度的蒸汽先在喷嘴中膨胀，蒸汽压力、温度降低，速度增加，使其热能转换成动能，从喷嘴出来的高速汽流，以一定的方向进入动叶通道，在动叶通道中汽流速度改变，对动叶产生一个作用力，推动转子转动，完成动能到机械能的转换。在汽轮机的级中能量的转变是通过冲动作用原理和反动作用原理两种方式实现的。

（一）冲动作用原理

由力学可知，当一运动的物体碰到另一个静止的或速度较低的物体时，就会受到阻碍而改变其速度的大小和方向，同时给阻碍它运动的物体一个作用力，这个力称为冲动力。

在汽轮机中，从喷嘴中流出的高速汽流冲击在汽轮机的动叶上，受到动叶的阻碍，从而改变了其速度的大小和方向，同时汽流给动叶施加了一个冲动力。图 1－4 所示为无膨胀的动叶通道，蒸汽以速度 w_1 进入通道，由于受到动叶的阻碍不断地改变运动方向，最后以速度 w_2 流出动叶，则蒸汽对动叶施加了一个轮周方向的冲动力 F_i，该力对动叶做功使动叶带动转子转动。F_i 的大小主要决定于单位时间内通过动叶通道的蒸汽质量及其速度的变化。蒸汽质量越大，速度变化越大，则冲动力就越大。若在冲动力的作用下，阻碍运动的物体速度改变，则运动物体就做出了机械功。根据能量守恒定律，运动物体动能的变化值就等于其做出的机械功。利用冲动力做功的原理就是冲动作用原理。

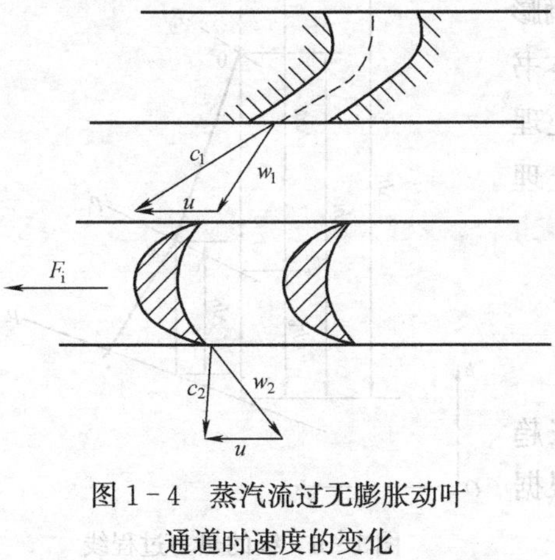

图 1－4 蒸汽流过无膨胀动叶通道时速度的变化

（二）反动作用原理

反动力的产生与冲动力的产生原因不同。反动力是由原来静止或运动速度较小的物体，在离开或通过另一物体时，骤然获得一个较大的速度增加而产生的。例如火箭内燃料燃烧所产生的高压气体以很高的速度从火箭尾部喷出，这时从火箭尾部喷出的高速气流就给火箭一个与气流方向相反的作用力，在这个反作用力的推动下火箭就向上运动。这种由于膨胀加速产生的作用力称为反动力。在汽轮机中，蒸汽在动叶构成的汽道内膨胀加速时，汽流必然对动叶片作用一个反动力，推动叶片运动，做机械功。这就是反动做功原理。

随着反动力的产生，蒸汽在动叶栅中完成了两次能量的转换，首先是蒸汽经动叶通道膨胀，将热能转换成蒸汽流动的动能，同时随着蒸汽的加速，则又给动叶栅一个反动力，推动转子转动，完成动能到机械功的转换。

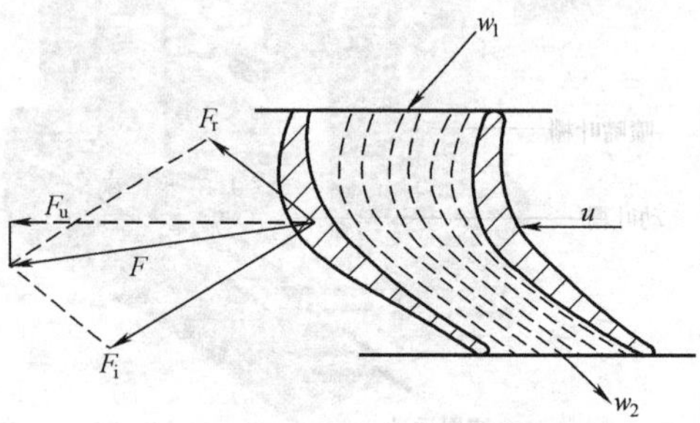

图1-5　蒸汽在动叶通道内膨胀时对动叶的作用力

一般情况下，蒸汽在动叶通道中流动时，一方面给动叶栅一个冲动力 F_i 的作用，另一方面，在动叶栅中继续膨胀，给动叶栅一个反动力 F_r 的作用，这两个力的方向都不与轮周方向一致。两个力的合力 F 作用在动叶栅上，其在轮周方向上的分力 F_u 使动叶栅旋转而产生机械功，如图1-5所示。

三、反动度和级的类型

（一）汽轮机级的反动度

实际汽轮机的级，大多按冲动和反动两种原理做功，为了说明汽轮机级中反动力做功所占的比例，即蒸汽在动叶中膨胀程度的大小，通常用反动度 Ω_m 来衡量蒸汽在动叶栅中膨胀的程度。它等于蒸汽在动叶栅中膨胀时的理想焓降 Δh_b 和蒸汽在整个级中膨胀时的滞止理想焓降 Δh_t^* 之比，即

$$\Omega_m = \frac{\Delta h_b}{\Delta h_t^*} \tag{1-1}$$

蒸汽在级中膨胀的热力过程如图1-6所示。0点是级前的蒸汽状态点，0* 点是汽流等熵滞止到初速等于零的状态点，p_1、p_2 分别为喷嘴出口压力和动叶出口压力。蒸汽从0* 滞止状态点在级内等熵膨胀到 p_2 时的焓（沿用习惯的说法，实际应为比焓，本书中如不加特别说明，焓均指比焓）降 Δh_t^* 为级的滞止理想焓降。按同样的定义 Δh_n^* 为蒸汽在喷嘴中的滞止理想焓降，而 Δh_b 为蒸汽在动叶中的理想焓降。

根据图1-6，式（1-1）又可表示为

$$\Omega_m = \frac{\Delta h_b}{\Delta h_n^* + \Delta h_b'} \approx \frac{\Delta h_b}{\Delta h_n^* + \Delta h_b}$$

因为在 $h-s$ 图上等压线向着熵增方向有扩张趋势，所以 $\Delta h_b'$ 不等于 Δh_b，但可认为 $\Delta h_b \approx \Delta h_b'$。根据式（1-1）又可得到

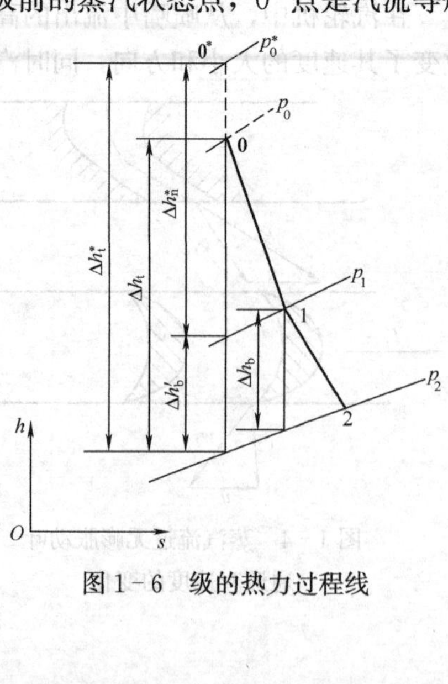

图1-6　级的热力过程线

$$\Delta h_b = \Omega_m \Delta h_t^*, \Delta h_n^* = (1-\Omega_m)\Delta h_t^* \quad (1-2)$$

由式（1－2）可知，Ω_m越大，Δh_b越大，则蒸汽对动叶栅的反动力也越大。

实际上蒸汽参数沿动叶高度是变化的，所以在动叶不同直径截面上的理想焓降是不同的，因此，反动度沿动叶高度亦不相同。用Ω_m表示动叶平均直径截面上的理想焓降所确定的反动度，称为平均反动度。对较短的直叶片级，由于蒸汽参数沿叶高差别不大，所以通常不计反动度沿叶高的变化，均用平均反动度表示级的反动度。对于长叶片级，在计算不同截面时，必须用相应截面的反动度。

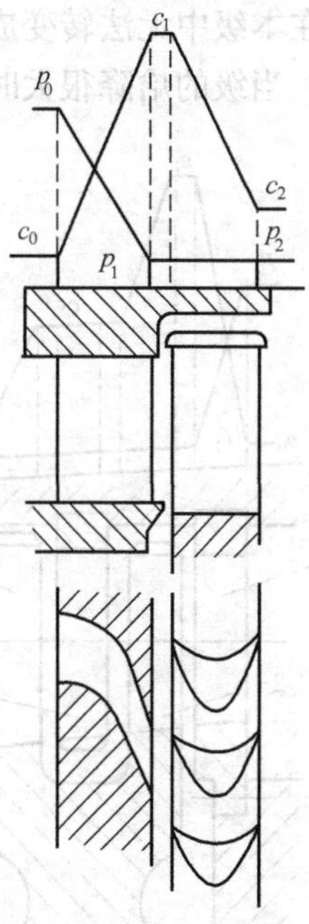

图 1－7 纯冲动级中压力和速度变化示意

（二）汽轮机级的类型及特点

根据蒸汽在级通流部分的流动方向，可将汽轮机级分为轴流式（汽流方向与轴平行）和辐流式（汽流方向和轴垂直）两种。目前电站用汽轮机绝大多数为轴流式。轴流式级通常可分为下列几种。

1. 冲动级和反动级

按蒸汽在动叶通道内膨胀程度的不同，即反动度的大小不同，轴流式级可分为冲动级和反动级。

（1）冲动级。反动度$\Omega_m=0$的级称为纯冲动级，如图 1－7 所示。它的工作特点是蒸汽只在喷嘴叶栅中膨胀，在动叶栅中不膨胀而只改变其流动方向，当不考虑损失时，动叶通道进出口压力相等，相对速度也相等（即$w_1=w_2$），且$\Delta h_b=0$，故$\Delta h_n^*=\Delta h_t^*$。它的结构特点是，动叶叶型几乎为对称弯曲，即动叶通道内各通流截面近似相同。纯冲动级做功能力大，但效率比较低，现代汽轮机均不采用纯冲动级，而是采用带少量反动度（$\Omega_m=0.05\sim0.20$）的冲动级。它的工作特点是蒸汽的膨胀大部分在喷嘴叶栅中进行，只有一小部分在动叶栅中进行，即$p_1>p_2$，$\Delta h_n>\Delta h_b$。蒸汽作用在动叶栅上的力主要是冲动力，还有一小部分是反动力。这种级的做功能力比反动级大，效率比纯冲动级高，所以得到了广泛的应用。

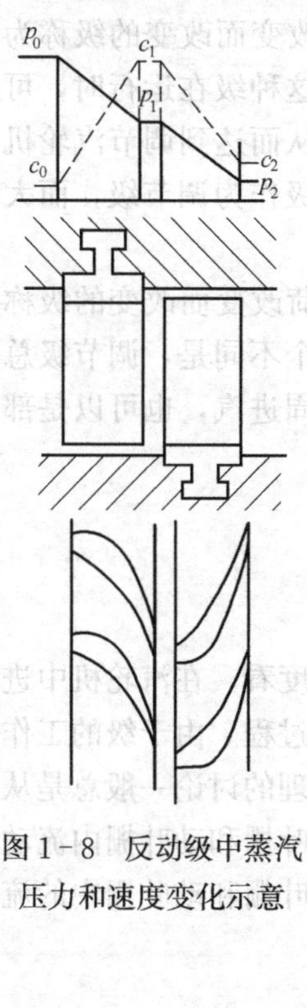

图 1－8 反动级中蒸汽压力和速度变化示意

（2）反动级。反动度$\Omega_m\approx0.5$的级称为反动级。它的工作特点是蒸汽在喷嘴和动叶通道中的膨胀程度相等，即$p_1>p_2$，$\Delta h_n^*\approx\Delta h_b\approx0.5\Delta h_t^*$（因为$c_0^2/2$一般较小）。由于蒸汽在动叶中的膨胀占了整级膨胀的一半，产生的反动力很大，所以在这种级中做功的力基本上冲动力和反动力各占一半。这种级的结构特点是动叶叶型与喷嘴叶型相同，但安装方向相反，如图 1－8 所示。反动级的效率比纯冲动级高，但做功能力较小。

2. 压力级和速度级

按蒸汽的动能转换为转子的机械能的过程不同还把汽轮机的级分为速度级和压力级两种。

（1）压力级。蒸汽的动能转换为转子的机械能的过程在级内只进行一次的级称为压力级。这种级在叶轮上只装一列动叶栅，故又称单列级。压力级可以是冲动级，也可以是反动级。

(2) 速度级。蒸汽的动能转换为转子的机械能的过程在级内进行一次以上的级称为速度级，速度级可以是双列的和多列的。

蒸汽从单列级动叶通道流出时，仍具有一定的速度 c_2，其带走的动能为 $c_2^2/2$，这部分动能在本级中无法转变成机械功，称为余速损失。

当级的焓降很大时，动叶的排汽余速 c_2 也很大，仍具有一定的做功能力，此时，可以在同一叶轮的第一列动叶后再装一列动叶，由于第一列动叶出口的汽流方向与叶轮旋转方向相反，所以在两列动叶之间还要装设一列固定在汽缸上的导向叶片。第一列动叶通道的排汽经过导向叶片后改变方向，然后进入第二列动叶通道继续做功。这种只有一列喷嘴，后面有两列或更多列动叶片的级，称为速度级。速度级是以利用喷嘴出口蒸汽流速能量为主的级，通常速度级是冲动式的，蒸汽在速度级中流动时，主要在喷嘴中膨胀加速，在动叶和导向叶片通道中基本不膨胀，所以可将速度级看作是单列冲动级的延伸。采用最多的是同一叶轮上装有两列动叶片的双列速度级，又称复速级。图1-9绘出了复速级中汽流压力和速度的变化。

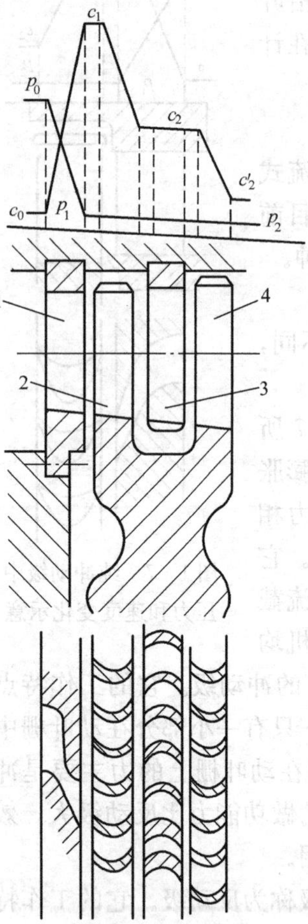

图1-9 复速级中汽流压力和速度变化示意

1—喷嘴；2—第一列动叶；3—导叶；4—第二列动叶

复速级的做功能力很大，但效率低，通常在一级内要求承担很大的焓降时才采用复速级。常用于单级汽轮机和中、小型多级汽轮机的第一级。

3. 调节级和非调节级

按级的通流面积是否随负荷大小而变，又可将汽轮机的级分为调节级和非调节级。

(1) 调节级。通流面积能随负荷改变而改变的级称为调节级。如喷嘴调节汽轮机的第一级，这种级在运行时，可通过改变其通流面积来控制其进汽量，从而达到调节汽轮机负荷的目的。一般中小型汽轮机用复速级作为调节级，而大型汽轮机常用单列冲动级作为调节级。

(2) 非调节级。通流面积不随负荷改变而改变的级称为非调节级。调节级与非调节级的另一个不同是，调节级总是做成部分进汽，而非调节级可以是全周进汽，也可以是部分进汽。

第二节 汽轮机级的工作过程

大功率汽轮机都是由若干个级构成的多级汽轮机，从能量转换角度看，在汽轮机中进行的是将工质（蒸汽）具有的热能转变为汽轮机机械能的一个能量转换过程。由于级的工作过程在一定程度上反映了整个汽轮机的工作过程，所以对汽轮机工作原理的讨论一般总是从汽轮机“级”开始的。蒸汽在汽轮机内的能量转换，是在每个级的喷嘴叶栅和动叶栅内流动的过程中进行的。因此研究汽轮机内的能量转换，就要研究蒸汽在喷嘴叶栅和动叶栅中的流动特性、做功原理及流动过程中产生的损失等，并掌握它们之间的数量关系，了解能量转换的本质。

蒸汽在汽轮机级的叶栅中的流动，实际上是有黏性、非连续和非定常的三元流动。为了便于对蒸汽在叶栅通道流动的能量转换规律进行分析与研究，通常将复杂的流动简化为能反映蒸汽实际流动的主要规律的简单流动模型，为此作如下假定：

(1) 蒸汽在叶栅通道中的流动为稳定流动，即汽流通道内任一点的蒸汽参数不随时间变化。当汽轮机的负荷和参数随时间变化不大时，可以近似地认为是稳定流动。

(2) 蒸汽在叶栅通道中的流动是一元流动，即在叶栅通道中汽流参数只沿流动方向变化，而在其他方向上是不变的。

(3) 蒸汽在叶栅通道中的流动是绝热的。由于蒸汽通过喷嘴叶栅时所需时间极短，且叶栅各流道彼此相邻，可以认为蒸汽在喷嘴流道中流动时，与外界无热交换，为绝热过程，即$q=0$。

通过以上假定，则把蒸汽在汽轮机级的叶栅内的复杂流动简化为绝热的一元稳定流动。实践证明，这种一元流动模型，不但可以说明汽轮机级的能量转换过程和变工况特性，而且对叶片较短的级可以获得足够精确的计算结果。但对叶片较长的级误差较大，这时应采用简化的二元或三元流动模型。

一、可压缩流体一元流动的基本方程

在讨论汽轮机级内蒸汽的能量转换以及进行级的热力计算时，需要用到可压缩流体的一元流动基本方程。

(一) 状态方程和状态方程

汽流在某一截面上的各状态参数之间的关系由状态方程式确定，对于理想气体的状态方程式为

$$pv = RT \tag{1-3}$$

式中　p——气体压力，Pa；

v——气体比体积，m^3/kg；

T——热力学温度，K；

R——通用气体常数，取461.76，J/(kg·K)。

对于水蒸气，由于其性质复杂，至今尚未能建立起它的纯理论的状态方程式，即使是通过理论和实验相结合而得到的过热水蒸气状态方程式也极为复杂。因此，在实际计算水蒸气的有关问题时，主要采用水蒸气图表来确定其状态。

蒸汽从一个状态变化到另一个状态的过程可以是各种各样的，而每一种过程均可用一定的过程方程式来描述。蒸汽等熵膨胀过程方程式可写成

$$pv^{\kappa} = 常数 \tag{1-4}$$

式中　κ——等熵指数，它随气体的状态变化而变化。对于过热蒸汽，$\kappa=1.3$；对于湿蒸汽，$\kappa=1.035+0.1x$（其中x为过程初态的干度）；对于干饱和蒸汽，$\kappa=1.135$。

蒸汽的绝热过程方程式可表示为

$$pv^{n} = 常数 \tag{1-5}$$

式中　n——多变过程指数。

(二) 连续方程

连续方程式是以数学公式来表达流体流动时的质量守恒定律。对于稳定流动，流过同一通道不同截面上的流量不变，即

$$G=\frac{Ac}{v}=\frac{A_1c_1}{v_1}=\frac{A_2c_2}{v_2}=\text{常数} \tag{1-6}$$

式中 G——流过通道各横截面的蒸汽质量流量，kg/s；

A——通道内相应横截面的面积，m^2；

c——垂直于面积 A 的汽流速度，m/s；

v——截面 A 上的蒸汽比体积，m^3/kg。

式（1-6）即为可压缩流体稳定流动的连续方程，它表示在稳定流动中通道截面积、汽流速度与汽流比体积之间的相互关系，不论是理想气体还是实际气体，以及流动中是否有损失均适用。

对式（1-6）进行微分，可得到连续方程的微分表达式

$$\frac{dA}{A}+\frac{dc}{c}-\frac{dv}{v}=0 \tag{1-7}$$

式（1-7）表示通道截面积的变化率与速度和比体积的变化率有关。在膨胀流动过程中，亚声速汽流的速度变化率大于比体积变化率，则通道截面积将随速度的增大而减小；超声速汽流的速度变化率小于比体积变化率，则通道截面积将随速度的增大而增大。

(三) 运动方程

运动方程是反映作用于汽流上的力与汽流速度变化之间的关系式。一元无损失流动的运动方程式为

$$c\mathrm{d}c=-v\mathrm{d}p \tag{1-8}$$

式（1-8）中的负号说明，在无损失流动过程中，压力和速度是相反方向变化的，即当通道内汽流压力降低时，则汽流的速度增加；反之，汽流的压力升高时，速度减小。

(四) 能量方程

根据热力学第一定律，对于开口热力系一元稳定流动，输入系统的能量必等于输出系统的能量。若略去势能的变化，则系统的能量方程式可写成

$$h_0+\frac{c_0^2}{2}+q=h_1+\frac{c_1^2}{2}+w \tag{1-9}$$

式中 c_0、c_1——蒸汽流入和流出系统时的速度，m/s；

h_0、h_1——蒸汽流入和流出系统时的焓值，J/kg；

q——每千克质量蒸汽流过系统时从外界吸收的热量，J/kg；

w——每千克质量蒸汽流过系统时对外界做出的机械功，J/kg。

能量方程式（1-9）对有损失和无损失的流动都适用。

二、蒸汽在喷嘴中的能量转换

(一) 蒸汽在喷管中实现能量转换的条件

蒸汽在喷嘴叶栅中流动时，能否实现热能向动能的转换，取决于实现这一过程的力学条件和几何条件是否满足。

1. 力学条件

式（1-8）的运动方程给出了蒸汽在喷嘴叶栅中加速流动（$dc>0$）的力学条件，即蒸汽流经喷嘴叶栅时要实现加速流动，压力必须降低（$dp<0$）。

当喷嘴叶栅进出口存在压差时，蒸汽将在汽轮机喷嘴叶栅中实现加速流动。又由于喷嘴叶栅在汽轮机中固定不动，其不对外做功，即 $w=0$。这样就可使蒸汽携带的热能不断转换为蒸汽所具有的动能。

在无损失的情况下，喷嘴流动为等熵膨胀过程，用式（1-8）的积分式可以计算出喷嘴出口的理想速度。

由理想气体的等熵过程方程 $pv^{\kappa}=p_0^*(v_0^*)^{\kappa}$ 可解出 $v=v_0^*(p_0^*/p)^{\frac{1}{\kappa}}$，代入式（1-8）中积分，得

$$\frac{c_{1t}^2}{2}=-\int_{p_0^*}^{p_1}v\mathrm{d}p=-\int_{p_0^*}^{p_1}v_0^*(p_0^*/p)^{\frac{1}{\kappa}}\mathrm{d}p$$

$$=\frac{\kappa}{\kappa-1}(p_0^*v_0^*-p_1v_1)=\frac{\kappa}{\kappa-1}p_0^*v_0^*\left[1-\left(\frac{p_1}{p_0^*}\right)^{\frac{\kappa-1}{\kappa}}\right] \tag{1-10}$$

则
$$c_{1t}=\sqrt{\frac{2\kappa}{\kappa-1}p_0^*v_0^*\left[1-\left(\frac{p_1}{p_0^*}\right)^{\frac{\kappa-1}{\kappa}}\right]}=\sqrt{\frac{2\kappa}{\kappa-1}p_0^*v_0^*\left[1-\varepsilon_n^{\frac{\kappa-1}{\kappa}}\right]} \tag{1-11}$$

式中　ε_n——喷嘴压力比，$\varepsilon_n=\dfrac{p_1}{p_0^*}$。

式（1-11）是用运动方程表示的喷嘴出口理想速度公式，常用该式分析蒸汽在喷嘴中的流动情况及无 h-s 图的情况下，用初始状态参数直接计算喷嘴出口理想速。当蒸汽初参数一定时，随着汽流压力 p_1 的降低，比焓降 Δh_n^* 的增大，汽流速度不断增大，蒸汽热能相应减小并转变成蒸汽所具有的动能。

2. 几何条件

蒸汽在喷嘴叶栅中流动时，流速变化、状态变化和截面积变化的关系，可以从等熵流动的基本方程中求得。

由连续方程式的微分形式［式（1-7）］可知，汽流的速度和比体积的变化规律与喷嘴截面积的变化有关。这表明在喷嘴中获得一定的汽流参数变化必须有一定的喷嘴截面积的变化与之对应。下面分析等熵流动时汽流参数变化与喷嘴截面积的变化规律。

将式（1-4）微分并整理，得

$$\frac{\mathrm{d}v}{v}=-\frac{1}{\kappa}\frac{\mathrm{d}p}{p}$$

由式（1-8）可知

$$\frac{\mathrm{d}p}{p}=-\frac{c\mathrm{d}c}{pv}$$

由以上两式可得

$$\frac{\mathrm{d}v}{v}=\frac{c\mathrm{d}c}{\kappa pv}$$

将上式代入连续流动微分方程式（1-7），考虑到声速 $a=\sqrt{\kappa pv}$，并令马赫数 $M=c/a$，整理后，可得

$$\frac{dA}{A}=(M^2-1)\frac{dc}{c} \tag{1-12}$$

喷嘴截面积变化规律：

(1) $M<1$ 时为亚声速流动，为获得加速汽流（$dc>0$），汽流通道的截面积应随着汽流加速而逐渐减小（$dA<0$）。这种汽流通道的截面积沿汽流流动方向逐渐减小的喷嘴称为渐缩喷嘴。

(2) $M>1$ 时为超声速流动，为获得加速汽流（$dc>0$），汽流通道的截面积应随着汽流加速而逐渐扩大（$dA>0$）。这种汽流通道的截面积沿汽流流动方向逐渐扩大的喷嘴称为渐扩喷嘴。

(3) $M=1$ 时，喷嘴内汽流速度等于当地声速（$c=a=c_{cr}$），达到临界流动状态，喷嘴的截面积达到最小值（$dA=0$），通常称为临界截面或喉部截面。

(4) 欲使汽流在喷嘴中从亚声速（$M<1$）连续加速至超声速（$M>1$），则汽流通道的截面积沿汽流方向的变化应由渐缩至喉部再变为渐扩，呈缩放形。亚声速汽流先在渐缩部分中加速，到喉部达到声速，然后在渐扩部分呈超声速汽流进一步加速。这种喷嘴称为缩放喷嘴或拉伐尔喷嘴。

（二）喷嘴中的汽流速度

式（1-11）作为喷嘴出口汽流速度计算公式，通常是用于喷嘴中流动特性的理论讨论，实际喷嘴内汽流速度的计算是借助于水蒸气图表进行的。

若喷嘴前的蒸汽参数为 p_0、t_0，初速为 c_0，排汽压力为 p_1，则蒸汽在喷嘴叶栅中流动的热力过程线如图 1-10 所示。0 点是喷嘴叶栅前蒸汽的状态点，0^* 是喷嘴前的滞止状态点。具有初速 c_0、初压 p_0、初焓 h_0 的蒸汽在喷嘴中膨胀到背压 p_1，若不计流动中的摩擦损失的情况下，蒸汽沿着等熵线 0-1t 膨胀到 1t 点，喷嘴的焓降为 Δh_n，若考虑实际流动过程中的损失的情况下，膨胀的热力过程沿 0-1 线进行，喷嘴出口实际状态点为 1。

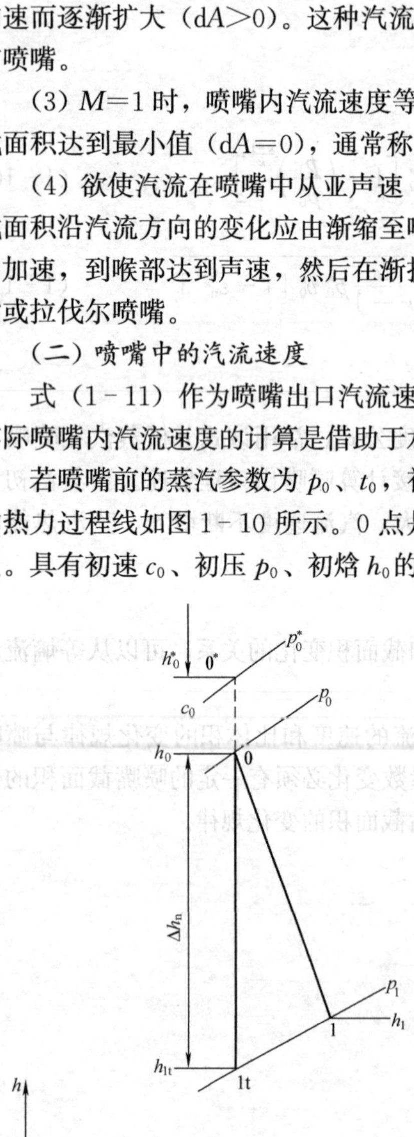

图 1-10　蒸汽在喷嘴叶栅中流动的热力过程线

1. 喷嘴出口汽流的理想速度

在进行喷嘴计算时，在已知喷嘴前的蒸汽参数及喷嘴后的压力的情况下，结合图 1-10 所示的蒸汽在喷管中的等熵绝热膨胀过程线，根据式（1-9）得到喷嘴内的能量转换方程

$$h_0+\frac{c_0^2}{2}=h_{1t}+\frac{c_{1t}^2}{2} \tag{1-13}$$

则喷嘴出口的理想速度 c_{1t} 为

$$c_{1t}=\sqrt{2(h_0-h_{1t})+c_0^2}=\sqrt{2\Delta h_n+c_0^2} \tag{1-14}$$

式中　h_{1t}——蒸汽等熵膨胀的终点焓，kJ/kg；

Δh_n——蒸汽在喷嘴中的理想焓降，$\Delta h_n = h_0 - h_{1t}$。

若用滞止焓来进行计算，只要将滞止点的焓 $h_0^* = h_0 + \frac{c_0^2}{2}$ 代入式（1-13）即得到

$$c_{1t} = \sqrt{2(h_0^* - h_{1t})} = \sqrt{2\Delta h_n^*}$$

式中　Δh_n^*——蒸汽在喷嘴中的理想滞止焓降，$\Delta h_n^* = h_0^* - h_{1t}$。

2. 喷嘴出口的实际速度

由于蒸汽是具有一定黏性的实际气体，蒸汽在喷嘴中的流动时，汽流与喷嘴壁面之间，汽流各部分之间存在碰撞和摩擦，实际上是有损失的。流动损失使蒸汽出口速度降低，同时又加热蒸汽本身，使蒸汽出口焓值升高，如图1-10中的1点，热力过程线变为0-1线。一般用喷嘴速度系数 φ 来表示喷嘴出口理想速度与实际速度之间的差别，喷嘴速度系数 φ 为喷嘴出口实际速度与喷嘴出口的理想速度之比，$\varphi = \frac{c_1}{c_{1t}}$。则喷嘴出口的实际速度为

$$c_1 = \varphi \cdot c_{1t} \tag{1-15}$$

喷嘴损失为蒸汽在喷嘴中流动时的动能损失，用 $\Delta h_{n\xi}$ 表示

$$\Delta h_{n\xi} = \frac{c_{1t}^2}{2} - \frac{c_1^2}{2} = (1-\varphi^2)\frac{c_{1t}^2}{2} = (1-\varphi^2)\Delta h_n^* \tag{1-16}$$

喷嘴能量损失系数为

$$\zeta_n = \frac{\delta h_n}{\Delta h_n^*} = 1 - \varphi^2 \tag{1-17}$$

由式（1-17）可见喷嘴速度系数的大小，反映了喷嘴损失的多少。喷嘴速度系数 φ 的大小主要与喷嘴高度、表面粗糙度、汽道形状以及通道前后压力比等因素有关。由于影响 φ 的因素多而复杂，难以用理论计算精确求得，故喷嘴速度系数 φ 通常由试验方法求得。图1-11是根据试验数据整理的渐缩喷嘴的速度系数随喷嘴高度 l_n 变化的曲线。从图可见，φ 随喷嘴高度 l_n 的减小而减小。当喷嘴高度小于12～15mm时，φ 急剧下降。因此为了减小喷嘴损失，喷嘴高度不应小于15mm。图1-11中上面一条线对应的喷嘴宽度 B=55mm，下面一条线对应的喷嘴宽度 B_n=80mm，显然，宽度小时损失小，因此在强度允许的条件下，应尽量采用宽度较小的窄喷嘴，以增大 φ 值。

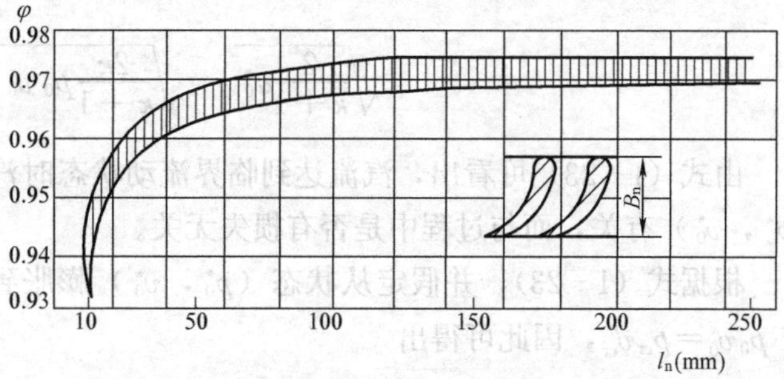

图1-11　渐缩喷嘴速度系数 φ 随喷嘴高度 l_n 的变化曲线

通常渐缩喷嘴的流动损失不大，为计算方便，一般取 φ=0.97，而把其中与高度有关的损失抽出来另用经验公式计算。

在绝热条件下，流动损失产生的热量被蒸汽吸收，使喷嘴出口实际焓值增加，喷嘴出口

实际焓值可由能量守恒关系得到，对于等熵绝热流动有 $h_0+\frac{c_0^2}{2}=h_{1t}+\frac{c_{1t}^2}{2}$，对于实际绝热流动 $h_0+\frac{c_0^2}{2}=h_1+\frac{c_1^2}{2}$，所以有

$$h_{1t}+\frac{c_{1t}^2}{2}=h_1+\frac{c_1^2}{2} \tag{1-18}$$

即

$$h_1=h_{1t}+\left(\frac{c_{1t}^2}{2}-\frac{c_1^2}{2}\right)=h_{1t}+\Delta h_{n\xi} \tag{1-19}$$

3. 喷嘴中的临界流动状态

由工程热力学可知，气体声速 $a=\sqrt{\kappa pv}=\sqrt{\kappa RT}$。理想气体的等熵指数 k 和气体常数 R 是不变的，所以声速正比于热力学温度 T 的平方根，将随着温度的降低而降低。而蒸汽在喷嘴中膨胀时，汽流速度逐渐增加，由于压力、温度不断地降低，声速逐渐降低，因此会出现在某一截面上汽流速度等于当地声速的临界流动状态。与当地声速相等的汽流速度称为临界速度，用 c_{cr} 表示。此时汽流所处状态的参数称为临界参数，用 p_{cr}、c_{cr} 等表示，c_{cr} 可由如下方法求得。

如果将蒸汽看作理想气体，则蒸汽焓可表示为

$$h=c_pT=\frac{\kappa}{\kappa-1}RT=\frac{\kappa}{\kappa-1}pv \tag{1-20}$$

将 h 值代入能量方程式（1-13）中，整理可得

$$\frac{\kappa}{\kappa-1}p_0v_0+\frac{c_0^2}{2}=\frac{\kappa}{\kappa-1}pv+\frac{c^2}{2}=\frac{\kappa}{\kappa-1}p_0^*v_0^* \tag{1-21}$$

将 $a=\sqrt{\kappa pv}=\sqrt{\kappa RT}$ 代入式（1-21），则有

$$\frac{a^2}{\kappa-1}+\frac{c^2}{2}=\frac{(a_0^*)^2}{\kappa-1} \tag{1-22}$$

根据汽流达到临界流动状态时，有 $c=a=c_{cr}$，式（1-22）可改写为

$$c_{cr}=\sqrt{\frac{2}{\kappa+1}}a_0^*=\sqrt{\frac{2\kappa}{\kappa+1}p_0^*v_0^*}=\sqrt{\kappa p_{cr}v_{cr}} \tag{1-23}$$

由式（1-23）可看出，汽流达到临界流动状态时汽流临界速度 c_{cr} 的大小只与初始参数（p_0^*，v_0^*）有关，而与过程中是否有损失无关。

根据式（1-23），并假定从状态（p_0^*，v_0^*）膨胀到（p_{cr}，v_{cr}）的过程为等熵膨胀，则有 $p_0v_0^\kappa=p_{cr}v_{cr}^\kappa$，因此可得出

$$\varepsilon_{cr}=\frac{p_{cr}}{p_0^*}=\left(\frac{2}{\kappa+1}\right)^{\frac{\kappa}{\kappa-1}} \tag{1-24}$$

式中，ε_{cr} 为临界压力比，它是汽流达到声速时的当地压力（临界压力）与滞止压力 p_0^* 之比。它仅与蒸汽性质有关。对过热蒸汽，$\kappa=1.3$，则 $\varepsilon_{cr}\approx0.546$；对于干饱和蒸汽，$\kappa=1.135$，则 $\varepsilon_{cr}=0.577$。

图 1－12 绘出了蒸汽在喷嘴中各项参数及喷嘴截面积沿汽流通道的变化规律。在亚声速区，随着压力的下降，$\frac{\mathrm{d}c}{c}>\frac{\mathrm{d}v}{v}$，故截面积逐渐缩小；在超声速区，随着压力的降低，$\frac{\mathrm{d}c}{c}<\frac{\mathrm{d}v}{v}$，故截面积逐渐增大。图中汽流速度 c_1 线与 a 线的交点即为临界点。

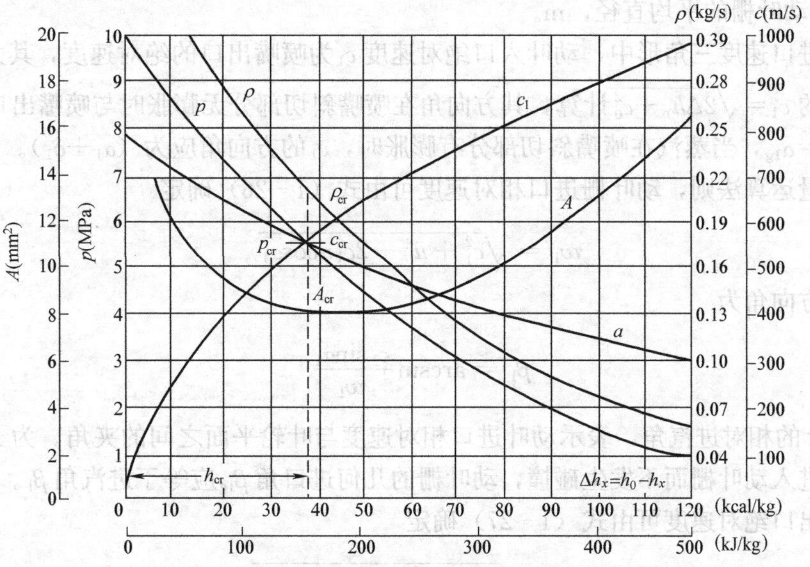

图 1－12　蒸汽在喷嘴中各项参数沿汽道的变化规律

h_0—喷嘴进口蒸汽焓；h_x—喷嘴汽道中某一截面处的焓

三、蒸汽在动叶栅中的能量转换

蒸汽在动叶栅中将蒸汽所携带的动能转化为推动叶轮旋转的机械功，这种能量转换表现为蒸汽在动叶栅内速度大小和方向的变化。因此可以根据速度三角形去研究汽轮机级的功率和效率。

（一）动叶进、出口速度三角形

现代汽轮机中一般采用带反动度的冲动级和反动级，蒸汽在动叶通道中有一定的膨胀和加速，动叶通道的形状与喷嘴相似，蒸汽在动叶栅内流动时，与喷嘴叶栅的最大区别在于动叶本身以圆周速度 u 旋转，蒸汽在动叶栅中的流动是一个相对运动。根据相对运动原理，蒸汽在动叶中相对于静止的汽缸的绝对速度 $\vec{c}$、动叶栅圆周速度 $\vec{u}$ 和蒸汽相对于动叶栅的相对速度 $\vec{w}$ 的矢量关系为：$\vec{c}=\vec{w}+\vec{u}$。可用矢量三角形表示，如图 1－13 所示。在汽轮机中，这种三角形称为速度三角形。

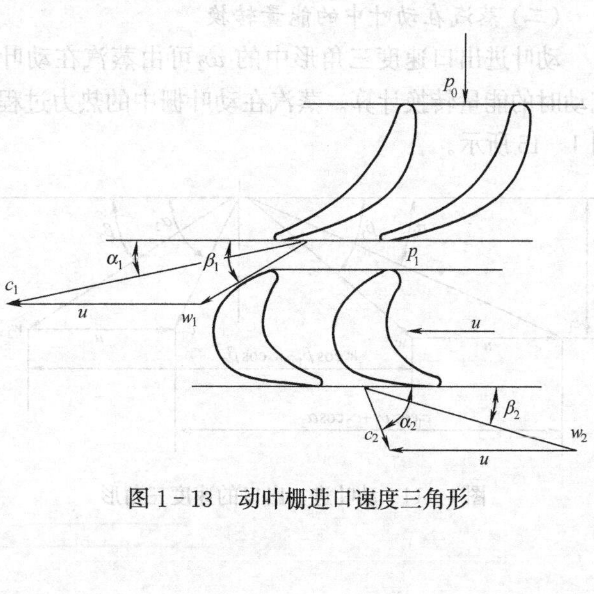

图 1－13　动叶栅进口速度三角形

动叶栅进、出口速度矢量关系为

$$\vec{c}_1 = \vec{w}_1 + \vec{u} \text{ 和 } \vec{c}_2 = \vec{w}_2 + \vec{u}$$

动叶片本身在作匀速圆周运动，其圆周速度 u 可由式（1-25）确定

$$u = \frac{n\pi d_b}{60} \tag{1-25}$$

式中　n——汽轮机的转速，r/min；

d_b——动叶栅的平均直径，m。

在动叶进口速度三角形中，动叶入口绝对速度 c_1 为喷嘴出口的绝对速度，其大小可以由喷嘴计算中的 $c_1 = \sqrt{2\Delta h_n + c_0^2}$ 计算，其方向角在喷嘴斜切部分无膨胀时与喷嘴出口几何角度相等，即 $\alpha_1 = \alpha_{1g}$，当蒸汽在喷嘴斜切部分有膨胀时，c_1 的方向角应为（$\alpha_1 + \delta_1$）。

根据矢量运算法则，动叶栅进口相对速度可由式（1-26）确定

$$w_1 = \sqrt{c_1^2 + u^2 - 2c_1 u\cos\alpha_1} \tag{1-26}$$

其相对方向角为

$$\beta_1 = \arcsin\frac{c_1 \sin\alpha_1}{w_1}$$

β_1 为动叶的相对进汽角，表示动叶进口相对速度与叶轮平面之间的夹角。为了使喷管出来汽流顺利进入动叶栅而不发生碰撞，动叶栅的几何进口角 β_{1g} 应等于进汽角 β_1。

动叶栅出口绝对速度可由式（1-27）确定

$$c_2 = \sqrt{u^2 + w_2^2 - 2uw_2\cos\beta_2} \tag{1-27}$$

其相对方向角为

$$\alpha_2 = \arcsin\frac{w_2 \sin\beta_2}{c_2}$$

式中　w_2——动叶出口汽流相对速度，m/s；

α_2、β_2——喷嘴出口汽流绝对速度方向角动叶出口汽流相对速度方向角。

实际应用中，为了使用方便，通常把动叶进、出口的速度三角形绘制在一起，如图 1-14 所示。

（二）蒸汽在动叶中的能量转换

动叶进出口速度三角形中的 w_2 可由蒸汽在动叶中流动时的能量转换计算。蒸汽在动叶栅中的热力过程如图 1-15 所示。

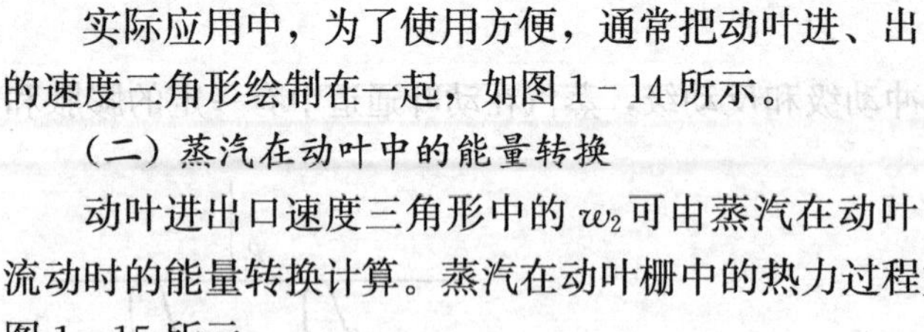

图 1-14　动叶进、出口的速度三角形

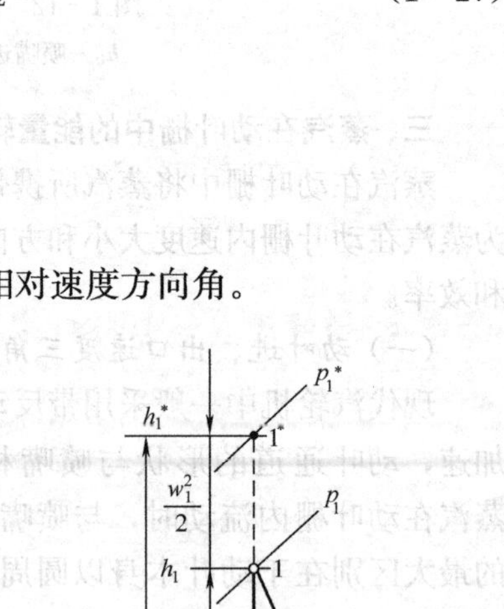

图 1-15　蒸汽在动叶栅中的热力过程

通过速度三角形将旋转动叶相对静止化时，蒸汽将以相对速度 w 流过动叶。采用动叶相对速度 w 来研究动叶栅中的能量转换时，分析一元稳定绝热喷嘴流动时建立的一些概念及相应公式同样适用于蒸汽在动叶栅中的流动。当不考虑蒸汽在动叶中流动损失时，根据一元稳定流动方程，动叶进出口的能量方程可表示为

$$\frac{w_1^2}{2}+h_1=\frac{w_{2t}^2}{2}+h_{2t} \tag{1-28}$$

由式（1－28）可得动叶出口蒸汽的理想相对速度 w_{2t}

$$w_{2t}=\sqrt{2(h_1-h_{2t})+w_1^2}=\sqrt{2\Delta h_b+w_1^2}=\sqrt{2\Omega_m\Delta h_t^*+w_1^2}=\sqrt{2\Delta h_b^*}$$

实际过程中，蒸汽在动叶中的流动跟喷嘴一样具有各种损失，这使动叶出口的实际相对速度 w_2 小于其出口的理想相对速度 w_{2t}，即 $w_2<w_{2t}$。一般用动叶速度系数 ψ 来反映这种损失的大小，它表示动叶出口实际相对速度 w_2 与理想相对速度 w_{2t} 的比值，即

$$\psi=\frac{w_2}{w_{2t}}$$

影响动叶速度系数 ψ 的因素有动叶的叶型、叶高、进出口几何角、反动度及动叶的表面粗糙度等，其中与动叶高度和反动度的关系尤为密切。

ψ 值一般由试验确定。为计算方便，一般将 ψ 值随叶高变化的有关损失取出和静叶随叶高变化的有关损失作为级的叶高损失，而 ψ 值中仅考虑随反动度及 w_{2t} 的变化，并绘制成曲线，如图 1－16 所示。通常取 ψ=0.85～0.95，w_2 为

$$w_2=\psi w_{2t}=\psi\sqrt{2\Delta h_b^*}=\psi\sqrt{2\Delta h_b+w_1^2}$$

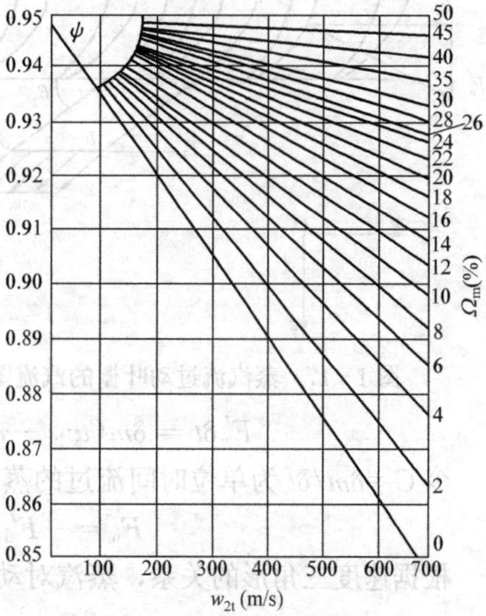

图 1－16 动叶速度系数 ψ 与 Ω_m 和 w_{2t} 的关系曲线

动叶出口的实际相对速度 w_2 的方向与动叶运动方向的夹角，称为动叶的相对排汽角 β_2。当蒸汽在动叶的斜切部分不发生膨胀时，β_2 与动叶的出口结构角 β_{2g} 相同。设计中，β_{2g} 的选择是根据蒸汽在动叶中的膨胀程度来确定的：若为纯冲动级，则可取 $\beta_{2g}=\beta_{1g}$；若为冲动级，通常取 $\beta_{2g}=\beta_{1g}-(3°\sim5°)$；若为反动级，则可取 $\beta_{2g}=\beta_{1g}$。

动叶损失为蒸汽在动叶中流动时的动能损失，用 $\Delta h_{b\xi}$ 表示

$$\Delta h_{b\xi}=\frac{1}{2}(w_{2t}^2-w_2^2)=(1-\psi^2)\frac{w_{2t}^2}{2}=(1-\psi^2)\Delta h_b^*$$

在绝热条件下，流动损失产生的热量被蒸汽吸收，使动叶出口实际焓值增加，动叶出口实际焓值为

$$h_2=h_{2t}+\Delta h_{b\xi}$$

（三）余速动能和余速损失

当蒸汽以绝对速度 c_2 离开本级动叶时，蒸汽所带走的动能 $c_2^2/2$ 称为本级的余速动能。对单级汽轮机，这部分余速动能没有被利用，全部成为该级的余速损失。但对多级汽轮机，只要在结构上采取一些措施（见多级汽轮机），余速动能是可以部分或全部被下级利用的。

一般用 μ 表示余速利用系数。μ_0 表示上级余速动能被本级利用的程度，上级余速动能被本级利用的量为 $\mu_0\Delta h_{c0}$；μ_1 表示本级余速动能被下级利用的程度，本级余速损失为 $(1-\mu_1)\Delta h_{c2}$，而 $\Delta h_{c2}=\frac{1}{2}c_2^2$。

第三节　级的轮周功率与轮周效率

一、蒸汽作用在动叶片上的力和轮周功率

（一）蒸汽作用在动叶片上的力

从动叶进出口速度三角形可以看出，蒸汽流过动叶时，其绝对速度 c 的大小和方向都发生变化，说明蒸汽受到力的作用，即受到动叶对汽流的作用力和动叶通道两侧压差 (p_1-p_2) 对汽流产生的作用力。如果令 F'_b 表示动叶片作用在蒸汽上的合力，根据牛顿第三定律，则蒸汽作用在动叶上的合力 F_b 与 F'_b 大小相等，方向相反。蒸汽作用在动叶上的合力 F_b 可以分解为轮周方向的切向力 F_u 和轴向力 F_z。

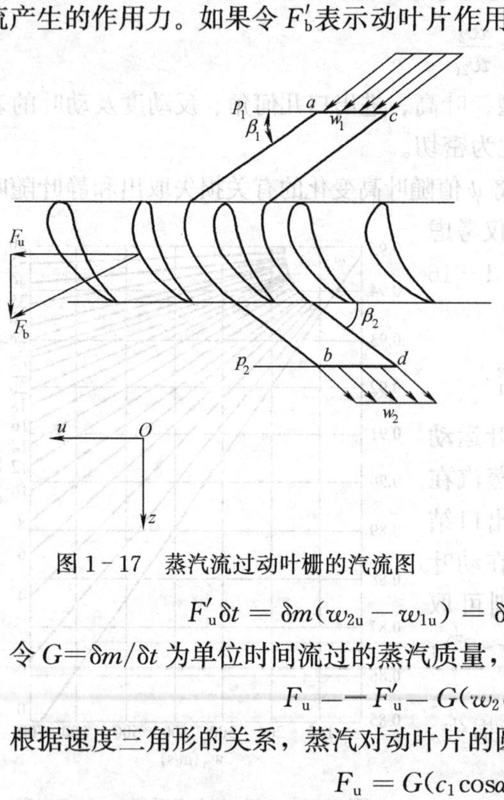

图 1-17　蒸汽流过动叶栅的汽流图

蒸汽流过动叶通道的过程如图 1-17 所示。假设在 δt 时间内有质量为 δm 的蒸汽以速度 $\vec{w}_1$ 流入动叶通道，当流动为稳定流动时，则同样的蒸汽质量 δm 以速度 $\vec{w}_2$ 流出动叶通道。

这时蒸汽的动量发生了变化，这种变化是由于蒸汽所受到的作用力而引起的。设 F'_u 为动叶片作用于汽流上的圆周力，则根据动量定律，汽流在周向（u 方向）的动量方程为

$$F'_u\delta t=\delta m(w_{2u}-w_{1u})=\delta m(-w_2\cos\beta_2-w_1\cos\beta_1)$$

令 $G=\delta m/\delta t$ 为单位时间流过的蒸汽质量，则蒸汽对动叶片的圆周向作用力为

$$F_u=-F'_u=G(w_2\cos\beta_2+w_1\cos\beta_1)$$

根据速度三角形的关系，蒸汽对动叶片的圆周向作用力还可写为

$$F_u=G(c_1\cos\alpha_1+c_2\cos\alpha_2)$$

切向圆周力 F_u 是对动叶片做功的力，此力越大，汽轮机的功率越大。

同理，令 F'_z 为动叶片作用于汽流上的轴向分力，则汽流在轴向的动量方程为

$$[F'_z+A_z(p_1-p_2)]\delta t=\delta m(w_2\sin\beta_2-w_1\sin\beta_1)$$

于是，蒸汽作用于动叶上的轴向力 F_z 为

$$F_z=-F'_z=G(w_1\sin\beta_1-w_2\sin\beta_2)+A_z(p_1-p_2)$$

或

$$F_z=G(c_1\sin\alpha_1-c_2\sin\alpha_2)+A_z(p_1-p_2)$$

其中 A_z 为动叶通道的轴向投影面积，当为全周进汽时，$A_z=\pi d_m l_b$，若为部分进汽时，则 $A_z=\pi d_m l_b e$。

轴向力 F_z 只能对叶轮产生轴向推力而不做功，为了减小推力轴承的负担，要求它越小越好。

蒸汽对动叶片的总作用力为

$$F_b = \sqrt{F_u^2 + F_z^2}$$

（二）轮周功率

单位时间内切向圆周力 F_u 在动叶片上所做的功称为轮周功率，它等于圆周力 F_u 与圆周速度 u 的乘积，即

$$P_u = F_u u = Gu(w_2\cos\beta_2 + w_1\cos\beta_1)$$

或

$$P_u = Gu(c_1\cos\alpha_1 + c_2\cos\alpha_2)$$

1kg 蒸汽所做的轮周功，称为级的做功能力，用 P_{u1} 表示，即

$$P_{u1} = u(w_2\cos\beta_2 + w_1\cos\beta_1) = u(c_1\cos\alpha_1 + c_2\cos\alpha_2)$$

在动叶片的进出口速度三角形中，根据余弦定理得

$$w_1^2 = c_1^2 + u^2 - 2uc_1\cos\alpha_1$$

$$w_2^2 = c_2^2 + u^2 - 2uc_2\cos(\pi - \alpha_2) = c_2^2 + u^2 + 2uc_2\cos\alpha_2$$

将 $uc_1\cos\alpha_1$ 和 $uc_2\cos\alpha_2$ 代入式（1-59）中，即可得到轮周功率的另一种表达形式，即

$$P_u = \frac{G}{2}[(c_1^2 + c_2^2) + (w_2^2 - w_1^2)]$$

则级的做功能力可写为

$$P_{u1} = \frac{1}{2}[(c_1^2 - c_2^2) + (w_2^2 - w_1^2)] \tag{1-29}$$

由式（1-29）可以看出级的做功能力的物理意义，即 1kg 蒸汽所做的功为三项能量的代数和，其中 $1/2c_1^2$ 为 1kg 蒸汽带入动叶片的动能；$1/2c_2^2$ 为 1kg 蒸汽带出动叶片的动能；$1/2(w_2^2 - w_1^2)$ 为 1kg 蒸汽在动叶片中因理想焓降 Δh_b 而造成的实际动能的增加。

二、级的热力过程线

如只考虑喷嘴、动叶、余速三项损失，不考虑级内其他损失时，余速被利用后级的热力过程线如图 1-18 所示。图中绘出了带反动度的冲动级和纯冲动级的热力过程线。

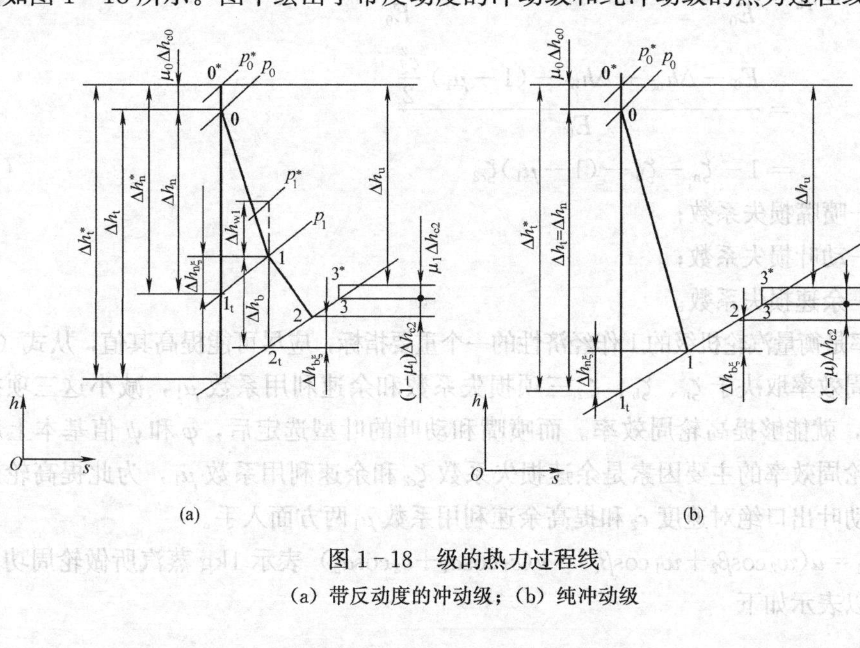

图 1-18　级的热力过程线

（a）带反动度的冲动级；（b）纯冲动级

从能量守恒看，图1-18中1kg蒸汽的理想焓降扣除各项损失，即得级的轮周有效焓降Δh_u，它是用焓降表示的1kg蒸汽所做的轮周功，数值上与级的做功能力P_{u1}相等，即

$$\Delta h_u = \mu_0 \frac{c_0^2}{2} + \Delta h_t - \Delta h_{n\xi} - \Delta h_{b\xi} - \Delta h_{c2} \tag{1-30}$$

如图1-18所示，喷管理想滞止焓降$\Delta h_n^* = (1-\Omega_m)\Delta h_t^*$，喷管损失$\Delta h_{n\xi} = (1-\varphi^2)\Delta h_n^*$；动叶理想焓降$\Delta h_b = \Omega_m \Delta h_t^*$，动叶理想滞止焓降$\Delta h_b^* = \Delta h_b + \frac{1}{2}w_1^2$，动叶损失$\Delta h_{b\xi} = (1-\psi^2)\Delta h_b^*$。

三、级的轮周效率

汽轮机级的轮周效率是指1kg蒸汽在级内所做的轮周功P_{u1}与蒸汽在该级中参与能量转换的理想能量E_0之比，即

$$\eta_u = \frac{P_{u1}}{E_0}$$

通常级的理想能量为本级的滞止理想焓降Δh_t^*减去被下级所利用的余速动能$\mu_1 \Delta h_{c2}$；因$\mu_1 \Delta h_{c2}$是下一级喷嘴的进口初速动能，并没有在本级参与能量转换，如不扣除，那么$\mu_1 \Delta h_{c2}$既算在本级E_0中，又算在下一级E_0中，这样就重复了。因此

$$E_0 = \mu_0 \frac{c_0^2}{2} + \Delta h_t - \mu_1 \frac{c_2^2}{2} = \Delta h_t^* - \mu_1 \frac{c_2^2}{2}$$

若以级的轮周有效焓降Δh_u表示轮周功，则轮周效率可以表示如下

$$\eta_u = \frac{P_{u1}}{E_0} = \frac{\Delta h_u}{E_0} = \frac{\mu_0 \frac{c_0^2}{2} + \Delta h_t - \Delta h_{n\xi} - \Delta h_{b\xi} - \Delta h_{c2}}{E_0}$$

轮周效率还可写为以各项损失系数表示的形式

$$\eta_u = \frac{P_{u1}}{E_0} = \frac{\mu_0 \frac{c_0^2}{2} + \Delta h_t - \mu_1 \frac{c_2^2}{2} - \Delta h_{n\xi} - \Delta h_{b\xi} - (1-\mu_1)\frac{c_2^2}{2}}{E_0}$$

$$= \frac{E_0 - \Delta h_{n\xi} - \Delta h_{b\xi} - (1-\mu_1)\frac{c_2^2}{2}}{E_0}$$

$$= 1 - \zeta_n - \zeta_b - (1-\mu_1)\zeta_{c2} \tag{1-31}$$

式中 ζ_n——喷嘴损失系数；

ζ_b——动叶损失系数；

ζ_{c2}——余速损失系数。

轮周效率是衡量汽轮机级的工作经济性的一个重要指标，应尽可能提高其值，从式（1-31）中可见，轮周效率取决于ζ_n、ζ_b、ζ_{c2}三项损失系数和余速利用系数μ_1，减小这三项损失系数和提高μ_1，就能够提高轮周效率。而喷嘴和动叶的叶型选定后，φ和ψ值基本上就确定了，则影响轮周效率的主要因素是余速损失系数ζ_{c2}和余速利用系数μ_1，为此提高轮周效率可以从减小动叶出口绝对速度c_2和提高余速利用系数μ_1两方面入手。

若以$P_{u1} = u(w_2\cos\beta_2 + w_1\cos\beta_1) = u(c_1\cos\alpha_1 + c_2\cos\alpha_2)$表示1kg蒸汽所做轮周功率，则轮周效率可以表示如下

$$\eta_u=\frac{u(c_1\cos\alpha_1+c_2\cos\alpha_2)}{\Delta h_t^*-\mu_1\dfrac{c_2^2}{2}}=\frac{u(w_2\cos\beta_2+w_1\cos\beta_1)}{\Delta h_t^*-\mu_1\dfrac{c_2^2}{2}} \tag{1-32}$$

第四节　速比与轮周效率的关系

通常把轮周速度 u 与喷嘴出口汽流速度 c_1 之比称为速度比，简称速比，用 x_1 表示，即

$$x_1=\frac{u}{c_1}$$

由速比的定义可以看出，速比随转速或级焓降的变化而变化。速比的变化对轮周效率的大小影响很大，此外它还影响着级的做功能力，所以它是汽轮机级的一个非常重要的特性参数。下面将根据不同类型汽轮机级的不同特点，分析速比与轮周效率的关系，以便找出对应于轮周效率最高时的速比，即最佳速比。

一、纯冲动级的速比与轮周效率的关系

（一）余速不被利用

对于纯冲动级，由于 $\Omega_m=0$，$\Delta h_b=0$，所以 $w_1=w_{2t}$，即 $w_2=\psi w_{2t}=\psi w_1$，$c_a=c_{1t}$。假设不利用上一级余速，本级的余速也不被下一级利用，$\mu_0=\mu_1=0$，于是式（1－32）可表示为

$$\begin{aligned}\eta_u&=\frac{2u(c_1\cos\alpha_1+c_2\cos\alpha_2)}{c_{1t}^2}\\&=\frac{2u(w_1\cos\beta_1+w_2\cos\beta_2)}{c_{1t}^2}\\&=\frac{2u}{c_{1t}^2}w_1\cos\beta_1\left(1+\frac{w_2}{w_1}\frac{\cos\beta_2}{\cos\beta_1}\right)\end{aligned} \tag{1-33}$$

将由速度三角形得到的 $w_1\cos\beta_1=c_1\cos\alpha_1-u$ 和由速度系数定义得到的 $c_1=\varphi c_{1t}$、$w_2=\psi w_{2t}$ 及速比定义 $x_1=u/c_1$ 代入式（1－32）得

$$\eta_u=2\varphi^2x_1(\cos\alpha_1-x_1)\left(1+\psi\frac{\cos\beta_2}{\cos\beta_1}\right) \tag{1-34}$$

由式（1－34）可看出，叶型一经选定，φ 和 ψ、α_1 和 β_2 的数值亦基本确定，这样轮周效率只随速比 x_1 的变化而变化。

（1）当 $x_1=0$ 时，叶轮不转动，即 $u=0$，叶轮无功的输出，轮周效率等于零。

（2）当 $x_1=\cos\alpha_1$ 时，即 $u=c_1\cos\alpha_1$，此时由速度三角形可知 $\beta_1=\beta_2=90°$，汽流作用在动叶片上的圆周力等于零，蒸汽对动叶不做功，轮周效率也为零。

（3）当 $0<x_1<\cos\alpha_1$ 之间时，由式（1－34）可知 x_1 是连续变化的。

综合以上三点，x_1 在由 0 连续变化到 $\cos\alpha_1$ 的过程中，必存在一个使轮周效率达最大值的速度比，即最佳速比 $(x_1)_{op}^{im}$。最佳速比可以通过对式（1－34）求极值的方法得到，即

$$\frac{\partial\eta_u}{\partial x_1}=2\varphi^2\left(1+\psi\frac{\cos\beta_2}{\cos\alpha_1}\right)(\cos\alpha_1-2x_1)=0$$

由于 $2\varphi^2\left(1+\psi\dfrac{\cos\beta_2}{\cos\alpha_1}\right)\neq0$，所以只有 $(\cos\alpha_1-2x_1)=0$，于是

$$(x_1)_{op}^{im}=\frac{1}{2}\cos\alpha_1 \tag{1-35}$$

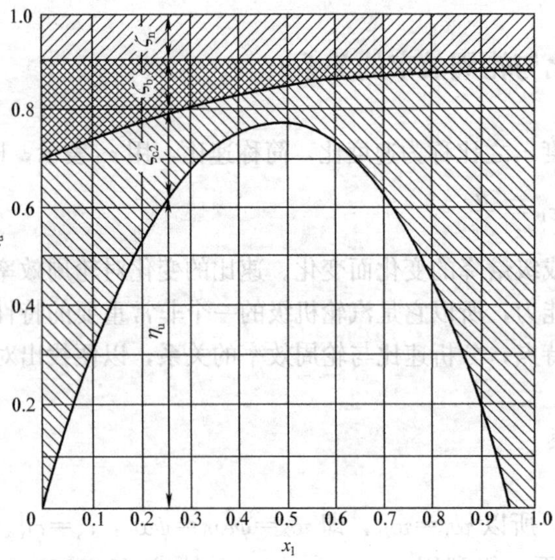

图 1-19　纯冲动级 x_1 - η_u 关系曲线

将式（1-34）中 x_1 与 η_u 的关系绘制成曲线，如图 1-19 所示，此曲线称为轮周效率曲线。

x_1 与 η_u 的关系曲线还可按反平衡计算方法获得。假设 φ、ψ、α_1、c_1 保持不变，则 x_1 变化对各项损失系数的影响为：

（1）喷管损失系数为

$$\zeta_n=\frac{\delta h_n}{\Delta h_t^*}=\frac{(1-\varphi^2)\dfrac{c_{1t}^2}{2}}{\dfrac{c_{1t}^2}{2}}=1-\varphi^2$$

喷管损失系数只取决于喷管速度系数 φ，而与速比无关。

（2）动叶损失系数

$$\zeta_b=\frac{\delta h_b}{\Delta h_t^*}=\frac{\dfrac{1}{2}w_{2t}^2(1-\psi^2)}{\dfrac{c_{1t}^2}{2}}=\left(\frac{w_1}{c_{1t}}\right)^2(1-\psi^2) \tag{1-36}$$

由前面假设条件并结合式（1-36）可知，当 x_1 增加时，则 u 增加，w_1 降低，使动叶损失系数 ζ_b 降低。

（3）余速损失系数为

$$\zeta_{c2}=\frac{\delta h_{c2}}{\Delta h_t^*}=\frac{c_2^2}{c_{1t}^2}$$

因无余速利用时 $\eta_u=1-\zeta_n-\zeta_b-\zeta_{c2}$，故可将上述三项损失系数与 x_1 的关系画在同一个坐标系中，并以 1 为基准，逐个递减，最后得出 x_1 与 η_u 的关系曲线，如图 1-19 阴影部分所示。

对于纯冲动级，因 $\beta_1\approx\beta_2$，$w_1\approx w_2$。则在相同的 α_1 和 c_1 下取不同的 u 可作出如图 1-20 所示的不同速度三角形。由速度三角形可知，c_1 不变时，起初随 u 自 0 开始增加，c_2 是降低的；当 c_2 降低到最小后，随 u 的增加，c_2 将开始增加。所以余速损失系数 ζ_{c2} 开始随 x_1 的增加而减少，而后随 x_1 的增加而增大。

图 1-20 所示的速度三角形是将出口速度三角形反向和进口速度三角形画在一起的，由图可见当 $x_1=u/c_1=\cos\alpha_1/2$ 时，$\alpha_2=90°$，c_2 达到最小值，而此时的速比与式（1-35）所示的最佳速比相同。由此可见，最佳速比的物理意义就是使动叶出口绝对速度 c_2 的方向角为 90°（即轴向排汽），从而使 c_2 值最小，η_u 最高时的速比。

在汽轮机中，一般 $\alpha_1=10°\sim16°$，最后几级的 α_1 可增大到 20°，因此纯冲动级的最佳速比 $(x_1)_{op}^{im}=0.47\sim0.49$。

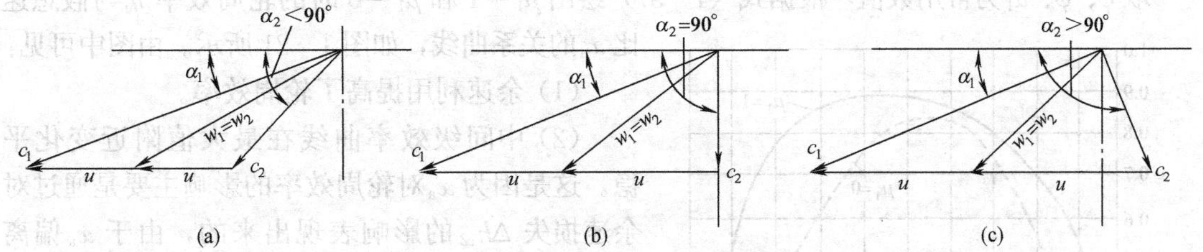

图 1-20　不同速比下纯冲动级的速度三角形

(a) $\alpha_2<90^\circ$时；(b) $\alpha_2=90^\circ$时；(c) $\alpha_2>90^\circ$时

在汽轮机的设计和实验研究中，由于 c_1 为未知或因喷嘴与动叶之间间隙很小，不易测得，故在实用中往往采用 $x_a=u/c_a$ 来代替 x_1，x_a 称为假想速比。c_a 为假想整级的理想滞止焓降全部发生在喷嘴中而获得的喷嘴出口假想速度。

由于
$$x_1=\frac{u}{c_1}=\frac{u}{\varphi\sqrt{2\Delta h_n^*}}=\frac{u}{\varphi\sqrt{2(\Delta h_t^*-\Omega_m\Delta h_t^*)}}$$

而
$$x_a=\frac{u}{c_a}=\frac{u}{\sqrt{2\Delta h_t^*}}$$

由以上两式，可得 x_a 与 x_1 有如下关系，即

$$x_a=\varphi\sqrt{1-\Omega_m}x_1$$

对于纯冲动级 $\Omega_m=0$，则 $x_a=\varphi x_1$，因此在式（1-34）中，若用 x_a 代替 x_1，则式变为：

$$\eta_u=2x_a(\varphi\cos\alpha_1-x_a)\left(1+\phi\frac{\cos\beta_2}{\cos\beta_1}\right)$$

对应的最佳速比为
$$x_{aop}=\frac{1}{2}\varphi\cos\alpha_1$$

若 $\varphi=0.97$，$\alpha_1=11^\circ\sim20^\circ$，则 $(x_a)_{op}^{im}=0.476\sim0.456$。

（二）考虑余速利用

上面讨论的是级后余速动能不被下级利用的孤立级的情况，如单级汽轮机、多级汽轮机的调节级等，均属于这种情况。下面将讨论级后余速动能被下级利用的中间级，其轮周效率和速比的关系。

余速利用后，μ_0 和 μ_1 不等于零，根据纯冲动级的条件：$c_1=\varphi c_a$，$w_2=\psi w_{2t}=\psi w_1$，$\beta_1=\beta_2$，并利用动叶出口速度三角形的关系和式（1-32），经代换可得轮周效率为

$$\eta_u=\frac{2x_a(\varphi\cos\alpha_1-x)(1+\psi)}{1-\mu_1[\varphi^2\psi^2+x_a^2(1+\psi)^2-2x_a\varphi\psi(1+\psi)\cos\alpha_1]}\tag{1-37}$$

将式（1-37）对 x_a 求一阶偏导数，并令其为零，即令 $\frac{\partial\eta_u}{\partial x_a}=0$，则可得到最佳速比为

$$(x_a)_{op}=k-\sqrt{k(k-\varphi\cos\alpha_1)}$$

$$k=\frac{1-\mu_1\varphi^2\psi^2}{\mu_1\varphi(1-\psi^2)\cos\alpha_1}$$

取 φ、ψ、α_1 为常用数值，根据式（1－37）绘出 $\mu_1=1$ 和 $\mu_1=0$ 时的轮周效率 η_u 与假想速比 x_a 的关系曲线，如图 1－21 所示。由图中可见：

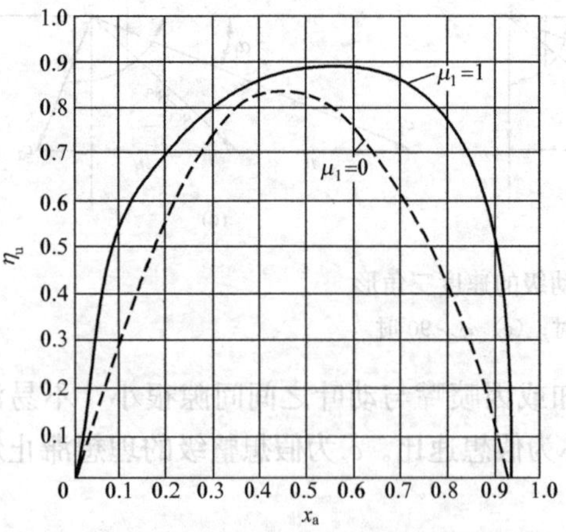

图 1－21　纯冲动级在不同的余速利用情况下轮周效率和速比的关系曲线

（1）余速利用提高了轮周效率。

（2）中间级效率曲线在最大值附近变化平稳。这是因为 x_a 对轮周效率的影响主要是通过对余速损失 Δh_{c2} 的影响表现出来的，由于 x_a 偏离最佳值使 c_2 和 Δh_{c2} 增大，所以轮周效率降低，但在余速动能被利用时，c_2 的大小就不再影响着轮周效率，x_a 的变化只能通过对其他参数的影响而影响轮周效率，所以 x_a 对 η_u 的影响就减弱了。

根据轮周效率曲线顶部比较平坦的特点，在汽轮机设计中，稍微降低一点效率便可较大地降低 x_a，而在级的直径一定时，降低 x_a 将使 c_a 和 Δh_t^* 增大，即提高了级的做功能力。

（3）余速利用使最佳速比值增大。这是因为轮周效率所考虑的三项损失系数 ζ_n、ζ_b、ζ_{c2} 中喷嘴损失系数 ζ_n 不随 x_a 的变化而变化，动叶损失系数 ζ_b 随着 x_a 的增加而逐渐减小（因 w_1 随着 u 的增加而减小），因此轮周效率是随着 x_a 的增加而逐渐提高的。

二、反动级的最佳速比

反动级中，$\Omega_m=0.5$，$\Delta h_{nt}\approx\Delta h_{bt}\approx\Delta h_t\left(因为\frac{c_0^2}{2}一般较小\right)$，这表明在喷嘴叶栅和动叶栅中汽流的流动情况基本上是一样的。因此在实用中为了简化加工工艺，喷嘴和动叶采用相同的叶型。于是，$\alpha_1=\beta_2$，$\varphi=\psi$，若余速全部被利用，即 $\mu_0=\mu_1=1$，且 $c_0=w_1$ 则 $w_2=c_1$，$w_1=c_2$，$\beta_1=\alpha_2$。将以上关系代入 η_u 的计算式［式（1－31）］中，则反动级的轮周效率为

$$\eta_u=\frac{2u(c_1\cos\alpha_1+c_2\cos\alpha_2)}{c_{1t}^2+w_{2t}^2-w_1^2-c_2^2}$$

而

$$w_1^2=c_1^2+u^2-2c_1u\cos\alpha_1$$

所以有

$$\eta_u=\frac{c_1^2-c_2^2+w_2^2-w_1^2}{c_{1t}^2+w_{2t}^2-w_1^2-c_2^2}=\frac{2(c_1^2-w_1^2)}{2(c_{1t}^2-w_1^2)}$$

$$=\frac{c_1^2-c_1^2-u_2+2uc_1\cos\alpha_1}{\frac{c_1^2}{\varphi^2}-c_1^2-u^2+2uc_1\cos\alpha_1}$$

即

$$\eta_u=\frac{x_1(2\cos\alpha_1-x_1)}{x_1(2\cos\alpha_1-x_1)+\left(\frac{1}{\varphi^2}-1\right)}$$

$$=\frac{1}{1+\frac{\frac{1}{\varphi^2}-1}{x_1(2\cos\alpha_1-x_1)}} \tag{1-38}$$

为了得到 η_u 的最大值，必须使式（1-38）中 $x_1(2\cos\alpha_1-x_1)$ 最大。令 $\frac{dx_1(2\cos\alpha_1-x_1)}{dx_1}=0$，即可得到反动级的最佳速比为

$$(x_1)_{op}^{re}=\cos\alpha_1$$

同样，根据反动级的速度三角形也可看出反动级最佳速比的物理意义：根据反动级的特点，可画出进出口速度三角形，如图 1-22 所示，只有当 c_2 的方向角为 90°（即轴向排汽），才能使 c_2 最小，此时有 $u=c_1\cos\alpha_1$，反动级的最佳速比为 $(x_1)_{op}^{re}=\cos\alpha_1$。

利用 c_a 和 c_1 的关系可以求得 x_a 和 x_1 的关系

$$x_a=\frac{x_1}{\sqrt{x_1(2\cos\alpha_1-x_1)+\frac{2}{\varphi^2}-1}}$$

所以

$$(x_a)_{op}^{re}=\frac{\cos\alpha_1}{\sqrt{(\cos\alpha_1)^2+\frac{2}{\varphi^2}-1}}$$

若取 $\varphi=\psi=0.93$，$\alpha_1=20°$，则 $(x_a)_{op}^{re}=0.635$，$(x_1)_{op}^{re}=0.94$。

图 1-23 所示的反动级的轮周效率 η_u 与速比 x_1 的关系曲线（取 $\alpha_1=20°$，$\varphi=\psi=0.93$）。从图中可知，反动级轮周效率曲线在最大值附近变化亦是比较平缓的，所以速比在一定范围内偏离最佳值时不会引起效率的明显下降，变工况性能好。并且由于蒸汽在反动级的动叶片中有膨胀，动叶损失较小，另外反动级的级间距离小，余速能够被下一级利用，使级的效率有所提高，因此在各自的最佳速比下工作时，反动级的轮周效率高于纯冲动级。

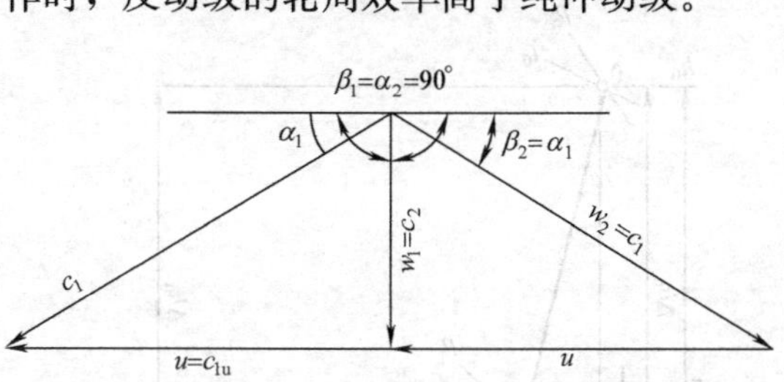

图 1-22　反动级最佳速比下的速度三角形

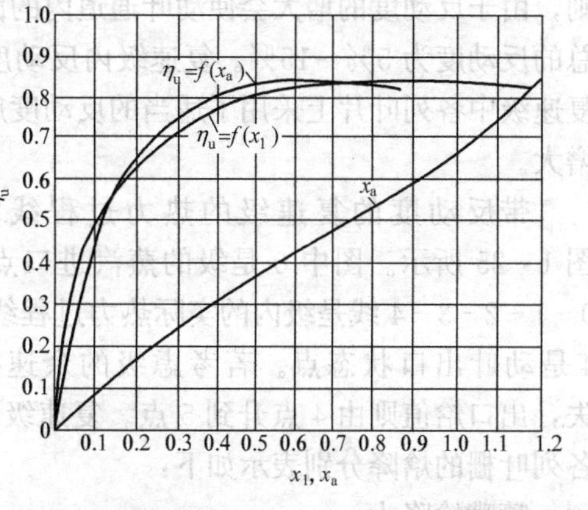

图 1-23　反动级轮周效率 η_u 与速比 x_1 和 x_a 的关系

但由于反动级的最佳速比要比冲动级的大，所以在相同圆周速度 u 下，反动级所能承担的焓降小，即它的做功能力小。因此，在相同的初终参数和圆周速度下，反动式汽轮机的级数要比冲动式的多。

三、带有一定反动度的冲动级的轮周效率与最佳速比

上面讨论了纯冲动级和反动级速比与轮周效率的关系。对于不同反动度 Ω_m 的级，其最佳速比 $(x_1)_{op}$ 在不同的余速动能利用系数 μ 下随 Ω_m 的变化规律，如图 1-24 所示。该图曲线是在 $\varphi=0.96$、$\psi=0.86$ 和 $\alpha_1=14°$ 时作出的。当 φ、ψ 和 α_1 为其他数值时，图中曲线的规律不会变。由图可见最佳速比是随反动度的增大而增大的，而余速不利用（$\mu=0$）比余速

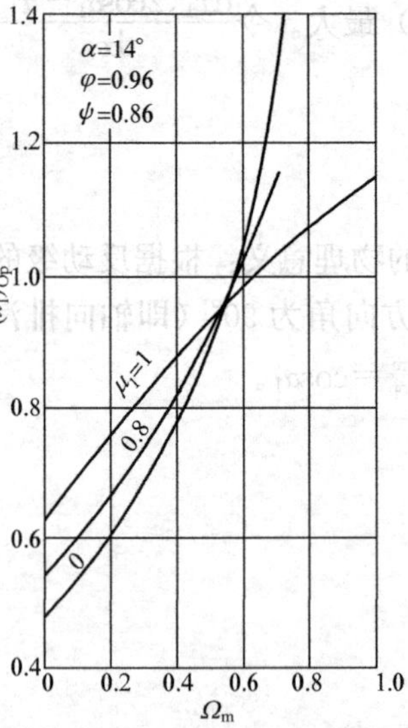

图 1－24 最佳速比与反动度和余速利用系数之间的关系

利用（$\mu>0$）的级增大幅度快得多。

四、复速级的最佳速比

动叶栅的圆周速度 u 受到叶片和叶轮材料强度限制，不能太大，一般允许的最大圆周速度 u_{max} 为 180～300m/s。为保证级的最佳速比，已获得最大的轮周效率，级的理想比焓降 Δh_t^* 也就不能选得过大。与上述最大圆周速度相对应的最佳速比的理想比焓降 $\Delta h_t^*=90\sim210$kJ/kg。在设计一些小容量的汽轮机时，为使整机的级数减少，从而简化结构，减少金属耗量和制造成本，就必须使一级内能利用的比焓降增大。但是随着级的比焓降增大，在一定的圆周速度 u 的限制下，速比将减小，使级的轮周效率降低，这主要是余速损失增大的缘故，因此要采用复速级。在复速级中，从第一列动叶栅流出的汽流，经过导叶栅转向后，流入第二列动叶栅中做功。由于汽流经过两列动叶栅将其动能转变为机械能，使第二列动叶出口绝对速度 c_2 大为减小，从而减小了级的余速损失，保证了复速级的轮周效率不致过低。

（一）复速级的热力过程

为了改善叶栅通道内的流动状况，提高复速级的效率，一般复速级都在其动叶和导叶内采用适当的反动度。而大多数情况下，复速级都是部分进汽的，故其反动度不易过大，否则，由于反动度的增大会使动叶通道内的漏汽损失增大，导致级效率降低。常见的复速级内总的反动度为 5%～15%。复速级内反动度的分配，应按其各列叶片高度平滑变化来确定。复速级中各列叶片上采用了适当的反动度后，可提高级的轮周效率，但级的最佳速比值相应增大。

带反动度的复速级的热力过程线如图 1－25 所示。图中 0 是级的蒸汽进口点，0－1－2－3－4 线是级内的实际热力过程线，4 是动叶出口状态点。若考虑级的余速损失，出口焓值则由 4 点升到 5 点。复速级中各列叶栅的焓降分别表示如下：

喷嘴焓降为

$$\Delta h_n=(1-\Omega_b-\Omega_{gb}-\Omega_b')\Delta h_t$$

第一列动叶焓降为

$$\Delta h_b=\Omega_b\Delta h_t$$

导叶焓降为

$$\Delta h_{gb}=\Omega_{gb}\Delta h_t$$

第二列动叶焓降为

$$\Delta h_b'=\Omega_b'\Delta h_t$$

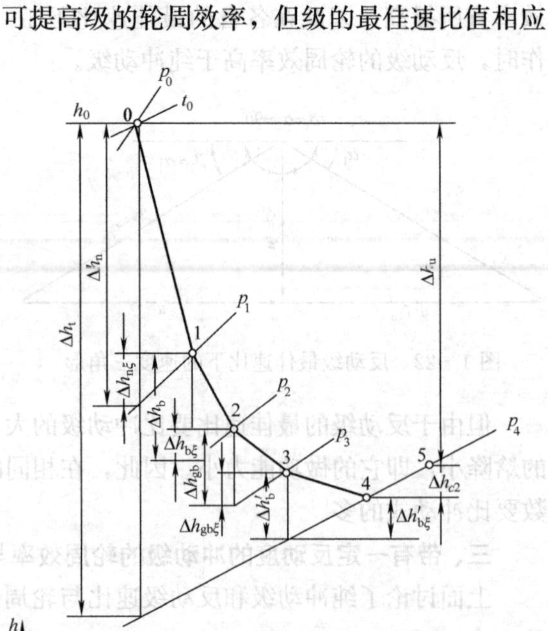

图 1－25 具有反动度复速级的热力过程线

式中　Ω_b、Ω_{gb}、Ω_b'——第一列动叶、导叶和第二列动叶中的反动度。

由各列叶栅的焓降可求得各列叶栅出口汽流速度。

喷嘴出口汽流速度为

$$c_1=\varphi\sqrt{\Delta h_n}$$

第一列动叶出口汽流速度为

$$w_2=\psi\sqrt{2\Delta h_b+w_1^2}$$

导叶出口汽流速度为

$$c_1'=\varphi_{gb}\sqrt{2\Delta h_{gb}+c_2^2}$$

第二列动叶出口汽流速度为

$$w_2'=\psi'\sqrt{2\Delta h_b'+w_1^2}$$

式中　φ_{gb}、ψ'——导叶和第二列动叶的速度系数。

（二）复速级的速度三角形

图1-26是复速级的速度三角形。复速级具有两列动叶栅，第一、第二列动叶分别有各自的速度三角形，第一列动叶的速度三角形表示符号与单列级相同，第二列动叶的速度三角形表示均在相应的符号右上角加“′”，以示区别。

（三）复速级的轮周功

复速级的轮周功是指单位质量蒸汽通过复速级时在两列动叶上所产生的有效机械功之和，即为两列动叶轮周功之和：

$$P_{u1}=P_{u1}^{\mathrm{I}}+P_{u1}^{\mathrm{II}}=u[(c_1\cos\alpha_1+c_2\cos\alpha_2)+(c_1'\cos\alpha_1'+c_2'\cos\alpha_2')] \tag{1-39}$$

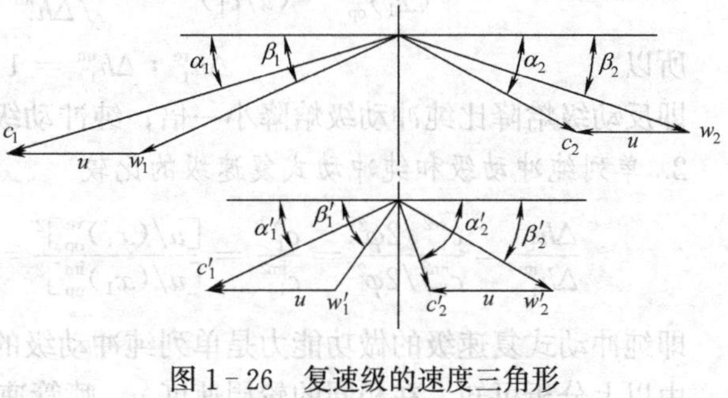

图1-26　复速级的速度三角形

为了便于讨论，设复速级反动度均为零（两列动叶、导向叶栅中的理想比焓降均为零），且不考虑导向叶栅和两列动叶栅中的损失，则与纯冲动级的速度三角形相似，有$\beta_1=\beta_2$、$\beta_1'=\beta_2'$、$\alpha_1'=\alpha_2$、$w_1=w_2$、$w_1'=w_2'$、$c_2=c_1'$。

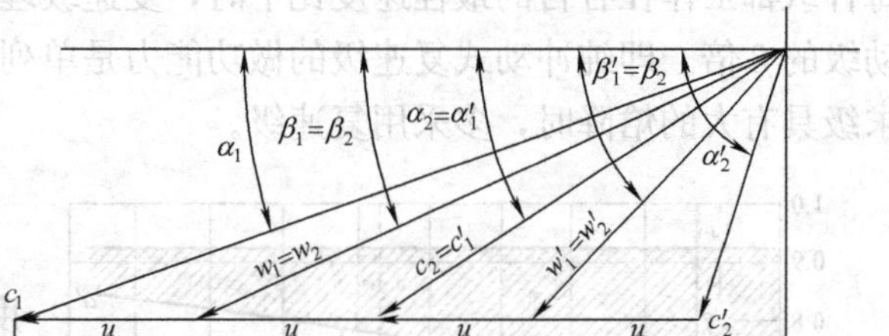

图1-27　无损失纯冲动式复速级的速度三角形

假定复速级的$\Omega_m=0$，且蒸汽在级中的流动是无损失的绝热过程，则复速级的速度三角形可绘制为如图1-27所示。由图可得

$$c_2\cos\alpha_2=c_1'\cos\alpha_1'=c_1\cos\alpha_1-2u$$

$$c_2'\cos\alpha_2'=c_1\cos\alpha_1-4u$$

将上述关系式代入式（1-39）中，可得

$$P_{u1}=4u(c_1\cos\alpha_1-2u)$$

（四）复速级的轮周效率和最佳速比

根据轮周效率的定义，考虑到复速级的余速不被利用，得到纯冲动式的复速级的轮周效率

$$\eta_u = \frac{P_{ul}}{E_0} = \frac{P_{ul}}{\Delta h_t^*} = \frac{4u(\cos\alpha_1 - 2u)}{c_{1t}^2/2} = 8\varphi^2 x_1(\cos\alpha_1 - 2x_1)$$

同样可根据求极值的方法求复速级的最佳速比

$$(x_1)_{op}^{ve} = \frac{\cos\alpha_1}{4}$$

由图 1-27 可知复速级最佳速比的物理意义。对于纯冲动式的复速级，$\Omega_m = 0$，则 $\beta_1 = \beta_2$、$\beta_1' = \beta_2'$、$\alpha_1' = \alpha_2$、$w_1 = w_2$、$w_1' = w_2'$、$c_2 = c_1'$，因此可将速度三角形画在一边，形成一个大三角形。从复速级速度三角形可以看出，第二列动叶排汽速度 c_2' 的方向角为 90°，即轴向排汽，复速级的余速损失最小。余速损失最小时，有 $c_1\cos\alpha_1 = 4u$，即 $(x_1)_{op}^{ve} = \dfrac{\cos\alpha_1}{4}$。

五、速度级与单列级的比较

(一) 不同级的做功能力比较

根据上述不同类级的最佳速比，在级的平均直径 d_m、喷嘴速度系数 φ 和喷嘴出汽角 α_1 等条件相同，每种级在各自的最佳速比下工作时，可比较不同级的做功能力。

1. 纯冲动级与反动级的比较

由于
$$\frac{(x_1)_{op}^{im}}{(x_1)_{op}^{re}} = \frac{(u/c_1)^{im}}{(u/c_1)^{im}} = \frac{\sqrt{\Delta h_t^{re}/2}}{\sqrt{\Delta h_t^{im}}} = \frac{\cos\alpha_1/2}{\cos\alpha_1} = \frac{1}{2}$$

所以
$$\Delta h_t^{re} : \Delta h_t^{im} = 1 : 2$$

即反动级焓降比纯冲动级焓降小一倍；纯冲动级的做功能力是反动级的 2 倍。

2. 单列纯冲动级和纯冲动式复速级的比较

$$\frac{\Delta h_t^{ve}}{\Delta h_t^{im}} = \frac{c_1^{ve2}/2\varphi^2}{c_1^{im2}/2\varphi^2} = \frac{c_1^{ve2}}{c_1^{im2}} = \frac{[u/(x_1)_{op}^{ve}]^2}{[u/(x_1)_{op}^{im}]^2} = \frac{(x_1)_{op}^{im2}}{(x_1)_{op}^{ve2}} = \frac{\cos^2\alpha_1/4}{\cos^2\alpha_1/16} = \frac{4}{1}$$

即纯冲动式复速级的做功能力是单列纯冲动级的 4 倍。

由以上分析可知，在相同的轮周速度 u、喷管速度系数 φ 和喷管出汽角 α_1 的条件下，且每种级都工作在各自的最佳速度比下时，复速级理想焓降是单列纯冲动级焓降的 4 倍，是反动级的 8 倍。即纯冲动式复速级的做功能力是单列纯冲动级的 4 倍，反动级的 8 倍，故在要求级具有大的焓降时，多采用复速级。

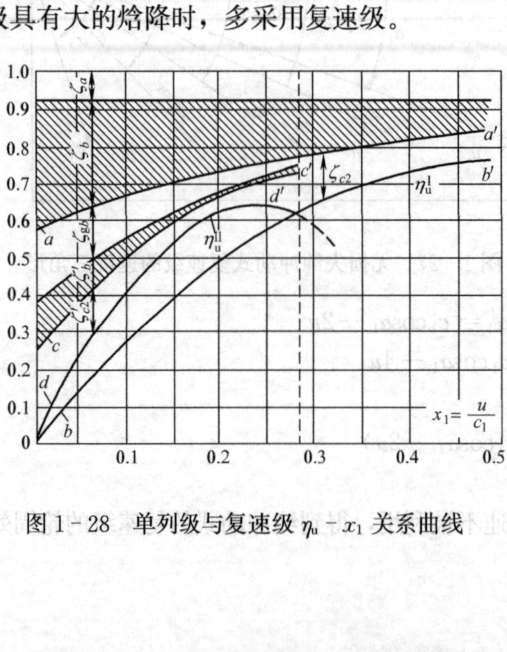

图 1-28　单列级与复速级 $\eta_u - x_1$ 关系曲线

(二) 轮周效率的比较

复速级和单列冲动级的轮周效率与速度比的关系曲线如图 1-28 所示。

由图 1-28 中各曲线的比较可以看出：速比 x_1 在 0～0.28 的范围内，复速级的效率比单列级的效率高，复速级才有被采用的价值。在各自的最佳速比下，单列级的轮周效率高于复速级的轮周效率。一般在一级中要求利用很大焓降时，才采用复速级。复速级多用于单级汽轮机或中小型汽轮机的调节级。在最佳速比时上述级的最高轮周效率，反动级的最高，复速级的最低。

第五节　汽轮机的级内损失和级效率

一、汽轮机的级内损失

在汽轮机通流部分中与流动、能量转换有直接联系的损失称为汽轮机的级内损失。这些损失均将消耗一部分有用功，使级的效率下降，因此为了提高汽轮机的效率，必须了解产生这些损失的原因以及减小这些损失所采用的方法。

蒸汽在汽轮机内进行能量转换的过程中，除了在叶栅流道内产生的喷嘴损失和动叶损失，以及排汽引起的余速损失之外，由于不同的工作条件、流动状况及不同结构形式等因素，会产生其他的级内损失。

级内损失除喷嘴损失、动叶损失，以及排汽引起的余速损失之外，级内损失主要有叶高损失、扇形损失、叶轮摩擦损失、部分进汽损失、漏汽损失、湿汽损失等。应注意，对于级内损失，并不是每一级都同时存在着这些损失，需根据具体的情况来进行判断。如在全周进汽的级中就不存在部分进汽损失；在叶片较长又不采用扭曲叶片的级中，才存在扇形损失；工作在湿蒸汽区里的级才会产生湿汽损失。因此在分析级内各项损失时，要根据其实际情况来定。

（一）叶高损失 Δh_l

叶高损失也称叶端损失。蒸汽流过叶栅时，除与相邻叶片的表面存在摩擦损失外，在其通道的顶部和根部的两个端面也要形成附面层而产生摩擦损失。另外，端面内的附面层摩擦损失会使端面汽流流速降低，在弯曲流道内作曲线运动产生的离心力相应减小，使其内弧侧的压力低于叶栅型线部分对应点的压力。汽流在此压差作用下向端部流动，使该处的压力升高。在端面的背弧处则相反。因此在两个端面附面层内，内弧侧与背弧侧的压差作用力大于离心力，附面层内的汽流在由进口流向出口的同时，还要产生由内弧向背弧的横向运动，称为二次流。在汽流通道内此二次流与沿主流方向形成的附面层混合并堆积成两个对称、方向相反的旋涡组成的涡流（见图1-29），由此所产生的损失称为二次流损失，进一步加大附面层内的摩擦损失。在叶片通道中部，由于蒸汽流速大，上述压差被汽流的离心力（方向有背弧指向内弧）所平衡，故不会形成二次流损失。

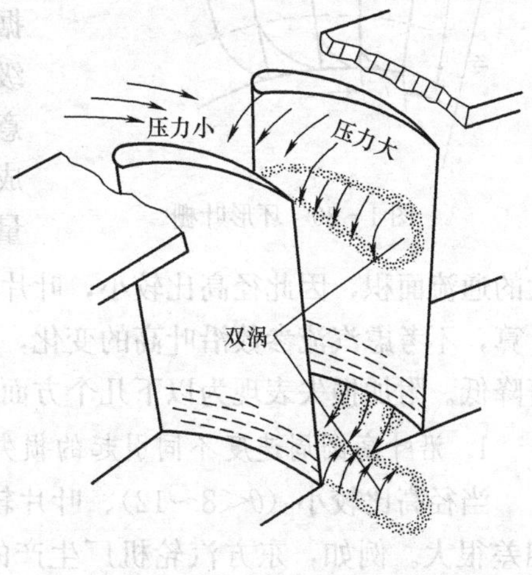

图1-29　叶栅中汽流的二次流损失

叶端损失即由二次流损失和端部附面层的摩擦损失两部分组成。

各种试验表明，影响叶端损失的因素很多，如叶型、叶栅的安装角、节距、进汽角等，其中最主要因素是相对高度 $\bar{l}=l/b$，当 $\bar{l}$ 大于某一值时，由于叶栅两端部旋涡对汽道中主流的影响不再增大，所以叶端损失的绝对值不再随 l 的增加而改变，因此 l 越大，叶端损失在总的损失中所占比重就越小。但当叶栅高度一定时，增大 l 就必须减小弦长 b，因此在强度允许的范围内，应尽量采用较窄的叶栅。

在短叶栅中叶端损失特别严重，为了减小这项损失，使叶栅斜切部分在高度上有少量的缩小，这样汽流在斜切部分略有加速，可减薄叶栅出口段背弧上的附面层，减小汽流向根部端面的流动，使根部的流动损失减小。

叶端损失亦即叶高损失 Δh_l 以式（1-40）计算

$$\Delta h_l = \frac{a}{l}\Delta h_u \tag{1-40}$$

式中　a——经验系数，由试验确定，对单列级，$a=1.2$（未包括扇形损失），或 $a=1.6$（包括扇形损失），对双列级，$a=2$；

Δh_u——不包括叶高损失的轮周有效焓降，$\Delta h_u=\Delta h_t^*-\Delta h_{n\xi}-\Delta h_{b\xi}-\Delta h_{c2}$，kJ/kg；

l——叶栅高度，对单列级为喷嘴高度，双列级为各列叶栅的平均高度，mm。

（二）扇形损失 Δh_θ

汽轮机级中的叶栅是沿圆周布置成环形，叶栅通道的轴向断面呈扇形，相邻叶片并不平行，如图1-30所示。当采用等截面直叶片时，其通道节距沿叶高变化，叶片越高，变化越大。由于喷嘴出口汽流切向分速的离心作用，将汽流向叶栅顶部挤压，使喷嘴出口蒸汽压力沿叶高逐渐升高。另外，圆周速度沿叶高方向也会发生变化。

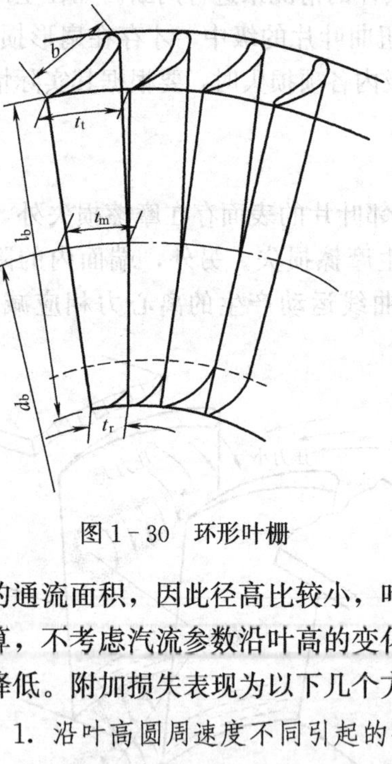

图1-30　环形叶栅

前面在对级的通流部分进行能量转换分析计算时，认为汽流参数沿叶高和周向不变，用平均直径上的参数代替整个叶高上各处的参数，即采用一元流动为依据的设计方法。对于径高比 $\theta=d/l>8\sim12$ 的短叶片级，采用这种一元流理论进行级的设计，可以获得满意的工程效果，而且计算简便，叶片易于加工，制造成本低。但随着汽轮机单机功率的增大，蒸汽容积流量必然增大，特别是凝汽式汽轮机的末几级，需要更大的通流面积，因此径高比较小，叶片很长。若仍以一元流动为依据，以平均直径处的参数计算，不考虑汽流参数沿叶高的变化，设计成直叶片，将产生很大的附加损失，使级效率显著降低。附加损失表现为以下几个方面。

1. 沿叶高圆周速度不同引起的损失

当径高比较小（$\theta<8\sim12$）、叶片较长时，从叶根到叶顶，半径的显著变化使圆周速度相差很大。例如，东方汽轮机厂生产的N300-16.7/537/537型汽轮机，其末级平均直径 $d_m=2520$mm，叶片高度 $l_b=851$mm，$\theta=2.96$，叶顶圆周速度 $u_t=529.5$m/s，叶根圆周速度 $u_r=263$m/s，两圆周速度相差一倍。

为了便于分析圆周速度沿叶高变化引起的损失，假定喷嘴出口汽流速度 c_1 和汽流角 α_1 沿叶高不变，按比例作出叶根、叶顶和平均直径处的速度三角形，如图1-31所示。

由图1-31可见，由于圆周速度沿叶高逐渐增加，汽流进入动叶的进汽角 β_1 沿叶高逐渐增大，这时若动叶仍按平均直径处的速度三角形设计，并采用等截面直叶片，则除了平均直径外，其他直径处的汽流在进入动叶通道时，都将产生程度不同的撞击。在 $d>d_m$ 处，汽流撞击动叶背弧；在 $d<d_m$ 处，汽流撞击动叶内弧，从而造成能量损失。同时，动叶汽流出口绝对速度 c_2 及其方向角 α_2 沿叶高也将发生很大的变化，造成级后汽流扭曲，使下一级汽流进口条件恶化，产生附加能量损失。

2. 沿叶高节距不同引起的损失

图 1-31 所示叶栅是具有一定半径的环形叶栅，当径高比 θ 较小时，从叶根到叶顶，叶栅节距相差较大。以国产 N200-12.75/535/535 型汽轮机的末级动叶栅为例，其叶根节距 $t_r=37.77$mm，平均节距 $t_m=56.1$mm，叶顶节距 $t_t=74.75$mm，叶顶节距为叶根的两倍。若仍采用直叶片，在平均直径处取最佳节距，则在其他直径处因偏离最佳节距所造成的损失将随 θ 的减小而迅速地增加。

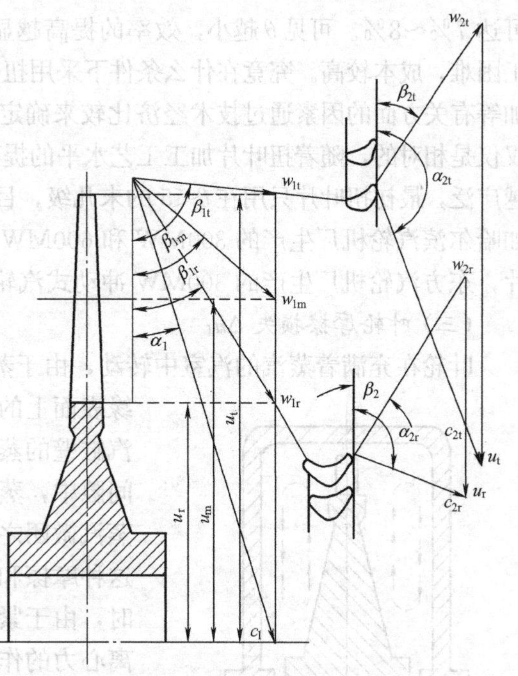

图 1-31　速度三角形沿叶高的变化

3. 轴向间隙中汽流径向流动所引起的损失

当蒸汽从静、动叶栅流出时，由于有圆周方向的分速度 c_{1u} 和 c_{2u} 的存在，蒸汽在静、动叶栅出口的轴向间隙中受到离心力的作用，又由于在一元流设计中没有平衡措施，所以引起轴向间隙中汽流的径向流动，这种径向流动不会转变成轮周功，纯属一种损失，叶片越长，这种损失越大。

在环形叶栅中，平均直径处参数为最佳，在平均直径以外的叶高处圆周速度、节距、蒸汽参数等数值均偏离平均直径处的最佳设计值，汽流特性和叶栅几何特性不能匹配，会增加蒸汽流过叶栅时流动损失。此外，在等截面直叶片级的轴向间隙中，汽流还会径向流动引起损失。这些损失统称为扇形损失。

$$\Delta h_\theta = 0.7\left(\frac{l_b}{d_b}\right)^2 E_0 = 0.7\frac{E_0}{\theta^2} \tag{1-41}$$

式中　l_b——动叶高度，m；

d_b——动叶栅的平均直径，m。

由式（1-41）可知，扇形损失的大小与径高比 $\theta=d_b/l_b$ 的平方成反比，θ 越小，扇形损失越大。当 $\theta>12$ 时，可采用等截面直叶片，设计和加工都比较方便，但存在着扇形损失；当 $\theta<8$ 时应按二元流或三元流理论考虑汽流参数沿叶高变化的影响，把长叶片设计成型线沿叶高而变化的变截面扭叶片，如图 1-32 所示，这时虽加工较困难，但可避免扇形损失。

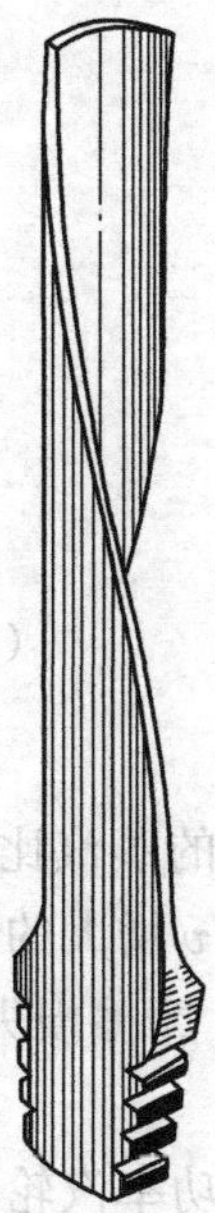

图 1-32　扭转的自由叶片

通常当 $\theta=8$ 时，较好的扭叶片比直叶片提高效率约 1.5%～2.5%；当 $\theta=6$ 时，提高效率约 3%～4%；当 $\theta=4$ 时，提高效率可达7%～8%。可见θ越小，效率的提高越显著。采用扭叶片虽可提高效率，但扭叶片的加工困难，成本较高。究竟在什么条件下采用扭曲叶片，要根据提高效率的收益和制造成本的增加等有关方面的因素通过技术经济比较来确定。前面所说的按$\theta=8\sim12$来划分直叶片的范围仅仅是相对的，随着扭叶片加工工艺水平的提高和制造成本的下降，扭叶片的使用范围也越来越广泛，最初扭叶片只用在$\theta<5$的末几级，目前在大功率汽轮机的高中压部分也采用扭叶片，如哈尔滨汽轮机厂生产的300MW和600MW反动式汽轮机的全部静叶和动叶均采用了扭叶片，东方汽轮机厂生产的300MW冲动式汽轮机高中压缸压力级动叶也全部采用扭叶片。

（三）叶轮摩擦损失 Δh_f

叶轮在充满着蒸汽的汽室中转动，由于蒸汽具有黏性，使叶轮带动着贴在叶轮侧面及外缘表面上的蒸汽质点以相同的速度运动，而紧贴隔板壁和汽缸壁的蒸汽速度近似为零，因此，在叶轮两侧及外缘的间隙中，蒸汽沿轴向形成层与层间的速度差，从而形成了蒸汽微团之间以及蒸汽微团与叶轮之间的摩擦。为了克服这种摩擦和带动蒸汽质点运动，要消耗一部分轮周功。同时，由于紧靠叶轮两侧的蒸汽质点随着叶轮一起转动，受离心力的作用产生向外的径向流动，而靠近隔板处的蒸汽质点由于速度小，离心力也小，自然向中心移动，填补叶轮处径向流动的蒸汽，以保持汽体的连续性。于是在叶轮两侧的子午面内形成了蒸汽的涡流运动，如图1-33所示。克服摩擦阻力和涡流所消耗的功叫叶轮摩擦损失。此项损失通常由实验确定，目前广泛采用斯托陀拉的经验公式计算

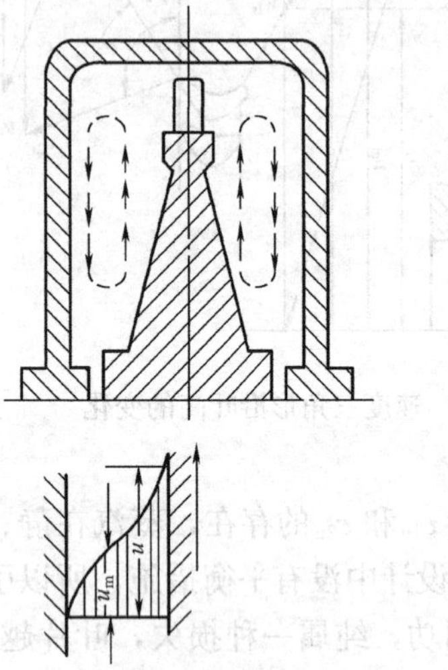

图1-33 级汽室内的汽流速度分布

$$\Delta P_f = k_1\left(\frac{u}{100}\right)^3 d^2 \frac{1}{v} \tag{1-42}$$

式中 ΔP_f——摩擦损失所消耗的功率，kW；

k_1——经验系数，对过热蒸汽$k_1=1.0$；对饱和蒸汽$k_1=1.2\sim1.3$；

u——圆周速度，m/s；

d——级的平均直径，m；

v——汽室中蒸汽的平均比体积，m^3/kg。

如果用热量单位kJ/kg表示叶轮摩擦损失，则

$$\Delta h_f = \frac{\Delta P_f}{G} \tag{1-43}$$

式中 G——级的进汽量，kg/s。

由式（1-42）可知，影响叶轮摩擦损失的主要因素有圆周速度u，级的蒸汽比体积v及级的平均直径d，从汽轮机高压级到低压级，u、v、d都呈增大趋势，但v增大的特别显著，因此对叶轮摩擦损失影响最大。在汽轮机的高压部分，由于比体积小，摩擦损失较大；低压部分由于比体积大，则摩擦损失较小，有时甚至可略去不计。

式（1-43）表明，叶轮摩擦损失还与流量G成反比，故低负荷下及小功率汽轮机，由于流量较小，因此这项损失影响较大。另外叶轮摩擦损失系数与速比的三次方成正比，当

x_a 增大时，ζ 将急剧增大。

减少叶轮摩擦损失应从以下两方面着手，一方面从设计上应尽量减小叶轮与隔板间腔室的容积，即减小叶轮与隔板间的轴向距离。如反动式汽轮机采用无叶轮的鼓形转子，因此无叶轮摩擦损失。另一方面在制造上应尽可能提高叶轮的表面光洁度。

（四）部分进汽损失 Δh_e

如果将喷嘴均匀布置在隔板（或蒸汽室）的整个圆周上，使蒸汽沿整个圆周进汽，这种进汽方式称为全周进汽。但在某些高压级中，当流过喷嘴的蒸汽体积流量过小时，若仍采用全周进汽，则喷嘴叶栅高度可能会小于极限值 15mm，这样小的喷嘴叶栅不但加工困难，而且流动损失很大。在这种情况下，为了增高喷嘴的高度，则将喷嘴布置在部分圆周上，使蒸汽沿部分圆弧进汽，这种进汽方式称为部分进汽，如图 1-34 所示。此外，调节级由于配汽方式的需要通常采用部分进汽。常用装有喷嘴的弧段长度 $z_n t_n$（z_n 为喷嘴数）与整个圆周长度 πd_m 的比值 e 来表示部分进汽的程度，称为部分进汽度，即

$$e=\frac{z_n t_n}{\pi d_m} \tag{1-44}$$

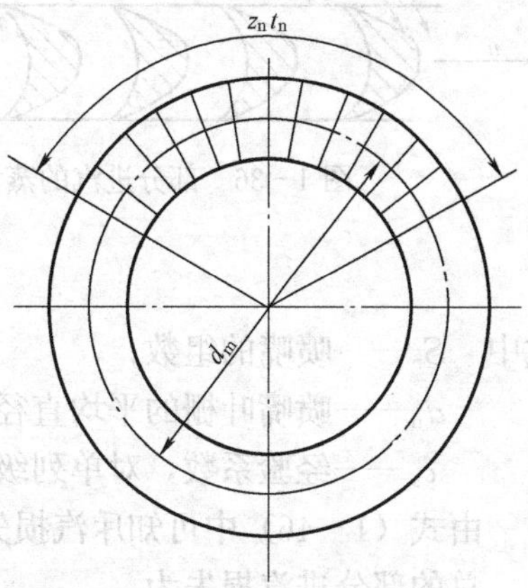

图 1-34 喷嘴在圆周上的分布

由于部分进汽而带来的能量损失称为部分进汽损失，它由鼓风损失和斥汽损失两部分组成。

1. 鼓风损失 Δh_w

鼓风损失发生在不装喷嘴的弧段内。在部分进汽的级中，只有在装有喷嘴的工作弧段内有工作蒸汽通过动叶通道，在不装喷嘴的非工作弧段内无工作蒸汽通过，但在这段的轴向间隙中充满了停滞的蒸汽。当动叶转到这段非工作弧段时，动叶两侧面就与这弧段内的停滞蒸汽发生摩擦，产生摩擦损失。同时像鼓风机叶片那样，将停滞的蒸汽从一侧鼓到另一侧，消耗了一部分有用功，产生鼓风损失。需要注意的是动叶片是全周布置的，所以鼓风损失是连续存在的。鼓风损失 Δh_w 通常用下列的经验公式计算

$$\Delta h_w=B_e\frac{1}{e}\left(1-e-\frac{e_c}{2}\right)x_a^3E_0 \tag{1-45}$$

式中 e——部分进汽度；

e_c——护罩所占弧长与整周弧长之比；

B_e——与级型有关的系数，对单列级 $B_e=0.15$，对复速级 $B_e=0.55$。

图 1-35 部分进汽时采用护罩的示意

1—叶片；2—护罩

由上述分析可知，部分进汽度 e 越小，鼓风损失越大，为此，除应选择合理的 e 值外，常采用一种护罩装置（见图 1-35），就是把处在不装喷嘴弧段部分的动叶两侧用护罩将叶片罩住，这时，叶片只在护罩内少量的蒸汽中转动，减小了鼓风损失。

2. 斥汽损失 Δh_s

斥汽损失发生在装有喷嘴的进汽弧段内。当工作叶片经过非工作弧段时，动叶通道内充满了停滞的蒸汽，而当带有停滞蒸汽

的动叶汽道转到进汽弧段时，从喷嘴出来的汽流为了吹走和加速这部分停滞蒸汽，必然要消耗一部分动能。此外，由于叶轮高速旋转和压力差的作用，在喷嘴组出口端A点后的轴向间隙处将产生很大的漏汽（见图1-36），而在喷嘴组的进入端B处将出现抽吸现象，将一部分停滞蒸汽吸入动叶通道，扰乱了主流形成了损失。上述三方面损失统称为斥汽损失 Δh_s，其大小可用下列经验公式计算

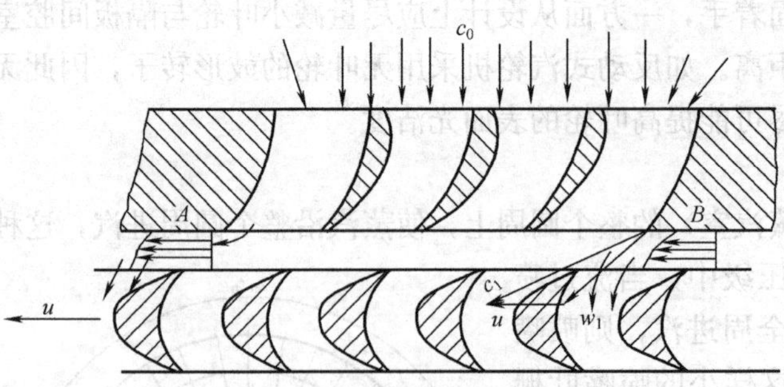

图1-36 部分进汽的蒸汽流动示意

$$\Delta h_s = c_s \frac{1}{e} \frac{S_n}{d_n} x_a E_0 \tag{1-46}$$

式中 S_n——喷嘴的组数；

d_n——喷嘴叶栅的平均直径，m；

c_s——经验系数，对单列级，$c_s=0.012$，对复速级，$c_s=0.016$。

由式（1-46）中可知斥汽损失不仅与部分进汽度有关，还与喷嘴组数有关。

总的部分进汽损失为

$$\Delta h_e = \Delta h_w + \Delta h_s \tag{1-47}$$

由上述讨论可知，为减少部分进汽损失，部分进汽度不宜太小，但从减小叶高损失来说，e 又不宜太大，故在选用时 e 应综合考虑，原则是使这两项损失之和为最小。此外，还应设法减少喷嘴组数，以及减少两组喷嘴之间的间隙，使其不大于喷嘴叶栅的节距。同时，喷嘴组在圆周上安排时，应设法避免因隔板中分面结构影响，而使喷嘴组数增加。

（五）漏汽损失 Δh_δ

在汽轮机的通流部分中，隔板和转轴之间、动叶顶部与汽缸之间，在转鼓结构的反动级中静叶与转鼓之间都存在着间隙，并且各间隙前后的蒸汽都存在着压差，因此将会发生不同程度的漏汽，造成损失，称为漏汽损失。

1. 隔板漏汽损失 Δh_p

在冲动式汽轮机的级中，由于隔板和转轴之间存在着较大的压差，因此一部分蒸汽 ΔG_p（见图1-37）将绕过喷嘴从隔板与转轴之间的间隙中漏到后面的隔板与叶轮之间的汽室中，由于这部分漏汽不经过喷嘴通道，所以不参加做功，形成漏汽损失。此外，这部分蒸汽还可能通过喷嘴和动叶根部之间的轴向间隙流入动叶通道，由于 ΔG_p 不是从喷嘴中以正确的方向进入动叶通道，因此不但不做功，反而扰乱了动叶中的主流，造成附加能量损失。

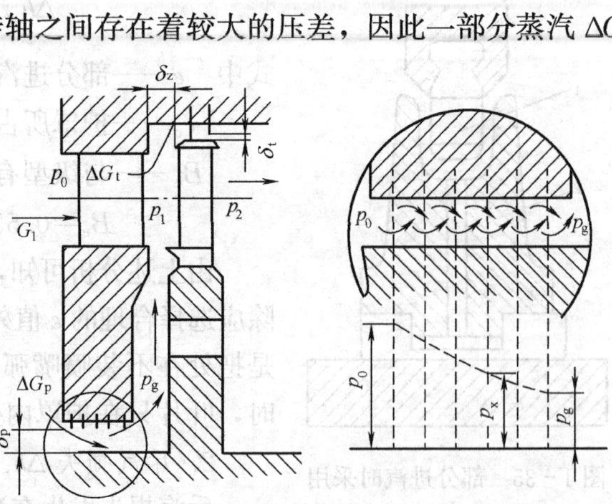

图1-37 冲动式级漏汽示意

由于漏汽量正比于间隙面积和间隙

两侧的压差，所以为了减少漏汽损失，应从减小间隙面积和压差着手，具体可采取下列措施：

(1) 在隔板与转轴处采用梳齿形汽封，如图 1-37 所示。因为梳齿形汽封的间隙可以做得很小，而且汽流通过每个齿隙时就发生一次节流作用，所以每个齿只承担整个压差的一部分，这样，漏汽面积和压差都减小，漏汽量也减小了。

(2) 在动叶根部设置轴向汽封，减小漏汽进入动叶。

(3) 在叶轮上开平衡孔，并在动叶根部采用适当的反动度，使隔板漏汽通过平衡孔流到级后，避免漏汽进入动叶，扰乱主汽流。

由于在一个汽封齿隙中蒸汽的流动情况大致与蒸汽在简单渐缩喷嘴中的流动相似，所以漏汽量 ΔG_p 的计算公式基本上也与喷嘴流量的公式类似，为

$$\Delta G_p = \mu_p A_p \frac{c_{1p}}{v_{1t}} = \mu_p A_p \frac{\sqrt{2\Delta h_n^*}}{v_{1t}\sqrt{z_p}} \tag{1-48}$$

式中　z_p——汽封高低齿齿数，如果是平齿，则应修正，$z_p=\frac{z+1}{2}$；

v_{1t}——汽封齿出口理想比体积，m^3/kg；

Δh_n^*——喷嘴中的滞止理想焓降，kJ/kg；

μ_p——汽封流量系数，一般 $\mu_p=0.7\sim0.8$；

A_p——汽封间隙面积，m^2，$A_p=\pi d_p\delta_p$ 其中 δ_p 为汽封间隙的大小，d_p 为汽封齿的平均直径；

c_{1p}——汽封齿出口流速。

隔板漏汽损失为

$$\Delta h_{p\xi} = \frac{\Delta G_p}{G}\Delta h_u' \tag{1-49}$$

式中　G——级流量，kg/s；

$\Delta h_u'$——轮周有效焓降，$\Delta h_u' = \Delta h_t^* - \Delta h_{n\xi} - \Delta h_{b\xi} - \delta h_l - \delta h_\theta - \Delta h_{c2}$，kJ/kg。

2. 叶顶漏汽损失 $\Delta h_{\delta t}$

对于带有反动度的冲动级，由于动叶前后有压差，并且在动叶顶部压差最大，又由于动叶顶部和汽缸之间，隔板与叶轮之间存在着径向间隙 δ_r 和轴向间隙 δ_z，因此，从喷嘴中流出的蒸汽有一部分 ΔG_t 不通过动叶通道而漏到级后，这部分漏汽没有做功，成为叶顶漏汽损失。

为减小这项损失，可在围带上安装径向汽封和轴向汽封；对无围带的动叶片，可将动叶顶部削薄以达到汽封的作用；尽量设法减小扭叶片顶部的反动度。

动叶顶部漏汽量可用下列公式计算

$$\Delta G_t = \mu_t A_t \frac{c_{1t}}{v_{2t}} = \mu_t A_t \frac{e\mu_t \pi(d_b + l_b)\delta_t \sqrt{2\Omega_m \Delta h_t^*}}{v_{2t}}$$

式中　e——部分进汽度；

μ_t——叶顶间隙的流量系数，一般 $\mu_t=0.58$；

Δh_t^*——级的滞止理想焓降，kJ/kg；

Ω_m——叶顶反动度；

δ_t——动叶顶部当量间隙。

对于叶顶围带上同时装有轴向与径向汽封的结构，如图 1-37 所示，则

$$\delta_t = \frac{\delta_z}{\sqrt{1+z_r\left(\frac{\delta_z}{\delta_r}\right)^2}} \tag{1-50}$$

式中 δ_z——顶部轴向间隙；

δ_r——顶部径向间隙；

z_r——叶顶径向汽封齿数。

动叶顶部漏汽损失为

$$\Delta h_{\delta t} = \frac{\Delta G_t}{G}\Delta h'_u \tag{1-51}$$

对于反动级，为了减小轴向推力，通常采用转鼓结构，如图 1-38 所示，$\delta_1=\delta_2=\delta_r$。其叶顶漏汽损失常用下列经验公式计算

$$\Delta h_{\delta t} = 1.72\frac{\Delta\delta_r^{1.4}}{l_b}E_0$$

（六）湿汽损失 Δh_x

多级凝汽式汽轮机的最后几级常在湿蒸汽区域内工作，级中存在着湿汽损失，这是因为：

（1）湿蒸汽中的存在一部分小水滴，使做功的蒸汽量减少。

（2）湿蒸汽中的小水滴，因其质量比蒸汽的质量大，所获得的速度比蒸汽的速度小，故当蒸汽带动水滴运动时，造成两者之间的碰撞和摩擦，损耗一部分蒸汽动能。

（3）在湿蒸汽进入动叶栅时，由于水滴的运动速度较小，在相同的圆周速度下，水滴进入动叶的方向角与动叶栅进口几何角相差很大，使水滴撞击在动叶片的背弧上，对动叶栅产生制动作用，阻止叶轮的旋转，为克服水滴的制动作用力，将损耗一部分轮周功；当水滴撞击在动叶片的背弧上时，水滴就四处飞溅，扰乱主流，进一步加大水滴与蒸汽之间的摩擦，又损耗一部分蒸汽动能，如图 1-39 所示。

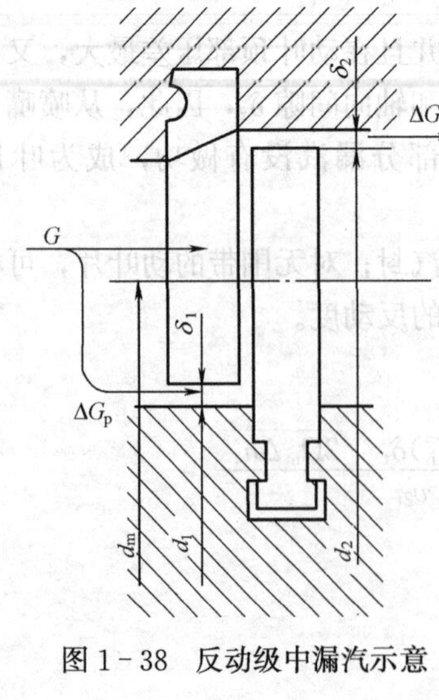

图 1-38 反动级中漏汽示意

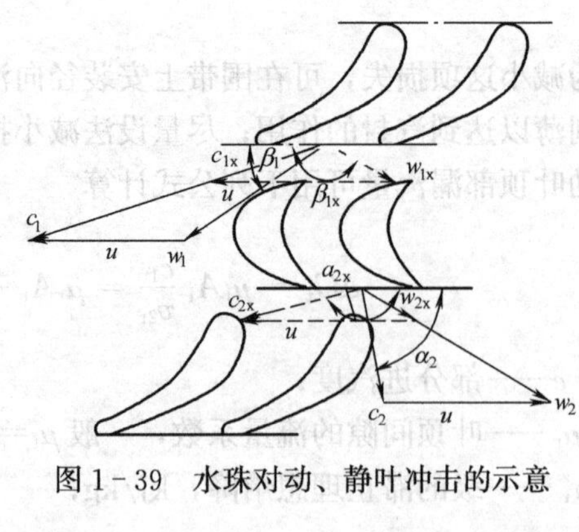

图 1-39 水珠对动、静叶冲击的示意

(4) 湿蒸汽在喷嘴中膨胀，由于速度非常快，使一部分蒸汽来不及凝结成水，即汽化潜热没有释放出来，形成所谓的过饱和蒸汽，结果使蒸汽在喷嘴中的理想比焓降减小，速度降低，造成过冷损失。

湿汽损失的计算

$$\Delta h_{x} = (1 - x_{m})\Delta h_{i}' \tag{1-52}$$

湿蒸汽对动叶片的危害：产生水蚀损伤，其中以动叶进汽边顶部背弧处最严重。

提高级效率和防止动叶水滴侵蚀损坏的措施：

(1) 采用去湿装置，以减少湿蒸汽中的水分。

常用的去湿装置如图 1-40 所示。另外也可采用具有吸水缝的空心叶片，如图 1-41 所示。

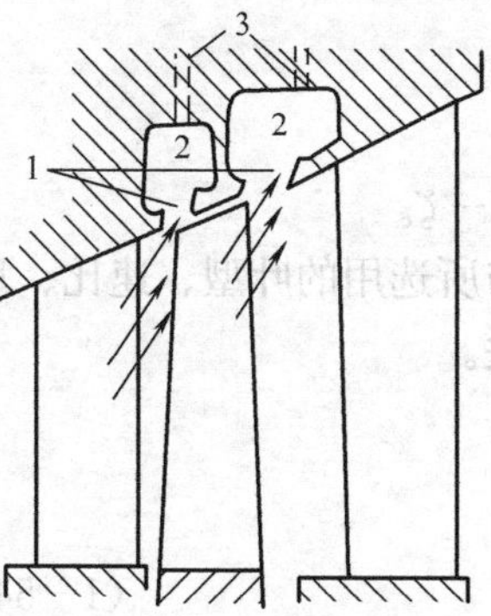

图 1-40　去湿装置示意

1—捕水口槽道；2—捕水室；3—流水通道

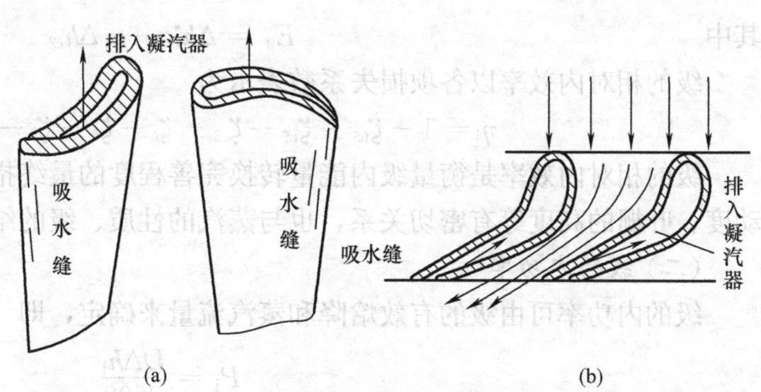

图 1-41　喷嘴静叶片的吸水缝

(a) 吸水缝在静叶片弧面；(b) 吸水缝在出汽边

(2) 提高动叶片的抗侵蚀能力。常用的方法有：对末几级动叶采用耐冲蚀性强的材料，例如钛合金、镍铬钢、不锈锰钢等；也可采用将多级汽轮机的最后几级动叶进汽边的背弧表面加焊硬质合金、局部淬硬、表面镀铬、电火花强化及氮化等措施。目前常用的方法是在动叶顶部进汽边的背弧上镶焊硬度较高的司太立合金薄片。

(3) 限制多级汽轮机末级的排汽湿度，一般要求末级叶片排汽的最大可见湿度不超过 12%。

二、汽轮机级的相对内效率和内功率

以上分析结果表明，级内存在着各种损失，因此，蒸汽在级内进行能量转换时，不能全部将其热能转换成转轴的有效机械功，要有一部分能量消耗于各项损失之中。在绝热过程中，级内所有的能量损失都将重新转变成热能，加热蒸汽本身，因此级内损失使动叶出口的排汽焓值升高。考虑了级内各项损失后，级的热力过程线如图 1-42 所示。0* 点代表前滞止状态点，1* 点代表动叶

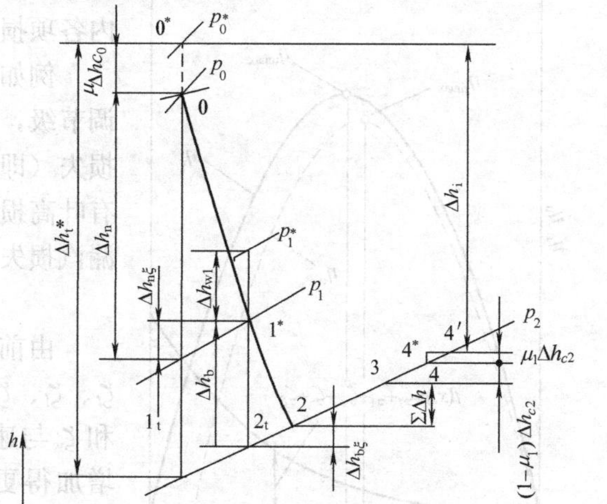

图 1-42　反映级有效焓降的冲动级的热力过程线

进口的滞止状态点，若这一级的余速动能被下级部分利用时，则 4^* 点为下级进口的滞止状态点。图中的 $\sum\Delta h$ 表示除喷嘴损失 $\Delta h_{n\xi}$、动叶损失 $\Delta h_{b\xi}$、余速损失 Δh_{c2} 之外的级内各项损失之和；Δh_i 称为级的有效焓降，它表示 1kg 蒸汽所具有的理想能量中最后在转轴上转变为有效功的那部分能量。显然，级内损失越大，Δh_i 就越小。

（一）级的相对内效率

级的有效焓降 Δh_i 与级的理想能量 E_0 之比称为级的相对内效率，即

$$\eta_i = \frac{\Delta h_i}{E_0} = \frac{(\Delta h_t^* - \Delta h_{n\xi} - \Delta h_{b\xi} - \Delta h_{c2} - \Delta h_l - \Delta h_\theta - \Delta h_f - \Delta h_e - \Delta h_\delta - \Delta h_x)}{E_0} \quad (1-53)$$

其中

$$E_0 = \Delta h_t^* - \mu_1 \Delta h_{c2}$$

级的相对内效率以各项损失系数表示为

$$\eta_i = 1 - \zeta_{n\xi} - \zeta_{b\xi} - \zeta_{c2} - \zeta_l - \zeta_\theta - \zeta_f - \zeta_e - \zeta_\delta - \zeta_x$$

级的相对内效率是衡量级内能量转换完善程度的最终指标，与所选用的叶型、速比、反动度、叶栅的高度等有密切关系，也与蒸汽的性质、级的结构有关。

（二）级的内功率

级的内功率可由级的有效焓降和蒸汽流量来确定，即

$$P_i = \frac{D\Delta h_i}{3600} \quad (1-54)$$

式中 D——级的进汽量，kg/h。

三、级内损失对最佳速比的影响

前面讨论的最佳速比概念是针对轮周效率提出的，而实际上，轮周效率并没有全面地反映出级内能量转换的效果，而级的相对内效率才是全面反映级内能量转换效果的最终指标。因此，只有保证获得最大相对内效率的速比，才是级的最佳速比。这就还需要分析除轮周损失以外的其他级内损失对最佳速比的影响，即根据计算级内损失的经验公式，求得这些损失与速比的关系，从而在轮周效率曲线的基础上减去级内各项损失，以得到级的相对内效率曲线。

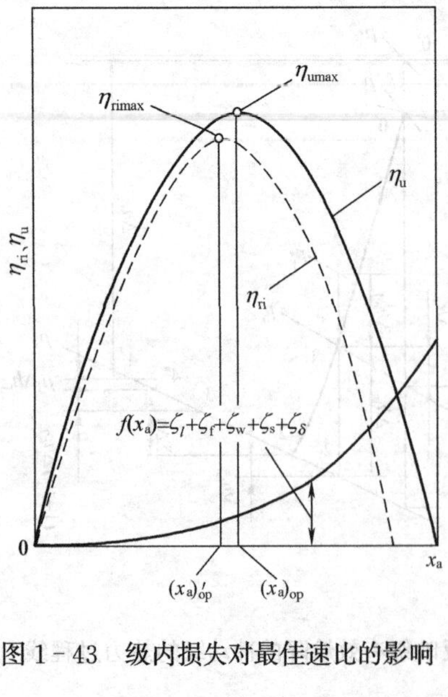

图 1-43 级内损失对最佳速比的影响

例如，某工作于过热蒸汽区的部分进汽的扭叶片调节级，显然该级没有湿汽损失和扇形损失，除轮周损失（即喷嘴、动叶、余速三项损失）之外，该级还有叶高损失、叶轮摩擦损失、鼓风损失、斥汽损失和漏汽损失，该级的相对内效率可表达为

$$\eta_{ri} = \eta_u - \zeta_l - \zeta_f - \zeta_w - \zeta_s - \zeta_\delta$$

由前面介绍的各项级内损失的计算关系可知，ζ_l、ζ_f、ζ_w、ζ_s 和 ζ_δ 都是随速比的增大而增大，且 ζ_f 和 ζ_w 与速比成三次方关系，所以它随速比的增大而增加得更剧烈。只要将 $\zeta_l+\zeta_f+\zeta_w+\zeta_s+\zeta_\delta=f(a)$ 的曲线绘在该级 $\eta_u - x_a$ 曲线图上，就可求得 $\eta_{ri} - x_a$ 关系曲线，如图 1-43 所示。由图中可以看出，级内损失使级的相对内效率的最大值低于轮周效率的最大

值，而且还会使最佳速比值减小，即相对内效率最高时的最佳速比小于轮周效率最高时的最佳速比。

四、影响级效率的结构因素

级内最大效率的实现，一方面需要某些热力参数达到最佳值，另一方面也依赖于通流部分结构的合理性。通流部分的结构不仅影响汽轮机的级效率，而且影响着汽轮机运行的安全，故设计时必须合理地加以确定，以提高经济性和安全性。这些结构因素大致有以下几项：

1. 盖度

盖度是指动叶栅的进口高度 l'_b 超过喷嘴出口高度 l_n 的那部分叶高，用 Δ 表示，即 $\Delta = l'_b - l_n = \Delta t + \Delta r$，$\Delta t$ 称为顶部盖度，Δr 称为根部盖度，如图 1－44 所示。

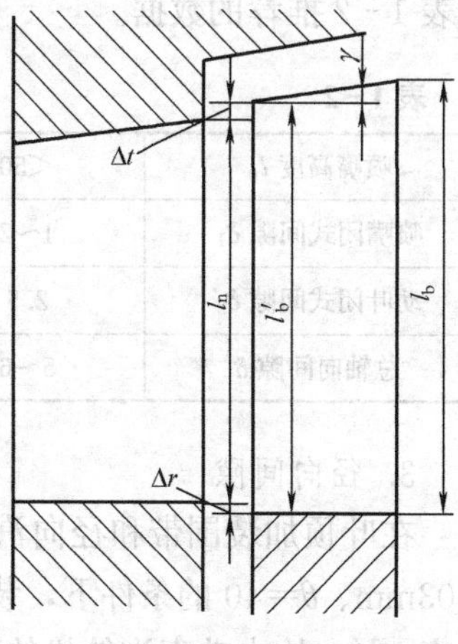

图 1－44　级的通流部分示意

盖度的采用一方面能适应汽流径向扩散的要求，使汽流较好地进入动叶通道，减少叶顶漏汽损失；另一方面防止由于制造和装配上的误差，使动静叶错位而造成喷嘴出口汽流撞击在围带和叶根上，产生额外的损失。但是如果盖度太大，将使汽流突然膨胀，以致在动叶顶部和根部产生很大的径向分速度，形成旋涡，降低级的效率，因此应有一个最佳盖度。当没有径向汽封时，盖度增加使叶顶漏汽损失减小，级效率显著提高，装有径向汽封时，盖度对级效率的影响已不明显。

计算时，盖度可从表 1－1 中选取。从表中可见顶部盖度 Δt 要大于根部盖度 Δr，这是因为离心力的作用，汽流被压向顶部，所以必须有较大的盖度。

表 1－1　　叶高与盖度之间的关系　　mm

喷嘴高度 l_n	<50	50～90	91～150	>150
顶部盖度 Δt	1.5	2	2～2.5	2.5～3.5
根部盖度 Δr	0.5	1	1～1.5	1.5
直径之差 $d_b - d_n$	1	1	1	1～2

当蒸汽的比体积 v_2 与 v_{1t} 差别不大时，为了制造方便，可使动叶进出口高度相等，即 $l'_b \approx l_b$，但在汽轮机的末几级中，蒸汽压力较低并且反动度较大，比体积增加较快，所以动叶片的出口高度 l_b 比 l'_b 要大得多，使动叶片的端部形成扩散形，一般应使扩散角 γ 不大于 150～200，否则易形成涡流损失。

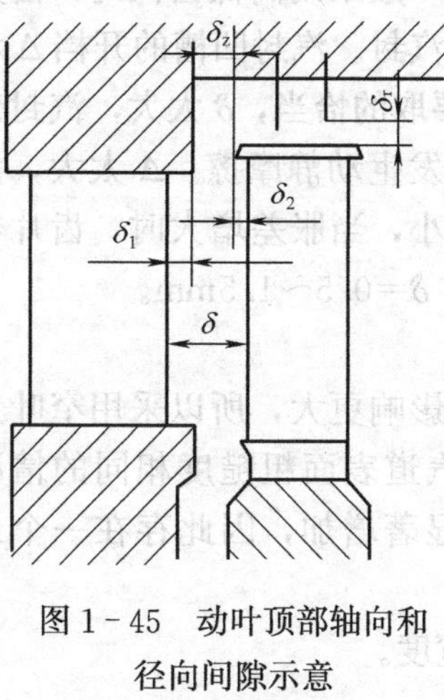

图 1－45　动叶顶部轴向和径向间隙示意

2. 动静叶之间的轴向间隙

为防止动静摩擦，动叶和静叶、动叶和持环之间必然有轴向间隙和径向间隙，如图 1－45 所示。总的轴向间隙由三部分组成，即 $\delta = \delta_1 + \delta_2 + \delta_z$，其中 δ_z 称为开式轴向间隙，δ_1 和 δ_2 分别称为喷嘴和动叶的闭式轴向间隙。

从减小叶顶漏汽损失和缩短机组轴向长度来看，开式轴

向间隙 δ_z 取得越小越好，但考虑到机组在启停和变工况运行时动静部分要发生热膨胀，如 δ_z 取得太小，有可能使动静之间发生摩擦，故应从安全、经济两方面考虑确定开式轴向间隙 δ_z 的取值，一般取 $\delta_z=1.5\sim2.0$mm。对调峰机组或热胀差较大的机组，δ_z 取得稍大些，有些机组低压缸中 δ_z 甚至达 7～8mm。

闭式轴向间隙 δ_1 和 δ_2 的增大对级效率的影响有两方面，一方面使喷嘴出汽边到动叶进汽边之间的轴向距离增大，可减小喷嘴出口尾迹的影响，从而使动叶进口的汽流趋于均匀，这有利于级效率的改善；另一方面使汽流运动的距离增长，因而增加了汽流与汽道上下端面之间的摩擦，这不利于级效率的提高。因此，δ_1 和 δ_2 有一个较佳的范围，设计时，一般采用表 1－2 推荐的数据。

表 1－2　级的轴向间隙与叶高的关系　mm

喷嘴高度 l_n	<50	50～90	90～150	>150	
喷嘴闭式间隙 δ_1	1～2	2～3	3～4	4～6	
动叶闭式间隙 δ_2	2.5	2.5	2.5	2.5	$\delta_z=1.5$
总轴向间隙 δ	5～6	6～7	7～8	8～10	

3. 径向间隙

在叶顶加装围带和径向汽封可显著地减小叶顶漏汽。试验表明，在 $\delta_z=1.5$mm、$\Omega_r=0.03$mm、$\theta=40$ 的条件下，装设径向平齿汽封（汽封齿数为 2，$\delta_r=1$mm）后，可提高级的效率 2%，故大功率汽轮机的高压部分普遍采用叶顶径向汽封。

从减小漏汽角度看，δ_r 越小越好，但从机组振动和热膨胀看，δ_r 也不能取的太小。

因此，δ_r 的选取也要从安全、经济两方面考虑。一般设计时可取 $\delta_r=0.5\sim1.5$mm，当叶高较大时，取偏大值，反之，取偏小值。

应当指出，叶顶漏汽不仅与径向间隙的大小有关，而且与径向汽封的齿数和开式轴向间隙的大小有关。当开式轴向间隙因胀差需要取较大值时，需适当增加径向汽封的齿数和减小径向间隙，以控制叶顶漏汽量的增加。

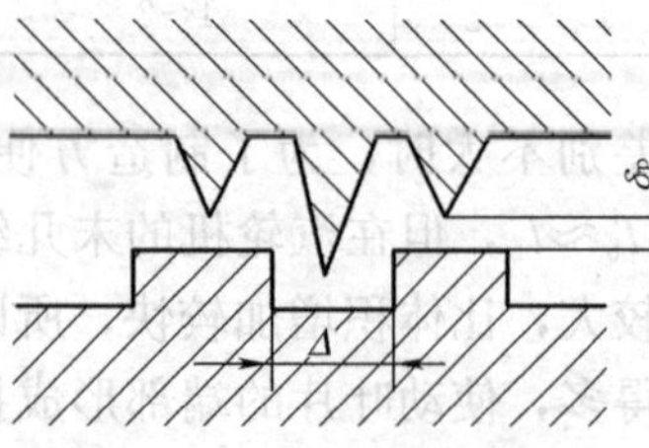

图 1－46　隔板汽封凹槽示意

在隔板与轴之间装置隔板汽封，可以有效地减小隔板漏汽。对隔板较厚的高压级，一般采用高低齿汽封，齿数也较多，对低压级可采用平齿汽封。汽封凹槽的开档 Δ 和径向间隙 δ（见图 1－46）都要取的恰当，δ 太大，汽封效果不好；δ 太小，热胀时容易发生动静摩擦。Δ 太大，齿数就减小，漏汽量增加；Δ 太小，当胀差增大时，齿片容易碰坏。一般 $\Delta=11\sim12$mm，$\delta=0.5\sim1.5$mm。

4. 叶片宽度

叶片宽度增大，将增大端部二次流损失，对较短叶片级的影响更大，所以采用窄叶片是有利的，但是叶片宽度减小，将使叶片强度减弱，同时在汽道表面粗糙度相同的情况下，叶片宽度减小，雷诺数也随之减小，导致叶型能量损失显著增加，因此存在一个最佳宽度。

一般设计时，根据叶片强度的估算，选择一档合理的叶片宽度。

5. 平衡孔

在叶轮轮面上开设平衡孔主要是为了减小轴向推力，但在客观上它对级效率起着不可忽视的影响。平衡孔对级效率的影响取决于叶根反动度的大小和隔板漏汽量的多少。当叶根反动度过大或过小（甚至为负值）时，平衡孔会使叶根的漏汽或吸汽损失增大，致使级效率降低。由图 1－47 可知，当隔板漏汽量 ΔG_p 较小时，无平衡孔的级效率（曲线 1）高于有平衡孔的级效率（曲线 2）；当隔板漏汽量 ΔG_p 较大时，有平衡孔的级效率高于无平衡孔的级效率。这是因为当 ΔG_p 较小时，平衡孔起到了叶轮前后漏汽通道的作用，使叶根漏汽相对增多；当 ΔG_p 较大，平衡孔可以减小吸汽损失。可见，只有在叶根反动度适当以及隔板漏汽量较大时，采用平衡孔才对提高级效率有利。平衡孔通流面积的大小应能使隔板漏汽量全部通过平衡孔流到级后，而且保证动叶根部不吸不漏，只有这样，级才具有较高的效率。

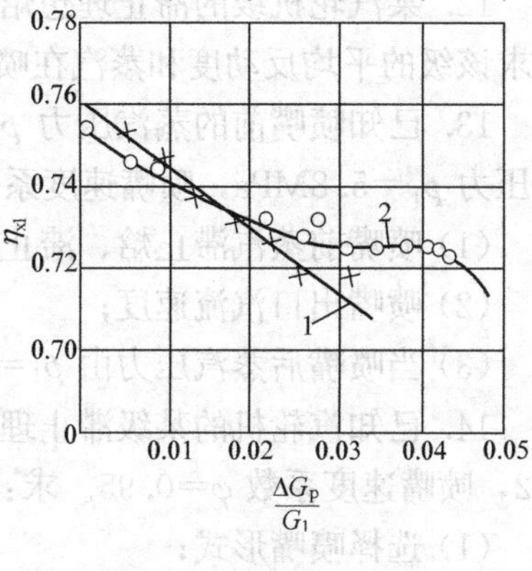

图 1－47　隔板漏汽量变化时平衡孔对级效率的影响

6. 拉金

当动叶较长时，根据动叶振动调频的需要，常采用拉金把叶片成组地连接起来，以提高叶片的刚性。但拉金使汽流受阻，并使汽流产生扰动，因而使级效率下降。试验表明，单排拉金使级效率降低约 1%～2%，双排拉金使级效率降低约 2%～3%，多排拉金的相互作用对汽流会产生更不利的影响，所造成的损失可能超过各单排之和，因此，设计时尽量不采用拉金结构，目前在长叶片上常用叶冠结构来取代拉金。非用拉金不可，则用椭圆拉金，以改善动叶后速度场的不均匀性，减小级效率的降低。

综上所述，在进行级的热力设计时，不仅应进行级的热力计算，而且还必须对各种结构因素的影响加以综合考虑，这样才能使设计的汽轮机既安全又经济。

复习思考题及习题

1. 什么叫汽轮机的级？级有哪几类？各自有什么样的结构特点及工作特点？

2. 何谓级的反动度？根据反动度如何将级进行分类？

3. 说明冲动级的工作原理和级内能量转换过程及特点。

4. 说明反动级的工作原理和级内能量转换过程及特点。

5. 蒸汽在喷嘴的斜切部分中的膨胀条件是什么？膨胀结果又如何？何谓斜切喷嘴的极限压力？

6. 什么是最佳速度比？纯冲动级、反动级和纯冲动式复速级的最佳速度比的表达式各为什么？其值大约是多少？

7. 汽轮机的级内损失一般包括哪几项？造成这些损失的原因是什么？

8. 什么是汽轮机的相对内效率？什么是级的轮周效率？影响级的轮周效率的因素有哪些？

9. 在相同的轮周速度 u、喷嘴速度系数 φ 和喷嘴出汽角 α 的条件下分析比较反动级、纯冲动级和复速级的做功能力和效率。

10. 影响级效率的结构因素有哪些？

11. 在 $h-s$ 图上画出级后余速部分被下一级利用时级的热力过程线。

12. 某汽轮机级的滞止理想焓降为 $\Delta h_t^*=53$kJ/kg，动叶中转换的焓降为 $\Delta h_b=4$kJ/kg，试求该级的平均反动度和蒸汽在喷嘴中的滞止理想焓降 Δh_{nt}^*。

13. 已知喷嘴前的蒸汽压力 $p_0=8.4$MPa，温度 $t_0=490$℃，初速度 $c_0=100$m/s，喷嘴后压力 $p_1=5.8$MPa，喷嘴速度系数 $\varphi=0.97$。试求：

(1) 喷嘴前蒸汽滞止焓、滞止压力；

(2) 喷嘴出口汽流速度；

(3) 当喷嘴后蒸汽压力由 $p_1=5.8$MPa 降到临界压力时的临界速度。

14. 已知汽轮机的某级滞止理想焓降 $\Delta h_t^*=78.5$kJ/kg，且知 $\varepsilon_n>\varepsilon_{cr}$，级的反动度 $\Omega_m=0.2$，喷嘴速度系数 $\varphi=0.95$。求：

(1) 选择喷嘴形式；

(2) 喷嘴出口实际速度；

(3) 喷嘴损失。

15. 带反动度的冲动级 $u=160.5$m/s，速比 $x_1=0.54$，反动度 $\Omega_m=0.13$，速度系数 $\varphi=0.97$、$\psi=0.938$，动叶进出汽角的关系为 $\beta_2=\beta_1-6.7°$，喷嘴出汽角 $\alpha_1=11.67°$，计算并绘出动叶进出口速度三角形。

16. 已知机组某纯冲动级喷嘴出口蒸汽速度 $c_1=766.8$m/s，喷嘴出汽角 $\alpha_1=200$，动叶圆周速度 $u=365.76$m/s。若动叶进出口角度相等，喷嘴速度系数 $\varphi=0.96$，动叶速度系数 $\psi=0.8$，通过该级的蒸汽流量 $G=1.2$kg/s，不计级的余速利用。试求：

(1) 蒸汽进入动叶的角度 β_1 和相对速度 w_1；

(2) 蒸汽作用在叶片上的切向力 F_U；

(3) 级的轮周功率 N_u 和轮周效率 η_u。

17. 某机组级前蒸汽压力 $p_0=2.0$MPa，温度 $t_0=350$℃，焓 $h_0=3132$kJ/kg，初速 $c_0=70$m/s；级后蒸汽压力 $p_2=1.5$MPa，由初态等熵膨胀至级后压力 p_2 时的焓 $h_{2t}=3056$kJ/kg。喷嘴出汽角 $\alpha_1=180$，反动度 $\Omega_m=20\%$，动叶进出汽角 $\beta_2=\beta_1-6°$，级的平均直径 $d_m=1080$mm，转速=3000r/min，喷嘴速度系数 $\varphi=0.95$，动叶速度系数 $\psi=0.94$。试求：

(1) 动叶出口相对速度 w_2 和绝对速度 c_2；

(2) 喷嘴、动叶中的能量损失，余速动能；

(3) 绘出动叶进出口速度三角形。

第二章　多 级 汽 轮 机

第一节　多级汽轮机的工作特点

为了满足电力生产日益增长的需要，世界各国都在生产大功率、高效率的汽轮发电机组。要想增大汽轮机的功率，则应增加汽轮机的理想焓降和蒸汽流量。若仍设计成单级汽轮机，则理想焓降增加，将使喷嘴出口速度相应增大，为了保持汽轮机级在最佳速比范围内工作，就必须相应地增加级的圆周速度，而增大圆周速度要受到叶轮和叶片材料强度条件的限制，所以焓降不能无限制地增加；增加级的蒸汽流量，则要增加级通流面积，即增大级的平均直径或叶片高度，同样将受到材料强度的限制。那么提高汽轮机蒸汽初参数和降低背压，既能提高机组循环热效率，又能增大汽轮机功率，但焓降的增加不能仅靠单级来完成，否则，喷嘴出口速度将非常大，为保证级在最佳速比附近工作，又将会出现材料强度所不允许的、极大的圆周速度。因此要增大汽轮机功率、又要保证高效率唯一的途径，就是采用多级汽轮机，其中每一级只利用总焓降的一小部分。

多级汽轮机是由按工作压力高低顺序排列的若干级组成的，常见的多级汽轮机有两种，即多级冲动式汽轮机和多级反动式汽轮机。

蒸汽进入汽轮机后依次通过各级膨胀做功，压力逐级降低，比体积则不断增大，尤其当压力较低而又进入饱和区后，比体积增加得更快。因此，为了使逐级增大的体积流量顺利通过各级，各级通流面积必须相应逐级扩大，形成向低压部分逐渐扩张的通流部分。

蒸汽在多级汽轮机中膨胀做功过程可以用 $h-s$ 图上的热力过程线表示，如图 2-1 所示。$0'$点是第一级喷嘴前的蒸汽状态点，根据第一级的各项级内损失，可定出第一级的排汽状态点 2 点（1 点是第一级喷嘴后的状态点），将 $0'$点与 2 点之间用一条光滑曲线连起，则得出了第一级的热力过程线。而第二级的进汽状态点又是第一级的排汽状态点，同样可绘出第二级的热力过程线；以此类推，可绘出以后各级的热力过程线。把各级的过程线顺次连接起来就是整个汽轮机的热力过程线。图中 p_c为汽轮机的排汽压力，也称为汽轮机的背压，ΔH_t为汽轮机的理想焓降，ΔH_i为汽轮机的有效焓降，从图中可看出，汽轮机的有效焓降 ΔH_i等于各级有效焓降 Δh_i之和，即 $\Delta H_i=\sum\Delta h_i$。整个汽轮机的内功率等于各级内功率之和。汽轮机的相对内效率为

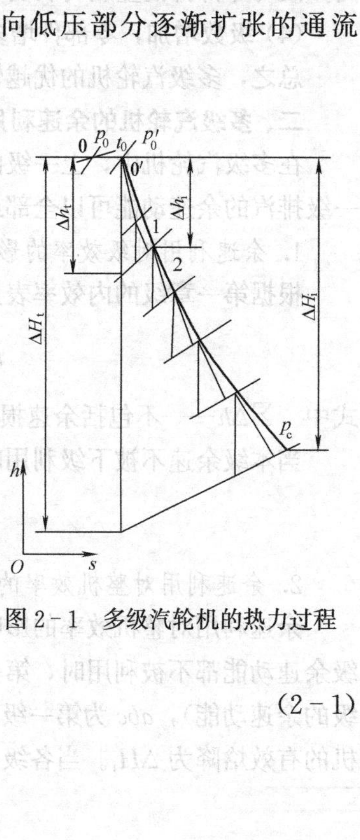

图 2-1　多级汽轮机的热力过程

$$\eta_{ri}=\frac{\Delta H_i}{\Delta H_t} \tag{2-1}$$

一、多级汽轮机的特点

(一) 多级汽轮机的优越性

1. 多级汽轮机的循环热效率大大提高

多级汽轮机的焓降比单级汽轮机增大很多，可以采用较高的进汽参数和较低的排汽参数，还可以采用回热循环和再热循环，从而大大提高了机组的循环热效率。

2. 多级汽轮机的相对内效率明显提高

(1) 多级汽轮机每一级承担的焓降不必很大，可以保证各级都在最佳速比附近工作。

(2) 在一定的条件下，多级汽轮机的余速动能可以全部或部分地被下一级利用。

(3) 多级汽轮机级的焓降较小，可以采用渐缩喷嘴，避免了采用难以加工、效率较低的缩放喷嘴。

(4) 当级的焓降较小时，根据最佳速比的要求，可相应减小级的平均直径，从而可适当增加叶栅高度，减小叶栅的端部损失。

(5) 多级汽轮机具有重热现象。

3. 多级汽轮机单位功率的投资大大减小

多级汽轮机的单机功率可远远大于单级汽轮机，因而使单位功率汽轮机组的造价、材料消耗和占地面积都比单级汽轮机大大减小，容量越大的机组减小得越多。

(二) 多级汽轮机存在的问题

(1) 增加了一些附加的能量损失，如级间漏汽损失、湿汽损失等。

(2) 由于级数多，相应地增加了机组的长度和质量。

(3) 由于新蒸汽和再热蒸汽温度的提高，多级汽轮机高中压缸前面若干级的工作温度较高，故对零部件的金属材料要求高了。

(4) 级数增加，零部件增多，使多级汽轮机的结构更为复杂。

总之，多级汽轮机的优越性远大于其存在的不足，故在工业中得到了广泛的应用。

二、多级汽轮机的余速利用

在多级汽轮机中，上一级的排汽就是下一级的进汽，当叶型选择及结构布置合理时，上一级排汽的余速动能可以全部或部分地作为下一级的进汽动能而被利用。

1. 余速利用对级效率的影响

根据第一章级的内效率表达式为

$$\eta_{ri}=\frac{\Delta h_i}{E_0}=\frac{\Delta h_t^*-\sum\Delta h-\Delta h_{c2}}{\Delta h_t^*-\mu_1\Delta h_{c2}} \tag{2-2}$$

式中 $\sum\Delta h$——不包括余速损失的所有级内损失。

当本级余速不被下级利用时，有 $\mu_1=0$，则

$$\eta_{ri}=\frac{\Delta h_i}{E_0}=\frac{\Delta h_t^*-\sum\Delta h-\Delta h_{c2}}{\Delta h_t^*} \tag{2-3}$$

2. 余速利用对整机效率的影响

余速利用对整机效率的影响可用图 2-2 说明。在相同的进汽参数和排汽压力下，当各级余速动能都不被利用时，第一级的实际排汽点（即第二级的进汽点）为 c 点（$c_2^2/2$ 为第一级的余速动能），abc 为第一级的热力过程线。依次类推，汽轮机末级排汽状态点为 d 点整机的有效焓降为 ΔH_i。当各级余速均被利用时，第二级的进汽状态点为 b 点，进口滞止状态

点为 c' 点，依次类推，则末级排汽状态点为 d' 点，此时汽轮机的有效焓降变成了 $\Delta H_i'$。由图可见 $\Delta H_i' > \Delta H_i$，说明余速利用后，整机热力过程线左移，整个过程的熵增减小，效率提高。

3. 实现余速利用的条件

(1) 相邻两级的部分进汽度相同。大功率汽轮机除调节级外其余各级均为全周进汽，而调节级与第一非调节级之间部分进汽度不同，故调节级余速基本不能利用。

(2) 相邻两级的通流部分过渡平滑。

(3) 相邻两级之间的轴向间隙要小，流量变化不大。这两个条件一般都能满足，试验表明，即使两级之间有回热抽汽，对余速利用的影响也不大。

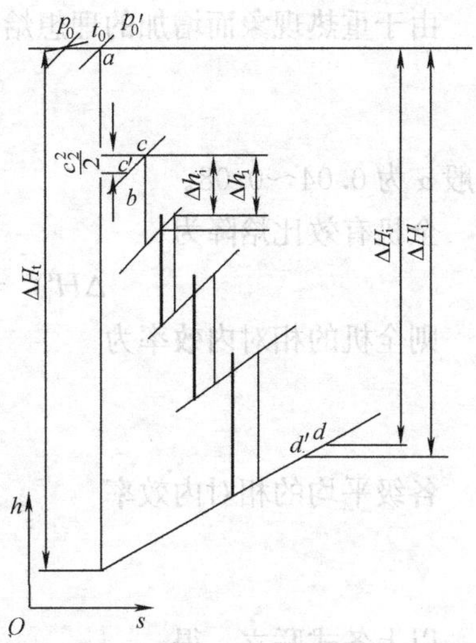

图 2-2　余速利用对整机热力过程线的影响

(4) 前一级的排汽角 α_2 应与后一级喷嘴的进汽角 α_{0g} 一致。在变工况时，排汽角 α_2 会有较大的变化，但一般喷嘴的进汽边都加工成圆角，能适应进汽角度在较大范围内的变化，所以这一条件通常能满足。

综上所述，多级汽轮机的中间级基本上都能充分地利用前一级的余速动能，所以在设计时就不一定要求每一级都轴向排汽，而可以在直径、转速不变的条件下采用比较小的速比来增加每一级可承担的焓降，使总的级数减小。

三、多级汽轮机的重热现象

图 2-3 是一台四级汽轮机的热力过程线，由图可见，当第一级存在级内损失时，其排汽的焓值、温度较没有损失时高，导致第二级的理想焓降为 Δh_{t2}。由于在水蒸气的 $h-s$ 图上等压线沿着熵增的方向呈扩散状，则 Δh_{t2} 大于整机等熵线上的理想焓降 $\Delta h_{t2}'$。同理也有 $\Delta h_{t3} > \Delta h_{t3}'$、$\Delta h_{t4} > \Delta h_{t4}'$、$\Delta h_{t5} > \Delta h_{t5}'$。

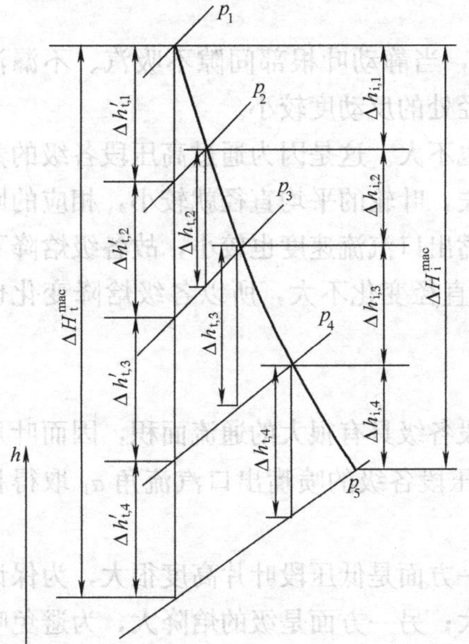

图 2-3　揭示重热现象的热力过程

在 $h-s$ 图上，等压线沿着比熵增大的方向是逐渐扩张的，所以，多级汽轮机中上一级损失的一部分可以在以后各级中得到利用的现象。

无损失和有损失时的全机理想焓降分别为

$$\Delta H_t^{mac} = \Delta h_{t,1}' + \Delta h_{t,2}' + \Delta h_{t,3}' + \Delta h_{t,4}' \tag{2-4}$$

$$\sum \Delta h_t = \Delta h_{t,1} + \Delta h_{t,2} + \Delta h_{t,3} + \Delta h_{t,4} \tag{2-5}$$

可见，在多级汽轮机中，由于损失的存在，各级理想焓降之和 $\sum \Delta h_t$ 大于整机的理想焓降 Δh_t^{mac}。在汽轮机中，前级的损失能使其后面各级的理想焓降增大；或者说，前级的损失在后面各级中还能部分的得到利用，这种现象称为多级汽轮机的重热现象。

由于重热现象而增加的理想焓降占汽轮机理想焓降的比例称为重热系数，即

$$\alpha=\frac{\sum\Delta h_{t}-\Delta H_{t}^{mac}}{\Delta H_{t}^{mac}} \tag{2-6}$$

一般 α 为0.04～0.08。

全机有效比焓降为

$$\Delta H_{i}^{mac}=\Delta h_{i,1}+\Delta h_{i,2}+\Delta h_{i,3}+\Delta h_{i,4} \tag{2-7}$$

则全机的相对内效率为

$$\eta_{ri}^{mac}=\frac{\Delta H_{i}^{mac}}{\Delta H_{t}^{mac}} \tag{2-8}$$

各级平均的相对内效率

$$\eta_{ri}^{ave}=\frac{\Delta H_{i}^{mac}}{\sum\Delta h_{t,j}} \tag{2-9}$$

以上各式联立，得

$$\eta_{ri}^{mac}=\eta_{ri}^{ave}(1+\alpha) \tag{2-10}$$

从以上分析可知，重热现象使全机的相对内效率高于各级平均的相对内效率。但并不是说 α 越大，全机的效率就越高。因为重热现象的存在只不过是使多级汽轮机能回收其损失的一部分而已。

四、多级汽轮机各级段的工作特点

一般情况下，沿着蒸汽的流动方向可把多级汽轮机分为高压段、中压段、低压段三部分，对于分缸的大型汽轮机则分为高压缸、中压缸和低压缸。由于各部分所处的条件不同，因此各段有不同的特点。

1. 高压段

在多级汽轮机的高压段，工作蒸汽的压力、温度很高，比体积较小，因此通过该级段的蒸汽容积流量较小，所需的通流面积也较小。

在冲动式汽轮机的高压段，级的反动度一般不大，当静动叶根部间隙不吸汽、不漏汽时，根部反动度较小，由于叶片高度较小，故平均直径处的反动度较小。

在高压段的各级中，各级焓降不大，焓降的变化也不大。这是因为通过高压段各级的蒸汽容积流量较小，为了增大叶片高度，以减小端部损失，叶轮的平均直径就较小，相应的圆周速度也较小；为保证各级在最佳速比附近工作，喷嘴出口汽流速度也较小，故各级焓降不大；由于高压段各级的比体积变化较小，因而各级的直径变化不大，所以各级焓降变化也不大。

2. 低压段

低压段的特点是蒸汽的容积流量很大，要求低压段各级具有很大的通流面积，因而叶片高度势必很大。为了避免叶高太大，有时不得不把低压段各级的喷嘴出口汽流角 α_1 取得相当大，使圆周方向分速度 c_u 与轮周功减小。

级的反动度在低压段明显增大的原因有两方面：一方面是低压段叶片高度很大，为保证叶片根部不出现负反动度，则平均直径处的反动度较大；另一方面是级的焓降大，为避免喷嘴出口汽流速度超过声速过多而采用缩放喷嘴，只有增加级的反动度，减小喷嘴中承担的焓降。

低压段的蒸汽容积流量很大，故叶轮直径大大增加，圆周速度增加较快。为了保证有较高的级效率，各级均应在最佳速比附近工作，这时各级的焓降相应增加较快。

3. 中压段

中压段的情况介于高压段和低压段之间。为了保证汽轮机通流部分畅通，各级喷嘴叶高和动叶叶高沿蒸汽流动方向是逐级增大的，故中压段各级的反动度一般介于高压和低压段之间且逐级增加。

第二节　汽轮机的损失及其装置的效率和热经济指标

一、多级汽轮机的损失

多级汽轮机的损失分为两大类，一类是指不直接影响蒸汽状态的损失，称为外部损失，另一类是指直接影响蒸汽状态的损失，称为内部损失。

（一）多级汽轮机的外部损失

外部损失包括机械损失和外部漏汽损失。

1. 机械损失

汽轮机运行时，要克服支持轴承和推力轴承的摩擦阻力，还要带动主油泵、调速器等，这都要消耗一部分有用功而造成损失，这种损失称为机械损失。

2. 外部漏汽损失

汽轮机的主轴在穿出汽缸两端时，为了防止动静部分的摩擦，总要留有一定的间隙，又由于汽缸内外存在着压差，则必然会使高压端有一部分蒸汽向外漏出，这部分蒸汽不做功，因而造成了能量损失；而在处于真空状态下的低压端会有一部分空气从外向里漏入而破坏真空，增大抽气器的负担，这都将降低机组的效率。为了防止外面空气往凝汽器内漏和利用高压端向外漏出的蒸汽，所有的多级汽轮机均设有一套轴封系统（也称汽缸端部汽封系统）。装在汽侧压力高于外界大气压处的汽封，称为正压轴封，它的作用是在正常负荷下减少汽轮机内高压蒸汽向外的漏汽量；装在汽侧压力低于外界大气压处的汽封，称为负压轴封，它的作用是防止外界空气漏入汽缸。

在现代汽轮机中，装配在隔板上和轴封上的，用来减少漏汽（气）的最常用的结构是齿形汽封。它的基本零件是呈弧段形状的汽封圈，汽封圈的背弧上都安装着弹簧片，依靠弹簧片的弹力，使每一段汽封圈都紧紧地贴在定位面（即图 2－4 的 M 面）上。汽封圈的具有表性的横截面形状如图 2－4 所示，汽封圈的内弧上车出了若干个高低齿，分别与轴封套上的凹槽和凸肩相互对应，汽封齿与轴封套筒之间形成了环形间隙，每相邻的两个汽封之间形成了一个环形汽室，蒸汽通过这些间隙和汽室从高压（p_0）侧漏到低压（p_z）侧。

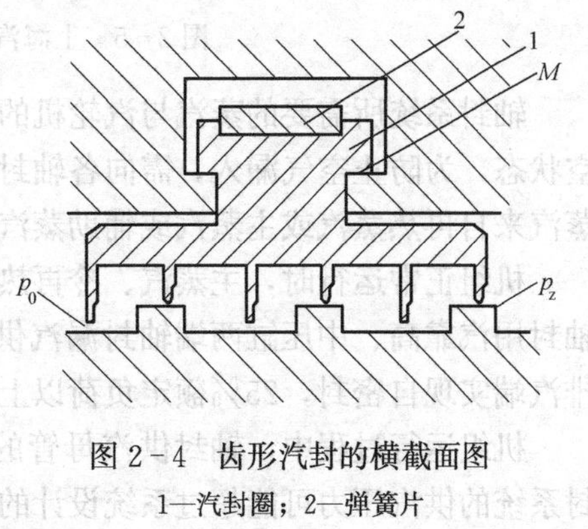

图 2－4　齿形汽封的横截面图

1—汽封圈；2—弹簧片

用齿形汽封可以减少漏汽的道理，可用连续方程 $G=Ac/v$ 来分析。分析该式可知，要想减少汽封的漏汽量，就要尽量减少漏汽间隙的面积 A 和漏汽速度 c。

由于汽封齿很薄，它一旦与轴封套筒发生了摩擦，其摩擦面积也很小；况且汽封圈上的弹簧片还有退让性，故产生的摩擦力也不太大，因此汽封齿都是尽可能地接近轴封套筒，汽封间隙δ一般在0.3～0.7mm之间，故漏汽间隙的面积已减小到最低限度。

漏汽速度c也能够得到明显的降低。因为漏汽在经过每一个齿隙时，其参数的变化规律与汽流经过一个渐缩喷嘴时相类似。经过汽封圈的漏汽，由初压p_0逐齿降到p_z，其间汽封圈上的齿数越多，每个齿隙两侧的压差越小，该压差越小，漏汽的速度越低。

通过上面的分析可知，齿形汽封能够尽量地减小漏汽间隙，并能有效地降低漏汽速度，这就是它能够减少漏汽的基本原理。

汽轮机各汽缸端部的轴封及其与之相连接的管道和附属设备，称为汽轮机的轴封系统。图2-5为上海汽轮机厂300MW汽轮机轴封系统。该系统在机组正常运行时，靠高中压缸两端轴封漏汽作为低压端轴封供汽，不需另供轴封用汽，这种系统称为自密封轴封系统。

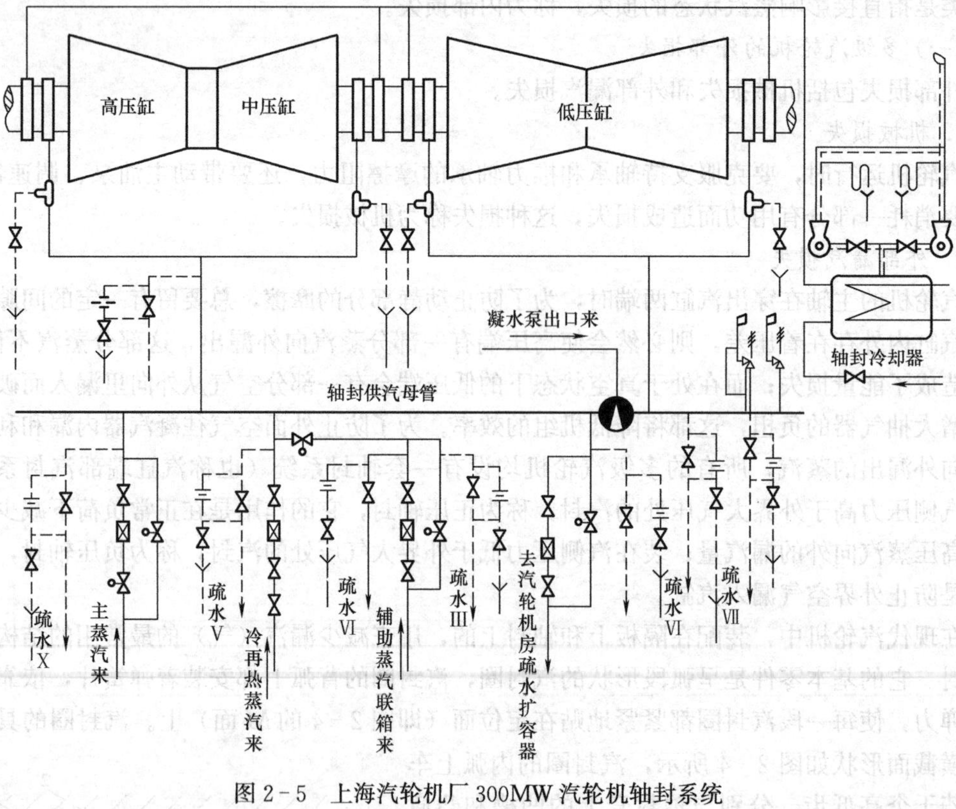

图2-5 上海汽轮机厂300MW汽轮机轴封系统

轴封系统所需要的蒸汽与汽轮机的负荷有关。在机组启动、空载和低负荷时，缸内为真空状态，为防止空气漏入，需向各轴封供应低温低压蒸汽，设有定压轴封供汽母管，母管内蒸汽来自再热蒸汽或主蒸汽或辅助蒸汽。机组冷态启动时，用辅助蒸汽向轴封供汽。

机组正常运行时，主蒸汽、冷再热蒸汽、辅助蒸汽作为轴封备用汽源，这时低压缸两端轴封用汽靠高、中压缸两端轴封漏汽供给，即实现了自密封（一般15%额定负荷以上高压排汽端实现自密封，25%额定负荷以上中压排汽端实现自密封）。

机组运行过程中，轴封供汽母管的压力维持在0.02～0.027MPa（表压）。为了预防轴封系统的供汽压力可能超过系统设计的允许压力，系统中装设有一只安全阀，安全阀的动作压力为0.275～0.79MPa（绝对压力）。

由于高中压汽封漏汽混合温度超过了低压汽封所允许的供汽温度，所以在低压供汽母管前设置了一个温度控制站，通过喷水减温器将低压供汽温度控制在121～177℃范围内，喷水减温的水源为凝结水。

（二）多级汽轮机的内部损失

多级汽轮机中除了在各级内要产生各种级内损失外，还存在着进汽机构的节流损失、中间再热管道的压力损失及排汽管中的压力损失。这几项损失对蒸汽的状态参数都有影响，因此均属于内部损失。

1. 汽轮机进汽机构的节流损失

汽轮机的初参数是指（高压）主汽阀前的蒸汽参数。新蒸汽进入汽轮机第一级喷嘴前，要经过高压主汽阀、调节汽阀、管道和蒸汽室等。蒸汽在流过这些部件时由于摩擦、涡流等要造成压力降低，这个过程为节流过程，过程前后焓值相等，熵增大。由图2-6可知，在背压不变的条件下，若进汽机构中没有节流损失，整机的理想焓降为ΔH_t，由于存在着进汽机构的压力降Δp_0，使整机的理想焓降变为$\Delta H'_t$，这种由于节流作用引起的焓降损失$\Delta H_{t损}=\Delta H_t-\Delta H'_t$称为进汽机构中的节流损失。

进汽机构中的节流损失与管道长短、阀门型线、蒸汽室形状及汽流速度等有关。设计时，当阀门全开时选取蒸汽速度不大于40～60m/s，这时，若第一级喷嘴前的压力为，则因节流引起的压力损失为

$$\Delta p_0 = p_0 - p'_0 \tag{2-11}$$

或

$$p'_0 = (0.95 \sim 0.97)p_0 \tag{2-12}$$

式中 p_0 为主汽阀前压力。主汽阀前的蒸汽参数也即汽轮机的初参数。

p_0 蒸汽经过两个汽缸之间的连通管时，由于摩擦和二次流等原因所引起的压力损失为连通管压力的2%～3%，即

$$\Delta p_s = p_s - p'_s = (0.02 \sim 0.03)p_s \tag{2-13}$$

2. 排汽管中的压力损失

蒸汽从最后一级动叶排出后，由排汽管引到凝汽器中，蒸汽在排汽部分流动时，因摩擦和旋涡等造成了压力降低，使汽轮机末级后的静压高于凝汽器内的静压力，即$\Delta p_c=p'_c-p_c$。而这部分压降只用于克服排汽部分的流动阻力，并未做功，故是一种损失，称为排汽管损失，通常$\Delta p_c=(0.02\sim0.06)p_c$。由图2-6可知，由于$\Delta p_c$的存在，使汽轮机的理想焓降由$\Delta H'_t$降为$\Delta H''_t$，差值$\Delta H_c=\Delta H'_t-\Delta H''_t$为排汽管压力损失所引起的焓降损失。

为了提高机组的经济性，尽量减小压力损失Δp_c，通常将排汽管设计成扩压效率较高的扩压管，即在末级动叶后到凝汽器入口之间有一段通流面积逐渐扩大的导流部分，尽可能将

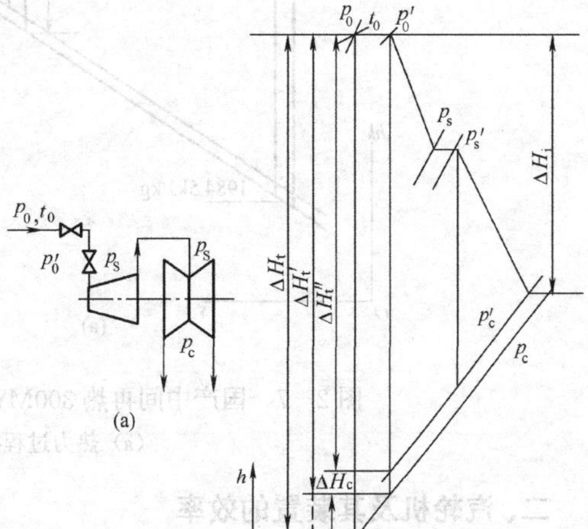

图2-6　考虑了进排汽机构中损失的热力过程线

(a) 系统示意；(b) 热力过程曲线

排汽动能转变为静压，以补偿排汽管中的压力损失。同时，在扩压段内部和其后部还设置了一些导流环或导流板，使乏汽均匀地布满整个排汽通道，使排汽通畅，减少排汽动能的消耗。

3. 中间再热管道的压力损失

中间再热蒸汽经过再热器和再热冷、热段管道时，由于流动阻力损失要产生压降，其压力损失 Δp_r 约为再热压力 p_r 的10%。此外，再热蒸汽经过中压主汽阀和中压调节汽阀时也要有压力损失，但因中压调节汽阀只在低负荷时才有调节作用，正常运行时则处于全开状态，故节流损失较小，可取 $\Delta P=0.02P_r$。综合上述两种情况蒸汽流经中间再热器及其管道阀门后所产生的压力损失 $\Delta p_r=(8\%\sim12\%)$。图 2-7 为国产 300MW 汽轮机的热力过程线，图中 1～8 是回热抽汽压力。

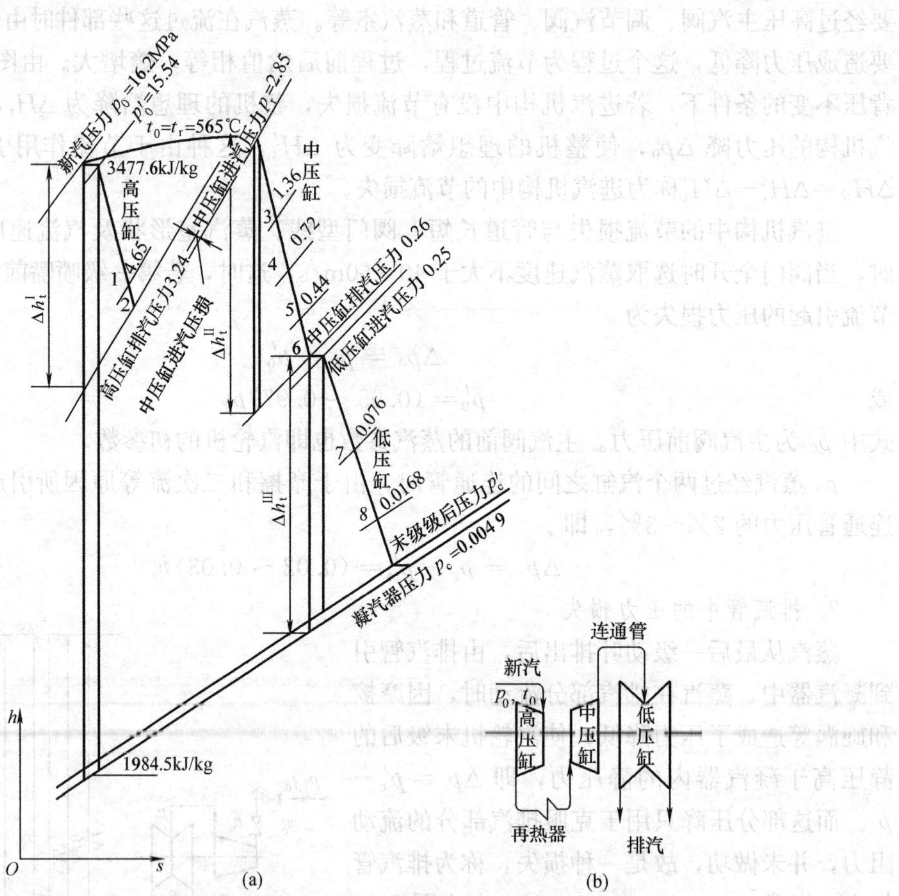

图 2-7 国产中间再热 300MW 汽轮机的热力过程线及系统示意

(a) 热力过程线；(b) 系统示意

二、汽轮机及其装置的效率

发电厂的生产过程实际上是一系列的能量转换过程，从热力学可知，热能是不可能全部转换成机械能的。因此，在汽轮机装置中，通常用各种效率来表示整个能量转换过程中不同阶段的完善程度。

一个机械或装置的输入能量与输出能量之比称为此机械或装置的效率。在分析整个发电厂的经济性时，将汽轮机放在整个热力循环中考虑，即把发电厂的热力循环系统作为研究对象，这时输入循环中的能量为蒸汽在锅炉中的吸热量 Q_0，再分别考虑汽轮发电机组的不同损失后得出不同的能量作为输出能量，这样得到的一组效率称为绝对效率。当分析汽轮发电机组的经济性时，将汽轮发电机组作为研究对象，则输入汽轮发电机组中的能量为汽轮机的理想焓降 ΔH_t，以此而得到的一组效率称为相对效率。

（一）相对效率

1. 汽轮机的相对内效率 η_{ri}

相对内效率是衡量汽轮机内能量转换完善程度的指标，而对于汽轮机来说，其输入能量为蒸汽在汽轮机中的理想焓降 ΔH_t（或对应的理想功率 P_t），输出能量为汽轮机的内功率 P_i。其中 $P_t = G\Delta H_t$，$P_i = G\Delta H_i$。故相对内效率为

$$\eta_{ri} = \frac{P_i}{P_t} = \frac{\Delta H_i}{\Delta H_t} \tag{2-14}$$

汽轮机的相对内效率越高，说明其内部损失越小，目前汽轮机的相对内效率已达78%～90%左右。

2. 汽轮机的相对有效效率 η_{re}

由前可知，机械损失包括用来带动主油泵和克服轴承摩擦而消耗的功率。为简化问题，现将全部机械损失看成集中于轴承上，则对于轴承来说，其输入能量为汽轮机输出的内功率 P_i，输出能量 P_e 称为有效功率，$P_i - P_e = \Delta P_m$，即为机械损失，故机械效率为

$$\eta_m = \frac{P_e}{P_i} \tag{2-15}$$

机械效率一般较高，大功率机组可达99%以上。若把汽轮机和轴承看成一个整体，其效率称为相对有效效率 η_{re}，此时该装置的输入能量为蒸汽的理想功率 P_t，输出能量为有效功率 P_e，故相对有效效率 η_{re} 为

$$\eta_{re} = \frac{P_e}{P_t} = \frac{P_e}{P_i} \cdot \frac{P_i}{P_t} = \eta_m \cdot \eta_{ri} \tag{2-16}$$

3. 汽轮发电机组的相对电效率 η_{rel}

若单独讨论发电机，其输入能量为轴承的输出能量，即为有效功率 P_e，由于发电机内有铜损、铁损和机械损失等，使其输出能量变为 P_{el}，称为电功率，$P_e - P_{el} = \Delta P_{el}$ 称为发电机损失，故发电机的效率 η_g 为

$$\eta_g = \frac{P_{el}}{P_e} \tag{2-17}$$

发电机效率与发电机的容量及冷却方式有关，大功率机组一般可达97%～99%左右。将汽轮机、轴承和发电机合在一起看成一个整体，则整个机组的输入能量为理想功率 P_t，输出能量为电功率 P_{el}，而整个机组的效率称为相对电效率 η_{rel}，即

$$\eta_{rel} = \frac{P_{el}}{P_t} = \frac{P_{el}}{P_e} \cdot \frac{P_e}{P_i} \cdot \frac{P_i}{P_t} = \eta_g \cdot \eta_m \cdot \eta_{ri} \tag{2-18}$$

汽轮发电机组的电功率是向外输送的功率 P_{el}，在无回热抽汽时（蒸汽流量单位为kg/s）

$$P_{el} = G\Delta H_t \eta_{ri} \eta_m \eta_g \tag{2-19}$$

若蒸汽流量用 D（kg/h）表示时，式（2-19）变为

$$P_{el} = \frac{D\Delta H_t \eta_{ri} \eta_m \eta_g}{3600} \tag{2-20}$$

当有回热抽汽时

$$P_{el}=\eta_m\eta_g\sum_{j=1}^{n}G_j\Delta H_{t\cdot j}\eta_{ri\cdot j}=\frac{\eta_m\eta_g}{3600}\sum_{j=1}^{n}D_j\Delta H_{t\cdot j}\eta_{ri\cdot j} \tag{2-21}$$

式中 $G_j(D_j)$——第 j 段的流量；

$\Delta H_{t\cdot j}$——第 j 段的理想焓降；

$\eta_{ri\cdot j}$——第 j 段的相对内效率，$j=1$ 时，表示第一个抽汽口上游的那一段。

（二）绝对效率

当考虑发电厂整个热力循环时，蒸汽吸热量 Q_0 为输入能量，每千克蒸汽吸热量为 q_0，则以汽轮发电机组不同的功率作为输出能量所得到的一组效率称为绝对效率。当以汽轮机的理想焓降为输出能量时，所得到的效率称为循环热效率 η_t。朗肯循环的热效率为

$$\eta_t=\frac{\Delta H_t}{q_0}=\frac{\Delta H_t}{h_0-h'_c} \tag{2-22}$$

式中 h_0——汽轮机新蒸汽的初焓；

h'_c——凝结水的焓，如果略去水泵的压缩功时，h'_c与锅炉给水的焓值 h_{fw} 相等，当汽轮机采用抽汽回热循环时，h'_c应为末级高压加热器出口的给水焓值 h_{fw}。

对加给每千克蒸汽的热量最终转变成电能的份额称为绝对电效率 η_{ael}，则

$$\eta_{ael}=\eta_t\eta_{ri}\eta_m\eta_g \tag{2-23}$$

另外绝对效率还有绝对内效率 η_{ai}，绝对有效效率 η_{ae}。任一绝对效率等于同一相对效率与循环效率的乘积。

三、汽轮发电机组的经济指标

火力发电厂除了用以上的各种效率来表示相应范围内的经济性外，还常用每生产 1kW·h 的电能所消耗的蒸汽量和热量来表示汽轮发电机组的热经济指标。

1. 汽耗率 d

汽轮发电机组每发 1kW·h 的电所消耗的蒸汽量称为汽耗率 d，单位为 kg/kW·h。每小时消耗的蒸汽量称为汽耗量 D，单位为 kg/h。

$$d=\frac{D}{P_{el}}=\frac{3600}{\Delta H_t\eta_{rel}} \tag{2-24}$$

由于参数不同的机组，虽然功率相同，但其消耗的蒸汽量却不同，尤其是供热式机组，由于抽汽量不同，更是如此，所以不同类型的机组一般不用 d 来比较其经济性，而是采用能反映机组经济性的另一指标。

2. 热耗率 q

汽轮发电机组每发 1kW·h 的电所消耗的热量，称为热耗率 q，单位 kJ/kW·h，即

$$q=\frac{Q_0}{P_{el}}=d(h_0-h_{fw})=\frac{3600(h_0-h_{fw})}{\Delta H_t\eta_{rel}}=\frac{3600}{\eta_{rel}} \tag{2-25}$$

对于中间再热机组而言

$$q=d\left[(h_0-h_{fw})+\frac{D_{rh}}{D_0}(h_{rh}-h'_{rh})\right] \tag{2-26}$$

式中 D_0——汽轮机总进汽量，kg/h；

D_{rh}——再热蒸汽量，kg/h；

h_{rh}、h'_{rh}——再热蒸汽热段焓和冷段焓，kJ/kg；

h_{fw}——给水焓，kJ/kg。

四、汽轮机的极限功率和提高单机功率的途径

1. 汽轮机的极限功率

汽轮机的极限功率是指在一定的蒸汽初终参数和转速下，单排汽口凝汽式汽轮机所能获得的最大功率。单排汽口凝汽式汽轮机的功率之所以受到限制，主要是由于最末一级动叶既长又大，离心力太大，而叶片材料强度是有限的，这就限制了末级叶片的高度和末级的平均直径，从而使末级动叶的通汽容积流量受到限制。如亚临界一次中间再热凝汽式汽轮机的末级比体积要比新汽比体积增大1000多倍，这就是末级通汽面积大大增加，因此末级的动叶片必然既长又大。

回热抽汽凝汽式汽轮机组的发电极限功率为

$$P_{el\cdot max}=G_{c\cdot max}m\Delta H_t\eta_{ri}\eta_m\eta_g \tag{2-27}$$

式中　$G_{c\cdot max}$——通过汽轮机末级的最大流量。

由于回热抽汽、端轴封漏汽和厂用抽汽都不通过末级，所以在同一$G_{c\cdot max}$下，回热抽汽式汽轮机的功率将比纯凝汽式的大，m是增大的倍数，对于中小型机组$m=1.1\sim1.2$，哈尔滨汽轮机厂制造的600MW汽轮机组$m=1.362$。

式（2-27）中汽轮机的理想焓降ΔH_t取决于蒸汽的初终参数，在常见的初终参数下，$\Delta H_t=1000\sim1500$kJ/kg，它的变化范围不大，而效率乘积$\eta_{ri}\eta_m\eta_g$变化更小，接近于常数。所以汽轮机所能发出的最大功率主要取决于通过汽轮机末级的蒸汽流量$G_{c\cdot max}$。$G_{c\cdot max}$可用式（2-28）表示

$$G_{c\cdot max}=\frac{1}{v_2}\pi d_b l_b w_2\sin\beta_2=\frac{1}{v_2}\pi d_b l_b c_2\sin\alpha_2 \tag{2-28}$$

将经高比$\theta=d_b/l_b$和$u=n\pi d_b/60$代入式（2-28）得

$$G_{c\cdot max}=\frac{3600u^2c_2\sin\alpha_2}{\pi n^2 v_2\theta} \tag{2-29}$$

式中，取$\alpha_2\approx90°$，为增大极限功率，可增大排汽速度，但余速损失亦随之增加，使机组效率降低。末级动叶余速损失一般在21～25kJ/kg范围内，不能太大。因此末级动叶余速c_2一般在205～300m/s范围内，不会更大。哈尔滨汽轮机厂制造的600MW汽轮机的末级余速损失为30.6kJ/kg，末级动叶余速$c_2=247$m/s。末级出口比体积v_2决定于末级排汽压力，降低凝汽器真空可使v_2减小，$G_{c\cdot max}$增大，极限功率增大，但降低真空将使全机循环效率降低。由此可见，影响$G_{c\cdot max}$的主要因素是末级轴向排汽面积$\pi d_b l_b$，然而末级叶高l_b和平均直径d_b的增大将使动叶离心力增大，受到叶片材料强度的限制。

从国产300MW（双排汽）、600MW（四排汽）与进口360MW（双排汽）亚临界一次中间再热汽轮机了解到，汽轮机极限功率可达150～180MW。从1980年苏联制造的目前世界上最大的五缸六排汽口1200MW单轴超临界汽轮机来看，该机组单排汽口极限功率达200MW，该级具有钛合金的1200mm高的末级叶片。

2. 提高单机功率的途径

从上面可知，提高单机极限功率的途径主要应从增大末级叶片轴向面积$\pi d_b l_b$上考虑。

采用高强度、低密度材料，可使末级叶高大大增加，从而提高极限功率。例如，钛基合金的密度只有不锈钢的57%。

增加单机功率的最有效措施是增加汽轮机的排汽口，即进行分流。采用双排汽口可使单

级功率比单排汽口的增大一倍，采用四排汽口可增至四倍。这是目前国内外大型机组普遍采用的方法。

采用低转速，如转速降低一半，由式（2－28）和式（2－29）得，极限功率将增大四倍。对电站用的直接带动发电机的大型汽轮机，由于发电频率不能改变，而发电机的电极数只能成双地增减，所以转速只能降低一半。降低转速虽可使极限功率增大，但级的直径和速比不变时，级的理想焓降与转速的平方成正比，故每级焓降将减少 1/4，全机级数和钢材耗量都将大为增加。若保持各级的焓降不变，则级的直径将增大一倍，也将使汽轮机尺寸和钢材耗量大大增加。一般说来，汽轮机的总质量与转速的三次方成反比，因此总是避免采用降低转速的措施。在轻水堆核电站中，由于只能生产压力较低的饱和蒸汽或微过热蒸汽，全机的理想焓降很小，为了增加功率，流量必然很大。为了解决末级叶片设计的困难，大部分轻水堆核电站采用半转速。

第三节　多级汽轮机的轴向推力

蒸汽在轴流式多级汽轮机的通流部分膨胀做功时，除了对转子作用一个轮周力对外做功之外，还作用一个使转子由高压端向低压端移动的轴向力，这个力称为轴向推力。

一、多级汽轮机的轴向推力

图 2－8 所示为多级冲动式汽轮机中任一个中间级，级前蒸汽压力为 p_0，动叶前压力为 p_1，动叶后压力为 p_2，叶轮前的压力为 p_d，则作用于这个级上的轴向推力由以下几个力组成。

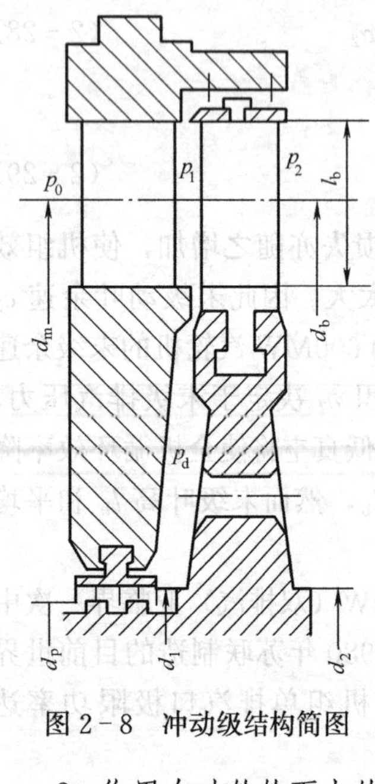

图 2－8　冲动级结构简图

1. 作用在动叶片上的轴向推力 F_{z1}

动叶片上的轴向推力由动叶两侧的蒸汽压力差和汽流的轴向动量变化所产生，即

$$F_{z1} = G(c_1 \sin\alpha_1 - c_2 \sin\alpha_2) + \pi d_b l_b (p_1 - p_2) \tag{2-30}$$

在冲动级中，汽流的轴向分速度通常变化不大，即 $c_1\sin\alpha_1 \approx c_2\sin\alpha_2$，故可略去式（2－30）中的第一项。当级内反动度或焓降不大时，压力反动度 $\Omega_p = \dfrac{p_1 - p_2}{p_0 - p_2}$ 与焓降反动度 Ω_m 相差不大，而且一般情况下 $\Omega_m > \Omega_p$。所以为了计算方便和安全起见，一般用 $\Omega_m(p_0 - p_2)$ 代替 $(p_1 - p_2)$，因此，式（2－30）变为

$$F_{z1} \approx \pi d_b l_b \Omega_m (p_0 - p_2) \tag{2-31}$$

对于部分进汽的冲动级，其轴向推力 $F_{z1} \approx e\pi d_b l_b \Omega_m (p_0 - p_2)$。若是双列速度级，则两列动叶上的轴向推力应分别计算，之后相加。

2. 作用在叶轮轮面上的轴向推力 F_{z2}

$$F_{z2} = \frac{\pi}{4}[(d_b - l_b)^2 - d_1^2]p_d - \frac{\pi}{4}[(d_b - l_b)^2 - d_2^2]p_2 \tag{2-32}$$

当叶轮两侧轮毂直径相等，即 $d_1 = d_2 = d$ 时，则

$$F_{z2} = \frac{\pi}{4}[(d_b - l_b)^2 - d^2](p_d - p_2) \tag{2-33}$$

可见，作用在叶轮轮面上的轴向推力也与该级前后的压力差和反动度成正比变化。由于叶轮面积较大，所以即使叶轮前后压差不大，也会引起很大的轴向推力。故为了减小这个轴向推力，常在叶轮上开设平衡孔，以减小叶轮两侧的压差。

由于调节级叶轮前、后汽室相通，可以认为轮面两侧蒸汽的压力相等，所以可以不计算轮面上的轴向推力。对于部分进汽的级，由于不进汽的动叶片上所受到的压力差也为（p_d-p_2），因此，在 F_{z2} 的计算式中应增加（$1-e)\pi d_b l_b(p_d-p_2$）一项。对于反动式汽轮机，动叶设置在轮毂上，故只计算轮毂上的轴向推力。

3. 作用在轮毂上或转子凸肩上的轴向推力 F_{z3}

$$F_{z2}=\frac{\pi}{4}(d_2^2-d_1^2)p_x \tag{2-34}$$

式中 d_1、d_2——对应计算面上的内径和外径；

p_x——对应计算面上的静压力。

4. 作用在轴封凸肩上的轴向推力 F_{z4}

$$F_{z4}=\pi d_p h\sum_{i=1}^{n}\Delta p_i \tag{2-35}$$

式中 d_p——轴封凸肩的直径，m；

h——凸肩的高度，m；

n——凸肩的数目。

Δp_i——任一凸肩两侧的压力差，若 z 个齿隙的压力降相等，则 $\Delta p_i=\dfrac{p_0-p_d}{z}$。

对于齿形轴封，其齿数 $z\approx 2n$，则式（2-29）可写成

$$F_{z4}=0.5\pi d_p h(p_0-p_d) \tag{2-36}$$

对于平齿轴封，由于凸肩高度 $h=0$，故 $F_{z4}=0$。

运用上面的公式，将转子上各侧面的轴向推力计算出来以后，再将它们都叠加起来，就得出整个转子上的轴向推力，即

$$F_z=\sum F_{z1}+\sum F_{z2}+\sum F_{z3}+\sum F_{z4}$$

实际上 $\sum F_{z3}$ 和 $\sum F_{z4}$ 的值相对于 F_z 来说是很小的，故也可以不计算。

在多级汽轮机中，总的轴向推力很大。在反动式汽轮机中它可达到 2～3MN；在冲动式汽轮机中也有 1MN。这么大的轴向推力除靠推力轴承承担外，还要考虑整个转子自身的轴向推力平衡问题。

二、多级汽轮机轴向推力的平衡方法

轴向推力平衡的目的是减少轴向推力，使其符合推力轴承长期安全的承载能力。常见的平衡措施有以下几种。

1. 设置平衡活塞

如图 2-9 所示，就是将高压轴封套的直径 d_x 加大。由于平衡活塞上装有齿形轴封，所以使蒸汽压力由活塞高压侧的压力 p_1 降低到低压侧的 p_x。这样，在平衡活塞两侧压差（p_1-p_x）的作用下，产生一个方向与轴向推力相反的力，从而平衡了一部分轴向推力。

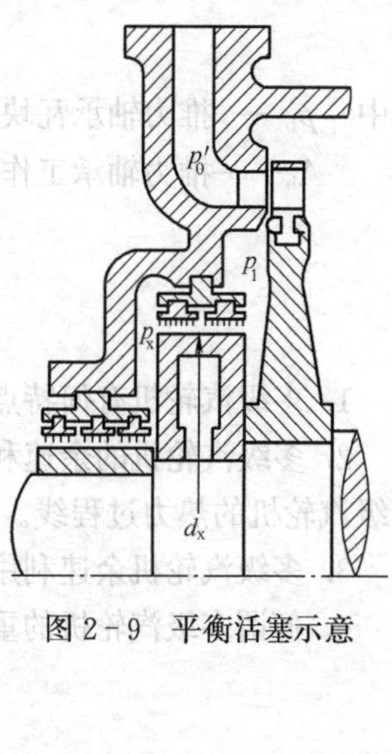

图 2-9 平衡活塞示意

2. 采用具有平衡孔的叶轮

平衡孔用于减少叶轮两侧的压差，以减少转子的轴向推力，特别是对叶轮两侧压差较大的高压级叶轮常采用这种方法。例如：N200-12.75/535/535型汽轮机的2～12级叶轮上均开有5个ϕ50的平衡孔；N125-13.24/550/550型汽轮机的高、中压各级叶轮上均开有7个ϕ50平衡孔。

3. 采用相反流动的布置

如果汽轮机是多缸的，则可适当布置汽缸，使不同汽缸中的汽流作相反方向流动，这样不同方向的汽流所引起的轴向推力方向相反，可相互抵消一部分。图2-10中采用了高、中压对头布置和低压缸分流的布置，使高、中压缸和低压缸中汽流所引起的轴向推力方向相反，从而使轴向推力相互抵消了一部分，但中间再热机组的高、中压缸不能简单地采用这种相对布置方法。因为在工况变动时，由于再热系统中蒸汽容积的惰性很大，中压缸前压力与高压缸前压力不能同步改变，因此在变工况瞬间无法得到平衡抵消作用，可能会给推力轴承造成很大的推力。这时要求高、中压缸自已单独平衡，或者单独采用平衡活塞，或各自采用分流布置。

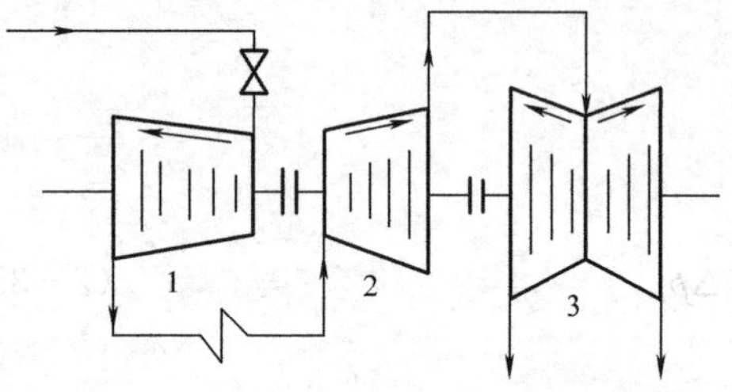

图2-10 高低压缸反向布置示意

1—高压缸；2—中压缸；3—低压缸

对于反动式汽轮机，由于其动叶前后压差比冲动式汽轮机大，所以它的轴向推力也比同类型冲动式汽轮机要大得多，为减小其轴向推力，反动式汽轮机毫无例外地采用转鼓和平衡活塞，活塞直径和前轴封漏汽量也比冲动式汽轮机大。此外，在反动式汽轮机中也应充分利用汽缸或级组对置排列来减少轴向推力。

4. 采用推力轴承

轴向推力经上述方法平衡后，剩余的部分最后由推力轴承来承担。一般要求推力轴承应承受适当的推力，以保证在各种工况下，推力方向不变，使机组能稳定地工作而不发生窜轴现象。为安全起见，核算推力轴承时，其安全系数n应大于1.5～1.7。n通常用下列公式计算

$$n=\frac{p_b A_b-\sum(F_{z3}+F_{z4})}{\sum F_{z1}+\sum F_{z2}}$$

式中 p_b——推力轴承瓦块承压面上所承受的压力，MPa；

A_b——推力轴承工作瓦块总的承压面积，m^2。

复习思考题及习题

1. 多级汽轮机有何特点？

2. 多级汽轮机的余速利用对汽轮机的内效率有何影响，试在$h-s$图上画出余速利用时多级汽轮机的热力过程线。

3. 多级汽轮机余速利用需满足的条件有哪些？

4. 何谓多级汽轮机的重热现象？其对汽轮机的内效率会产生什么影响？

5. 多级汽轮机的损失有哪些？如何减小这些损失？

6. 何谓自密封轴封系统？

7. 在汽轮机装置中，表示能量转换过程不同阶段完善程度的指标有哪些？它们之间有什么样的关系？

8. 表示汽轮发电机组的经济性指标有哪些？这些指标如何评价机组运行的经济性？

9. 何谓汽轮机的极限功率？提高单机功率的途径有哪些？

10. 多级汽轮机的轴向推力是如何产生的？平衡轴向推力的措施有哪些？

11. 已知调节级汽室压力 $p_2=5.88$MPa，调节级内效率 $\eta_{ri}^{s}=0.67$，4 个压力级具有相同的焓降和内效率。进汽机构和排汽管中的损失可忽略不计。试求蒸汽初参数为 $p_0=8.83$MPa，温度 $t_0=535$℃，终参数 p_c 为 3.04MPa，$t_c=400$℃的背压式汽轮机的相对内效率 η_{ri} 和重热系数 α。

第三章 汽轮机的变工况

汽轮机的通流部分是在给定的功率、蒸汽参数、转速等条件下设计的。汽轮机在设计条件下的工况称设计工况。在此工况下运行，汽轮机的效率最高，故其功率称经济功率（汽轮机的额定功率等于或大于经济功率）。在实际运行中，外界负荷变化、蒸汽参数波动或转速变化等，均会引起汽轮机内热力过程的变化和零部件受力情况的变化，从而影响其经济性和安全性。这种与设计条件不相符合的工况称汽轮机的变工况或非设计工况。

研究变工况的目的，在于分析汽轮机变工况下的热力过程，了解其效率的变化及主要零部件的受力情况，以保证在变工况下安全、经济地运行。本章主要讨论等转速汽轮机在变工况下的热力特性，即主要讨论汽轮机蒸汽流量变动、蒸汽参数变化及不同调节方式对汽轮机工作的影响。

第一节 喷嘴变工况

汽轮机由若干个级组成，因此分析汽轮机变工况的特性应分析级的变工况，即从喷管和动叶的变工况特性着手。喷嘴的变工况特性，主要是分析喷嘴前后的蒸汽参数变化喷嘴流量的变化关系。下面对渐缩喷嘴和缩放喷嘴的变工况特性分别加以讨论。

一、喷嘴叶栅的流量特性

（一）喷嘴的理想流量

流经喷嘴的蒸汽流量可根据连续方程求得。在稳定流动中，流经任一截面的流量相同，因此可选取任意一截面来计算，但通常取最小截面（渐缩喷嘴和缩放喷嘴均可）或出口截面（对渐缩喷嘴二者为同一截面）。

对于等熵流动，通过喷嘴的理想流量 G_t 为

$$G_t = A_n \frac{c_{1t}}{v_{1t}} \tag{3-1}$$

式中 A_n——喷嘴出口面积，m^2；

c_{1t}——喷嘴出口理想速度，m/s；

v_{1t}——喷嘴出口理想比体积，m^3/kg。

又由于

$$c_{1t} = \sqrt{\frac{2\kappa}{\kappa-1} p_0^* v_0^* \left[1-\left(\frac{p_1}{p_0^*}\right)^{\frac{\kappa-1}{\kappa}}\right]}$$

并考虑到等熵流动时$\frac{1}{v_{1t}} = \frac{1}{v_0^*}\left(\frac{p_1}{p_0^*}\right)^{\frac{1}{\kappa}}$，所以对于等熵流动，通过喷嘴的理想流量 G_t 可改写为

$$G_t = A_n \sqrt{\frac{2\kappa}{\kappa-1} \frac{p_0^*}{v_0^*}\left(\varepsilon_n^{\frac{\kappa}{2}} - \varepsilon_n^{\frac{\kappa+1}{\kappa}}\right)} \tag{3-2}$$

令$\frac{dG_t}{d\varepsilon_n}=0$可求得通过喷嘴最大流量时的$\varepsilon_n$值为

$$\varepsilon_n=\left(\frac{2}{\kappa+1}\right)^{\frac{\kappa}{\kappa-1}}=\varepsilon_{cr} \tag{3-3}$$

由式（3－3）可见，当ε_n等于临界压力比ε_{cr}时，喷嘴达到临界流动状态，喉部截面汽流速度为临界流速c_{cr}，通过喷嘴的流量也达到最大值，此时的喷嘴流量称为临界流量$(G_t)_{cr}$，将ε_{cr}的表达式代入式（3－2），并整理得

$$G_t=(G_t)_{cr}=A_n\sqrt{\kappa\left(\frac{2}{\kappa+1}\right)^{\frac{\kappa+1}{\kappa-1}}\frac{p_0^*}{v_0^*}}=\lambda A_n\sqrt{\frac{p_0^*}{v_0^*}} \tag{3-4}$$

$$\lambda=\sqrt{\kappa\left(\frac{2}{\kappa+1}\right)^{\frac{\kappa+1}{\kappa-1}}}$$

λ仅与蒸汽性质有关，对于过热蒸汽$\kappa=1.3$，$\lambda=0.667$；对于干饱和蒸汽$\kappa=1.135$，$\lambda=0.635$；对于湿蒸汽$\kappa=1.035+0.1x$，所以λ值也随干度x的变化而变化。

将不同的λ值代入式（3－4）中，则有

过热蒸汽 $$(G_t)_{cr}=0.667A_n\sqrt{\frac{p_0^*}{v_0^*}} \tag{3-5}$$

饱和蒸汽 $$(G_t)_{cr}=0.635A_n\sqrt{\frac{p_0^*}{v_0^*}} \tag{3-6}$$

由此可见，对于一定的喷嘴和一定性质的蒸汽，临界流量只与蒸汽的初参数有关，并随初压p_0^*的升高而增加。

将式（3－2）中的G_t和ε_n绘成曲线，如图3－1中的OBC曲线所示。当$\varepsilon_n=1$时，$G_t=0$；随着ε_n的逐渐减小，流量G_t沿着CB线逐渐增加，当$\varepsilon_n=\varepsilon_{cr}$时，$G_t=(G_t)_{cr}$；继续减小$\varepsilon_n$时，按式（3－2）的关系，流量应沿$BO$线逐渐减小，但这不符合实际，事实上当汽流在喷嘴最小截面上达临界时，由于该截面上的汽流速度及蒸汽参数都达到临界状态，且不随背压进一步降低而变化，所以流过喷嘴的流量保持临界值不变，如图3－1中的AB线所示。因此喷嘴流量G_t与压力比ε_n的真实关系为曲线ABC。

（二）流过喷嘴的实际流量

实际流动过程中由于存在着损失，因此流过喷嘴的实际流量不等于理想流量，它们之间的关系可表示为

$$G=A_n\frac{c_1}{v_1}=A_n\frac{\varphi c_{1t}}{v_1}\frac{v_{1t}}{v_{1t}}=\varphi\frac{v_{1t}}{v_1}G_t=\mu_nG_t \tag{3-7}$$

式中，$\mu_n=\varphi\frac{v_{1t}}{v_1}$称为喷嘴的流量系数，是实际流量与理想流量之比。影响流量系数的因素很多，很难用纯理论的方法来准确计算，通常用实验的方法求得。图3－2是根据试验数据绘制的喷嘴和动叶的流量系数曲线，从图可知，流量系数与蒸汽的状态有关。当喷嘴在过热蒸汽区工作时，由于喷嘴损失转变成的热量加热了蒸汽本身，使实际比体积v_1大于理想比体积v_{1t}，所以$\mu_n<\varphi$（$\mu_n<1$），但在此区域内由于喷嘴损失所引起的比体积变化较小，可近似认为$\mu_n=\varphi$，一般取$\mu_n=0.97$。当喷嘴在湿蒸汽区工作时，由于蒸汽通过喷嘴的时间很短，有一部分应凝结成水珠的饱和蒸汽来不及凝结，未能放出汽化潜热，产生了“过冷”现象，

即蒸汽没有获得这部分蒸汽凝结时所放出的汽化潜热，而使蒸汽温度较低，蒸汽的实际比体积小于理想比体积，即 $v_{1t}/v_1>1$，于是就可能出现实际流量大于理想流量的情况，一般计算时取 $\mu_n=1.02$。

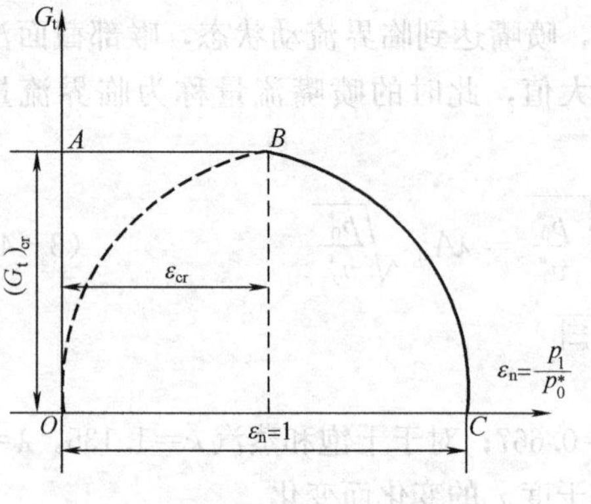

图 3-1　渐缩喷嘴的流量曲线

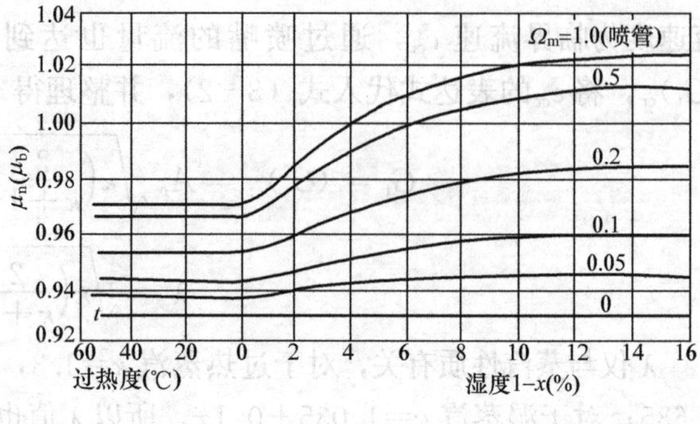

图 3-2　喷嘴和动叶的流量系数

考虑了流量系数后，实际临界流量 $G_{cr}=\mu_n(G_t)_{cr}$ 的计算公式为

过热蒸汽（$\mu_n=0.97$）　　$G_{cr}=0.647A_n\sqrt{\frac{p_0^*}{v_0^*}}$

饱和蒸汽（$\mu_n=1.02$）　　$G_{cr}=0.648A_n\sqrt{\frac{p_0^*}{v_0^*}}$

由于上面两个求临界流量的公式近似相等，因此，在实际使用时，无论是过热蒸汽还是饱和蒸汽，均用式（3-8）计算

$$G_{cr}=0.648A_n\sqrt{\frac{p_0^*}{v_0^*}} \tag{3-8}$$

式中 G_{cr}——通过喷嘴的临界流量，kg/s；

A_n——喷嘴出口面积，缩放喷嘴为喉部面积，m^2；

p_0^*——喷嘴前滞止状态的蒸汽压力，Pa；

v_0^*——喷嘴前滞止状态的蒸汽比体积，m^3/kg。

（三）彭台门系数

在利用上述公式计算时，必须先判断喷嘴中的汽流是亚音速流还是临界流，然后再选用式（3-7）或式（3-8）计算。在实际计算中，为方便起见，引入一个流量比的概念，它是通过喷嘴的任一流量与同一初始状态下的临界流量之比，即 $\beta=\frac{G}{G_{cr}}$，称之为彭台门系数，其值为

$$\beta=\frac{G}{G_{cr}}=\frac{\mu_n G_t}{\mu_n (G_t)_{cr}}=\frac{G_t}{(G_t)_{cr}}=\sqrt{\frac{\frac{2}{\kappa-1}\left(\varepsilon_n^{\frac{2}{\kappa}}-\varepsilon_n^{\frac{\kappa+1}{\kappa}}\right)}{\left(\frac{2}{\kappa+1}\right)^{\frac{\kappa+1}{\kappa-1}}}} \tag{3-9}$$

可见，β 值的大小只与压力比 ε_n 和等熵指数 κ 有关。当 κ 值一定时，在亚临界条件下，β 值仅与 ε_n 有关，且 $\beta<1$；而在临界和超临界的条件下，$\beta=1$，与 ε_n 无关。

为使用方便，通常将β与ε_n的关系绘成如图3-3所示的曲线，计算时根据ε_n在图上查得β值，然后利用式（3-10）计算通过喷嘴的实际流量

$$G = 0.648\beta A_n \sqrt{\frac{p_0^*}{v_0^*}} \tag{3-10}$$

利用式（3-10）计算时不需事先判断喷嘴中的流动是否达到临界。

二、渐缩喷嘴变工况特性

（一）喷嘴初压不变背压变化

现假定在与汽流方向垂直的截面上的参数是相同的，因此可以用流道中心线各点参数来代表喷嘴内各截面的参数（见图3-4）。

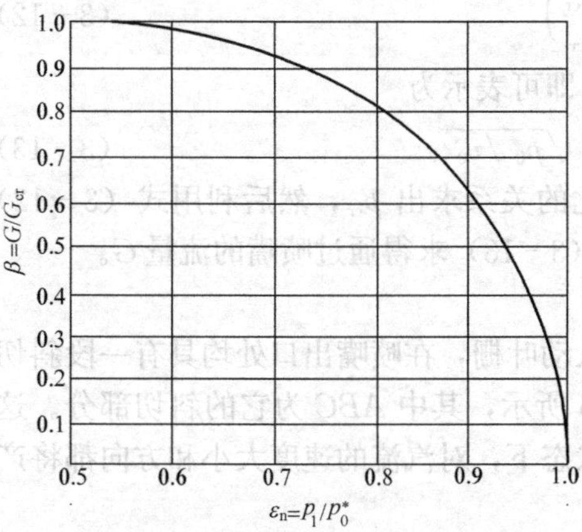

图3-3　渐缩喷嘴的β曲线

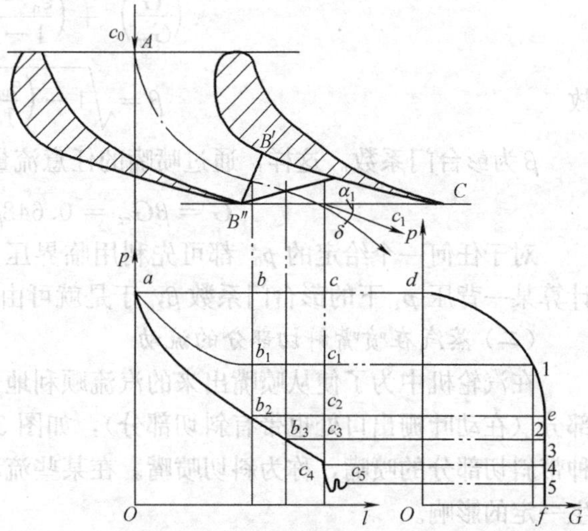

图3-4　渐缩喷嘴变工况

首先分析喷嘴初压p_0^*不变而背压p_1变化时的工况。

(1) 当$p_1=p_0^*$，即压力比$\varepsilon_n=1$时，喷嘴中无压力降，蒸汽不流动，其流量为零。

此时蒸汽沿喷嘴流程的压力变化如图3-4左侧abc曲线所示，流量如图中右侧d点所示。

(2) 当$p_0^*>p_1>p_{cr}$，即$1>\varepsilon_n>\varepsilon_{cr}$时，此时蒸汽在喷嘴中膨胀加速，压力逐渐下降，至最小截面$B'B'$处压力为p_1，斜切部分只起导向作用，蒸汽在其内不发生膨胀，如图3-4中曲线ab_1c_1所示。通过喷嘴的蒸汽流量随着压力p_1或ε_n的下降而大致按椭圆规律增加，如图3-4中曲线de所示。

(3) 当$p_1=p_{cr}$，即压力比$\varepsilon_n=\varepsilon_{cr}$时，此时最小截面$B'B'$处刚好达到临界状态，斜切部分仍无膨胀，如图3-4中曲线ab_2c_2所示。流量则增至最大值G_{cr}，如图中e点所示。

(4) 当$p_1<p_{cr}$，即压力比$\varepsilon_n<\varepsilon_{cr}$时，此时蒸汽在最小截面上仍为临界状态，而蒸汽在斜切段内发生膨胀至出口压力p_1，如图3-4中的$ab_2b_3c_3$所示。

若p_1继续下降，直至p_1达到极限压力p_{1d}，压力比$\varepsilon_n=\varepsilon_{1d}$，则蒸汽在斜切段内的膨胀已达极限。若$p_1$继续下降，使$p_1<p_{1d}$即压力比$\varepsilon_n<\varepsilon_{1d}$，则蒸汽由$p_{1d}$至$p_1$的膨胀将在喷嘴外进行，这部分是紊乱膨胀。不能用来提高汽流速度，故是附加损失，此种现象通常称为膨胀不足现象。图3-4中曲线$ab_2b_3c_4$表示$p_1=p_{1d}$时蒸汽在喷嘴内的压力变化，c_4c_5表示当

$p_1<p_{1d}$时由 p_{1d}到 p_1 在喷嘴外的突然膨胀。

当 $p_1<p_{cr}$即 $\varepsilon_n<\varepsilon_{cr}$时，蒸汽在最小截面上为临界状态，该截面上的流速等于音速，它不随背压的继续降低而变化。因此蒸汽流量也将保持临界流量，如图 3-4 中 ef 直线段所示。

由上述可见，在一定的喷嘴初压 p_0^* 下，流经喷嘴的流量最初随喷嘴后压力 p_1 的降低而逐渐增加，当 p_1 降至临界压力时，流量达到临界流量即流经喷嘴的最大流量、此后流量便不再随 p_1 的下降而变化。流量与背压之间的变化关系也可由图 3-5 中曲线 ABC 表示。

实际计算证明：在小于临界流量范围内即图 3-5 中的 BC 曲线可以足够精确地用 1/4 的椭圆弧代替。现以横坐标 ε=ε 这点为椭圆的中心，则得

$$\left(\frac{G}{G_{cr}}\right)^2+\left(\frac{\varepsilon_n-\varepsilon_{cr}}{1-\varepsilon_{cr}}\right)^2=1 \tag{3-11}$$

故

$$\beta=\sqrt{1-\left(\frac{\varepsilon_n-\varepsilon_{cr}}{1-\varepsilon_{cr}}\right)^2} \tag{3-12}$$

β 为彭台门系数。这样，通过喷嘴的任意流量 G 即可表示为

$$G=\beta G_{cr}=0.648\beta A_n\sqrt{p_0^*/v_0^*} \tag{3-13}$$

对于任何一个给定的 p_0^* 都可先利用临界压力比的关系求出 p_{cr}，然后利用式（3-12）计算某一背压 p_1 下的彭台门系数 β，于是就可由式（3-13）求得通过喷嘴的流量 G。

（二）蒸汽在喷嘴斜切部分的流动

在汽轮机中为了使从喷嘴出来的汽流顺利地进入动叶栅，在喷嘴出口处均具有一段斜切部分（在动叶栅出口处也带有斜切部分），如图 3-6 所示，其中 ABC 为它的斜切部分。这种带斜切部分的喷嘴，称为斜切喷嘴。在某些流动状态下，对汽流的速度大小和方向都将产生一定的影响。

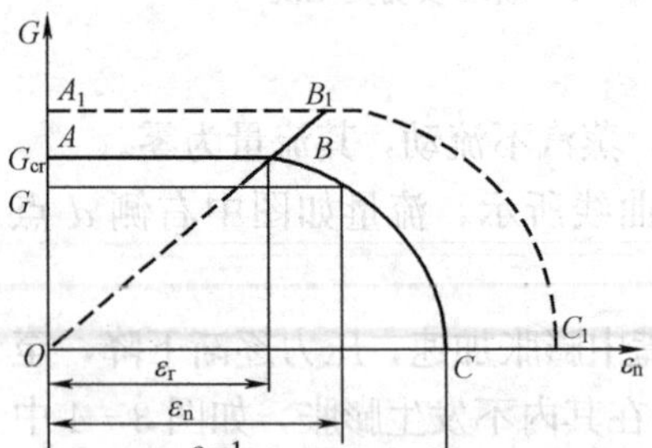

图 3-5 渐缩喷嘴流量与出口压力的关系曲线

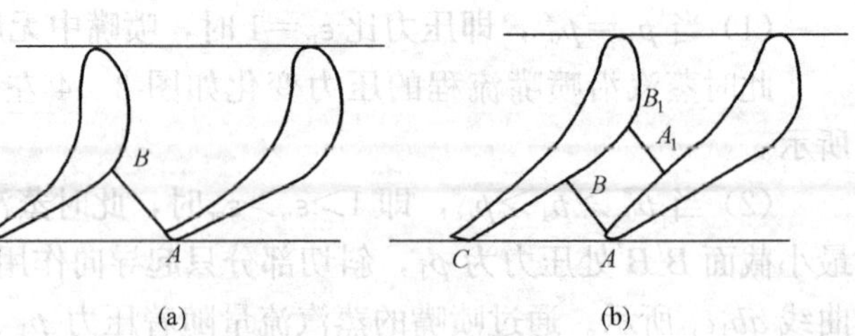

图 3-6 喷嘴斜切部分
（a）渐缩喷嘴；（b）缩放喷嘴

1. 蒸汽在喷嘴斜切部分的膨胀特点

（1）渐缩斜切喷嘴中当 $\varepsilon_n>\varepsilon_{cr}$时，喷嘴喉部截面 AB 上的压力与喷嘴的背压 p_1 相等，这时汽流只在喷嘴的渐缩部分中膨胀，而在斜切部分 ABC 中汽流不膨胀，$c_1\leqslant c_{cr}$，斜切部分对汽流速度的大小和方向都不起影响，只起导向作用。此时流出喷嘴的汽流方向与动叶运动方向成一角度 α_1，称为喷嘴的出汽角。喷嘴的平均出汽角可以近似按下式计算

$$\alpha_1=\arcsin\left(\frac{AB}{AC}\right)=\arcsin\left(\frac{AB}{t_n}\right)$$

式中　AB——喷嘴喉部截面宽度（自 A 至相邻叶片背弧的垂直距离）；

t_n——喷嘴的节距（相邻两叶片相应点间的周向距离）。

（2）渐缩斜切喷嘴中当 $\varepsilon_n<\varepsilon_{cr}$ 时，喷嘴喉部截面 AB 上保持临界状态，即压力为 p_{cr}，速度为 c_{cr}；此时为了使出口汽流压力等于背压，在斜切部分中将发生压力降，从 AB 截面上的临界压力 p_{cr} 膨胀到背压 p_1，从而使出口速度大于声速。

由图 3-7（a）可知，A 点的汽流压力由临界压力突然降低到喷嘴出口处压力 p_1，因此 A 点是一个扰动源，自 A 点引射出一束特性线（膨胀波），如图 3-7（a）中虚线所示，并且背压 p_1 越低，最后一根特性线越接近出汽边 AC。汽流通过特性线压力降低，速度增大。由于在斜切部分内从 A 点产生一束膨胀波，所以在斜切部分内汽流的压力沿两个方向降低：一是沿流动方向降低，使汽流加速，达到超声速；另一是沿汽流流动垂直的方向降低，使 BC 侧压力大于 AD 侧，如图 3-7（b）所示。汽流在此压差作用下绕 A 点向 AD 侧偏转一角度 δ_1，称为汽流偏转角，这时汽流以（$\alpha_1+\delta_1$）角从喷嘴中流出。

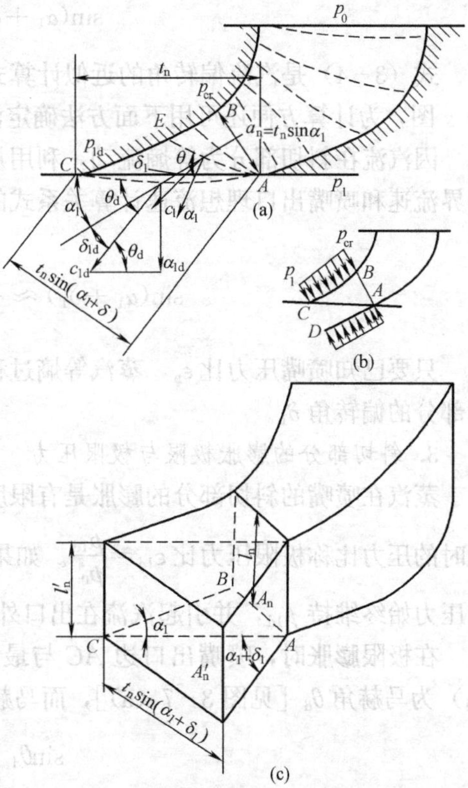

图 3-7　蒸汽在斜切部分的膨胀

（a）斜切部分内汽流的偏转；

（b）斜切部分两侧压力分布情况；

（c）喷嘴斜切部分的立体示意

由此可见，汽流在渐缩喷嘴斜切部分发生膨胀的条件是：喷嘴的背压 p_1 必须小于临界压力。而膨胀时汽流方向发生偏转的原因，是为了满足超声速汽流膨胀而需要扩大通流面积的要求。

（3）缩放喷嘴，如图 3-6（b）所示，A_1B_1 是喉部截面，AB 是出口截面。AB 截面上所能达到的最低压力就是设计压力 p_{ca}，$p_{ca}<p_{cr}$，所以喷嘴背压 p_1 只有在低于 p_{ca} 时，汽流在斜切部分才发生膨胀并产生偏转。

2. 汽流偏转角的近似计算

汽流在喷嘴斜切部分中的偏转角可利用连续方程近似地求出。假设在斜切部分中汽流流动是一元稳定流动，并且近似为等熵过程，则通过喷嘴最小截面 A_n 的临界流量和出口截面 A'_n 的流量应该相等，见图 3-7（c）。

$$G=\frac{A_n c_{cr}}{v_{cr}}=\frac{t_n c_{cr} l_n \sin\alpha_1}{v_{cr}}$$

$$G'=\frac{A'_n c_{1t}}{v_{1t}}=\frac{t_n c_{1t} l'_n \sin(\alpha_1+\delta_1)}{v_{1t}}$$

式中　l_n——喷嘴最小截面处的高度，m；

l'_n——喷嘴出口截面处的高度，m；

c_{cr}、v_{cr}——最小截面处的汽流速度和蒸汽的比体积，m/s 和 m^3/kg；

c_{1t}、v_{1t}——出口截面上的汽流速度和蒸汽的比体积，m/s 和 m^3/kg。

在一般情况下，$l_n=l'_n$又由于 $G=G'$于是

$$\sin(\alpha_1+\delta_1)\approx\frac{v_{1t}c_{cr}}{v_{cr}c_{1t}}\sin\alpha_1 \tag{3-14}$$

式（3-4）是汽流偏转角的近似计算式，称为贝尔公式。利用式（3-14）计算时需查 $h-s$ 图，为计算方便还可用下面方法确定汽流偏转角的大小。

因汽流在斜切部分为等熵流动，利用从喷嘴喉部至出口的等熵绝热过程方程及喷嘴喉部临界流速和喷嘴出口理想流速计算关系式的比，代入式（3-14）中，可得

$$\sin(\alpha_1+\delta_1)\approx\frac{\left(\frac{2}{\kappa+1}\right)^{\frac{1}{\kappa-1}}\sqrt{\frac{\kappa-1}{\kappa+1}}}{\varepsilon_n^{\frac{1}{\kappa}}\sqrt{1-\varepsilon_n^{\frac{\kappa-1}{\kappa}}}}\sin\alpha_1 \tag{3-15}$$

只要已知喷嘴压力比 ε_n，蒸汽等熵过程指数 k 及喷嘴出汽角 α_1，就可求出汽流在喷嘴斜切部分的偏转角 δ_1。

3. 斜切部分的膨胀极限与极限压力

蒸汽在喷嘴的斜切部分的膨胀是有限度的，其所能膨胀到的最低压力称为极限压力 p_{1d}，此时的压力比称极限压力比 $\varepsilon_{1d}=\frac{p_{1d}}{p_0^*}$。如果喷嘴后的压力低于 p_{1d}，则斜切部分出口截面处的压力始终维持 p_{1d}，并引起汽流在出口外膨胀，造成附加的能量损失。

在极限膨胀时，喷嘴出口边 AC 与最后一根特性线重合，它与汽流方向的夹角（$\alpha_1+\delta_{1d}$）为马赫角 θ_d［见图 3-7（a）］，而马赫角与马赫数 M_{1d}有如下的关系

$$\sin\theta_d=\frac{1}{M_{1d}}=\frac{a_{1d}}{c_{1d}}$$

于是

$$\sin(\alpha_1+\delta_1)\approx\frac{v_{1d}c_{cr}}{v_{cr}c_{1d}}\sin\alpha_1=\frac{1}{M_{1d}}=\frac{a_{1d}}{c_{1d}} \tag{3-16}$$

或

$$\sin\alpha_1=\frac{a_{1d}v_{cr}}{v_{1d}c_{cr}}$$

式中　M_{1d}——对应喷嘴极限工况下的出口处马赫数；

a_{1d}——蒸汽在极限压力下的声速，m/s；

c_{1d}——极限压力下喷嘴出口的汽流速度，m/s；

v_{1d}——极限压力下蒸汽的比体积，m^3/kg。

由于汽流在斜切部分为等熵流动，利用从喷嘴喉部至出口的等熵绝热过程方程及喷嘴喉部临界流速和喷嘴出口理想流速计算关系式的比，代入式（3-16），并整理得

$$\varepsilon_{1d}=\frac{p_{1d}}{p_0^*}=\left(\frac{2}{\kappa+1}\right)^{\frac{1}{\kappa-1}}(\sin\alpha_1)^{\frac{2\kappa}{\kappa+1}} \tag{3-17}$$

$$p_{1d}=\varepsilon_{cr}(\sin\alpha_1)^{\frac{2\kappa}{\kappa+1}}p_0^* \tag{3-18}$$

式（3-17）说明，对一定的汽流，ε_{1d}只与 α_1 角有关，并随着 α_1 角的增大而增大。若将 $\varepsilon_n=\varepsilon_{1d}$代入式（3-15）中，可求得相应的极限偏转角 δ_{1d}。

以上讨论的蒸汽在喷嘴斜切部分中膨胀时的偏转以及极限压力等概念，对动叶栅的斜切

部分同样适用。

（三）喷嘴初终参数都变化

在汽轮机实际变工况范围内，喷嘴初压 p_0^* 一般也是一个变量。设在保持另一初压 p_{01}^* 下改变背压，则可得到与图 3-5 曲线 ABC 相类似的曲线 $A_1B_1C_1$。改变初压，然后重复上述过程，即可得到一曲线组，称流量网图，如图 3-8 所示。

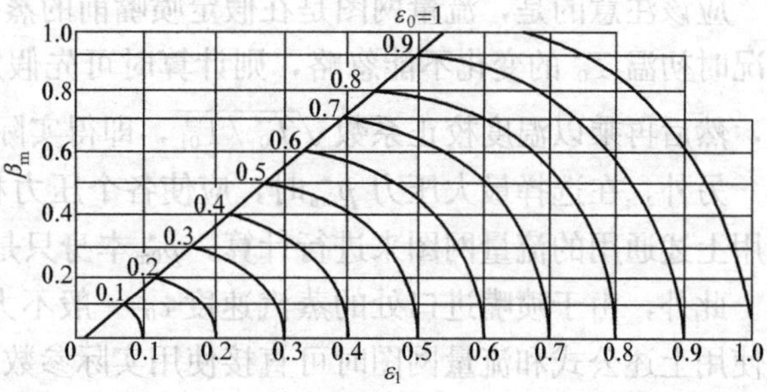

图 3-8　渐缩喷嘴流量网图

当喷嘴的初终参数都变化时，则在变工况下的流量为

$$G_1 = \beta_1 G_{cr1} = 0.648\beta_1 A_n \sqrt{p_{01}^*/v_{01}^*} \tag{3-19}$$

式中下标“1”表示工况变动后的参数，则

$$\frac{G_1}{G} = \frac{\beta_1 \sqrt{p_{01}^*/v_{01}^*}}{\beta \sqrt{p_0^*/v_0^*}} \tag{3-20}$$

若近似地将蒸汽视为理想气体，并应用状态方程 $pv=RT$ 于式（3-20），则得

$$\frac{G_1}{G} = \frac{\beta_1 \sqrt{p_{01}^*/v_{01}^*}}{\beta \sqrt{p_0^*/v_0^*}} = \frac{\beta_1 p_{01}^*}{\beta p_0^*}\sqrt{\frac{T_0^*}{T_{01}^*}} \tag{3-21}$$

如果喷嘴初压变动是由于蒸汽节流而发生的，则因为节流过程中 pv 为常数，在上述情况中有 $p_0^* v_0^* = p_{01}^* v_{01}^*$，于是 $T_0^* = T_{01}^*$，则得

$$\frac{G_1}{G} = \frac{\beta_1 p_{01}^*}{\beta p_0^*} \tag{3-22}$$

当工况前后均为临界工况，则 $\beta=\beta_1=1$，故有

$$\frac{G_1}{G} = \frac{G_{1cr}}{G_{cr}} = \frac{p_{01}^*}{p_0^*}\sqrt{\frac{T_0^*}{T_{01}^*}} \tag{3-23}$$

当略去初温变化时，则有

$$\frac{G_1}{G} = \frac{G_{1cr}}{G_{cr}} = \frac{p_{01}^*}{p_0^*} \tag{3-24}$$

式（3-24）表明，不同工况下的临界流量与初压成正比。

运用以上各式，便可进行喷嘴的变工况计算，即可由已知工况确定任意工况下的流量或压力。

在实际计算中利用流量网图采用图解法比较简捷。为了应用方便和扩大适用范围，流量网图一般采用压力比和流量比的相对坐标，如图 3-8 所示，即用初压力的最大值 p_{0m}^* 和与之相应的临界流量的最大值 G_{0m} 为基准，将所有各个初压 p_0^*、背压 p_1 及流量 G 都表示为相对值。

图 3-8 中纵坐标 β_m 为相对流量，表示任意流量 G 与最大临界流量 G_{0m} 之比 G/G_{0m}；横坐标 ε_1 为相对背压，表示任意背压 p_1 与最大初压 p_{0m}^* 之比 p_1/p_{0m}^*；图中有一个参变量 ε_0 为相对初压，表示图上每一条曲线对应的任意工况的初压 p_0^* 与最大初压 p_{0m}^* 之比 p_0^*/p_{0m}^* 为常

数时的流量曲线。利用流量网图可以很方便地根据三个比值 ε_0、ε_1 和 β_m 中的任意两个求出第三个比值。

应该注意的是，流量网图是在假定喷嘴前的蒸汽初温保持不变的条件下得到的，如果变工况时初温 T_0^* 的变化不能忽略，则计算时可先假定 T_0^* 不变，按流量网图求得变工况的流量，然后再乘以温度校正系数 $\sqrt{T_0^*/T_{01}^*}$，即得实际的蒸汽流量。

另外，在选择最大压力 p_{0m}^* 时，应使各个压力相对值 ε_0、ε_1 都小于或等于 1，否则无法利用上述通用的流量网图来进行计算，p_{0m}^* 本身只是一个中间参数，对计算结果没有影响。

此外，由于喷嘴进口处的蒸汽速度 c_0 一般不大，所以滞止压力 p_0^* 与 p_0 相差不大，故在使用上述公式和流量网图时可直接使用实际参数 p_0、T_0、v_0。

三、缩放喷嘴

缩放喷嘴有一个重要特点，就是它的临界截面不与出口截面相重合，故其变工况特性与渐缩喷嘴相比就表现出重要的差别。图 3-9表示在给定的初压 p_0^* 下，沿缩放斜切喷嘴长度方向上不同截面上汽流压力随背压而变化的情况。

曲线 $AKBC_1$ 代表设计工况下喷嘴内部的压力变化规律，汽流由进口压力 p_0^* 下降到喉部截面上的临界压力 p_{cr}，再继续降到出口截面上的背压设计值 p_1。在临界截面以前，蒸汽以亚声速流动，从临界截面到出口截面是超声速汽流区。

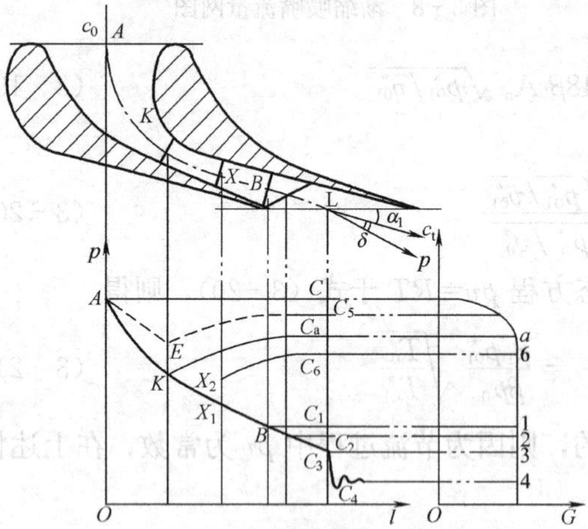

图 3-9　缩放喷嘴变工况

(一) *若初压不变，背压发生变化*

若初压不变，背压发生变化，则工况变化分以下几种情况来讨论：

(1) 当背压 $p_{11}<p_1$，即 $\varepsilon_{n1}<\varepsilon_n$ 时，蒸汽在喷嘴内只膨胀到设计压力 p_1，从 p_1 到 p_{11} 的膨胀须在斜切部分内完成。蒸汽在斜切部分膨胀将发生偏转。此膨胀过程的压力变化如图 3-9中 $AKBC_2$ 曲线所示。

(2) 当 $p_{11}=p_{1d}$（p_{1d} 为喷嘴斜切部分膨胀的极限压力），即 $\varepsilon_{n1}=\varepsilon_{1d}$ 时，此时喷嘴斜切部分的膨胀能力得到了完全的发挥，其膨胀曲线如图 3-9 中 $AKBC_3$ 所示。汽流在喷嘴出口的偏转角达最大值。

(3) 当 $p_{11}<p_{1d}$，即 $\varepsilon_{n1}<\varepsilon_{1d}$ 时，蒸汽在斜切部分膨胀所能达到的最低压力只能为极限压力 p_{1d}，自 p_{1d} 至 p_{11} 的降落将在斜切段外进行，这部分在斜切段外的突然膨胀不能增加汽流的动能，因此是一种能量损失，此种现象称膨胀不足现象。其膨胀过程如图 3-9 中 $AKBC_3C_4$ 曲线所示。

(4) 当 $p_{11}>p_1$，即 $\varepsilon_{n1}>\varepsilon_n$ 时，当 p_{11} 略大于设计值时，则将在喷嘴出口产生冲波。随着 p_{11} 的继续提高，冲波逐渐移到喷嘴内部。如在某一高于设计值的背压下，冲波将产生在某一截面 X 处（见图 3-9），汽流经过此冲波截面，压力和密度突然升高，而速度则由超声速变为亚声速，产生波阻损失及涡流损失，使喷嘴效率下降。汽流在冲波截面后，由于已成为亚声速汽流，因此在后面的渐扩部分将继续压缩，直至出口处到达 p_{11} 为止。该过程如图中

$AKX_1X_2C_6$ 曲线所示。背压越高，则产生冲波的截面越靠近喷嘴喉部截面。缩放喷嘴这种实际背压高于设计压力的现象称为膨胀过度，其所引起的能量损失大于膨胀不足损失。

(5) 当 $p_{11}=p_{1a}$，即 $\varepsilon_{n1}=\varepsilon_{1a}$时，$p_{1a}$就是使喷嘴喉部保持临界状态的最高背压，称为特征背压。其压力变化过程如图中 AKC_a曲线所示。该曲线说明，汽流在喷嘴渐缩部分为逐渐膨胀的过程，喉部仍为临界状态，而在渐扩部分为逐渐压缩过程，蒸汽离开喷嘴时的速度将低于声速。

(6) 当 $p_{11}>p_{1a}$，即 $\varepsilon_{n1}>\varepsilon_{1a}$时，其压力变化过程如曲线 AEC_5 所示，该曲线说明喉部已不能保持临界状态，因此在整个喷嘴内部均是亚声速汽流。

由上述可知，只要背压 $p_{11}<p_{1a}$，则在缩放喷嘴的喉部截面上始终保持着临界速度，流量也保持着与初压相对应的临界值 G_{cr}。因此，相对于渐缩喷嘴来看，缩放喷嘴变工况除在某些工况下喷嘴内会发生冲波外，其主要特点是只有当背压大于特征背压 p_{1a}（$p_{1a}>p_{cr}$）时，流量才小于临界流量，所以 p_{1a}是决定缩放喷嘴变工况特性的一个重要参数。因此，为了计算缩放喷嘴变工况，首先就需确定特征背压 p_{1a}（或特征压力比 $\varepsilon_{1a}=p_{1a}/p_0^*$）。

特征背压 p_{1a}的大小由（3-25）式计算（用于过热蒸汽区工作的缩放喷嘴）

$$p_{1a}=\left[0.546+0.454\sqrt{1-\left(\frac{1}{f_d}\right)^2}\right]p_0^* \tag{3-25}$$

或

$$\varepsilon_{1a}=\left[0.546+0.454\sqrt{1-\left(\frac{1}{f_d}\right)^2}\right] \tag{3-26}$$

式中 f_d——缩放喷嘴的膨胀度，为喷嘴出口截面积与喉部截面积之比，$f_d=A_n/A_{cr}$。

确定了 ε_{1a}后，即可进行缩放喷嘴的变工况计算，对于任意初压 p_0^* 和背压 p_1 可得到与渐缩喷嘴类似的计算流量公式，即

$$G=0.648\beta_a A_{cr}\sqrt{p_0^*/v_0^*} \tag{3-27}$$

$$\beta_a=\frac{G}{G_{cr}}=\sqrt{1-\left(\frac{\varepsilon_n-\varepsilon_{1a}}{1-\varepsilon_{1a}}\right)^2} \tag{3-28}$$

（二）当初终参数同时改变时

$$\frac{G_1}{G}=\frac{\beta_{a1}p_{01}^*}{\beta_a p_0^*}\sqrt{\frac{T_0^*}{T_{01}^*}} \tag{3-29}$$

式中，下标“1”表示变工况后的参数。

当忽略初温变化时则有

$$\frac{G_1}{G}=\frac{\beta_{a1}p_{01}^*}{\beta_a p_0^*} \tag{3-30}$$

若在变工况前后，喷嘴背压 $p_1\leqslant p_{1a}$，则 $\beta_{a1}=\beta_a=1$，故有

$$\frac{G_1}{G}=\frac{p_{01}^*}{p_0^*} \tag{3-31}$$

式（3-31）说明，与渐缩喷嘴一样，对于缩放喷嘴，不同工况下的临界流量亦与初压成正比。

与渐缩喷嘴相似，也可以绘制表示初压、背压和流量三者关系的流量网图。但由于不同膨胀度的缩放喷嘴具有不同的特征压力比 ε_{1a}，因此其流量网图没有通用性，故缩放喷嘴的变工况计算常采用解析法。

图 3－10 表示喷嘴速度系数 φ 与压力比 ε_n 之间的变化关系。由图可以看出，A_n/A_{cr} 不同的喷嘴有不同的 $\varphi-\varepsilon_n$ 曲线，A_n/A_{cr} 越小，曲线变化越平缓。$A_n/A_{cr}=1$ 的曲线即是渐缩喷嘴的 $\varphi-\varepsilon_n$ 曲线（如图 3－10 中虚线所示）。对于渐缩喷嘴，在 $\varepsilon_n>0.546$ 时，φ 基本上与 ε_n 无关，而缩放喷嘴只在设计工况下才能得到较高的速度系数，在变工况下由于产生冲波，速度系数剧烈下降，所以在设计汽轮机时都尽可能避免使用缩放喷嘴。

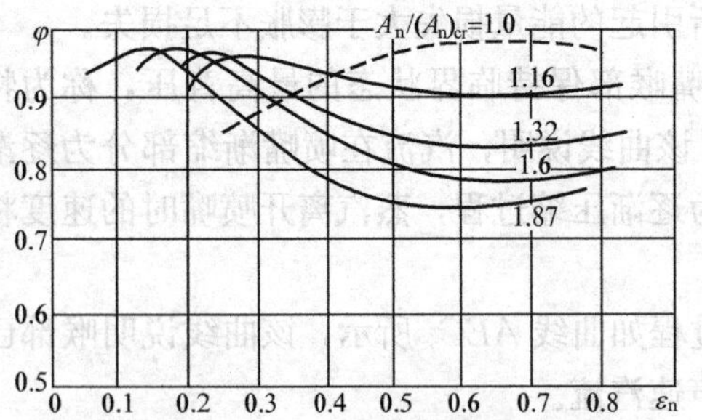

图 3－10　速度系数随压力比的变化曲线

需要指出，动叶与喷嘴相比虽然作用不同，但如果对动叶中汽流流动按相对运动进行分析，则它与喷嘴中的汽流流动完全相似，因此上述喷嘴变工况的一些结论也完全适用于动叶。

第二节　级与级组的变工况

一、变工况下级前后参数与流量的关系

研究汽轮机级的变工况特性，主要是分析级中各参数随流量变化而变化的基本规律。由于级在临界与亚临界工况下各项参数与流量之间的变化关系不同，需分别讨论。

（一）级在临界工况下工作

级中的喷嘴或动叶两者之一处于临界状态，就称级为临界工况。

1. 工况变动前后喷嘴均处于临界状态

此时通过的流量只与喷嘴前的蒸汽参数有关，而与喷嘴后和级后压力无关，根据式(3－23)有

$$\frac{G_{cr1}}{G_{cr}}=\frac{p_{01}^*}{p_0^*}\sqrt{\frac{T_0^*}{T_{01}^*}} \tag{3-32}$$

若略去初温变化，则有

$$\frac{G_{cr1}}{G_{cr}}=\frac{p_{01}^*}{p_0^*} \tag{3-33}$$

式（3－33）表明，当级的喷嘴处于临界状态时，通过该级的流量与级前压力成正比。

2. 工况变动前后动叶均处于临界状态

这种情况与喷嘴变工况特性一样，若略去温度变化，则通过该级的流量和动叶前的滞止压力成正比，即

$$\frac{G_{cr1}}{G_{cr}}=\frac{p_{11}^*}{p_1^*} \tag{3-34}$$

由于动叶进口速度可表示为

$$w_1=\varphi\sqrt{\frac{2\kappa}{\kappa-1}RT_1^*\left[1-\left(\frac{p_1}{p_1^*}\right)^{\frac{\kappa-1}{\kappa}}\right]} \tag{3-35}$$

因此当假想蒸汽由动叶进口滞止截面流向动叶进口截面时，根据连续方程，工况变化前后，有

$$\frac{G_1}{G}=\frac{G_{cr1}}{G_{cr}}=\frac{\rho_{11}w_{11}A'_b}{\rho_1 w_1 A'_b}=\frac{p_{11}^*}{p_1^*}\sqrt{\frac{T_1^*}{T_{11}^*}}\sqrt{\frac{\varepsilon_{11}^{\frac{2}{\kappa}}-\varepsilon_{11}^{\frac{\kappa+1}{\kappa}}}{\varepsilon_1^{\frac{2}{\kappa}}-\varepsilon_1^{\frac{\kappa+1}{\kappa}}}} \tag{3-36}$$

由于 $A'_{b1}=A'_b$，当略去初温变化时，由式（3－34）和式（3－36），可得

$$\frac{G_{cr1}}{G_{cr}}=\frac{p_{11}^*}{p_1^*}=\frac{p_{11}^*}{p_1^*}\sqrt{\frac{T_1^*}{T_{11}^*}}\sqrt{\frac{\varepsilon_{11}^{\frac{2}{\kappa}}-\varepsilon_{11}^{\frac{\kappa+1}{\kappa}}}{\varepsilon_1^{\frac{2}{\kappa}}-\varepsilon_1^{\frac{\kappa+1}{\kappa}}}} \tag{3-37}$$

由式（3－37）可得 $\varepsilon_{11}=\varepsilon_1$，即 $\frac{p_1}{p_1^*}=\frac{p_{11}}{p_{11}^*}$。

因此，通过列出动叶进口截面与动叶进口滞止截面连续方程，分析比较工况变动前后动叶均为临界状态时，两种工况下动叶进口处的流量比，可得

$$\frac{G_{cr1}}{G_{cr}}=\frac{p_{11}^*}{p_1^*}=\frac{p_{11}}{p_1} \tag{3-38}$$

式（3－38）表明，动叶处于临界状态时，流过该级的流量不仅与动叶前的滞止压力成正比，而且亦与动叶前的实际压力成正比。

由式（3－35）可见，当 $\frac{p_1}{p_1^*}=\frac{p_{11}}{p_{11}^*}$，且 $T_0^*=T_{01}^*$ 时，有 $w_1=w_{11}$。由速度三角形可知这种情况只有在喷嘴出口速度 c_1 不变时才可能实现（因 u 不变），即 $c_1=c_{11}$。

而

$$c_1=\varphi\sqrt{\frac{2\kappa}{\kappa-1}RT_0^*\left[1-\left(\frac{p_1}{p_0^*}\right)^{\frac{\kappa-1}{\kappa}}\right]}$$

当 $T_0^*=T_{01}^*$ 时，可得 $\frac{P_1}{P_0^*}=\frac{P_{11}}{P_{01}^*}$，即 $\frac{P_{01}^*}{P_0^*}=\frac{P_{11}}{P_1}$，代入式（3－38）得

$$\frac{G_{cr1}}{G_{cr}}=\frac{P_{11}^*}{P_1^*}=\frac{P_{11}}{P_1}=\frac{P_{01}^*}{P_0^*} \tag{3-39}$$

式（3－39）表明，如果动叶在各工况下均处于临界状态时，则流过该级的流量与级前压力成正比。由此可得出结论：只要级在临界状态下工作，不论临界状态是发生在喷嘴中还是发生在动叶中，通过该级的流量均与级前压力成正比，而与级后压力无关。若级前温度不能略去，则应乘上修正系数 $\sqrt{T_0^*/T_{01}^*}$。

（二）级在亚临界工况下工作

这时不论在喷嘴内，还是在动叶内均未达临界，在此条件下，可由任意一级喷嘴出口截面上的连续方程式推出以下结果

$$\frac{G_1}{G}=\sqrt{\frac{(p_{01}^2-p_{21}^2)}{(p_0^2-p_2^2)}}\sqrt{\frac{T_0}{T_{01}}} \tag{3-40}$$

式（3－40）说明，当级内未达到临界状态时，通过级的流量不仅与级前参数有关，而且还与级后参数有关。

（三）一种工况下级处于临界状态，而在另一种工况下级处于亚临界状态

对于这种情况，无法给出级内流量与蒸汽参数之间的具体关系式。这种情况一般只发生在凝汽式汽轮机的最后一级与调节级中，常采用详细核算法来计算，这里不再叙述。

二、变工况下级组前后压力与流量的关系

级组是一些流量相等工况变化时通流面积不变的若干个相邻级的组合，它可以是整个汽轮机，亦可以是汽轮机中的某几个级。分析级组的变工况主要是研究级组前后蒸汽参数与流

量之间的变化关系。下面分两种情况讨论。

（一）变工况前后级组均达到了临界状态

图 3-11 为任一级组的示意图。在一般情况下，级组中的最后一级首先达到临界状态。这是因为汽轮机各压力级的焓降是逐级由高压向低压增大的，即最后一级的焓降往往最大，流速也常最大，例如某台 300MW 机组第一非调节级的 $\Delta h_{t1}=22.7\text{kJ/kg}$，而末级的 $\Delta h_{tn}=221.1\text{kJ/kg}$，为第一级的 9.71 倍；而最后一级的蒸汽绝对温度最低，当地声速最小。现假定级组的最后一级在工况变动范围内处于临界状态，由前面流量锥的分析可知，通过级组的蒸汽流量与级组前压力成正比（略去温度变化），即

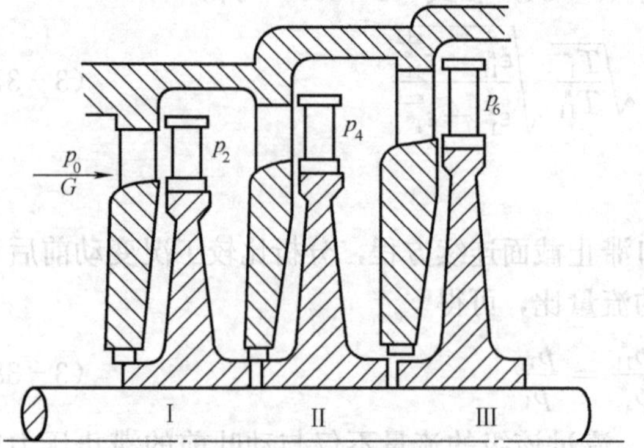

图 3-11　级组示意

$$\frac{G_1}{G}=\frac{p_{01}}{p_0}$$

若将该级组中的第Ⅰ级去掉，将剩下的各级作为一个新的级组，则新级组仍包含已达临界的最后一级，故级组流量仍与级组前蒸汽压力成正比，亦即与第Ⅱ级级前压力成正比，即

$$\frac{G_1}{G}=\frac{p_{21}}{p_2}$$

依次类推，若级组由若干级组成，则有

$$\frac{G_1}{G}=\frac{p_{01}}{p_0}=\frac{p_{21}}{p_2}=\cdots=\frac{p_{n1}}{p_n} \tag{3-41}$$

结论：在变工况下，如果级组的最后一级始终处于临界状态，则通过该级组的流量与级组中所有各级的级前压力成正比。若温度变化不能略去，则式（3-41）应为

$$\frac{G_1}{G}=\frac{p_{01}}{p_0}\sqrt{\frac{T_0}{T_{01}}}=\frac{p_{21}}{p_2}\sqrt{\frac{T_2}{T_{21}}}=\cdots=\frac{p_{n1}}{p_n}\sqrt{\frac{T_n}{T_{n1}}} \tag{3-42}$$

（二）变工况前后级组内各级均未达到临界状态

根据级在亚临界工况下工作时流量与及前后参数的关系式（3-40），对于级组内的各级而言，存在

$$\left(\frac{G_1}{G}\right)_1^2\left(\frac{T_{01}}{T_0}\right)_1(p_0^2-p_2^2)_1=(p_{01}^2-p_{21}^2)_1$$

$$\left(\frac{G_1}{G}\right)_2^2\left(\frac{T_{01}}{T_0}\right)_1(p_0^2-p_2^2)_2=(p_{01}^2-p_{21}^2)_2$$

$$\vdots$$

$$\left(\frac{G_1}{G}\right)_z^2\left(\frac{T_{01}}{T_0}\right)_z(p_0^2-p_2^2)_z=(p_{01}^2-p_{21}^2)_z$$

以上各式相加后，得

$$\left(\frac{G_1}{G}\right)^2\sum_i^z\left(\frac{T_{01}}{T_0}\right)_i(p_0^2-p_2^2)_i=\sum_i^z(p_{01}^2-p_{21}^2)_i \tag{3-43}$$

当假定各级工况变化前后，各级组前温度变化与机组前温度变化相等，即$\left(\frac{T_{01}}{T_0}\right)_i=\frac{T_{01}}{T_0}$，则由式（3-43）可得

$$\frac{G_1}{G}=\sqrt{\frac{(p_{01}^2-p_{z1}^2)}{(p_0^2-p_z^2)}}\cdot\sqrt{\frac{T_0}{T_{01}}} \tag{3-44}$$

式中 p_0、p_{01}——工况变化前后级组前的压力，MPa；

p_z、p_{z1}——工况变化前后机组前的压力，MPa；

T_0、T_{01}——工况变化前后级组前的温度，K。

式（3-44）称为弗留格尔公式，它表明：当工况变化前后级组均未达到临界状态时，级组的流量与级组前后压力平方差的平方根成正比，与级组前温度的平方根成反比。

当工况变化前后级组前的温度变化较大时，例如在采用喷嘴调节的汽轮机中，调节级后蒸汽温度在工况变动时变化较大，压力级级组的变工况特性就受调节级后蒸汽温度到影响，此时应以式（3-44）确定压力级的便工况特性。当工况变化前后级组前的温度变化较小时，可不考虑级组前温度对级组变工况特性的影响，此时弗留格尔公式变为

$$\frac{G_1}{G}=\sqrt{\frac{(p_{01}^2-p_{z1}^2)}{(p_0^2-p_z^2)}} \tag{3-45}$$

对于凝汽式汽轮机，若所取级组的级数较多$(p_{z1}/p_{01})^2$和$(p_z/p_0)^2$通常很小，故式(3-44)可简化为

$$\frac{G_1}{G}=\sqrt{\frac{(p_{01}^2-p_{z1}^2)}{(p_0^2-p_z^2)}}\cdot\sqrt{\frac{T_0}{T_{01}}}$$

$$=\sqrt{\frac{p_{01}^2\left[1-\left(\frac{p_{z1}}{p_{01}}\right)^2\right]}{p_0^2\left[1-\left(\frac{p_z}{p_0}\right)^2\right]}}\cdot\sqrt{\frac{T_0}{T_{01}}}$$

$$\approx\frac{p_{01}}{p_0}\cdot\sqrt{\frac{T_0}{T_{01}}} \tag{3-46}$$

不考虑级组前温度的影响时，有

$$\frac{G_1}{G}\approx\frac{p_{01}}{p_0} \tag{3-47}$$

由于级组是人为选取的，当去掉第一压力级，将剩余压力级取成一个级组，此时机组前的压力为原级组第一压力级后的压力 p_2，与上同理可得

$$\frac{G_1}{G}\approx\frac{p_{21}}{p_2}\approx\frac{p_{01}}{p_0}$$

依次类推，凝汽式汽轮机高、中压各级，均有

$$\frac{G_1}{G}\approx\frac{p_{01}}{p_0}\approx\frac{p_{21}}{p_2}\approx\cdots\approx\frac{p_{n1}}{p_n} \tag{3-48}$$

式（3-48）说明，凝汽式汽轮机高、中压各级级前压力与流量成正比。但最末一、二级由于级前的压力已较低，背压的影响已不能忽略，故这几级的级前压力不与流量成正比。然而，在一般工况范围内，特别是计算精度要求不十分高时，仍可认为是正比关系。图3-12

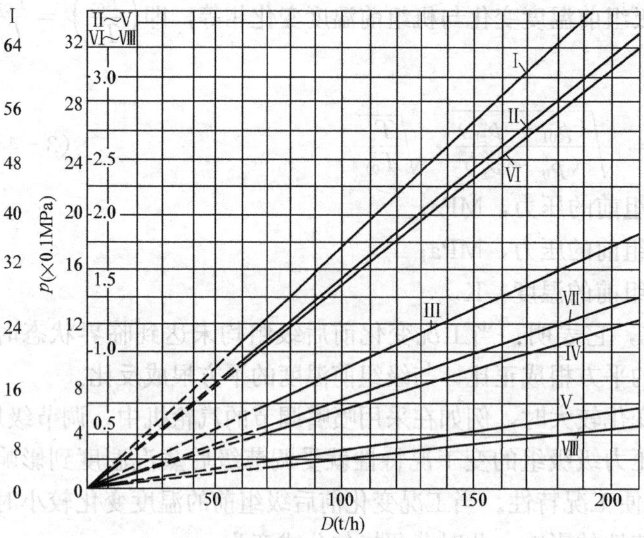

图 3-12　凝汽式汽轮机各级组压力与流量的关系

为某凝汽式汽轮机一些中间级初压和流量的关系曲线。由图可见，各级压力与流量的关系可用通过原点的相应直线来表示，从而证明了式（3-48）的正确性。

综上所述可归纳如下：在不同工况下，如果级组的最后一级始终处于临界状态，则应使用式（3-39）、式（3-40）计算；若级组始终处于亚临界状态，则只能利用式（3-44）或式（3-45）计算。但是对凝汽式汽轮机，除最后一、二级外，无论末级是否达到临界状态，都可利用式(3-48)或式（3-40）进行级组计算。

（三）弗留格尔公式的应用条件

（1）在同一工况下，通过级组中各级的流量应相同。对于回热抽汽式汽轮机，严格说，不能把所有各级取为一个级组。但实践证明，只要回热系统运行正常，则各段回热抽汽量一般与新汽流量成正比，故仍可以把所有各级（调节级除外）视为一个级组。

（2）在不同工况下，级组中各级的通流面积应保持不变。因此，一般情况下级组中不应包括调节级，因为工况变动时调节级的通流面积将随着调节汽阀开启数目的改变而变化，故不能取在级组内。但在第一阀开启的工况范围内，级组可以包括调节级，因这时调节级的通流面积并不变化，而且调节汽阀后的蒸汽压力也随流量变化而变化。

（3）严格地讲，弗留格尔公式只适用于具有无穷多级数的级组，但实际计算表明，当级组中的级数不少于3～4级时，计算结果的精确度还是足够高的。如果只作粗略的估算，甚至可运用于一级。图 3-13 是不同级数级组的流量曲线，图中 z 表示级组中的级数。由图可以看出，级组的级数越多，应用弗留格尔公式进行计算越精确。

（4）工况变化前后级组均未达到临界状态。

（四）弗留格尔公式的应用

弗留格尔公式不但形式简单，而且使用也很方便，在汽轮机运行中常可用来分析或计算确定其内部工况，从而判断运行的经济性和安全性。主要用在两个方面：

（1）监视汽轮机通流部分运行是否正常。在汽轮机运行中常对某些级（称监视段）前的压力加以监视，用来判断通流部分是否有损坏或是否结垢。即汽轮机运行中，与新投

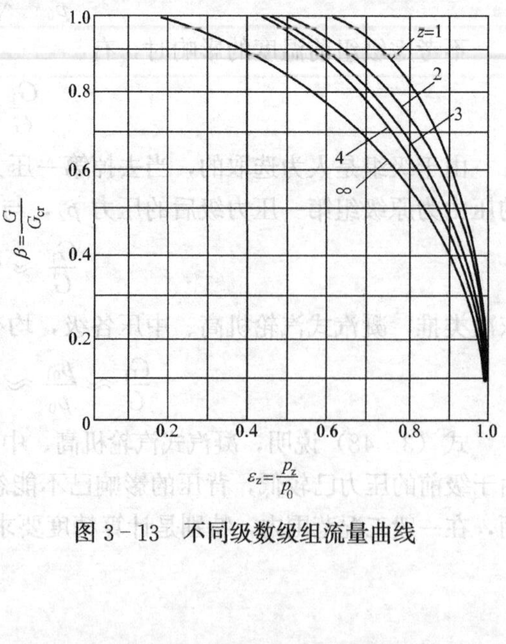

图 3-13　不同级数级组流量曲线

运或刚检修后相比，同负荷下监视段压力如果升高，或者在监视段压力相同情况下负荷减少，则监视段后可能存在结垢。对于中间再热汽轮机，同负荷下调节级和高压缸各段抽汽压力升高时，可能中压调节汽阀开度不足，或高压缸排汽止回阀失灵。

(2) 可推算出不同流量下各级级前压力，求得各级的压差、焓降，从而确定相应的功率、效率及零部件的受力情况。当然也可由压力推算出通过级组的流量。

三、变工况时各级焓降的变化

汽轮机任一级的理想焓降可近似地用式（3-49）表示，即

$$\Delta h_t = \frac{\kappa}{\kappa-1}p_0 v_0\left[1-\left(\frac{p_2}{p_0}\right)^{\frac{\kappa-1}{\kappa}}\right] = \frac{\kappa}{\kappa-1}RT_0\left[1-\left(\frac{p_2}{p_0}\right)^{\frac{\kappa-1}{\kappa}}\right] \tag{3-49}$$

式（3-49）说明，级的理想焓降为级前温度及级前后压比的函数。一般来说，工况变动时，汽轮机各级前的温度（除个别级外）变动是不大的。因此级的理想焓降 Δh_t 的变化主要取决于级前后压力比 p_2/p_0 的变化。

首先来看凝汽式机组的各中间级。由前面可知，无论级组是否处于临界，若忽略级前温度变化，则其流量与级前压力成正比，即

$$\frac{G_1}{G} = \frac{p_{01}}{p_1} \tag{3-50}$$

同理，对此级后面若干级有

$$\frac{G_1}{G} = \frac{p_{21}}{p_2} = \frac{p_{41}}{p_4}, \cdots \tag{3-51}$$

由式（3-50）和式（3-51）可得

$$\frac{p_2}{p_0} = \frac{p_{21}}{p_{01}},\quad \frac{p_4}{p_2} = \frac{p_{41}}{p_{21}}, \cdots \tag{3-52}$$

式（3-52）表明，在工况变动时凝汽式汽轮机各中间级的压力比不变，由式（3-49）可知，各中间级的理想焓降也不变或变化不大（当温度变化不能忽略时）。所以，对于发电用的汽轮机来说，由于各级圆周速度不变，因此速比亦不变，级内效率亦不变。故各中间级的内功率与流量成正比。

对于凝汽式汽轮机的最末级，由于其背压 p_z 取决于凝汽器工况和排汽管的压损。不与流量成正比，故其压比 p_z/p_{z-1} 随流量的变化而变化，流量增加时，压比减小，因而末级焓降增加，反之，流量减小时焓降亦减小。由此可知，汽轮机末级在工况变动时，其焓降、速比、效率及内功率等都将发生变化。

应当指出，在负荷偏离设计值较大时，中间级的焓降也要发生变化。中间级、末级的最危险工况为，最大流量工况。

如果背压式汽轮机的末级在不同工况下均处于临界状态，则各级级前压力与流量成正比。在此情况下，这些级（除末级外）的比焓降的变化规律，就与凝汽式汽轮机的中间级一样。但是，背压式汽轮机的末级一般不会达到临界状态，这是由于背压较高，背压的影响不能忽略。不考虑级前温度变化时，则由级组流量与压力的关系式（3-44）可得级组前压力为

$$p_{01}^2 = \left(\frac{G_1}{G}\right)^2(p_0^2 - p_z^2) + p_{z1}^2$$

同理对于第二级级前压力，有

$$p_{z1}^2=\left(\frac{G_1}{G}\right)^2(p_2^2-p_z^2)+p_{z1}^2$$

将以上两式相比得

$$\left(\frac{p_{21}}{p_{01}}\right)^2=\frac{p_2^2-p_z^2+p_{z1}^2\left(\frac{G}{G_1}\right)^2}{p_0^2-p_z^2+p_{z1}^2\left(\frac{G}{G_1}\right)^2}$$

$$=\frac{(p_0^2-p_z^2)-(p_0^2-p_2^2)+p_{z1}^2\left(\frac{G}{G_1}\right)^2}{p_0^2-p_z^2+p_{z1}^2\left(\frac{G}{G_1}\right)^2}$$

$$=1-\frac{p_0^2-p_2^2}{p_0^2-p_z^2+p_{z1}^2\left(\frac{G}{G_1}\right)^2} \tag{3-53}$$

分析式（3－53）可知：当流量 G_1 下降时，$\frac{G}{G_1}$值增大，比值$\frac{p_{21}}{p_{01}}$增大（一般背压式汽轮机在工况变动时，其背压保持不变，即 $p_{z1}\approx p_z$）。再由式（3－49）知，级内理想焓降 Δh_t 将减少；反之，当流量增大时，由公式分析得级内理想焓降增加。

由式（3－53）还可看出，p_0 越小，即越接近末级的那些级，流量变化对这些级焓降的影响越大。所以当级组的流量变化时，各级焓降的变化以末级为最大，越处于前面的级焓降变化越小，图 3－14所示为一背压式汽轮机各级焓降的变化曲线。也说明了上面的结论。

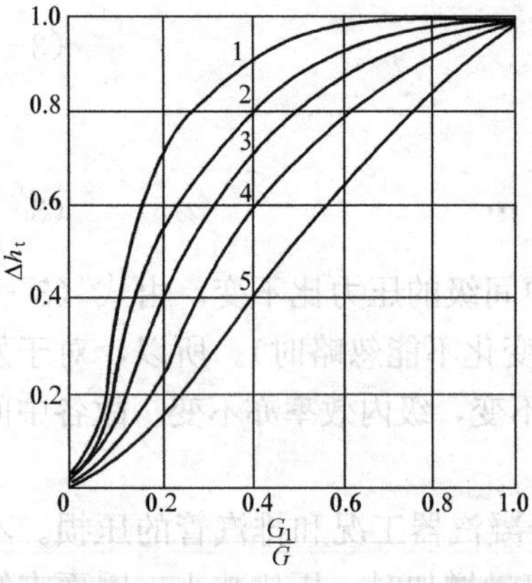

图 3－14　背压式汽轮机在变工况时各级焓降与流量的关系曲线

综上所述可知：喷嘴调节的凝汽式汽轮机，当流量（负荷）改变时，焓降的变化主要发生在调节级和最末级。所有中间级在流量变化时其焓降基本不变。但在低负荷时，中间级的焓降也会随流量而变。背压式汽轮机除调节级外，最后几级的焓降也发生变化，且流量变化越大，受影响的级数越多。

汽轮机在变工况下运行时，效率要降低，效率的降低主要发生在焓降偏离设计值较大的那些级。

四、变工况时各级反动度的变化

（一）焓降变化时级内反动度的变化

利用弗留格尔公式可以求出变工况后级前后的压力变化，进而导出级焓降的变化，为了了解级在变工况后的热力过程，同时为了核算汽轮机某些零件强度以及轴向推力等的变化，也必须知道级内反动度的变化规律。固定转速汽轮机的反动度变化主要由级的比焓降变化引起的。

在设计工况下，喷嘴出口速度 c_1 满足喷嘴叶栅出口截面的连续方程

$$G=\frac{A_n c_1}{v_1}$$

同理，若忽略喷嘴与动叶轴向间隙中的比体积变化及径向间隙中的漏汽，并假定在工况

变化时级始终处于亚临界状态，则动叶入口速度 w_1 满足动叶栅入口截面的连续方程

$$G=\frac{A'_b w_1}{v_1}$$

式中　A_n、A'_b——喷嘴出口及动叶进口的垂直截面积。

由于在同一级中，喷嘴出口与动叶入口流量相同，因此有 $A_n c_1 = A'_b w_1$，即 $\frac{w_1}{c_1}=\frac{A_n}{A'_b}$，因为叶栅几何尺寸一定，故 $\frac{A_n}{A'_b}=$ 常数，所以当工况变动时在喷嘴和动叶间符合连续流动的条件为

$$\frac{w_1}{c_1}=\text{常数} \tag{3-54}$$

假设工况变动时级内焓降 Δh_t 减小，速比 x_a 增大，亦即喷嘴出口速度 c_1 相应减小（即 $c_{11}<c_1$），此时动叶的实际有效相对速度是 $w_{11}\cos(\beta_{11}-\beta_1)$，即 $w_{11}\cos\theta$，由图 3-14 可知

$$\frac{w_{11}\cos\theta}{w_1}<\frac{c_{11}}{c_1}$$

而且

$$w_{21}=\sqrt{2\Delta h_{b1}+[w_{11}\cos(\beta_{11}-\beta_1)]^2}$$

这就是说，由喷嘴出来的蒸汽速度相对较大，而流入动叶的速度相对较小，不能使喷嘴中流出的汽流全部进入动叶内，并使动叶出口速度 w_{21} 也偏小，动叶对汽流形成阻塞作用。结果使动叶前的压力升高，动叶焓降增加，使汽流得到额外加速，同时由于动叶前压力亦即喷嘴后压力升高，使喷嘴内的焓降减小，喷嘴出口速度减小些，直到符合连续流动的要求。在此过程中，动叶焓降增加而喷嘴焓降减小，也就是说级内反动度增加。

如果变工况时，级内焓降 Δh_t 增大，速比 x_a 减小，如图 3-15（a）所示。此时

$$\frac{w_{11}\cos(\beta_{11}-\beta_1)}{w_1}=\frac{w_{11}\cos\theta}{w_1}<\frac{c_{11}}{c_1}$$

这就是说，工况变动后喷嘴出口速度相对偏小，而动叶入口速度相对偏大，从而引起动叶出口速度也偏大，使由喷嘴出来的蒸汽不能充满动叶汽道，这就使得动叶前压力降低，使动叶焓降减小而喷嘴焓降增大以符合连续流动的要求，结果使级内反动度减少。

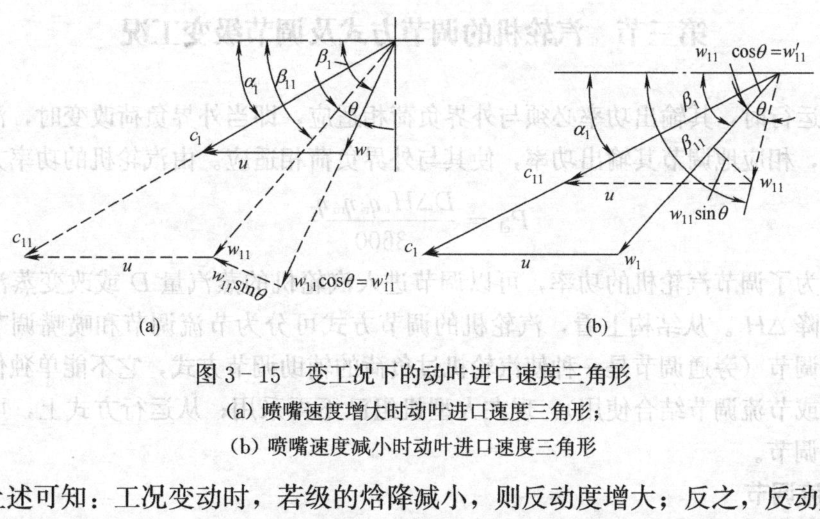

图 3-15　变工况下的动叶进口速度三角形

（a）喷嘴速度增大时动叶进口速度三角形；

（b）喷嘴速度减小时动叶进口速度三角形

综合上述可知：工况变动时，若级的焓降减小，则反动度增大；反之，反动度减小。此外，反动度的变化值与原设计值的大小有关，反动度原设计值越小，则焓降改变时引起反动

度的变化值越大；反之，反动度原设计值越大，则焓降改变时引起反动度的变化值越小。这是因为在反动度大的级中，w_{21}的大小主要取决于动叶焓降 Δh_{b1}，因此，在焓降变化时虽w_{11}有较大的变化，但w_{21}的变化却较小，使w_{21}/w_2比较接近于c_{11}/c_1，所以反动度不需改变很大，就能使w_{21}和c_{11}的在新条件下适合A_n/A_b'的原有比例关系，因此，在工况变动时级内焓降改变引起反动度的变化，主要发生在冲动级内。当设计反动度过小时，焓降变化后有可能使反动度成为负值，这时蒸汽在动叶中不但没有加速，反而减速，产生压缩流动，将引起较大的附加损失。对于反动级，可以认为焓降变化时其反动度近似不变。

对于凝汽式汽轮机末级，已达临界的条件下，若排汽压力 p_c 下降，则 Δh_b 增大而 Δh_n^* 不变，即级的比焓降增大时反动度增大。若 p_c 上升，同理，级的比焓降减小而反动度减小。对于调节级，当动叶流速超过临界速度时，也是如此。若末级未达到临界，反动度的变化规律同一般级。

在等转速的汽轮机中，除调节级外的大多数高、中压各级的理想焓降和反动度在实用工况范围内，基本上能保持设计值近似不变，而最末一、二个低压级的理想焓降变化相对较大，但由于这些级在设计工况下一般总是采用较大的反动度，因此它们的反动度在实用的工况变动范围内变化不大。

（二）通流面积变化时级内反动度的变化

由级内焓降变化引起反动度变化的分析过程可以看出，级内焓降不变时级内反动度是通过一定的动、静叶栅出口面积比来保证的。当级内焓降不变而 $f=A_b'/A_n$ 比值发生变化时，也会引起反动度的改变。实践中引起动、静叶栅面积比改变的可能原因有：

（1）制造加工方面的误差。通流部分的高度或出汽角都有可能与图纸不符；

（2）通流部分结垢，或是动叶遭水分侵蚀引起比值 $f=A_b'/A_n$改变；

（3）检修时对通流部分进行了变动，如重装叶片或因调整振动频率而车短动叶等。

当面积比 $f=A_b'/A_n$ 减小时，从喷嘴流出的汽流在动叶汽道中引起阻塞使动叶前压力升高，则反动度 Ω_m 将升高；反之，当面积比 $f=A_b'/A_n$增大时，从喷嘴出来的汽流将不能充满动叶汽道，使动叶前的压力下降从而引起反动度的减小。

第三节　汽轮机的调节方式及调节级变工况

汽轮机运行时，其输出功率必须与外界负荷相适应，即当外界负荷改变时，汽轮机应有一调节机构，相应地调节其输出功率，使其与外界负荷相适应。由汽轮机的功率方程

$$P_{el}=\frac{D\Delta H_t\eta_{ri}\eta_m\eta_g}{3600}$$

可以看出，为了调节汽轮机的功率，可以调节进入汽轮机的蒸汽量 D 或改变蒸汽在汽轮机中的理想焓降 ΔH_t。从结构上看，汽轮机的调节方式可分为节流调节和喷嘴调节，过去还有一种旁通调节（旁通调节是一种使汽轮机过负荷的辅助调节方式，它不能单独使用，只能与喷嘴调节或节流调节结合使用），现在大型机组已不再采用；从运行方式上，可分为定压调节和滑压调节。

一、节流调节

节流调节的特点是：所有进入汽轮机的蒸汽都经过一个或几个同时启闭的调节汽阀，然

后流向第一级喷嘴（见图 3-16)。这种调节方式主要是用改变调节汽阀开度的方法对蒸汽进行节流，改变汽轮机的进汽压力，从而使蒸汽流量及焓降改变，以适应外界负荷的变化。

工况变动时，调节汽阀的开度改变，但包括调节汽阀后第一级在内，所有各级的通流面积均不变化，因此，节流调节调节汽阀后第一级的变工况特性与中间级完全相同，若是凝汽式汽轮机的调节汽阀后第一级，则其级前压力（即调节汽阀后压力)、级后压力均与流量成正比，其焓降几乎不变，相应地反动度、速比和级效率都近似不变。但由于蒸汽受到节流引起全机焓降减小，将使整机的内效率有较大的改变。

如图 3-17 所示，在额定功率下，调节汽阀完全开启，蒸汽在机组内的理想焓降为 $\Delta H_t'$，其热力过程如 ab 线所示，在负荷较小的另一工况下，调节汽阀部分开启，新蒸汽受到节流，压力下降为 p_0''，若不考虑流速和散热损失，此节流过程可视为焓值不变过程，蒸汽在机组内的理想焓降变为 $\Delta H_t''$，(假定机组的排汽压力不变)，其热力过程如 cd 线所示。因此节流后汽轮机的相对内效率为

$$\eta_{ri}=\frac{\Delta H_i''}{\Delta H_t}=\frac{\Delta H_i''}{\Delta H_t''}\frac{\Delta H_t''}{\Delta H_t}=\eta_{ri}'\eta_{th} \tag{3-55}$$

式中 η_{ri}'——汽轮机通流部分的内效率，表示通流部分的完善程度；

η_{th}——节流效率，表示节流损失对汽轮机经济性的影响，$\eta_{th}=\dfrac{\Delta H_t''}{\Delta H_t}$。

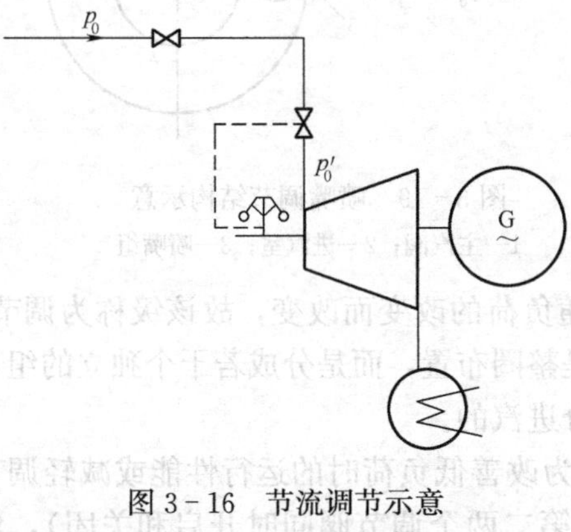

图 3-16 节流调节示意

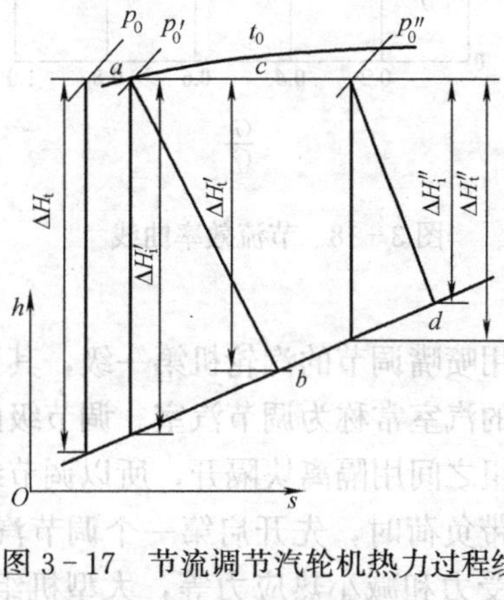

图 3-17 节流调节汽轮机热力过程线

节流效率的大小与通流部分结构无关，其取决于蒸汽参数和流量。如图 3-18 所示为不同背压下流量与节流效率的一组关系曲线。从图中可见，背压越高，部分负荷下的节流效率越低，这表明背压式汽轮机不宜采用节流配汽。但是，对于高真空的凝汽式汽轮机，在很大的蒸汽量变化范围内，节流效率 η_{th} 下降不多。即在低负荷时，理想焓降 ΔH_t 减少是不大的。例如，当流量减小到 1/2～1/4 时，汽轮机的理想焓降只减小 7%～13.3%（高压凝汽机组）。

节流调节的凝汽式汽轮机因没有调节级，所以进汽部分的结构较简单、制造成本低。而且在工况变动时，各级焓降（除最末级外）变化不大，过程曲线只是在 $h-s$ 图上沿等焓线水平移动，故各级前的温度变化很小，从而减小了由温度变化而引起的热变形与热应力，提高了机组的运行可靠性和机动性。但是在部分负荷下由于节流损失，机组经济性下降，因此，节流调节一般用在小机组以及承担基本负荷的大型机组上。大功率机组为了改善低负荷

时的经济性，常由定压调节转变为滑压调节。同时为了改善快速增加负荷的性能，在额定负荷下调节阀不全开，留一定余量，或调节汽阀全开，采用切除高压加热器抽汽，以增大做功的蒸汽量。

二、喷嘴调节及调节级变工况

（一）喷嘴调节的工作原理

将汽轮机的第一级喷嘴分成若干组，每一组各由一个调节阀控制，当汽轮机负荷改变时，依次开启或关闭调节汽阀，以调节汽轮机的进汽量，这种调节进汽的方法称为喷嘴调节法，其结构示意如图 3-19 所示，从结构示意图可以看出，自调节阀后至喷嘴组前的腔室是彼此隔开的，绕过喷嘴组这些腔室又是彼此相通的。

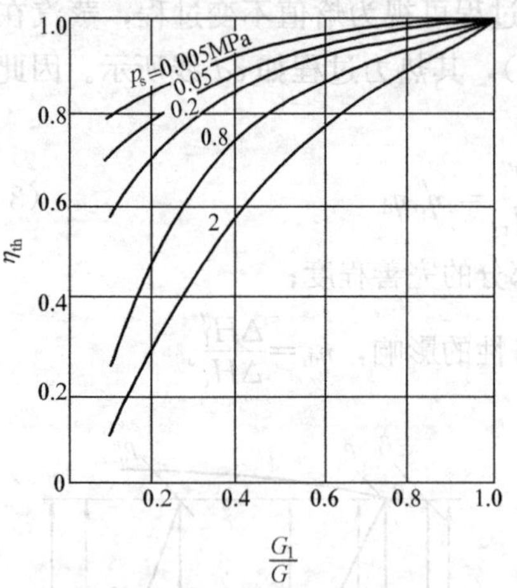

图 3-18 节流效率曲线

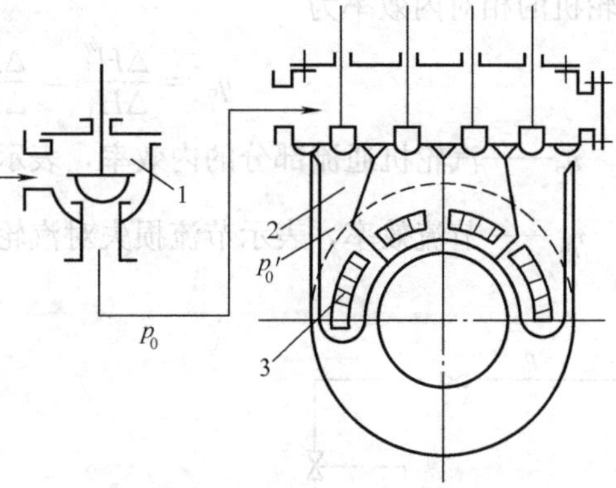

图 3-19 喷嘴调节结构示意

1—主汽阀；2—进汽室；3—喷嘴组

采用喷嘴调节的汽轮机第一级，其通流面积随负荷的改变而改变，故该级称为调节级，该级后的汽室常称为调节汽室。调节级的喷嘴不是整圈布置，而是分成若干个独立的组，由于组与组之间用隔离块隔开，所以调节级总是部分进汽的。

当带负荷时，先开启第一个调节汽阀（有时为改善低负荷时的运行性能或减轻调节级叶片的受力和减小热应力等，大型机组的第一、第二两个调节阀同时开启和关闭），然后随着负荷增大，依次开启其他各阀，并且只有当前一个调节汽阀完全开启或接近全开时，下一个阀才开启。反之，当负荷减小时，各阀依次关闭。所以，在任何负荷下只可能有一个调节汽阀没有开足，存在节流损失，故在部分负荷时，机组的效率高于节流调节机组。

喷嘴调节调节汽阀的个数视汽轮机的具体结构而定。一般在 3～10 个之间。首先开启的调节汽阀的通流量比其余的大些，最后开启的调节汽阀通常作超负荷用。

（二）调节级的变工况

为了便于分析，并为了清晰地表明调节级的主要变工况特点，作如下简化假设：

(1) 级的反动度 $\Omega_m=0$，而且在各种工况下保持不变，因此调节级喷嘴后压力与调节级后（动叶后）压力相等，即 $p_1=p_2$；

(2) 全开调节汽阀后喷嘴组前压力 p_0'，不随流量的增加而降低；

(3) 各调节汽阀的开启和关闭完全没有重叠度，依次启闭，即前一个调节阀完全开启后，后一个调节阀才开启；

(4) 调节级后的蒸汽压力 p_2 与蒸汽流量成正比，而不受调节级后温度变化的影响。

1. 调节级前后压力与流量的关系

图 3-20 绘出了具有 4 个调节阀和 4 组喷嘴的调节级（见图 3-19）在工况变化时，各组喷嘴的初压、背压和流量的关系［见图 3-20（a）］及各组喷嘴在变工况下的流量分配曲线［见图 3-20（b）］。图中 OE 线表示调节级级后压力 p_2 随汽轮机流量变化的关系曲线，对凝汽式汽轮机，有

$$p_{11} = p_{21} = \frac{D_1}{D} p_1$$

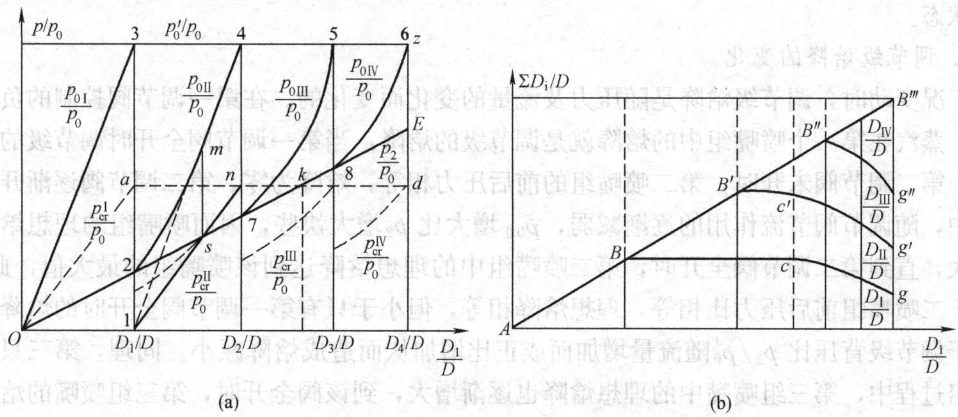

图 3-20　调节级的变工况曲线

(a) 各喷嘴组前压力分配曲线；(b) 各喷嘴组流量分配曲线

由图 3-20（a）中可见：第一调节汽阀开启过程中，可以将包括调节级在内的所有各级视为一个级组，因此阀后压力 $p_{0\mathrm{I}}$（也即第一组喷嘴前压力）与流量成正比，由图中直线 0-3 表示，点 3 为阀门全开时的状态点，此时 $p_{0\mathrm{I}}$ 达到最大值 p_0'，以后在第二、第三及第四只调节汽阀开启过程中，第一只调节汽阀一直保持全开，故该组喷嘴前的压力 p_0' 保持不变（实际上，由于主汽阀蒸汽流量增加，该压力略有下降）。知道了第一组喷嘴前压力变化规律后，即可求得第一组喷嘴的临界压力 $p_{cr}^{\mathrm{I}} = \varepsilon_{cr} p_{0\mathrm{I}}$，并可绘出该组喷嘴的临界压力变化曲线，如图中 oad 所示。从图中可知，第一只调节汽阀开启过程中，调节级后压力 p_2 一直小于 p_{cr}^{I}，故流过该组喷嘴的流量为临界流量且与 $p_{0\mathrm{I}}$ 成正比变化。图 3-20（b）中横坐标表示总流量，纵坐标表示各调节汽阀流量之和，图中 AB 线的 B 点即表示第一个调节汽阀全开时，流过该阀的最大流量；在 BC 段，由于调节级后压力 p_2 仍然小于 p_{cr}^{I} 而且阀门前亦保持最高压力 $p_{0\mathrm{I}} = p_0'$，故仍保持在初压 p_0' 对应下的临界流量不变。直到由于其他阀门的开启使总流量增加，而使背压 p_2 越过 K 点后，p_2 开始大于 p_{cr}^{I}，通过第一调节汽阀的流量开始按椭圆曲线下降，如图中 cg 线所示。

随着负荷的增加，第二个调节汽阀投入工作，在第二个调节汽阀即将开启时，第二组喷嘴前的压力 $p_{0\mathrm{II}}$ 等于第一阀门全开时调节级后的压力，即点 2 处的压力。这是因为各组喷嘴后的空间是连通的，因而使得未开启的喷嘴组前压力也等于喷嘴后压力。由于点 2 处的压力

又是喷嘴组后的压力，所以此时 $p_2 > p_{cr}^{II}$，因此在第二调节汽阀开启的初始阶段，第二组喷嘴处于亚临界状态，喷嘴前压力 p_{0II} 与流量 D_{II} 按双曲线规律变化，如图 3-20（a）中的 $2-m$ 曲线所示，m 点之后，因为 p_2 开始小于 p_{cr}^{II}，第二组喷嘴开始出现临界状态，p_{0II} 与流量成直线关系，如图中 $m-4$ 线。当第二个调节汽阀全开时，p_{0II} 保持 p_0' 不变，如图中 4-6 线。与第一个调节汽阀相类似，通过第二个调节汽阀门的流量变化可用图中 $BBc'g'$ 曲线表示，同样 $c'g'$ 表示第二组喷嘴处于亚临界状态，流量随背压升高而逐渐下降的情况。图中 BB' 线表示第二个调节汽阀开启到全开过程总流量的变化情况，总流量 $D=D_I+D_{II}$。

第三只阀投入工作时，级后压力 p_2 已经相当高了，如图所示第三组喷嘴始终处于亚临界状态。第一、二组喷嘴亦在 K 点开始向亚临界转化。当第三阀全开时总的流量 $D=D_I+D_{II}+D_{III}$ 为设计流量。在超负荷范围内运行时，第四个阀投入工作，这时四组喷嘴均处于亚临界状态。

2. 调节级焓降的变化

工况变动时，调节级焓降是随压力及流量的变化而变化的。在第一调节阀控制的负荷范围内，蒸汽在第一个喷嘴组中的焓降就是调节级的焓降，当第一调节阀全开时调节级的焓降最大。第二调节阀未开时，第二喷嘴组的前后压力相等，焓降为零。第二调节阀逐渐开大的过程中，随调节阀节流作用的逐渐减弱，p_{0II} 增大比 p_2 增大快些，因而喷嘴组的理想焓降逐渐变大，直到第二调节阀全开时，第二喷嘴组中的理想焓降达到该喷嘴组的最大值，此时，第一、二喷嘴组前后压力比相等，理想焓降相等，但小于只有第一调节阀全开时的焓降。这是由于调节级背压比 p_2/p_0' 随流量增加而成正比增加从而造成焓降减小。同理，第三只调节阀开启过程中，第三组喷嘴中的理想焓降也逐渐增大，到该阀全开时，第三组喷嘴的焓降达最大值。在此过程中，第一、二调节阀所控制的第一、二喷嘴组的焓降随压力比 p_2/p_0' 的升高而继续减小。在此工况下，第一、二、三喷嘴组前后的压力比 p_2/p_0' 相等，焓降相等。此时焓降小于第一、二调节阀全开时的焓降。

综上所述，调节级焓降是随汽轮机流量的变化而改变的。流量增加时，部分开启阀门所控制的喷嘴组焓降增大，全开阀门所控制的喷嘴组焓降减小。在第一调节阀全开而第二调节阀尚未开启时，调节级焓降达最大值。此时，级前后的压差最大，流过该喷嘴的流量亦最大，级的部分进汽度则最小，致使调节级叶片处于最大的应力状态。所以当进行调节级强度核算时，最危险工况不是汽轮机的最大负荷，而是第一调节阀刚全开时的运行工况。

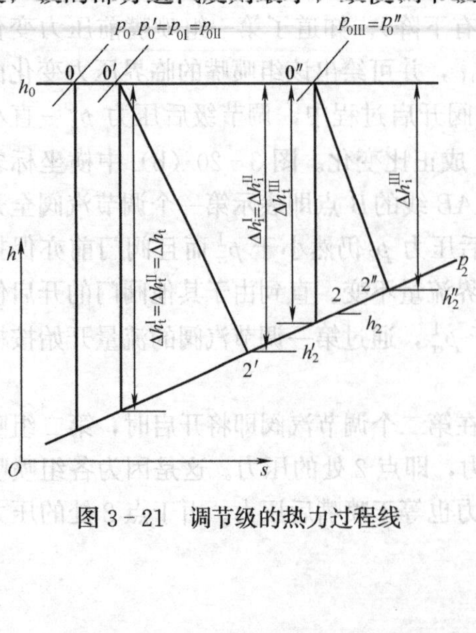

图 3-21 调节级的热力过程线

调节级的焓降变化，不但会引起反动度、速比和内效率的变化。而且调节级后的蒸汽温度亦随之变化，并且变化幅度较大。所以在使用压力与流量关系式时，温度修正系数 $\sqrt{T_0/T_{01}}$ 不能略去。此外，由于级后蒸汽温度变化较大，将引起较大的热应力和热变形。因此喷嘴调节汽轮机调节汽室处的汽缸壁可能产生的热应力常常成为限制机组迅速改变负荷的重要因素。

3. 调节级的热力过程线及效率曲线

调节级的热力过程线如图 3-21 所示。新蒸

汽压力为 p_0、经过全开的主汽阀和调节汽阀后，压力降至 $p_0'(p_0'=0.95p_0)$。在所讨论的工况下，其中两个调节阀已全开，第三个调节阀部分开启，则第一、第二调节汽阀后的压力为 $p_{0\text{I}}=p_{0\text{II}}=p_0'$，第三阀后的压力为 $p_{0\text{III}}=p_0''$，由于在第三阀中存在较大节流损失，所以 $p_{0\text{III}}<p_0'$，见图 3-21。调节级后的压力 p_2 也就是第一非调节级前的压力，对于凝汽式汽轮机，该压力与流量成正比。

进入汽轮机的蒸汽分成两股：一股通过全开的阀门，其过程线为 $0'2'$，理想焓降为 $\Delta h_t^{\text{I}}=\Delta h_t^{\text{II}}=\Delta h_t$，有效焓降为 $\Delta h_i^{\text{I}}=\Delta h_i^{\text{II}}$，级后终态焓值为 h_2'，另一股通过部分开启的阀，过程线为 $0''2''$，理想焓降为 Δh_t^{III}，有效焓降为 Δh_i^{III}，级后终态焓值为 h_2''。这两股蒸汽都膨胀到压力 p_2，并在级后的汽室中混合，然后再一起流入第一非调节级。为了使这两股汽流混合均匀，调节级后的汽室容积较大，混合后的焓值 h_2 可由热平衡方程求得

$$(D_{\text{I}}+D_{\text{II}})h_2'+D_{\text{III}}h_2''=(D_{\text{I}}+D_{\text{II}}+D_{\text{III}})h_2 \tag{3-56}$$

即

$$h_2=\frac{(D_{\text{I}}+D_{\text{II}})h_2'+D_{\text{III}}h_2''}{D}$$

$$=\frac{(D_{\text{I}}+D_{\text{II}})(h_0-\Delta h_i^{\text{I}})+D_{\text{III}}(h_0-\Delta h_i^{\text{III}})}{D}$$

$$=h_0-\left(\frac{D_{\text{I}}+D_{\text{II}}}{D}\Delta h_i^{\text{I}}+\frac{D_{\text{III}}}{D}\Delta h_i^{\text{III}}\right) \tag{3-57}$$

调节级的相对内效率为

$$\eta_{ri}=\frac{h_0-h_2}{\Delta h_t}=\frac{D_{\text{I}}+D_{\text{II}}}{D}\frac{\Delta h_i^{\text{I}}}{\Delta h_t}+\frac{D_{\text{III}}}{D}\frac{\Delta h_i^{\text{III}}}{\Delta h_t}$$

$$=\frac{D_{\text{I}}+D_{\text{II}}}{D}\eta_{ri}^{\text{I}}+\frac{D_{\text{III}}}{D}\eta_{ri}^{\text{III}} \tag{5-58}$$

式中　D_{I}、D_{II}、D_{III}——通过第一、二、三个调节汽阀的流量；

η_{ri}^{I}、η_{ri}^{III}——流过全开调节汽阀的汽流和流过部分开启调节阀汽流在调节级中的相对内效率。

根据图 3-20 所示的压力与流量关系，可方便地进行调节级的变工况计算。首先从图上求得任一总流量下通过各阀的流量、各阀后压力以及调节级后压力。然后在 $h-s$ 图上由已知压力值求得相应的焓降，并按一般方法计算出 η_{ri}^{I} 和 η_{ri}^{III}。最后按式（3-58）求得调节级的效率。

图 3-22 是根据计算结果绘制的调节级效率曲线。从图中可见，调节级效率曲线具有明显的波折状。这是因为阀全开时，节流损失小，效率较高。在其他工况下，通过部分开启阀的汽流受到较大的节流，使效率下降。例如图 3-22 中的 c 点相当于设计工况，此时三个阀全开，故效率具有最大值。求得效率 η_{ri} 之后，就可求出变工况下调节级的功率，以及级后排汽状态点。因此概括地说，调节级的变工况计算是根据设计工况数据以及变工况要求，确定不同流量下的级效率和级后排汽状态点。

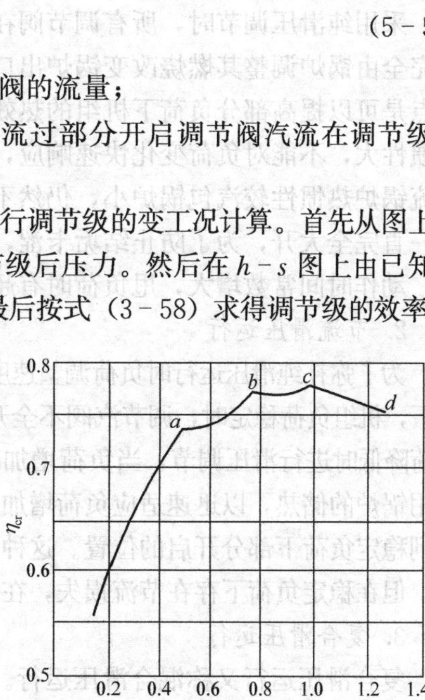

图 3-22　调节级效率曲线

真实的调节级中反动度不等于零，而且随工况变动而变化。此外，各调节汽阀之间又有一定的重叠度，因而调节级变工况计算是相当复杂的。

第四节 滑压运行的经济性与安全性

随着电网容量的不断增大，电网负荷峰谷差亦日益增长，要求原来承担基本负荷的更大容量的火电机组参加调峰。调峰机组的特点是负荷变化大，启停及调整负荷频繁，因此大容量机组运行所注意的问题不仅仅是效率的高低，还应使机组具有足够的负荷适应能力。为了负荷变化时既保持节流调节在设计工况下效率较高的优点，同时又避免这种调节方式在部分负荷下节流损失大的缺点，以及大功率火电机组均为单元制的特点，大功率机组多采用滑压调节。

一、滑压运行的概念及分类

滑压运行也称变压运行，是相对于传统的定压运行而言的。所谓定压运行是指在汽轮机负荷工况变化范围内，主蒸汽压力和温度都保持额定值，通过改变调节汽阀的开度来改变进汽量的节流调节法和喷嘴调节法的统称。只有在基本负荷运行时，定压调节才是最经济的，部分负荷时完全采用定压调节运行方式不仅经济性降低，而且也使可靠性下降。滑压运行时，维持汽轮机进汽控制阀保持全开或在某一开度，机组随负荷大小调节进入锅炉的燃料量，给水量和空气量，使锅炉出口新汽压力和流量随负荷升降而升降，新汽温度尽可能保持不变，以适应汽轮机不同负荷的要求，也就是说变压时，机组负荷随汽轮机进汽压力的改变而变化。滑压运行分为以下几类。

1. 纯滑压运行

采用纯滑压调节时，所有调节阀在整个负荷变化范围内是全开的。这种调节方式实质上是完全由锅炉调整其燃烧改变锅炉出口蒸汽压力和流量来调节机组负荷，适应负荷变化。其优点是可以提高部分负荷下机组的热效率，且热应力小，操作简单，运行稳定。但由于锅炉热惯性大，不能对负荷变化快速响应，反应迟缓，而且对较小负荷变化不能作出反应。虽然直流锅炉热惯性较汽包锅炉小，仍然不能满足调频要求。此外，由于纯滑压运行时，调节汽阀一直完全大开，为了防止结垢卡涩，需要定期手动活动调节汽阀，有时会造成调节系统过开，动作时间常数增大，甩负荷时有超速的危险。所以，一般很少采用。如图 3 - 23 所示。

2. 节流滑压运行

为了弥补纯滑压运行时负荷调整速度缓慢的缺点，可采用节流滑压运行方式，即正常运行情况下，机组负荷稳定时，调节汽阀不全开，留有 5%～15%的开度，对主蒸汽有一定的节流。当负荷降低时进行滑压调节，当负荷增加时进行定压调节，亦即原未开大的调节汽阀开度增大，利用锅炉的储热，以迅速适应负荷增加的需要，待负荷增加后，蒸汽压力上升，调节汽阀重又回到稳定负荷下部分开启的位置。这种调节方式克服了纯滑压调节对外界负荷变化不敏感的缺点，但在稳定负荷下存在节流损失，在一定程度上降低了机组的经济性。如图 3 - 24 所示。

3. 复合滑压运行

复合滑压运行又称混合滑压运行。这是一种滑压运行和定压运行相结合的运行方式。下面介绍有实际意义的三种复合滑压运行方式。

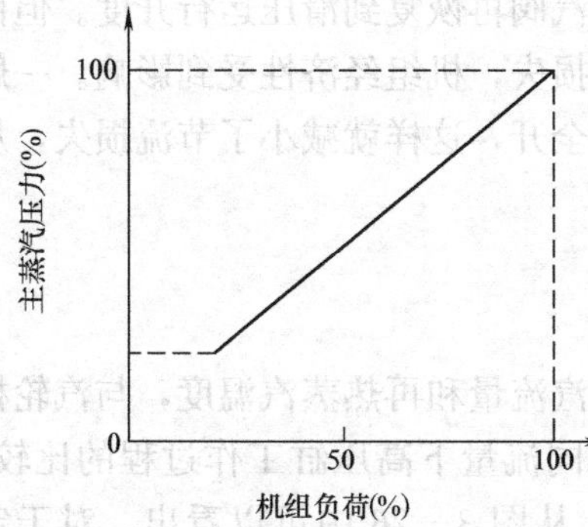

图 3-23 纯滑压运行曲线

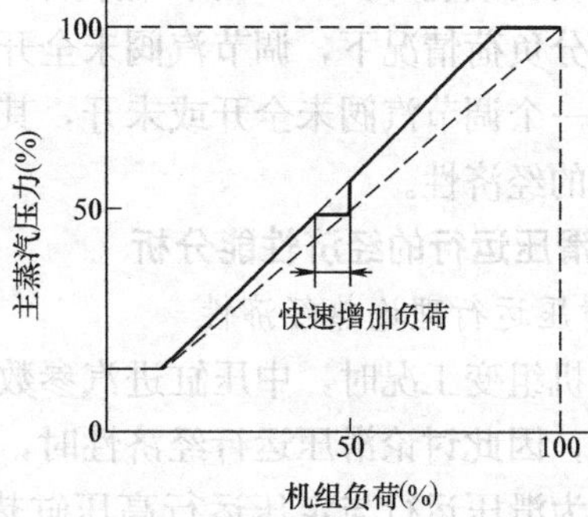

图 3-24 节流滑压运行曲线

(1) 变—滑复合方式，即低负荷时滑压运行，高负荷时定压运行。在低负荷时，最后一个（或两个）调节汽阀关闭，而其他调节汽阀全开，随着负荷逐渐增大，汽压升到额定压力后，维持主蒸汽压力不变，改用开大最后一个（或两个）调节汽阀，继续增加负荷。这种运行方式在低负荷时，机组显示出滑压运行特性，而在高负荷时，机组又有一定的容量参与调频，是一种比较理想的运行方式。

(2) 定—滑复合方式，即低负荷时定压运行，高负荷时滑压运行。大容量机组多采用变速（汽动或液力耦合器）给水泵，尽管其转速变化范围较宽，但也有最低转速的限制，另外，锅炉在低压力、高温度时，吸热比例发生较大变化，给维持主汽温度带来一定的困难，因而锅炉最低运行压力受到限制。低负荷定压运行，高负荷滑压运行，可以满足以上要求，并且在高负荷下具有滑压运行的特性。

(3) 定—滑—定复合方式，即高负荷和低负荷区时定压运行，中间负荷区滑压运行，如图 3-25 所示。高负荷区时，保持定压（图中为 16.7MPa），采用喷嘴调节，用改变通流面积的方法调节负荷，以保持机组的高效率；中间负荷区时，一个（或两个）调节汽门关闭，处于滑压运行状态；低负荷区时，为了保持锅炉的水循环工况和燃烧的稳定性，以及考虑给水泵轴系临界转速的限制，因而在锅炉最低负荷点之下又进行初压水平较低（图中为 9.255MPa）的定压运行。因此，这种方式也称定—滑—定运行方式，它综合了以上两种方式的优点，兼顾了低负荷锅炉的稳定运行和高负荷时的一次调频能力。

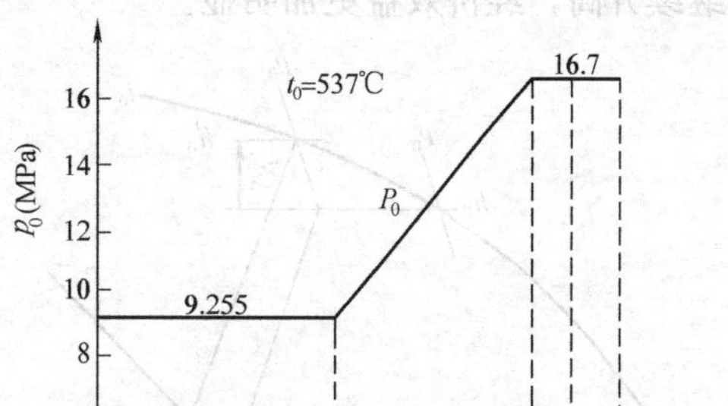

图 3-25 某 300MW 机组复合滑压运行曲线

下面再来介绍一下纯滑压与定—滑—定运行方式的比较。

纯滑压运行机组由于温度工况稳定，汽轮机的负荷适应性很强，负荷变化率基本上不受汽轮机的限制，全部通过调节锅炉出口蒸汽压力来满足外界负荷的需要。但负荷的变化需要一个调节过程，一般从调节脉冲输入至输出开始变化，约有 1min 的延缓，显然纯滑压运行方式对负荷突然变化的响应性较差，不能满足机组一次调频能力的需要。而定—滑—定方式运行的机组，在大部分的滑压段里，具有纯变压方式的全部优点，同时由于汽轮机调节汽阀有 10%～15%的调节余度，在电网负荷变化时，瞬间可用调节汽阀余度进行负荷调节，以满足机组一次调频能力，锅炉调节结束后，汽轮机调节汽阀再恢复到滑压运行开度。但由于该方式大部分负荷情况下，调节汽阀未全开，存在节流损失，机组经济性受到影响。一般情况下是最后一个调节汽阀未全开或未开，其他调节汽阀全开，这样就减小了节流损失，从而提高了运行的经济性。

二、滑压运行的经济性能分析

1. 滑压运行理论热经济性

再热机组变工况时，中压缸进汽参数只取决于蒸汽流量和再热蒸汽温度，与汽轮机运行方式无关，因此讨论滑压运行经济性时，只需进行相同流量下高压缸工作过程的比较即可。图 3－26 为滑压运行与定压运行高压缸热力过程线。从图 3－26 中可以看出，对于定压运行，蒸汽流量降低，使通过汽轮机时的膨胀过程线向熵增一侧移动，排汽焓增加。对于滑压运行，由于变工况时保持温度不变，膨胀起点在焓熵图上，沿等温线向右移动，而等温线是一条上升曲线，因而新蒸汽的焓增加了 $\Delta h'_0$。同时排汽焓也增加了 $\Delta h'_n$，而这部分焓增，使得锅炉再热器中吸热量相应减少。这时，滑压运行的经济性取决于高压缸做功以及过热器和再热器中的吸热量的比较。因此，采用滑压运行的经济效果，必须通过具体计算才能确定。

图 3－27 所示为某一 300MW 滑压运行中间再热机组对于喷嘴配汽定压运行的热经济比较结果。机组初温 538℃，在设计工况下滑压运行机组未考虑调节阀的节流，为此热耗比喷嘴配汽机组约低 0.4%。由图 3－27 可知，初压为 12.25MPa 的机组采用滑压运行是没有好处的；初压为 17.64MPa 的机组采用滑压运行时，部分负荷下的热耗率相对于定压喷嘴配汽机组开始是略有增加的。但由于设计工况下滑压运行热耗率低，所以热耗的绝对值仍比喷嘴配汽机组略低，负荷低于 50%时，滑压运行机组热耗相对值则趋于下降，才真正显示出热经济性的提高；当初压提高到 24.5MPa 时，滑压运行在整个部分负荷下的热经济效益则显得非常明显。也就是说，当机组初压超过一定值时，滑压运行才能取得经济效益，且随压力的继续升高，经济效益更加明显。

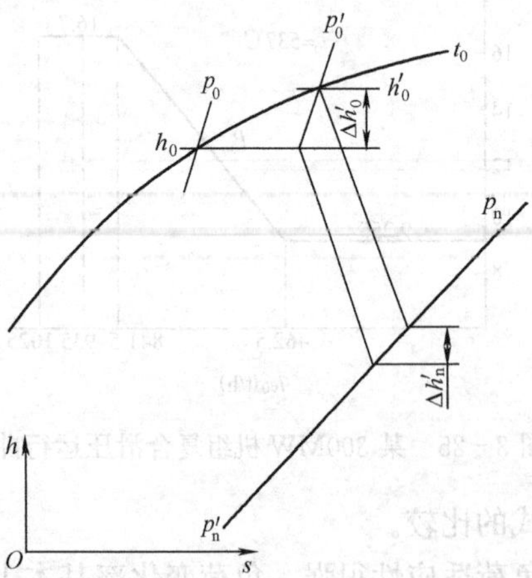

图 3－26 定压运行与滑压运行时高压缸热力过程线
p_n—额定工况高压缸排汽压力；p'_n—变工况高压缸排汽压力

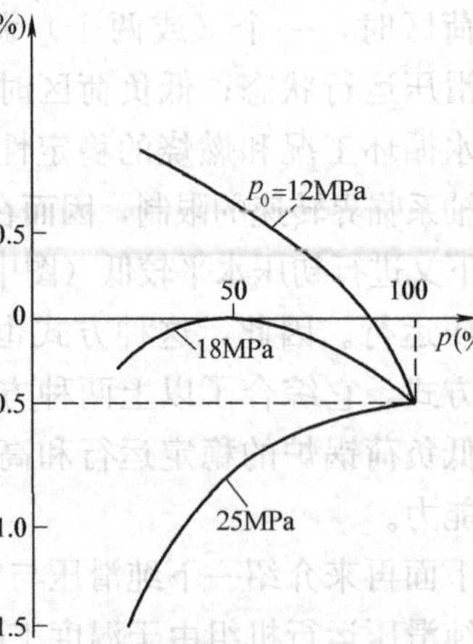

图 3－27 中间再热机组滑压运行相对于定压喷嘴配汽方式运行的理论热经济性比较

2. 汽轮机内效率

滑压运行的汽轮机由于没有通过喷嘴进行部分进汽的调节，也就没有此类部分进汽损失；另外，由于压力降低，而蒸汽温度保持不变，进入汽轮机体积流量近似不变，这样可以保证各级喷嘴出口速 c_1 基本不变，故各级速比仍在最佳速比范围之内。所以在部分负荷下，高压缸的效率可基本上保持不变。对于定压喷嘴配汽机组，在工况变化时，调节级以及其他各级理想焓降会发生较大的变化，同时由于级内温度大幅度变化，体积流量发生变化，导致速比变化较大，从而使高压缸内效率大为降低。例如对超临界参数600MW机组，采用不同的运行方式的计算结果表明，在定压喷嘴配汽方式下，负荷由100%降到50%时，调节级效率由75.58%降到45%；而对于滑压运行方式，在负荷做较大变化时，其高压缸内效率保持85.9%大致不变。

3. 给水泵功耗

在大功率机组中，随着蒸汽参数的提高，给水泵功耗占主机的密度也越来越大。例如，300MW机组驱动给水泵功率约为10～12MW。特别是对于采用电动给水泵的机组，其功耗占据了厂用电的相当一部分。在定压运行时，锅炉出口压力是不变的，随着负荷的下降，管道及锅炉本体阻力成平方比减小，但所减小的阻力占总压力的比例是不大的。而在滑压运行时，锅炉出口压力随负荷下降而下降，管道与锅炉本体阻力的减小，在汽侧按直线关系下降，在水侧按平方关系下降，因此与定压运行相比，给水泵节省很多功耗。现代大功率汽轮机在给水泵电动机及定速给水泵汽轮机与给水泵之间加装了无极变速的液力耦合器，因此机组滑压运行时，锅炉给水流量和压力随负荷减少而减少，给水泵可以低转速运行，给水泵耗功可大幅度减小，使电厂效率提高。

4. 滑压运行机组的安全性与灵活性

图3-28为定压运行和滑压运行时负荷变化与调节级处金属温度变化的关系。从图3-28中可以看出，定压运行方式下，无论采用何种配汽机构，负荷变化时，调节级处金属温度都会发生较大的变化；而在滑压运行方式下，负荷变化时调节级处金属温度基本不发生变化，增强了机组负荷的适应性。

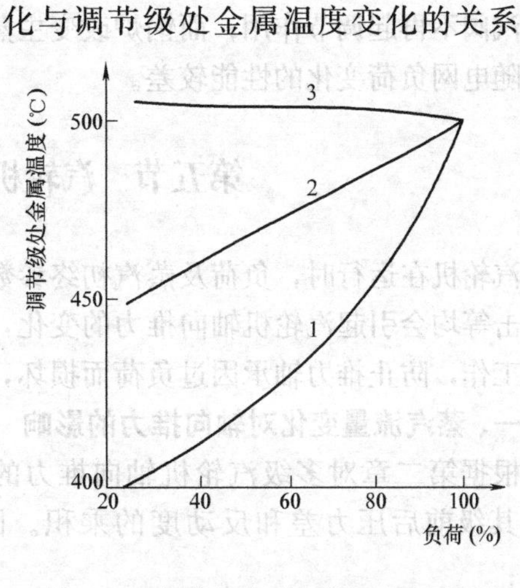

图3-28 各种方式下调节级处金属温度

1—喷嘴调节定压运行方式；2—节流调节定压运行方式；3—滑压运行全周进汽

因此采用滑压调节时，当负荷变化，尤其在机组启停时，汽轮机各部件的金属温度变化小，减小了热应力和热变形，从而提高了机组运行的可靠性和快速加减负荷的性能，缩短了机组的启停时间。同时锅炉受热面、主蒸汽管道经常在低于额定条件下工作，提高了它们的可靠性和延长了它们的使用寿命。

定压运行喷嘴配汽汽轮机调峰时，若迅速改变负荷或夜间停机和启动，特别是调节级引起较大的温度变化或热应力，这是限制该机组调峰灵活性的主要障碍，也是影响机组的安全可靠运行的关键问题。定压运行节流配汽时，高压缸各级温度变化虽不大，但节流损失较大，热经济性较低，只有滑压运行最适宜于调峰。

另外滑压运行机组负荷变化时高压缸各级温度几乎不变。滑压运行机组在负荷降低时，能保持中间再热温度稳定，喷嘴配汽定压运行机组负荷下降时，因高压缸排汽温度下降，中压缸进汽温度有所下降，这不仅影响效率，而且引起热应力和热变形。滑压运行机组高压缸排汽温度稳定，中压缸进汽温度也稳定。

由此可见，滑压运行机组的安全性和灵活性都高于定压运行。不同配汽方式的运行特性比较见表 3-1。

表 3-1 不同配汽方式的运行特性比较

	经济性	安全性	响应能力
喷嘴配汽	好	差	好
节流配汽	差	较好	好
滑压配汽	较差	好	差

三、滑压运行中存在的问题及注意事项

(1) 滑压运行在低负荷时，由于主蒸汽压力低，热循环效率会降低。但滑压运行与定压运行相比，热耗率降低是由汽轮机内效率提高和给水泵耗功减少等几方面综合作用的结果。

(2) 滑压运行在高负荷区运行时，经济性差。当机组在 75%～100%额定负荷下运行时，原来定压运行中喷嘴调节的节流损失并不大，而采用滑压运行后，虽然调节汽阀基本全开，节流损失小，但主蒸汽压力降低，因此机组效率比定压运行时低。

(3) 滑压运行使锅炉的储热能力降低，因此引起机组适应电网负荷变化的能力减弱。这是因为滑压运行时，调节汽阀基本维持全开，负荷变化完全由锅炉改变主蒸汽压力来调节，调节汽阀不再起调节作用；而锅炉改变主蒸汽压力要比瞬间负荷变化滞后一段时间，即汽轮机跟随电网负荷变化的性能较差。

第五节 汽轮机轴向推力的变化规律

汽轮机在运行时，负荷及蒸汽初终参数的变化、级间间隙的改变、通流部分的结垢以及水冲击等均会引起汽轮机轴向推力的变化，有时可能达到很大的数值。为了保证轴承安全可靠地工作，防止推力轴承因过负荷而损坏，需了解汽轮机轴向推力的变化规律。

一、蒸汽流量变化对轴向推力的影响

根据第二章对多级汽轮机轴向推力的分析可知，作用在某一级上的轴向推力主要决定于其级前后压力差和反动度的乘积。因此，在变工况时，级内轴向推力的变化可表示为：

转子上的轴向推力是由每级动叶上的汽流力、压差力和叶轮及转子凸肩两侧的压差力组成。汽流力正比于流量，压差力决定于级前、后的压差和压力反动度，故轴向推力是蒸汽流量、反动度、压力反动度、级前后压差的函数，即

$$F_z = F_z(G, \Omega, \Omega_p, p_0 - p_2)$$

汽轮机轴向推力的变工况计算相当复杂，且难以计算准确，故在实际运行中，常用测量推力轴承工作瓦块温升的方法来监视轴向推力的变化。

1. 节流配汽凝汽式汽轮机

对节流调节的凝汽式汽轮机，当负荷变化时，除最末级外，其余各级由于比焓降不变，反动度亦不变。

各级前后压力差与流量成正比变化，因此，汽轮机级的轴向推力与流量成正比变化。

$$\frac{\sum F_{z1}}{\sum F_z} \approx \frac{G_1}{G}$$

节流调节凝汽式汽轮机的轴向推力随负荷增大而增加，且在最大负荷时达最大值。

2. 喷嘴配汽凝汽式汽轮机

对喷嘴调节的凝汽式汽轮机，在变动工况下，各压力级轴向推力的变化规律与节流调节式汽轮机相同。调节级轴向推力的变化比较复杂，它与部分进汽度和前轴封漏汽等因素有关。当有通道使调节级两侧的压力平衡时，可以不计作用在轮面上的轴向力，此时，调节级的轴向推力主要是动叶片上的轴向力，其值 $F_z = e\Delta p\Omega_m$ 而且调节级动叶片上的最大轴向推力发生在最大负荷时。虽然此时调节级前后的压差最小，但级的部分进汽度和反动度均为最大。随着流量的减小，其压差增大，但反动度减小，部分进汽度亦随着调节汽阀依次关闭而减小，故轴向推力亦随之减小。但当流量减小到第一调节汽阀全开，第二调节汽阀部分开启时，由于这时调节级后压力已很低，致使在第Ⅰ喷嘴组后的动叶内达到临界状态，如图 3-29中的 b 点所示。此后，再降低流量，第Ⅰ喷嘴和其后动叶中的流量不变，故其动叶前后压差增大和反动度增加，使轴向推力随之增加，如图中的 b—a 所示。从第一调节汽阀开始关闭起，汽轮机转入节流调节，所以此时调节级的轴向推力与其他各级一样随流量成正比减小。因此，在变工况下，调节级的轴向推力成折线变化，如图 3-29 中的曲线 2 所示，其中 a、b、c、d 点对应于各调节汽阀全开的工况。

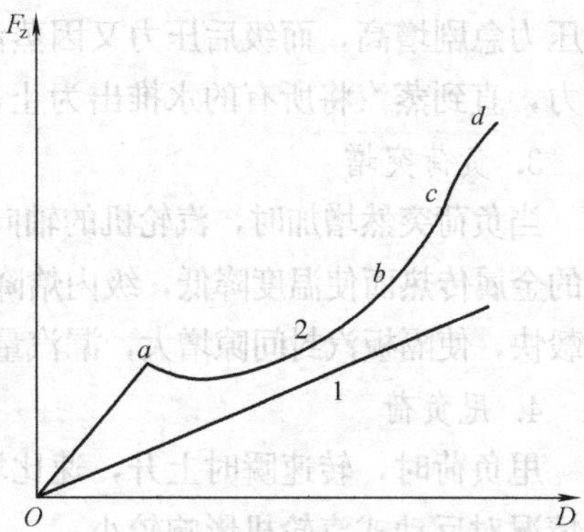

图 3-29　轴向推力与流量的关系

1—非调节级轴向推力与流量的关系；
2—全机轴向推力与流量的关系

如图 3-29 为一台中压汽轮机全机轴向推力与流量的关系，一般可近似认为，凝汽式汽轮机总的轴向推力与流量成正比变化，且最大功率时达最大值。

总之，调节级和最末级一样，其轴向推力在总轴向推力中所占比例较小，因此一般可近似认为，凝汽式汽轮机无论采用节流调节还是喷嘴调节，变工况时其总的轴向推力与流量成正比变化，且最大负荷时轴向推力达最大值。

以上结论不仅适用于冲动式汽轮机，也完全适合于反动式汽轮机，只是因反动式汽轮机各级的反动度原设计值较大，因此在变工况时，即使级的焓降变化很大，反动度却变化极小，故其轴向推力与级内压差成正比变化，最大轴向推力也发生在最大负荷，而且其轴向推力的改变远比冲动式汽轮机的小。

3. 背压式汽轮机

背压式汽轮机调节级轴向推力的变工况特性与凝汽式汽轮机相同。而其压力级在工况变动时，因级前、后压力与流量不成正比，级内比焓降和反动度相应发生变化，因此级的轴向推力也不与流量成正比，例如当流量增加时，级前、后压力及压差增大，但反动度却下降，故轴向推力不一定增加；而当流量减小时，级前、后压力及压差减小，但反动度增加，级的轴向推力并不一定减小。因此背压式汽轮机通流部分总的轴向推力的最大值并非在最大功率而是

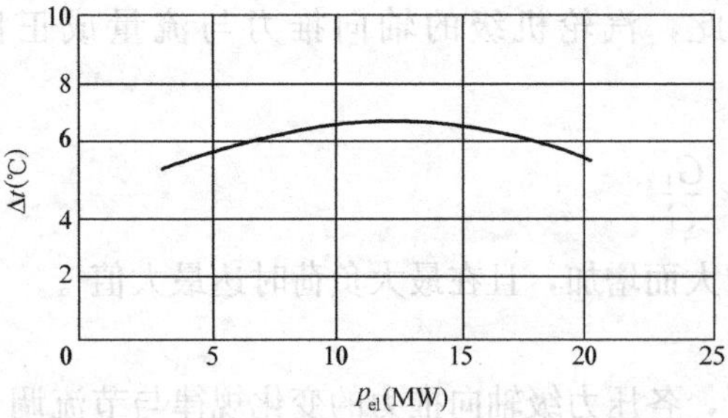

图 3-30 背压式汽轮机推力瓦块温度变化曲线

在某一中间功率时达到。如图 3-30 所示（图中 Δt 表示推力瓦块的温升）。

二、几种特殊工况的变化对轴向推力的影响

1. 新蒸汽温度降低

此时全机理想焓降减少，导致各级焓降减少，从而引起反动度增加，因此轴向推力增加。

2. 水冲击

当汽轮机发生水冲击时、蒸汽温度降低，反动度增加。另外，当水进入较热的机体时，水部分蒸发，级中压力增高，使轴向推力增大。

当大量水进入汽轮机后，在瞬间全部或部分地堵住了某一级的通流部分，使被堵级前面的压力急剧增高，而级后压力又因蒸汽被吸入凝汽器而降低，因此被堵级遭受了很大的轴向推力，直到蒸汽将所有的水推出为止，这个过程仅持续几分之一秒。

3. 负荷突增

当负荷突然增加时，汽轮机的轴向推力将比正常情况下要大。这是因为此时蒸汽要向前几级的金属传热而使温度降低，级内焓降减小，以致使反动度增加。此外，由于隔板受热比叶轮轮毂快，使隔板汽封间隙增大，漏汽量因此增加，使叶轮前压力增高，致使轴向推力增加。

4. 甩负荷

甩负荷时，转速瞬时上升，速比增加而使反动度增加，所以轴向推力会突然增加。但这种情况对反动式汽轮机影响较小。

5. 叶片结垢

汽轮机通流部分结垢一般是动叶结垢比喷嘴严重。主要是由于喷嘴中汽流速度较大，蒸汽中夹带的盐分不易积聚下来。当动叶中结垢较严重时，面积比 $f=A_b/A_n$ 将减小，则该级的反动度增大，使轴向推力增大。

轴向推力的变化将可能危及汽轮机的安全运行。为此，在实际运行中，除装有轴向位移保护装置外，常用测量推力轴承工作瓦块温升的方法来监视轴向推力的变化。

第六节 小容积流量工况

大功率汽轮机的最后几级，特别是末级，在小容积流量下运行时，出现叶片振动应力升高，转子和静子被加热，末级动叶出口边受到水珠冲蚀，级的有效功率可能是负值等现象，这将影响汽轮机的安全性和经济性。汽轮机负荷大幅度下降（包括只带厂用电及空载）时，蒸汽流量大大下降；供热抽汽汽轮机抽汽量很大时，供热抽汽口后各级蒸汽量大大下降；为利用凝汽式汽轮机排汽供热而提高其背压运行时，末级排汽口比体积减小，这些都将使最后几级特别是末级容积流量大为减小。

为了对小容积流量下汽轮机运行的安全性和经济性有一定的认识，下面简要分析径高比较小的大扇度级的小容积流量工况和有此可能诱发的颤振问题。

1. 小容积流量下大扇度级的流动特性

变工况时，级的容积流量可用相对值表示，$\overline{Gv_1}=\frac{G_1v_{11}}{Gv_1}$，$\overline{Gv_2}=\frac{G_1v_{21}}{Gv_2}$。$G$ 和 G_1 分别表示设计工况和变工况下的流量，v_1、v_2 与 v_{11}、v_{21} 分别表示设计工况和变工况下喷嘴、动叶出口比体积。容积流量减小过程中，大扇度级内的流动将发生很大变化。图 3-31 所示是大

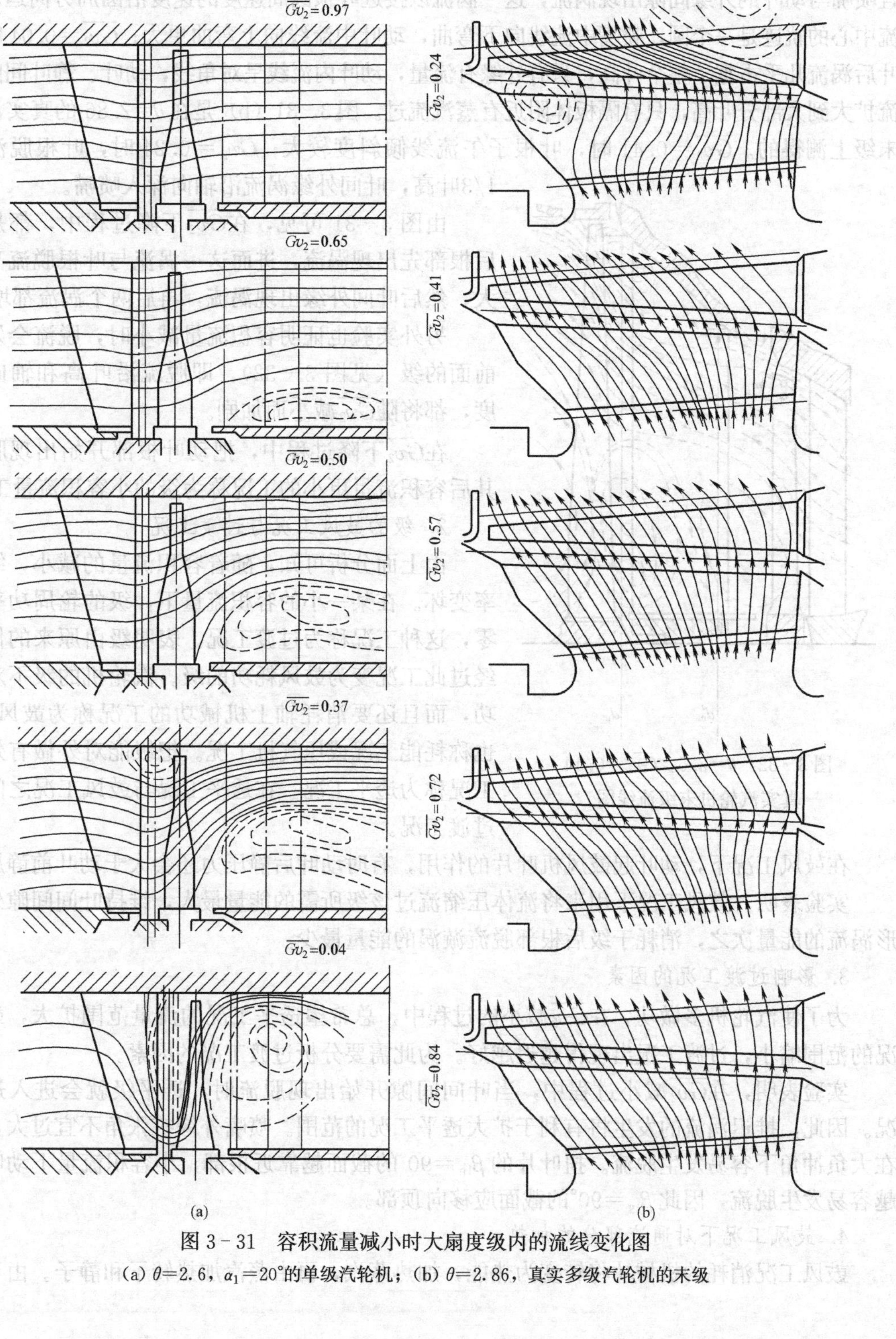

图 3-31　容积流量减小时大扇度级内的流线变化图

(a) $\theta=2.6$，$\alpha_1=20°$的单级汽轮机；(b) $\theta=2.86$，真实多级汽轮机的末级

扇度级流线变化图。图 3-31（a）是θ=2.6，α_1=20°=常数，Ω_m=0.46 的单级透平实验所得的流线变化图，$\overline{Gv_2}$=0.97 时，流线接近设计工况；$\overline{Gv_2}$=0.65 时，动叶后根部已出现沿圆周方向运动的涡流，但速度比圆周速度 u 小得多，动叶根部流线向上倾斜；$\overline{Gv_2}$=0.50 时，动叶后根部涡流区与脱流高度增大；$\overline{Gv_2}$=0.37 时，不但动叶后涡流和叶根脱流高度更大，而且喷嘴与动叶的外缘间隙出现涡流，这一涡流以接近叶顶圆周速度的速度沿圆周方向运动，涡流中心的轨迹是一个圆，喷嘴中流线向下弯曲，动叶中流线向上弯曲更大；$\overline{Gv_2}$=0.04 时，动叶后涡流几乎占据了整个叶高，只有外缘有流量，动叶内流线呈对角线，动叶、静叶间间隙涡流扩大到大部分叶高，只有隔板体附近有蒸汽流过。图 3-31（b）是在θ=2.86 的真实汽轮机末级上测得的。$\overline{Gv_2}$=0.41 时，叶根子午流线倾斜度较大；$\overline{Gv_2}$=0.24 时，叶根脱流超过 1/3叶高，叶间外缘涡流沿轴向深入喷嘴。

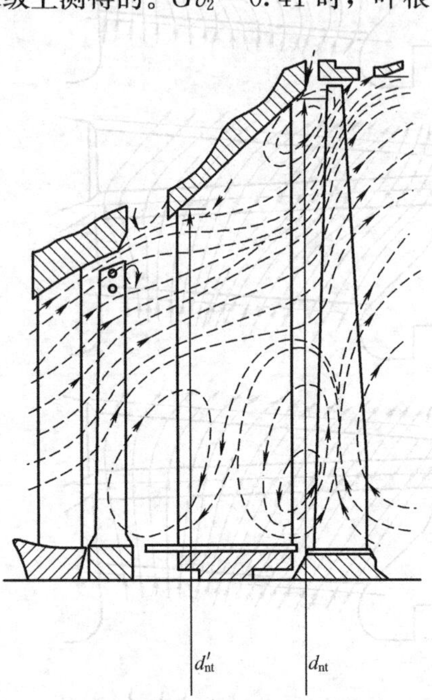

图 3-32 θ=2.5，$\overline{Gv_2}$=0.14
真实汽轮机末级流线图

由图 3-31 可见，在$\overline{Gv_2}$下降过程中，都是动叶后根部先出现涡流，进而这一涡流与叶根脱流高度增大，然后叶间外缘出现涡流，再后两个涡流都增大。

另外实验也证明容积流量减小时，脱流会发展到前面的级（见图 3-32）。即脱流沿叶高和轴向的深度，都将随$\overline{Gv_2}$减小而加剧。

在$\overline{Gv_2}$下降过程中，把动叶根部开始出现脱流及其后容积流量更小的工况称为级的小容积流量工况。

2. 级的鼓风工况与过渡工况

由上面分析可知，随着容积流量的减小，级的效率变坏。在某一小的容积流量下，级的轮周功率等于零，这种工况称为过渡工况。表明级由原来的做功级经过此工况变为鼓风耗功的级。汽轮机的级不对外做功，而且还要消耗轴上机械功的工况称为鼓风工况，也称耗能工况或压气机工况。把级能对外做有效功的工况称为透平工况。在透平工况与鼓风工况之间就是过渡工况。

在鼓风工况下，动叶起鼓风机叶片的作用，有时动叶后静压力还会大于动叶前静压力。

实验表明，鼓风工况下用来将流体压缩流过该级所需的能量最大，维持叶间间隙外缘环形涡流的能量次之，消耗于级后根部脱流漩涡的能量最少。

3. 影响过渡工况的因素

为了使汽轮机多做功，在$\overline{Gv_2}$减小的过程中，总希望透平工况的流量范围扩大，鼓风工况的范围缩小，过渡工况出现得越迟越好。为此需要分析过渡工况的因素。

实验表明，在$\overline{Gv_2}$减小过程中，当叶间间隙开始出现脱流时，透平级就会进入过渡工况。因此，推迟涡流的发生将有利于扩大透平工况的范围。喷嘴外缘扩张角不宜过大，否则在大负冲角下容易发生脱流。扭叶片的 β_{1g}=90°的截面越靠近根部，小容积流量下动叶根部越容易发生脱流，因此 β_{1g}=90°的截面应移向顶部。

4. 鼓风工况下对通流部分的加热

鼓风工况消耗的机械功将转变为热能，加热蒸汽，再由蒸汽加热转子和静子。由于末级通流面积最大，故在$\overline{Gv_2}$减小的过程中，末级最先达到鼓风工况，最先被加热。$\overline{Gv_2}$进一步减小，倒二级的通流面积与容积流量$\overline{Gv_2}$相比也嫌太大时，倒二级也达鼓风工况，也被加热。如此逐级向前推进。单缸凝汽式汽轮机在空载工况下，将只有调节级的喷嘴有蒸汽膨胀做功，其余各级都在接近于排汽压力的压力下空转。凡处在空转下的级都将受到加热。例如，一台末级$d_b/l_b=2.4$的汽轮机在空载工况下，低压缸进汽温度为110～130℃，但由于鼓风工况加热，排汽温度高达200～250℃。

为了降低末级和排汽缸的温度，可在末级后装设喷水冷却装置。试验表明，喷水冷却装置投运时，若凝汽器真空较高，则末级动叶后汽温沿整个叶高都将降到排汽压力下的饱和温度，如50～60℃左右，比较安全。由于小容积流量工况下，末级动叶根部以负反动度工作，所以喷水冷却装置喷出的水滴，将通过根部涡流，被吸入动叶，随着涡流运动，冷却动叶。对于单元再热机组，在汽轮机负荷很小时，再热器来的多余蒸汽将通过减温减压器送入凝汽器。减温减压器中喷出的部分水滴，也将经过凝汽器倒流入末级动叶根部，冷却末级。若停用喷水冷却装置且切除减温减压器通入凝汽器的排汽，则几分钟后末级动叶后汽温就升高到200℃左右，这时，有的机组末级叶间间隙外缘温度可达250℃左右。因此，不能停用喷水冷却装置。

若排汽压力升高，虽有夹带水滴的逆流进入动叶根部，但仍要引起动叶外缘汽温升高到不允许的程度，因此要限制排汽压力的升高。

5. 末级动叶根部出口边的水珠侵蚀

小容积流量工况下，末级叶根汽流倒流带入的水滴将对动叶出口边背弧产生侵蚀。这种侵蚀使应力水平已经很高的末级叶片强度被削弱，增加了不安全因素。

第七节　蒸汽参数变化对汽轮机工作安全性的影响

汽轮机除流量变化外，当蒸汽初终参数变化运行时，也属于汽轮机变工况运行范围。如锅炉设备的工况变动或调整不当，就会使蒸汽初温、初压偏离设计值；凝汽设备的工况变动会使排汽压力发生变化。当蒸汽参数与设计值偏差不大时（偏差在允许范围内），只影响汽轮机的经济性；当蒸汽参数与设计值偏差较大时，就会危及汽轮机的安全运行。所以在日常运行中，应该认真监督汽轮机初、终参数的变化。

一、蒸汽初压 p_0、再热压力 p_r 变化过大对安全性的影响

1. 初温不变，初压 p_0、再热压力 p_r 升高

从热工学相关内容可知，提高新汽压力，可以提高循环热效率。蒸汽压力提高对汽轮机安全性的影响主要表现为：

(1) 初温不变，初压升高过多，将使主蒸汽管道、主汽阀、调节汽阀、导管及汽缸等承压部件内部应力增大，这会缩短其使用寿命，甚至造成这些部件变形或受到损伤。

(2) 若调节汽阀开度不变，则p_0增大后，新汽比体积将减小，蒸汽流量增大，蒸汽的总焓降增大，功率增大，零件受力增大。各级叶片的受力正比于流量而增大。特别是末级的危险性最大，因为流量增大时末级焓降增大得最多，而叶片的受力正比于流量和焓降之积，故对应力水平已很高的末级叶片的运行安全性可能带来危险。

(3) 第一调节汽阀刚全开而其他调节汽阀关闭时，调节级动叶受力最大，若这时初压 p_0

升高，则调节级流量增大，焓降不变，叶片受力更大，影响运行安全性。

(4) 初压 p_0 升高、流量增大还使轴向推力增大。新蒸汽温度不变，只是新蒸汽压力升高，将使末几级的蒸汽湿度变大，机组末几级湿汽损失增加，并影响叶片寿命。

由于新蒸汽压力升高会带来许多危害，所以当新蒸汽压力超过允许的变化范围时，不允许在此压力下继续运行。其电厂采用的法国阿尔斯通生产的亚临界 320MW 汽轮机规定初压 p_0 应小于等于 105%额定值。当达到 105%额定初压时，高压旁路调节阀自动开启，通过旁路排汽降低汽轮机的 p_0。如果旁路投入后 p_0 仍不能降低，则只允许 p_0 瞬时超过 105%额定汽压，但不能超过 112%额定汽压。同理，再热蒸汽压力 p_r 也不能超过制造厂规定的高限数值。

2. 初温不变，初压 p_0、再热压力 p_r 降低

初温 t_0 不变、初压 p_0 降低一般不会带来危险。如滑压运行时 p_0 下降，并未影响安全。若调节汽阀开度不变，则 p_0 降低时各级叶片的受力将随流量下降而下降，轴向推力将随各级压力减小而减小，机组功率将随流量减小而减小。在 p_0 降低时，最后几级的湿度将减小。对于 p_0 =8.83MPa 的高压机组，即使 p_0 降到 3.0MPa，也不会使凝汽式机组的排汽过热，也就不会使排汽缸和凝汽器过热。

然而 p_0 降低时，若所发功率不减小，甚至仍要发出额定功率，那么必将使全机蒸汽流量超过额定值，这时若各监视段压力超过最大允许值，将使轴向推力过大，而且会引起非调节级各级的级前压力升高，使末几级焓降增大，末几级过负荷严重，这是危险的，不能允许的。因此蒸汽初压 p_0 降低时，功率必须相应地减小。

二、蒸汽初温 t_0 和再热汽温 t_r 变化过大对安全性的影响

在实际运行中，新蒸汽温度变化的可能性较大，新蒸汽温度对机组安全性、经济性的影响比新蒸汽压力变化时的影响更大。

1. p_0 与 p_r 不变，t_0 与 t_r 升高

当新汽压力和背压不变，新蒸汽温度升高时，蒸汽在汽轮机中的理想焓降增加，排汽湿度下降，这不仅提高了循环效率，降低了热耗，而且减小了汽轮机低压级的湿气损失，使汽轮机的相对内效率也有所提高，使运行经济效益提高。

但是新蒸汽温度升高超过允许值时，对设备的安全十分有害。p_0 与 p_r 不变时，t_0 与 t_r 升高将使锅炉过热器和再热器管壁，新汽和再热蒸汽管道，高中压主汽阀和调节汽阀，导管及高中压缸部件的温度都升高。温度越高，钢材蠕变速度越快，蠕变极限越小。如铬钼钢的应力为 200MPa，当工作温度由 480℃上升 60℃左右时，蠕变速度将增大许多倍。因此，汽温过高将使钢材蠕变的塑性变形过大，从而发生螺栓变长、法兰内开口、预紧力变小等问题，既影响安全，又缩短机组寿命，故不允许蒸汽温度过高。另外汽温过高，会引起各受热金属部件的热变形和热膨胀加大，若膨胀受阻，则机组可能发生振动。

在机组的运行规程中，通常对 t_0 与 t_r 的极限值及在某一超温条件下允许工作的小时数有严格规定。阿尔斯通公司对 320MW 亚临界机组规定：t_0 超过额定值 8℃以内时，要求全年平均运行汽温不得超过额定值；超温 14℃的全年积累运行时间应少于 400h；超温 28℃的全年积累运行时间应少于 80h。

2. p_0 与 p_r 不变，t_0 与 t_r 降低

在新蒸汽温度低于设计值而其他参数保持设计值时，汽轮机的理想焓降随之减少，若保

持流量为额定值，则机组的实发功率也成比例地减少。

新蒸汽温度降低时，若要维持额定负荷，必须开大调节汽阀的开度，增加新蒸汽的进汽量。一般机组新蒸汽温度每降低10%，汽耗量要增加1.3%～1.5%。

新蒸汽温度降低时，不但影响机组运行的经济性，也威胁着机组的运行安全。其主要危害如下：

(1) 末级叶片可能过负荷。因为新蒸汽温度降低后，为维持负荷不变，则蒸汽流量要增加，末级焓降增大，末级叶片可能处于过负荷状态。

(2) 末几级叶片的蒸汽湿度增大。新蒸汽的压力不变，温度降低时，末几级叶片的蒸汽湿度将要增加，这样除了会增大末几级叶片的湿汽损失外，同时还将加剧末几级叶片的水滴冲蚀，缩短叶片的使用寿命。

(3) 汽轮机的轴向推力将增大。若调节汽阀开度不变，则比体积减小将使流量增大，但焓降随温度减小而减小，故功率变化不大。然而焓降减小后反动度增大，使轴向推力增大。故汽温降得多时，应防止轴向推力过大。

(4) 高温部件将产生很大的热应力和热变形。若新蒸汽温度快速下降较多时，自动主汽门、调节级、汽缸等高温部件的内壁温度会急剧下降而产生很大的热应力和热变形，严重时可能使金属部件产生裂纹或使机内动、静部件造成磨损事故。

(5) 有水冲击的可能。新汽温度 t_0 和再热汽温 t_r 降低时，影响安全的关键是汽温下降速度。汽温下降速度小于1℃/min没有危险。新汽温度下降过快，往往是锅炉满水等事故引起的，应防止汽轮机水冲击。水冲击的症状之一是蒸汽管道法兰、汽缸法兰和汽阀门杆等处冒出白色的湿蒸汽或溅出水滴，这是因为蒸汽管道法兰和汽缸法兰迅速被冷却收缩，而法兰螺栓在短时间内温度仍高，没有收缩，法兰的严密性大减。汽温迅速降低将使汽轮机中膨胀做功的蒸汽湿度大增，蒸汽中夹带的水滴流速很慢，水珠轴向打击动叶进口边叶背，使轴向推力增大，从而使推力瓦块温度升高，轴向位移增大，甚至威胁机组安全。对凝汽式机组，迅速降低负荷是降低轴向推力的有效措施。有的制造厂规定汽温突降50℃时，应紧急停机。

三、真空变化对机组安全性的影响

(一) 真空恶化和排汽温度过高对安全性的影响

当新蒸汽压力和温度不变，汽轮机排汽压力升高（即真空降低）时，其排汽温度升高，蒸汽的理想焓降减少，机组的出力减少，甚至带不上额定负荷。排汽温度升高，被循环水带走的热量增多，蒸汽在凝汽器中的冷源损失增大，机组的热效率明显下降。

汽轮机排汽压力升高对机组的安全性也有较大的影响，主要有：

(1) 真空恶化和排汽温度过高时，对于转子轴承座与低压缸联成一体的机组来说，排汽缸的热膨胀将使轴承座抬起，转子对中性被破坏而产生强烈振动。

(2) 凝汽器铜管线胀系数大于钢制外壳线胀系数许多，排汽温度过高将使铜管热膨胀过大，引起胀口松脱而漏水，使不清洁的循环水漏入压力很低的凝结水一侧，污染凝结水质。

(3) 排汽压力过高将使末级容积流量大减，小容积流量工况下的鼓风工况所产生的热量将使排汽温度更加升高。容积流量很小时还可能诱发末几级叶片颤振。

由于上述原因，制造厂常规定排汽压力和排汽温度不能超过某一规定值，以确保机组安全运行。

(二) 真空升高和排汽温度过低对安全性的影响

排汽压力降低时，蒸汽在汽轮机内的理想焓降增加，排汽温度降低，被循环水带走的热量损失减少，机组运行的经济性提高，因此凝汽式汽轮机尽量维持在较低排汽压力下运行。但过分降低排汽压力，需要增加循环水量，使循环水泵耗功增加，机组运行费用又会增大。而且排汽压力过低又会带来一些不利影响，主要表现为：

(1) 蒸汽在末级动叶或喷管产生膨胀不足的现象，造成能量损失。同时可能造成隔板和动叶过负荷。

(2) 排汽压力过低，还会使汽轮机末几级的蒸汽湿度增加，使末几级叶片的湿汽损失增加。

所以汽轮机在运行过程中，尽量维持最佳排汽压力。

复习思考题及习题

1. 什么是设计工况和变工况？

2. 汽轮机产生变工况的原因有哪些？

3. 渐缩喷嘴和缩放喷嘴的流量随初压和背压的变化规律有哪些异同点？

4. 级的流量与级前后压力有什么关系？

5. 何谓级组？试分析级组前后压力与流量的关系。

6. 试分析凝汽式汽轮机调节级、中间各级和末级的级前压力、焓降、反动度、速比、效率、内功率随流量的变化规律？

7. 什么是节流调节？这种调节方式有什么特点，为什么高参数大功率汽轮机可以采用这种调节方式。

8. 什么是喷嘴调节？这种调节方式有什么特点？

9. 何谓调节级？调节级的最危险工况是什么工况？末级的最危险工况是什么工况？

10. 影响汽轮机轴向推力变化的因素有哪些？

11. 何谓级的小容积流量工况？

12. 当汽轮机的进、排汽参数发生变化时，分别对汽轮机的安全性构成什么影响？应采取哪些措施来解决？

13. 设计工况下，渐缩喷嘴前过热蒸汽的压力 $p_0=5.39$MPa，喷嘴后蒸汽压力 $p_1=3.63$MPa。问当喷嘴前蒸汽参数保持不变，欲使通过喷嘴的流量减小一半时，喷嘴后的蒸汽压力应是多少？

14. 渐缩喷嘴设计流量 $G_0=10$kg/s，喷嘴前压力 $p_0=0.98$MPa，背压 $p_1=0.62$MPa。变工况后背压维持不变，流量增加到 $G_1=14$kg/s。试求变工况后喷嘴前压力 p_{01}。

15. 已知渐缩喷嘴前的蒸汽压力 $p_0=12.8$MPa，喷嘴后蒸汽压力 $p_1=9.81$MPa，且保持不变，当忽略蒸汽初温的变化，问喷嘴前蒸汽必须节流到什么压力 p_{01}，才能使通过喷嘴的蒸汽流量较小至1/3？

16. 变工况前，渐缩喷嘴前的蒸汽压力 $p_0^*=8.03$MPa，温度 $t_0=500$℃，喷嘴后的压力 $p_1=4.91$MPa，工况变化后喷嘴前压力节流至 $p_0^*=7.06$MPa，喷嘴后压力变为 $p_{11}=4.415$MPa，试确定该喷嘴工况变化前后的流量比值（忽略初温的影响）。

第四章　汽轮机结构与强度

汽轮机本体由静止和转动两大部分组成。静止部分又称为静子，主要有汽缸、喷嘴、隔板（或静叶环）、汽封和轴承等部件；转动部分又称转子，它包括主轴、叶轮（或转鼓）、动叶片、联轴器、盘车装置和其他转动部件。

第一节　汽轮机的进汽部分

汽轮机的进汽部分是指从进汽阀门至汽缸内的喷嘴室这一段，它包括调节汽阀蒸汽室、阀门、导汽管等。对中间再热式汽轮机进汽部分又分为高压进汽部分和中压进汽部分。

一、高压进汽部分

（一）布置方式

进汽部分的结构及其布置方式对汽轮机来说是至关重要的，因为它是汽轮机中承受压力、温度最高的部分，在结构上应力求使汽缸的进汽部分简单、对称，沿圆周受热均匀。在布置方式上，要保证进汽阀门和导汽管在任何工况下的热应力和热变形都在允许的范围内，对所连接的汽缸应不产生超过允许值的附加热应力及推力。

图4－1为东芝600MW汽轮机高压进汽部分的阀门布置结构示意。该结构有2个主汽阀和4个调节汽阀，阀门都采用立式结构，4个调节汽阀合用一个壳体，2个主汽阀的出口与4个调节汽阀的进口对接焊成一个整体，用吊架支承，布置在前轴承箱前方的运行层之下。

大机组的高压缸都是双层结构，从高压调节汽阀来的导汽管要先穿过外缸再穿入内缸接至喷嘴室入口，考虑到温度和材质的不同，运行时内、外缸之间有相对膨胀，因此导汽管就不能与内、外缸同时固定在一起，而必须是一端做成刚性连接，另一端做成活动连接，并要求进汽管在穿过内、外缸时，既要保证良好的密封性，又要保证内、外缸之间能自由膨胀。因此，高压调节汽阀后的导汽管与汽缸内的喷嘴室入口之间要设置一根特殊结构的进汽短管，实现滑动密封式的双层进汽短管结构，如图4－2和图4－3所示。该进汽部分内高压缸上的四根进汽短管以其钟罩形结构扣在高压外缸的进汽口上（上、下缸各两个），并与外缸焊接为一体。外缸与内缸的进汽口之间、内缸与喷嘴室的进汽口之间也都采用了钟罩形结构，即外层扣内层，一层扣一层，在它们之间通过进汽短管进行衔接串通，相互之间设有密封环进行密封和定位。这样，既不妨碍内、外缸之间的相对膨胀，又保证了进汽部分的密封性能。

有的大功率汽轮机通过进汽短管上的法兰用螺栓将其固定在内缸进汽口上，这样可以阻止喷嘴室入口和外缸之间的漏汽。

（二）高压主汽阀和调节汽阀

1. 高压主汽阀

大型机组为减小流动损失，在主汽阀前边的蒸汽管道上不再装设电动主汽阀及其他阀门，因此主汽阀就是汽轮机进汽的总阀门。主汽阀打开，汽轮机就有了汽源，有了驱动力；主汽阀关闭，汽轮机就被切断了汽源，失去了驱动力。

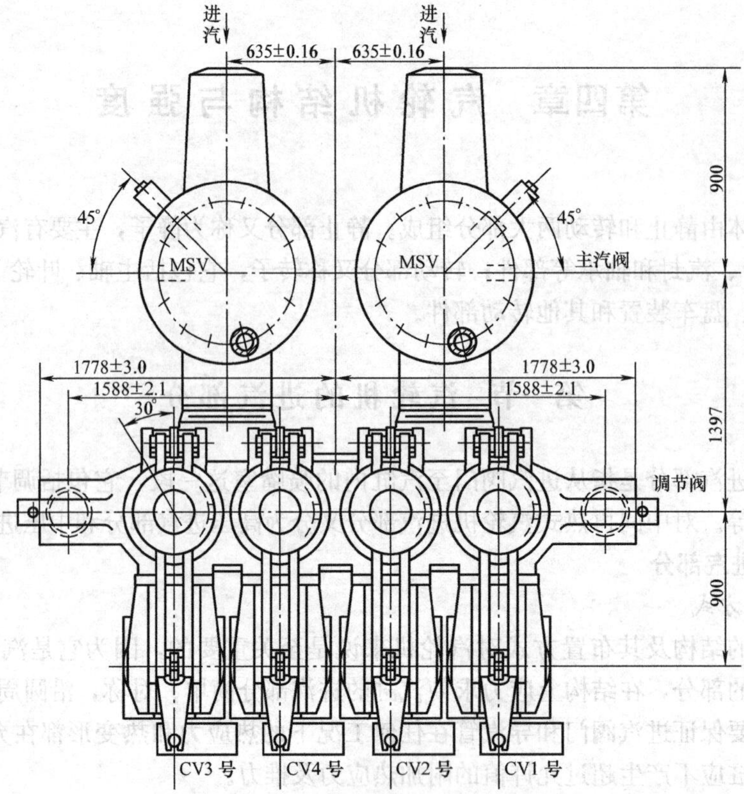

图 4－1　高压进汽部分阀门布置示意

MSV—高压主汽阀；CV—高压调节汽阀

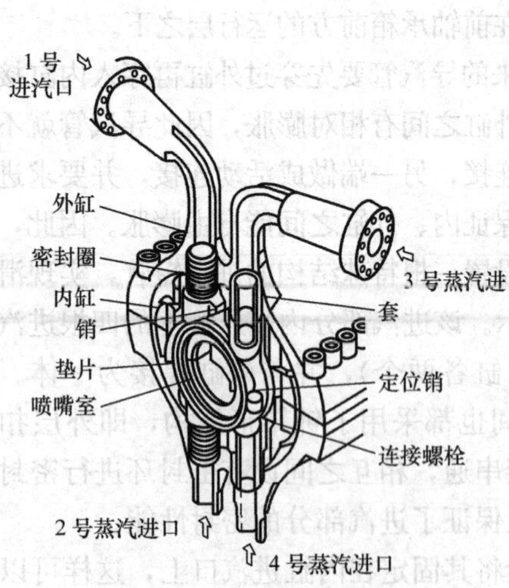

图 4－2　高压进汽部分结构图

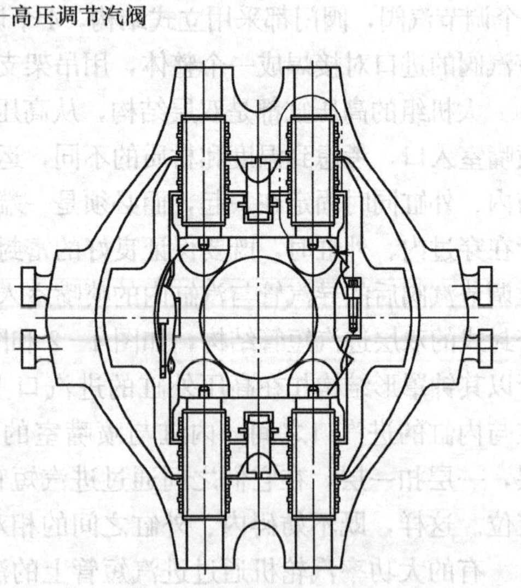

图 4－3　高压进汽部分示意

汽轮机正常运行时，主汽阀全开；汽轮机停机时，主汽阀关闭。主汽阀的主要功能是，运行中当汽轮机的任一遮断型保护装置动作时，主汽阀应能快速关闭，实现停机。

在汽轮机组中，主汽阀处于最高的压力、温度区域。为了在高温条件下可靠地承受很高的压力，其构件必须采用热强钢，阀壳也做得比较厚。为了避免产生太大的热应力，阀壳各处厚度应尽量均匀，阀壳外壁面必须予以良好的保温，阀腔内应采取良好的疏水措施，并在运行时注意疏水通道的畅通。在启动、负荷变化或停机过程中，应注意主汽阀避免发生热冲击，以免金属表面产生热应力疲劳裂纹。

图 4-4 是东芝 600MW 汽轮机的高压主汽阀结构图。该阀为立式结构，主要包括阀壳、阀座、阀碟（其中右侧高压主汽阀阀碟内装有预启阀）、阀杆、阀杆套筒、阀盖、蒸汽滤网等部件。该高压主汽阀为单座球形阀。其中一个主汽阀（右侧）的主阀碟 3 上钻有通孔，阀杆 4 端部从孔中穿过，预启阀 2 置于阀杆的端部，并采用螺纹、定位销与阀杆连成一体。预启阀与主阀碟的密封面呈圆锥形，并经过淬硬处理；主阀碟与阀座的密封面也经过硬化处理。主阀碟开启时，由阀杆上的凸肩推动向上移动，关闭时由预启阀向下压紧。为了防止阀碟转动，在阀碟内孔的两侧开有导向槽，而一个横穿阀杆的销子两端则嵌入该槽内，阀碟与阀盖之间有一定的自由度，这样既为阀碟的上下移动起导向作用，又能使阀碟在阀座上找中，防止阀碟转动。主阀碟下的阀座成扩展形状，作为主阀碟下游的扩压段。不带预启阀的阀碟则通过阀杆的凸肩与阀杆端部的螺母（另加定位销）直接紧密地连成一体。

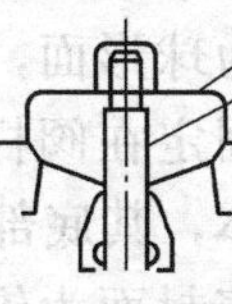

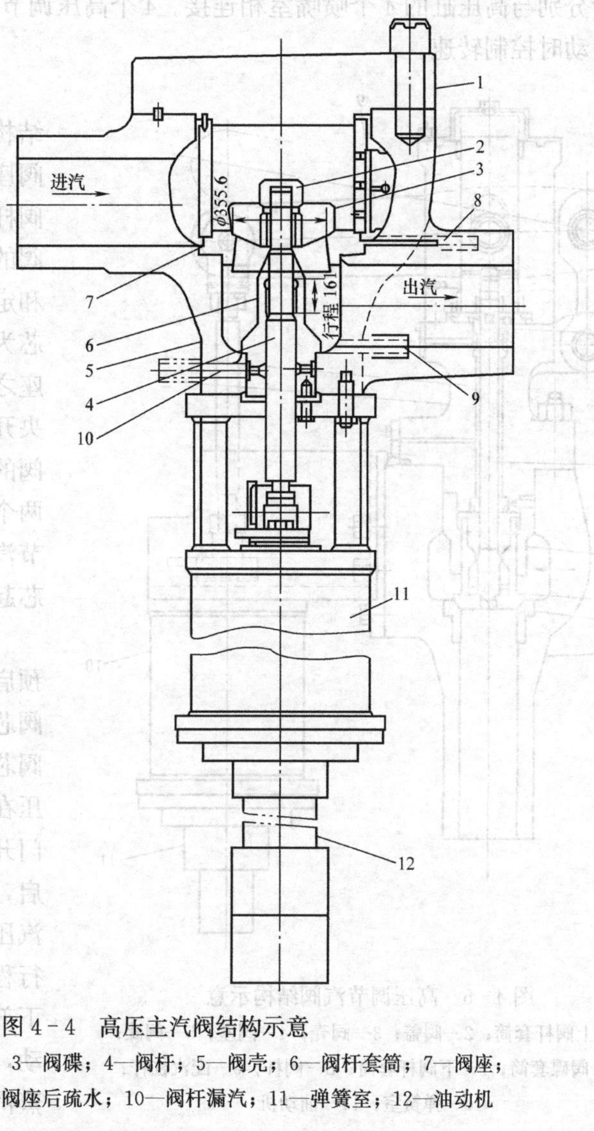

图 4-4　高压主汽阀结构示意

1—阀盖；2—预启阀；3—阀碟；4—阀杆；5—阀壳；6—阀杆套筒；7—阀座；8—阀座前疏水；9—阀座后疏水；10—阀杆漏汽；11—弹簧室；12—油动机

主汽阀开启时用油动机 12 推动，关闭时由弹簧室 11 内的弹簧压下。油动机按控制系统的指令对主汽阀实施控制。

机组启动时，先开预启阀，主蒸汽通过主阀碟上的通孔（也即预启阀的通道）流入该高压主汽阀的下游，进入主汽阀、调节汽阀间彼此连通的腔室，既可为调节汽阀腔室预热，又可流入另一个不带有预启阀的高压主汽阀阀碟下游，以减小阀门开启时的提升力。启动时，当预启阀开启到主阀碟前后压差为主汽阀前压力的 15%～20%时，主阀碟便开始打开。

高压主汽阀的阀碟上下游处均设有疏水孔，还设有阀杆漏汽孔。

2. 高压调节汽阀

4 个高压调节汽阀的结构都相同，在布置上与主汽阀一样也是立式布置方式。4 个高压调节汽阀合装在一个壳体中并与两个高压主汽阀焊接在一起，从两个高压主汽阀来的蒸汽在高压调节汽阀的壳体中被混合均匀，从而减小了汽流及阀门间的温差。各调节汽阀的出口通过导汽管分别与高压缸的 4 个喷嘴室相连接。4 个高压调节汽阀都设有预启阀，用以减小提升力和启动时控制转速。

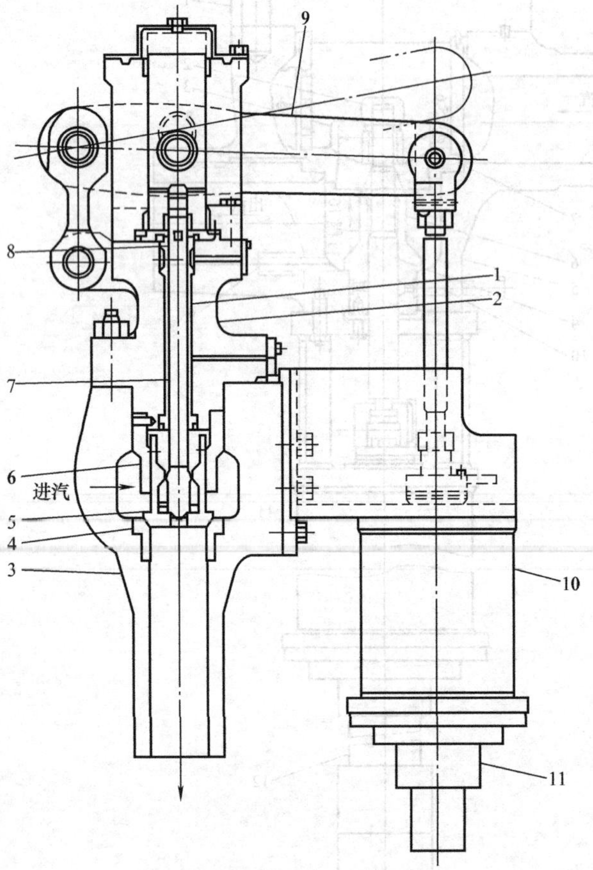

图 4-5　高压调节汽阀结构示意

1—上阀杆套筒；2—阀盖；3—阀壳；4—阀座；5—阀碟；6—阀碟套筒；7—下阀杆套筒；8—阀杆；9—配汽杠杆；10—弹簧室；11—油动机

图 4-5 所示为高压调节汽阀的结构图。该阀主要由阀壳、阀盖、阀座、主阀碟、阀芯套筒、阀杆、阀杆套筒及操纵机构等组成。预启阀的阀芯为球形面，阀芯通过螺纹和定位销固定在阀杆的底部。主阀芯为圆筒体，其底部阀碟部分与阀座之间的密封面为锥形面，阀碟中央开有通孔，通孔的上部即为预启阀的阀座。主阀芯与阀杆末端设有两个对称布置的导向销，以防止调节汽阀阀芯转动，阀芯套筒对主阀芯起导向对中作用。

当调节汽阀处于关闭状态时，预启阀和主阀芯均关闭，蒸汽经过阀芯套筒与主阀碟之间的间隙漏入阀芯内部腔室，将预启阀和阀碟紧压在阀座上，使阀门保持严密。阀门开启时，阀杆带动预启阀首先开启，使主阀碟前后相通，前后的蒸汽压力大致相等，待预启阀走完全行程阀杆再向上提升时，通过阀杆下部的斜台阶和阀芯上的斜台阶带动，开启调节汽阀。由于主阀芯受蒸汽的作用不大，因此提升力大为减小。

阀杆套筒对阀杆起导向和密封作用，套筒固定在阀盖上，套筒上设有两段阀杆漏汽引出口，第一段为高压漏汽引至再热冷段管道，第二段为低压漏汽引至轴封供汽母管。

为了便于变换进汽的调节方式，每个调节汽阀都由单独的油动机控制，油动机和其上方的弹簧室布置在调节汽阀的前方（面向机头一侧），油动机活塞杆用圆柱销与配汽杠杆的一端相连接，杠杆的另一端通过圆柱销和连杆固定在阀架上，杠杆的中部通过十字连接头与阀杆相连接。调节汽阀开启时，油动机活塞下进入高压抗燃油，克服弹簧室内压弹簧向下的压力，活塞杆向上运动，通过配汽杠杆带动阀门开启。调节汽阀关小或是全关时，油动机活塞下方泄油，在弹簧力的作用下，阀门关小或全关。

二、中压进汽部分

1. 布置方式

现代 300、600MW 汽轮机的热再热蒸汽管道至运行层下方后大多分成两根汽管，分别进入布置在中压缸左、右两侧的中压联合汽阀，从中压联合汽门出来经导汽管自中压下缸左右两侧或中压上缸和下缸左右两侧进入中压缸。这种布置方式的优点是左、右两侧进汽的温度均匀，中压联合汽阀后至中压缸进汽室之间的容积较小，事故情况下中压联合汽阀快速关闭后不致引起机组超速。

2. 中压联合汽阀

中压主汽阀与中压调节汽阀组合成一体就称为中压联合汽阀，简称中联阀。

中压主汽阀属保护装置，它不参与负荷调节，其阀门位置只有全开和全关两个位置。中压调节汽阀只在蒸汽旁路系统投入的情况下，调节中压缸的进汽量，高负荷下旁路系统关闭时，中压调节汽阀处于全开状态不参与调节，以避免引起蒸汽节流损失。不同的制造厂，中联门的具体结构不尽相同。

图 4－6 是东芝 600MW 汽轮机的中压联合汽阀结构示意图。该阀为立式结构，其上部为中压调节汽阀，下部为中压主汽阀，两阀合用一个壳体和同一腔室、同一阀座，而且两者的阀碟呈上、下串联布置。两阀各自配有执行机构，一个位于中联门侧面的油动机和弹簧操纵座通过杠杆控制中

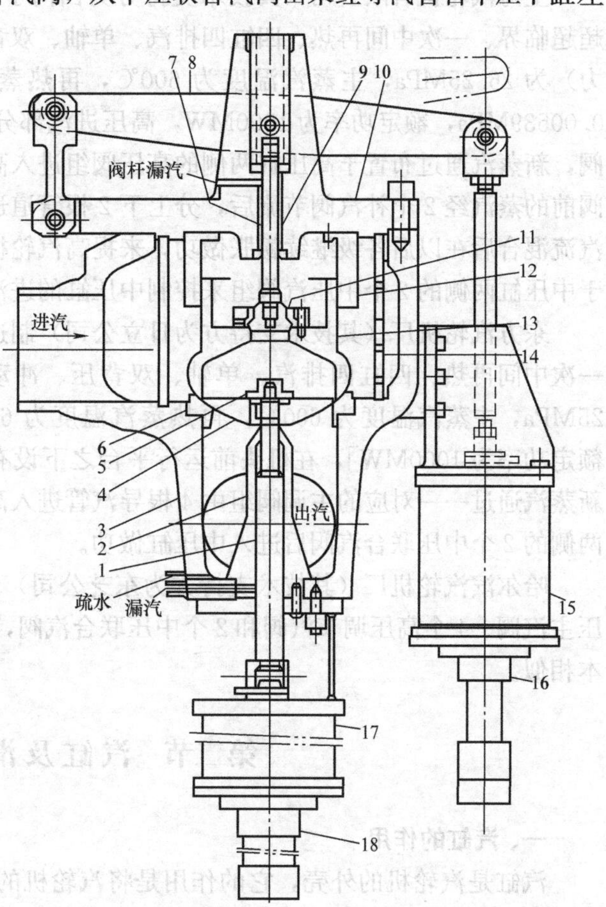

图 4－6 中压联合汽阀结构示意

1—主汽阀阀杆；2—阀杆套筒；3—中联门阀壳；4—主汽阀阀碟；5—预启阀；6—主汽阀阀座；7—阀杆；8—配汽杠杆；9—阀杆套筒；10—阀盖；11—调节汽阀预启阀；12—阀碟套筒；13—调节汽阀阀碟；14—滤网；15、17—弹簧室；16、18—油动机

压调节汽阀的开启或关闭；而位于中联门下部的另一个油动机和弹簧操纵座则控制中压主汽阀的开启或关闭。

中压调节汽阀的主阀芯呈钟罩形，其中央开有通孔，通孔上部即为预启阀的阀座。主阀芯的上部装有阀帽，阀帽内孔两侧设有导向键槽。预启阀位于阀帽与主阀芯之间，预启阀与阀杆之间采用螺纹连接，且设有定位销，预启阀两侧的导向键嵌入阀帽的导向槽内，以此防止预启阀的转动。阀杆套筒与阀盖之间为过盈配合，其下端面四周敛缝。阀盖套筒及阀盖上设有漏汽孔。阀盖顶部通过十字连接轴与杠杆相连。

中压主汽阀为单座球形阀，其阀芯位于调节汽阀阀芯的内部，且上下移动时不受钟罩式结构的限制，为了减小开启时的提升力，亦设有预启阀。阀杆套筒与阀壳的连接采用自密封结构形式，即靠下部凸肩压在阀壳的止口上，并用 8 只螺栓固定，以保证结合处的密封性。阀杆套筒上也开有漏汽孔，主汽阀后的阀壳上还开有疏水孔。

三、超超临界1000MW汽轮机进汽部分简介

上海汽轮机有限公司（其技术支持方为西门子公司）制造的1000MW汽轮机，形式为超超临界、一次中间再热、四缸四排汽、单轴、双背压、反动凝汽式，主蒸汽压力（绝对压力）为 26.25MPa，主蒸汽温度为 600℃，再热蒸汽温度为 600℃，排汽压力为 0.0044/0.00539MPa，额定功率为 1000MW，高压进汽部分设有 2 个高压主汽阀、2 个高压调节汽阀，新蒸汽通过布置于高压缸两侧的高压阀组进入高压缸内做功，另外还可以将高压调节汽阀前的蒸汽经 2 个补汽阀节流后，分上下 2 根管道进入高压第四、五级动叶后的空间，与主汽流混合后在以后各级继续膨胀做功，来提高汽轮机的过载和调频能力。再热蒸汽通过布置于中压缸两侧的 2 个中压汽阀组来控制中压缸的进汽。

东方汽轮机厂（其技术支持方为日立公司）制造的1000MW汽轮机［形式为超超临界、一次中间再热、四缸四排汽、单轴、双背压、冲动凝汽式，主蒸汽压力（绝对压力）为 25MPa，主蒸汽温度为 600℃，再热蒸汽温度为 600℃，排汽压力为 0.0045/0.0057MPa，额定功率为 1000MW］，在机头前运行平台之下设有 4 个高压主汽阀和 4 个高压调节汽阀，新蒸汽通过一一对应的主调阀组由 4 根导汽管进入高压缸做功。再热蒸汽经过布置于中压缸两侧的 2 个中压联合汽阀后进入中压缸做功。

哈尔滨汽轮机厂（其技术支持方为东芝公司）制造的1000MW汽轮机，共设有 4 个高压主汽阀、4 个高压调节汽阀和 2 个中压联合汽阀，其进汽情况与东汽的1000MW汽轮机基本相似。

第二节 汽缸及滑销系统

一、汽缸的作用

汽缸是汽轮机的外壳，它的作用是将汽轮机的通流部分与大气隔开，形成封闭的汽室完成蒸汽的能量转换过程；在其内部支承固定着喷嘴组、隔板和隔板套（反动式汽轮机为静叶环和静叶持环）、汽封等静止部件；在其外部连接固定着进汽、排汽及抽汽等管道。

汽缸的受力情况很复杂，主要有以下诸方面的受力：

(1) 汽缸本身和装在其内部静止部件的重量。

(2) 工作时，汽缸要承受内外压差的作用力和沿轴向、径向温度分布不均匀所产生的热应力，特别是在快速启动、停机和工况变化时引起的热应力。

(3) 汽缸内各级隔板的前后压差和高速汽流通过喷嘴时所产生的反作用力也都要传递到汽缸上。

因此，应保证汽缸具有足够的强度和刚度，通流部分具有良好的流动性能，各部分受热时能自由膨胀且中心不变、形状简单对称，还应尽量减小热应力。

二、汽缸的结构

为了制造和安装上的方便，汽缸大多做成上下对分的两半，分别称上汽缸和下汽缸。上、下缸之间的结合面称为水平中分面，绕中分面一周伸出的凸缘叫水平法兰，上、下缸就是通过水平法兰用螺栓连接在一起，如图 4-7 所示。

为了合理地使用金属材料和减小铸件（或焊件）的尺寸以利制造、加工及运输，对尺寸较大的汽缸还常沿纵向将其分为两段或三段，各段之间通过垂直结合面上的法兰和螺栓连接在一起，垂直结合面装配好后就不再拆卸。

对于中小功率的汽轮机，一般采用单缸结构；而大功率汽轮机都采用多缸结构，按进汽参数不同，分别称为高压缸、中压缸和低压缸。如国产 300MW 汽轮机为四缸四排汽结构，国产引进型 300MW 汽轮机为两缸两排汽或三缸两排汽结构；亚临界 600MW 汽轮机为四缸四排汽或三缸四排汽结构，超临界 600MW 汽轮机都为三缸四排汽结构，超超临界 600MW 汽轮机为两缸两排汽结构；上海汽轮机厂、哈尔滨汽轮机厂、东方汽轮机厂生产的 1000MW 汽轮机均为四缸四排汽结构。按每个汽缸的内部层次有单层缸、双层缸和三层缸；按蒸汽的流动方向分为顺向布置、反向布置和对称分流布置；按汽缸的形状可分为圆筒形、圆锥形和阶梯圆筒形或球形等等。

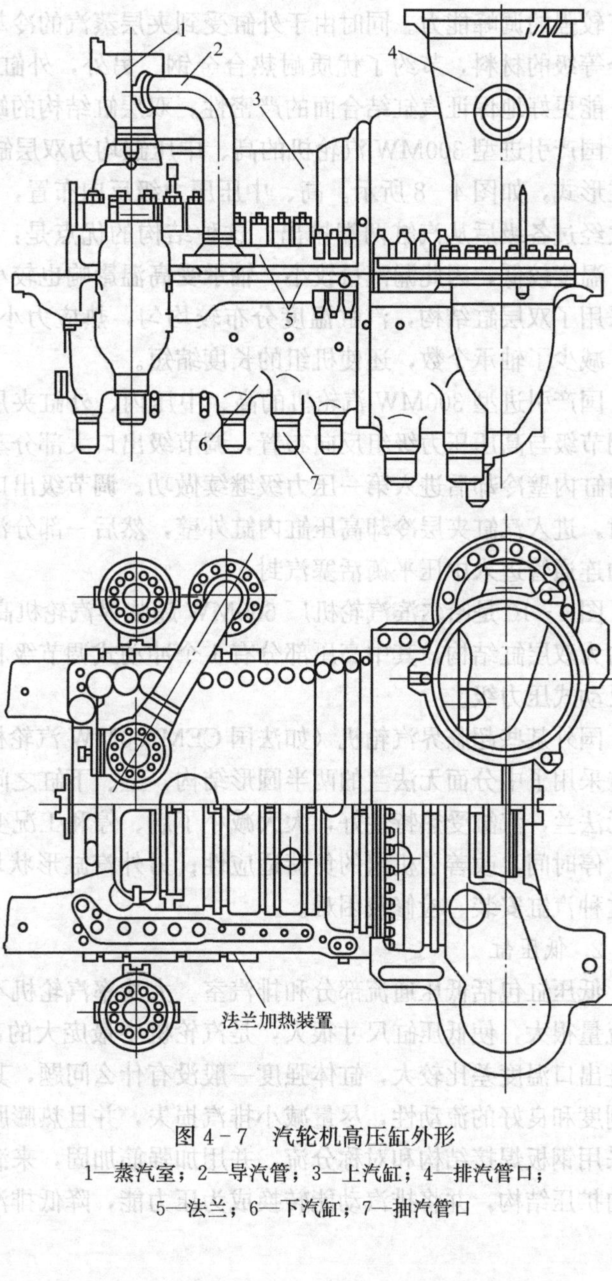

图 4-7 汽轮机高压缸外形

1—蒸汽室；2—导汽管；3—上汽缸；4—排汽管口；
5—法兰；6—下汽缸；7—抽汽管口

1. 高、中压缸

高、中压缸内蒸汽温度很高，高压缸内还要承受着蒸汽的高压作用，因此在结构设计时，不仅要保证强度，还要尽量减薄汽缸壁和法兰的厚度，以减小热应力和热变形。

对新蒸汽参数不超过8.82MPa、535℃的汽轮机汽缸通常采用单层缸结构。对于超高参数及以上的汽轮机，由于高压缸内外压差很大，若采用单层缸势必造成汽缸壁及法兰都很厚，在汽轮机启动、停机及工况变化时，汽缸与法兰、法兰与螺栓之间将因温差过大而产生很大的热应力，甚至使汽缸变形、螺栓拉断。因此近代高参数大容量汽轮机的高压缸都采用双层结构，越来越多的中压缸也采用双层缸。采用双层缸后，可以在内、外缸之间的夹层中通入一定压力和温度的蒸汽，使每层缸承受的压差和温差减少，汽缸壁和法兰的厚度减薄，从而减小了启、停及工况变化时的热应力，加快了启、停速度，有利于改善机组变工况运行的适应性，具有较强的调峰能力。同时由于外缸受到夹层蒸汽的冷却，工作温度较低，可采用比内缸低一个等级的材料，节约了优质耐热合金钢。另外，外缸的内外压差较小，减少了漏汽的可能，能更好地保证汽缸结合面的严密性。双层缸结构的缺点是增加了安装、检修工作量。

国产引进型300MW汽轮机的高、中压缸均为双层缸，并采用了内缸分开、外缸合并的合缸形式，如图4-8所示。高、中压压力级反向布置，新蒸汽和再热蒸汽从汽缸中部进入，依次经过各级后从汽缸两端排出。这种结构的优点是：汽缸两端分别是高、中压排汽，压力、温度较低，因此漏汽量较小，轴承受高温影响也较小；高温部分集中在汽缸的中部，加上采用了双层缸结构，汽缸温度分布较均匀，热应力小；高、中压转子间少了一个支持轴承，减少了轴承个数，还使机组的长度缩短。

国产引进型300MW汽轮机的高、中压内、外缸夹层冷却系统如图4-9所示。该汽轮机调节级与高压压力级组反向布置，调节级出口大部分蒸汽回流绕过喷嘴室，对喷嘴室和高压内缸内壁冷却后进入第一压力级继续做功。调节级出口的一小部分蒸汽漏过高压平衡活塞汽封，进入汽缸夹层冷却高压缸内缸外壁，然后一部分汇入高压排汽，另一部分经过外缸上部的连通管进入中压平衡活塞汽封。

图4-10是哈尔滨汽轮机厂600MW超临界汽轮机高、中压缸的结构示意图，高、中压缸均为双层缸结构，其中高压部分有1个冲动式调节级和9个反动式压力级；中压部分有6个反动式压力级。

国外某些超临界汽轮机（如法国CEM300MW汽轮机、瑞士ABB600MW汽轮机）高压内缸采用了中分面无法兰的两半圆形结构，上、下缸之间用热套环形紧圈箍紧密封。由于内缸无法兰，汽缸受热特性好，大大减小了启、停和工况变化时汽缸壁的热应力，缩短了机组启、停时间，改善了机组的负荷适应性；另外汽缸形状均匀，避免了质量集中和应力集中。但这种汽缸安装、检修较困难。

2. 低压缸

低压缸包括低压通流部分和排汽室。大功率汽轮机不仅排汽口数目多，而且低压排汽容积流量很大，使低压缸尺寸很大，是汽轮机中最庞大的部件。低压缸内蒸汽的压力比较低，但进出口温度差比较大，缸体强度一般没有什么问题，其结构设计时的重要问题是保证足够的刚度和良好的流动性，尽量减小排汽损失，并且热膨胀也是一个主要问题。为此低压缸一般采用钢板焊接结构和对称分流，并用加强筋加固，来满足大排汽通道的要求；排汽室采用径向扩压结构，并将排汽动能转换成为压力能，降低排汽压力，提高蒸汽做功能力，同时保

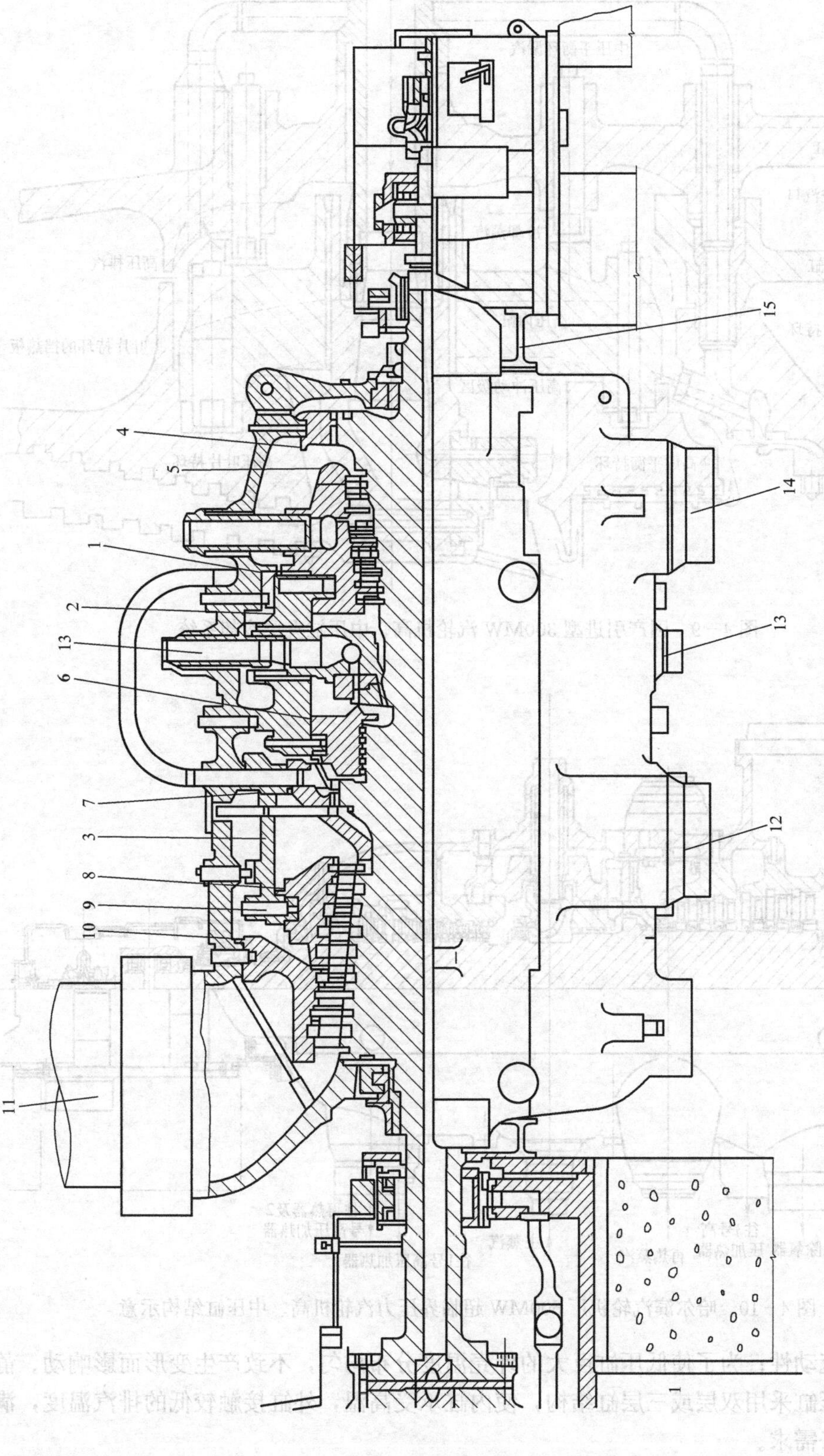

图 4-8 国产引进型 300MW 汽轮机高、中压缸剖面图

1—外缸；2—高压内缸；3—中压内缸；4—低压平衡活塞汽封持环；5—高压静叶持环；6—高压平衡活塞汽封持环；7—中压平衡活塞汽封持环；8—中压一号静叶持环；9—定位销；10—中压二号静叶持环；11—中压排汽；12—中压进汽；13—高压进汽套管；14—高压排汽；15—H 形梁

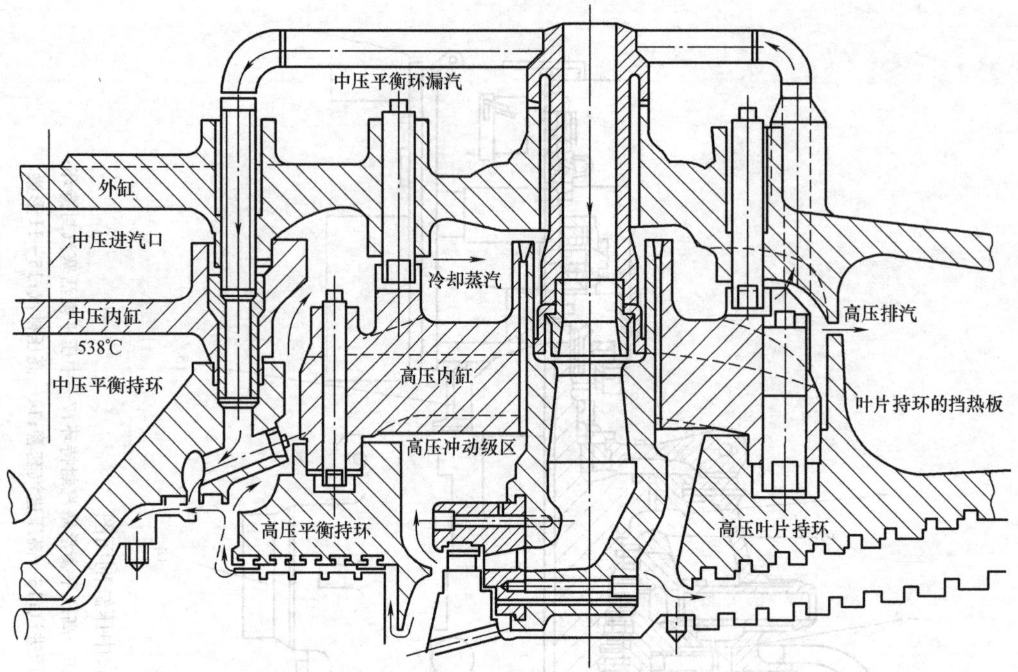

图 4-9 国产引进型 300MW 汽轮机高、中压缸夹层冷却系统

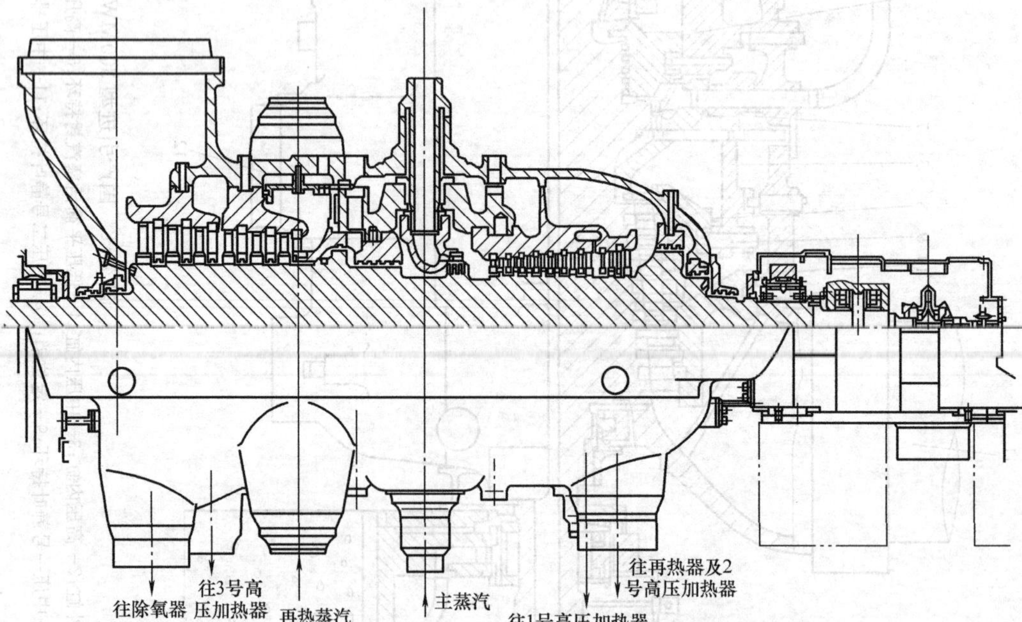

图 4-10 哈尔滨汽轮机厂 600MW 超临界压力汽轮机高、中压缸结构示意

证有良好的流动性；为了使低压缸巨大的外壳温度分布均匀，不致产生变形而影响动、静部分间隙，低压缸采用双层或三层缸结构，使内缸承受高温，外缸接触较低的排汽温度，满足排汽缸的膨胀需求。

图 4－11 为国产引进型 300MW 汽轮机低压缸的结构示意图。它采用对称分流布置，蒸汽从汽缸的中部进入，分两路流经低压级，乏汽从两端排出。低压内缸上安装着位于流道中心的进汽导流板，使蒸汽均匀地进入低压缸的两个流道中。该低压缸采用三层缸结构：一个外缸和两个内缸。通流部分分段布置在两个内缸中，这样每一层汽缸所承受的温差将减小，低压缸的较大温差在三层缸壁之间得到合理分配。低压进汽管与低压外缸及第二层内缸之间采用顶部密封环结构，如图 4－11 和图 4－12 所示，这种结构有利于补偿低压三层缸间的相对膨胀。

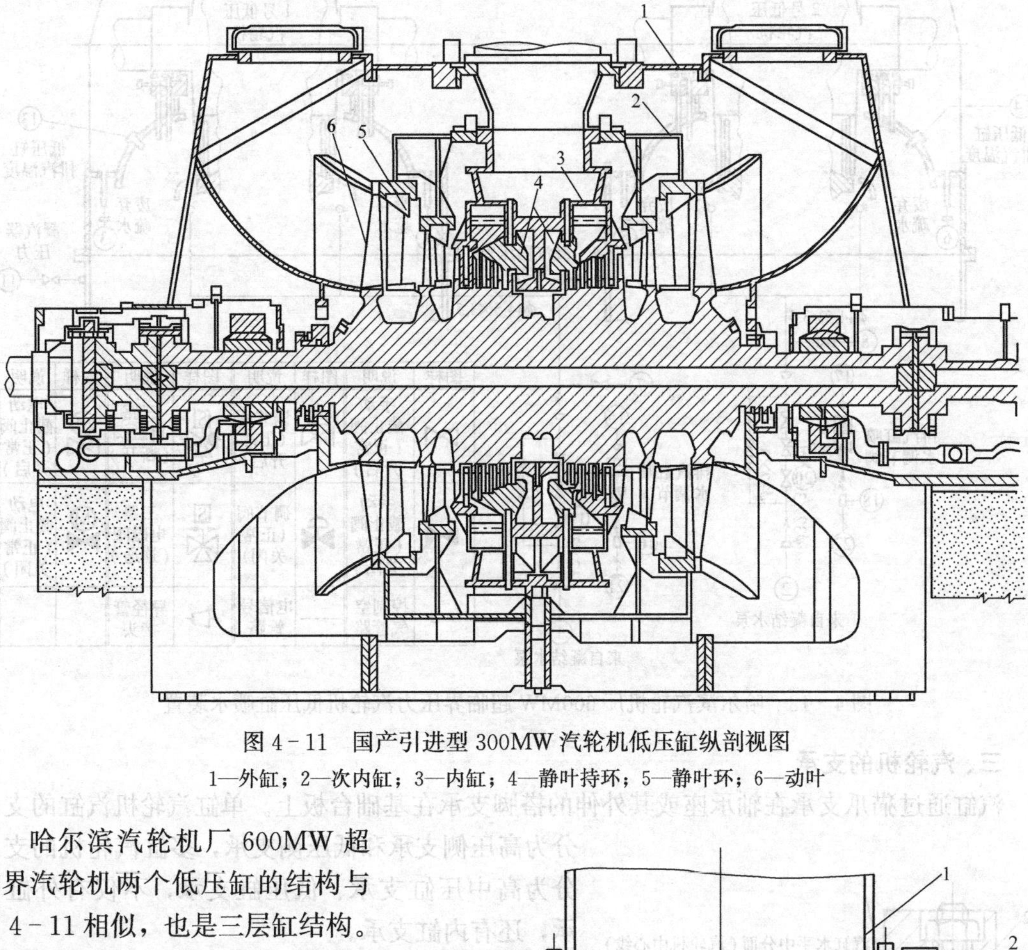

图 4－11　国产引进型 300MW 汽轮机低压缸纵剖视图

1—外缸；2—次内缸；3—内缸；4—静叶持环；5—静叶环；6—动叶

哈尔滨汽轮机厂 600MW 超临界汽轮机两个低压缸的结构与图 4－11 相似，也是三层缸结构。

3. 低压缸的喷水装置

在汽轮机启动、空负荷及低负荷运行时，由于蒸汽流量小，不足以带走鼓风摩擦所产生的热量，使排汽缸温度升高、汽缸变形，使汽轮机动、静部分中心不一致，造成机组振动或发生事故，因此大功率汽轮机的低压缸排汽部分都设置有喷水减温装置。

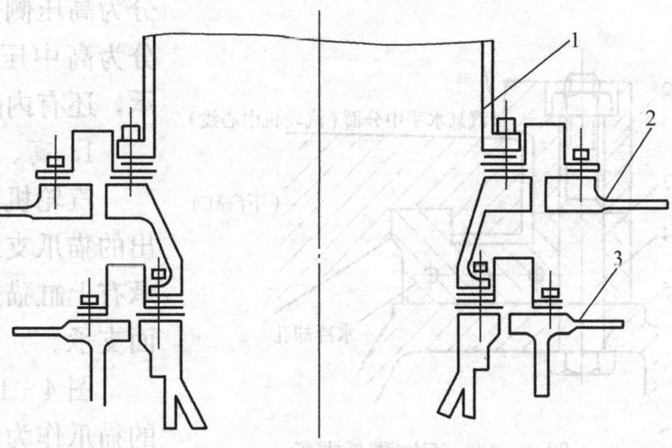

图 4－12　低压缸顶部密封环

1—低压进汽管；2—外缸；3—次内缸

哈尔滨汽轮机厂 600MW 超临界汽轮机低压缸喷水装置在转子的转速达到 600r/min 时自动投入，并在机组带上约 15%额定负荷前连续运行，同时当排汽温度超过 70℃时亦会自动投入，其喷水减温装置如图 4-13 所示。

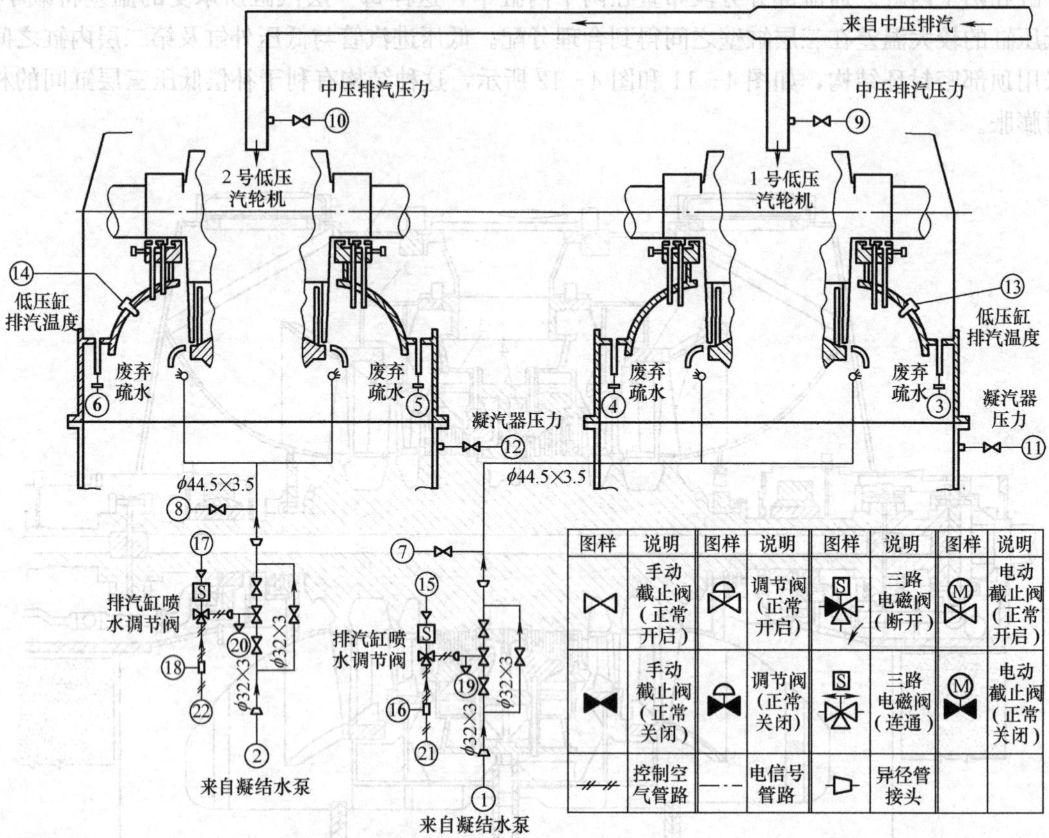

图 4-13 哈尔滨汽轮机厂 600MW 超临界压力汽轮机低压缸喷水装置

三、汽轮机的支承

汽缸通过猫爪支承在轴承座或其外伸的搭脚支承在基础台板上。单缸汽轮机汽缸的支承分为高压侧支承和低压侧支承，多缸汽轮机的支承分为高中压缸支承、低压缸支承，不仅有外缸支承，还有内缸支承。

1. 高、中压缸的支承

汽轮机高、中压缸一般通过其水平法兰两端伸出的猫爪支承在轴承座上，称为猫爪支承。猫爪支承有上缸猫爪支承、下缸猫爪支承和下缸猫爪中分面支承。

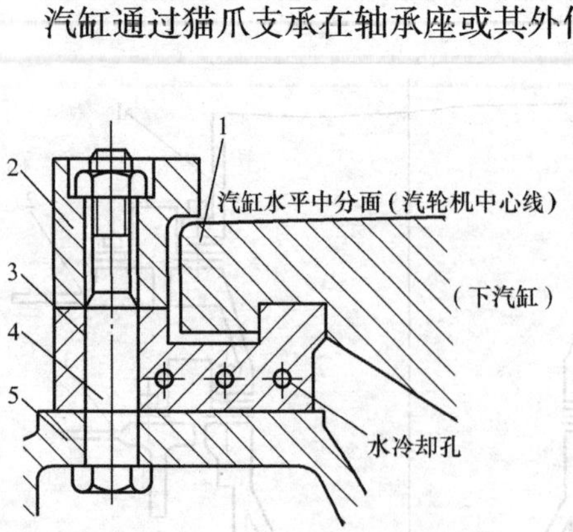

图 4-14 下缸猫爪支承

1—下缸猫爪；2—压块；3—支承块；4—紧固螺栓；5—轴承座

图 4-14 为下缸猫爪支承，它是利用下缸伸出的猫爪作为承力面搭在轴承座两侧的支承块上，并用压块压住，以防抬起。这种支承方式比较简单，安装、检修方便，但因支承面低于汽缸中心线，为

非中分面支承，当汽缸受热后，猫爪温度升高产生膨胀，汽缸中心线向上抬起，而支承在轴承上的转子中心线可认为基本不变，造成动、静部分径向间隙变化。对于高参数、大功率汽轮机，由于法兰很厚，猫爪膨胀的影响是不能忽视的。所以这种支承方式主要用于高压以下的汽轮机。

上缸猫爪支承如图 4-15 所示。采用这种支承方式的汽缸上、下缸都有猫爪，以上缸猫爪作为工作猫爪，支承面与汽缸水平中分面一致，属于中分面支承。下缸猫爪作为安装猫爪，只在安装时起支承作用，安装垫铁用于安装时调整汽缸中心。安装完毕后，抽出安装垫铁，上缸猫爪就支承在工作垫铁上，承担汽缸的重量。水冷垫铁内通有冷却水，以不断带走由猫爪传来的热量，防止支承面高度因受热而改变，也使轴承温度不致过高，改善了轴承的工作条件。这种支承方式猫爪受热膨胀时不会影响汽缸中心线的位置，能较好地保持汽缸与转子中心的一致。但安装、检修不便，而且由于下缸是靠螺栓吊在上缸上，不仅增加了法兰螺栓受力，还使法兰结合面易产生张口。该方式主要用于超高压以上汽轮机高、中压缸的支承，如东芝和东方汽轮机厂 600MW 汽轮机高、中压外缸的支承。

目前大容量汽轮机上还采用了下缸猫爪中分面支承。该支承方式是将下缸猫爪位置提高拉伸呈 Z 形，使支承面与汽缸水平中分面在同一平面上，如图 4-16 所示，这种支承方式同时利用了上述两种方式的优点，国产引进型 300、600MW 汽轮机和东方汽轮机厂的 300MW 汽轮机高、中压外缸都采用了这种支承方式。图 4-16 表示了国产引进型 300MW 汽轮机高、中压外缸的支承，四只猫爪与下缸整体铸出，位于下缸水平法兰上部，分别支承在前后轴承座上。猫爪与轴承座之间用螺栓连接，以防止汽缸与轴承座之间脱空。螺母与猫爪之间留有适当的膨胀间隙（猫爪与螺栓的间隙为 0.95mm，螺栓与横销的横向间隙为 0.4mm），猫爪下部有垫块，垫块上部平面可由油槽打入润滑油，以保证猫爪可自由膨胀。

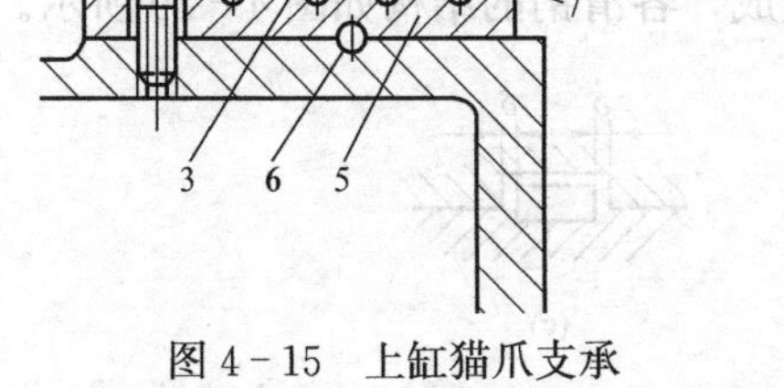

图 4-15 上缸猫爪支承

1—上缸猫爪；2—下缸猫爪；3—安装垫铁；4—工作垫铁；5—水冷垫铁；6—定位销；7—定位键；8—紧固螺栓；9—压块

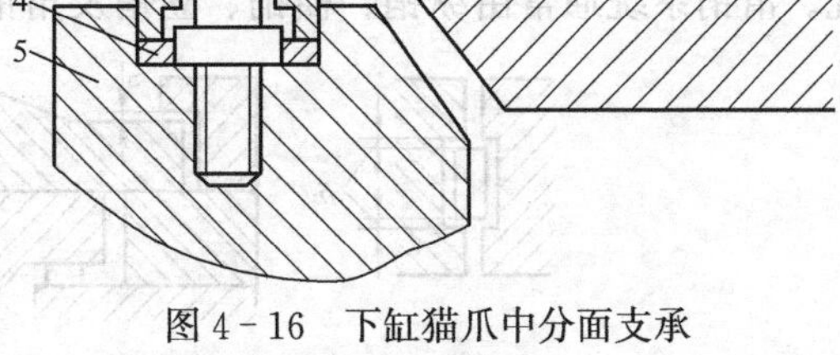

图 4-16 下缸猫爪中分面支承

1—下缸猫爪；2—螺栓；3—平面键；4—垫圈；5—轴承座

双层结构的汽缸中，内缸一般是通过水平法兰伸出的搭耳支承在外下缸上的支承面上，也有下缸支承和上缸支承两种方式。图 4-17 为国产 300MW 汽轮机采用的内上缸中分面支承示意。

国产引进型 300、600MW 汽轮机高、中压内缸通过内下缸左右两侧的支承键支承在外下缸上，如图 4－18 所示。内缸顶部和底部设有定位销，以保持其正确位置，并引导汽缸的膨胀和收缩。

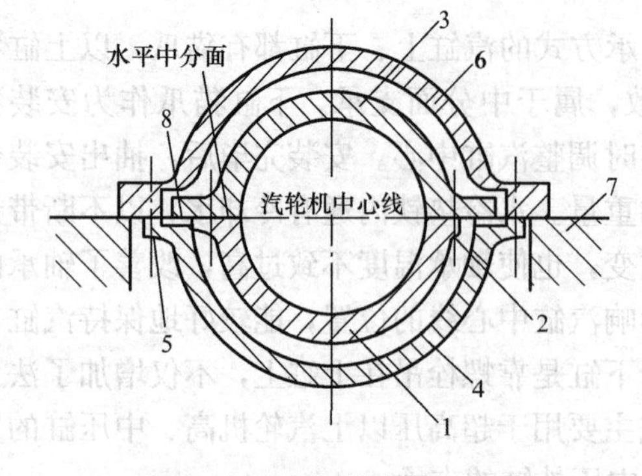

图 4－17　内缸的中分面支承

1—内下缸；2—内缸连接螺栓；3—内上缸；4—外下缸；5—外港连接螺栓；6—外上缸；7—轴承座；8—支承垫片

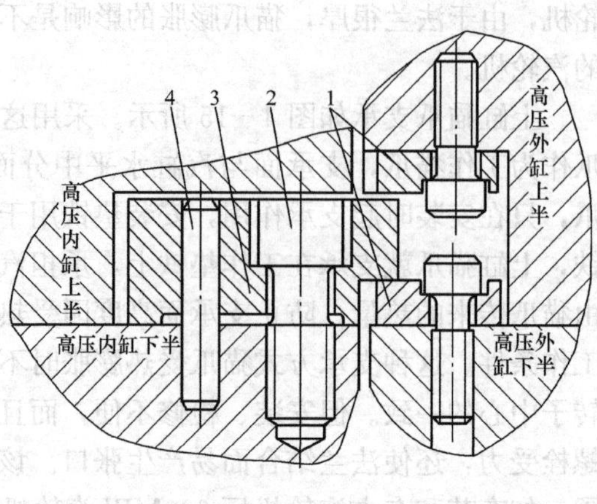

图 4－18　国产引进型 300MW 汽轮机内缸支承

1—垫片；2—螺钉；3—支承键；4—销子

与一个低压缸合缸的中压缸，通常高压端为猫爪支承，低压端采用与低压缸相同的支承。

2. 低压缸支承

汽轮机的低压外缸通常利用下缸从水平结合面向下伸出的搭脚直接支承在台板上，称为台板支承。由于其支承面比汽缸中分面低，且工作时温度低，正常运行时膨胀不明显，所以对转子和汽缸的同心性影响不大。但汽轮机在空、低负荷运行时，要求排汽温度不能过高，否则将使排汽缸过热，影响转子和汽缸的同心性，还会使低压轴承座位置升高导致转子振动增大。

低压内缸通常利用内下缸从水平结合面伸出的搭耳支承在外下缸的支承面上，在搭耳与支承面之间有调整垫片，安装好后用螺栓将搭耳固定在支承面上。

四、滑销系统

汽轮机在启动、停机和工况变化时，汽缸的温度变化很大。为了使汽缸能自由地膨胀或收缩，并保持汽缸、轴承座和基础台板三者之间的中心不变，汽轮机都设有一套完整的滑销系统。滑销系统通常由纵销、横销、立销及角销等组成，各滑销的结构如图 4－19 所示。

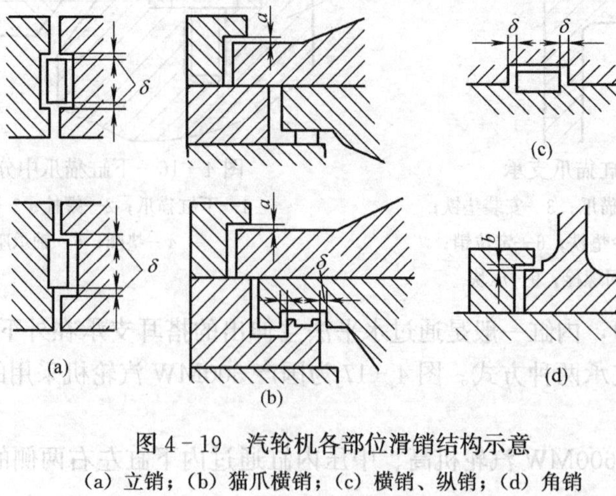

图 4－19　汽轮机各部位滑销结构示意

（a）立销；（b）猫爪横销；（c）横销、纵销；（d）角销

(1) 纵销。纵销多安装在轴承座的底部与台板之间及低压缸机脚与台板之间（低压外下缸与低压轴承座整体式时），所有的纵销均装在汽轮机的轴向中心线上。这些纵销引导汽缸和轴承座在台板上沿轴向滑动并对轴向中心线进行横向定位。

(2) 横销。作用是引导汽缸沿横向膨胀，并对汽缸进行轴向定位。高、中压缸的横销因装在猫爪下（有些甚至就是下猫爪的凸缘部分），因此又称为猫爪横销。猫爪横销不仅引导高、中压缸横向膨胀，还起着确定高、中压缸与其相邻的轴承座之间轴向相对位置的作用，以及汽缸膨胀或收缩时推、拉轴承座的作用。

低压缸的横销安装在机脚与台板之间，左右各装有一个，成对出现。纵销中心线与横销中心线的交点构成汽缸绝对膨胀的固定点，称为“死点”。凝汽式汽轮机的死点多布置在低压排汽口的中心附近，这样汽轮机膨胀时，对庞大的凝汽器影响较小。

(3) 立销。立销安装在高、中压缸前后与轴承座之间及低压缸尾部与台板之间（低压外下缸与低压轴承座分离式），与纵销同处于机组的纵向中心线上，引导各汽缸沿垂直方向膨胀，并与纵销一起共同保持台板、轴承座和汽缸三者的纵向中心一致。

(4) 角销。角销也称压板，一般对在台板上滑动的轴承座都设有角销，角销安装在轴承座底部左、右两侧凸缘的外侧与台板之间，每一侧凸缘处前、后都要安装，用以防止轴承座与基础台板脱离。

(5) 联系螺栓。联系螺栓是低压缸与台板之间，高、中压缸猫爪与轴承座之间的连接件。低压缸机脚与台板间的联系螺栓，用以防止汽缸因热变形与台板脱离。高、中压缸猫爪与轴承座间的联系螺栓，用以防止猫爪翘头。

图 4－20 为东芝 600MW 汽轮机的滑销系统图，由图中看出，该滑销系统共设有三个纵向绝对膨胀死点，分别位于低压缸 A 的后排汽室、低压缸 B 的前排汽室和 3 号轴承座底部横销中心线与纵销中心线的交点。汽缸以此为基点，低压缸 A、B 分别向机头和发电机方向膨胀；高、中压缸连同前、中轴承座一起向机头方向膨胀。高、中、低压内缸各自以它们的纵向相对膨胀死点为基点，向前、向后自由膨胀。

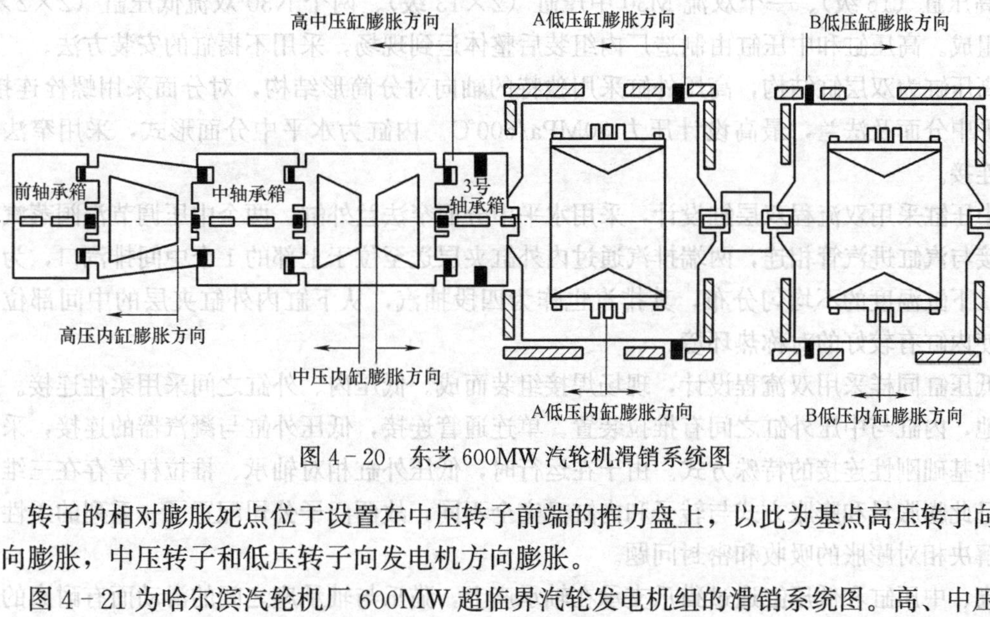

图 4－20　东芝 600MW 汽轮机滑销系统图

转子的相对膨胀死点位于设置在中压转子前端的推力盘上，以此为基点高压转子向机头方向膨胀，中压转子和低压转子向发电机方向膨胀。

图 4－21 为哈尔滨汽轮机厂 600MW 超临界汽轮发电机组的滑销系统图。高、中压缸的

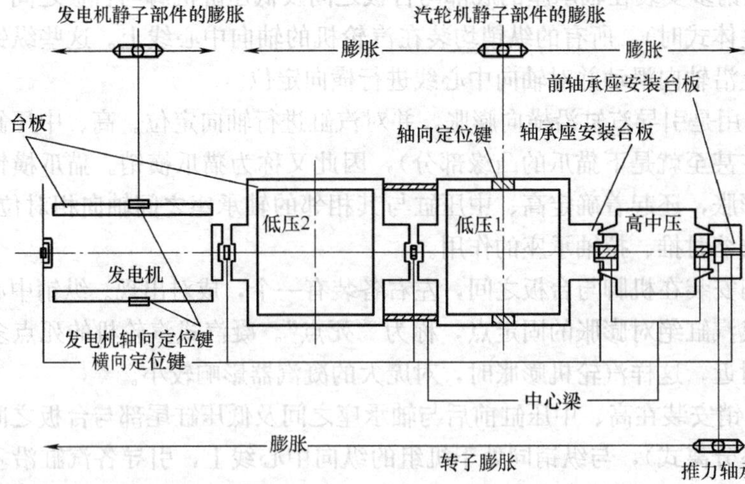

图 4-21 哈尔滨汽轮机厂 600MW 超临界机组滑销系统图

4 只猫爪与轴承座之间装有猫爪横销，1 号低压缸两侧和发电机两侧各设有一对横销。两个低压缸前后与台板之间、前轴承箱与台板之间及发电机两端设有纵销；高、中压缸与轴承箱之间、两个低压缸之间设有定位中心梁。

汽缸受热膨胀时，1 号低压缸的中心保持不变，它的后部通过定中心梁推动 2 号低压缸沿轴向向发电机端膨胀。1 号低压缸的前端推着中轴承箱、高中压缸、前轴承箱沿机组轴向向前端膨胀。轴承箱受台板上纵销的限制，可以沿轴向自由滑动，但不能横向移动。在前轴承箱的侧面设有角销，避免轴承箱产生任何倾斜或有抬高的倾向。

五、超超临界 1000MW 汽轮机简介

1. 上海汽轮机厂 1000MW 汽轮机

上海汽轮机厂制造的 1000MW 汽轮机采用 HMN 型积木块组合，由一个单流圆筒形 H30 高压缸（16 级）、一个双流 M30 中压缸（2×13 级）、两个 N30 双流低压缸（2×2×6 级）组成。高压缸和中压缸由制造厂内组装后整体运到现场，采用不揭缸的安装方法。

高压缸为双层缸结构，高压外缸采用独特的轴向对分筒形结构，对分面采用螺栓连接，无水平中分面及法兰，最高设计压力 30MPa/600℃。内缸为水平中分面形式，采用窄法兰螺栓连接。

中压缸采用双流程双层缸设计，采用水平中分面窄法兰外缸。两个中压调节汽阀蒸汽出口直接与汽缸进汽管相连，两端排汽通过内外缸夹层送至位于上部的 1 个中间排汽口，为防止上、下缸温度的不均匀分布，其排汽也作为四段抽汽，从下缸内外缸夹层的中间部位引出，使内缸有较好的对称热环境。

低压缸同样采用双流程设计，现场焊接组装而成。低压内、外缸之间采用柔性连接。内缸落地，内缸与中压外缸之间有推拉装置。单连通管连接，低压外缸与凝汽器的连接，采用了刚性基础刚性连接的特殊方式。由于在运行时，低压外缸相对轴承、推拉杆等存在三维膨胀，且此膨胀量和膨胀方式与转子和内缸又完全不同，故西门子公司配置了一系列的柔性波纹管解决相对膨胀的吸收和密封问题。

高、中压缸和低压缸通过猫爪支承在轴承座上，猫爪与轴承座之间的滑动面有耐磨的低

摩擦合金，无需润滑，即可保证机组自由膨胀。轴承座支承在基础上，并用螺栓固定而不随机组膨胀。机组的绝对死点及相对死点均设在高中压之间的推力轴承处，整个轴系以此为死点向两端膨胀，低压内缸也通过汽缸之间的推拉杆而向后膨胀。

2. 东方汽轮机厂1000MW汽轮机

高压缸（一个双流调节级与8个压力级）、中压缸（2×6级）均为双层缸结构，采用上猫爪中分面支承方式，低压缸（2×2×6级）为三层缸结构。

该机组设置三个死点，分别位于中压缸与低压缸（A）之间的轴承箱下及低压缸（A）和低压缸（B）的中心线附近，死点处的横销限制汽缸的轴向位移，在前、中轴承箱及两个低压缸纵向中心线前后设有纵销，引导汽缸沿轴向自由膨胀而限制横向跑偏。前轴承箱的滑块采用石墨自润滑滑块，以保证机组膨胀顺畅。

第三节 喷嘴组与隔板

高参数大功率汽轮机为了调节灵活、控制方便大多采用喷嘴配汽方式，其第一级喷嘴往往根据调节汽阀的个数分成相应的喷嘴组，并固定在单独铸造的喷嘴室上，压力级的喷嘴都固定在隔板上或构成静叶环。

一、喷嘴组

大功率汽轮机常用的喷嘴组主要有两种，一种是整体铣制焊接而成，另一种是精密铸造而成。

图4-22所示为整体铣制焊接而成的喷嘴组。在一圆弧形锻件上直接将喷嘴叶片铣出[见图4-22（a）]，然后在叶片顶端焊上圆弧形的隔叶件，喷嘴叶片与隔叶件及圆弧形锻件

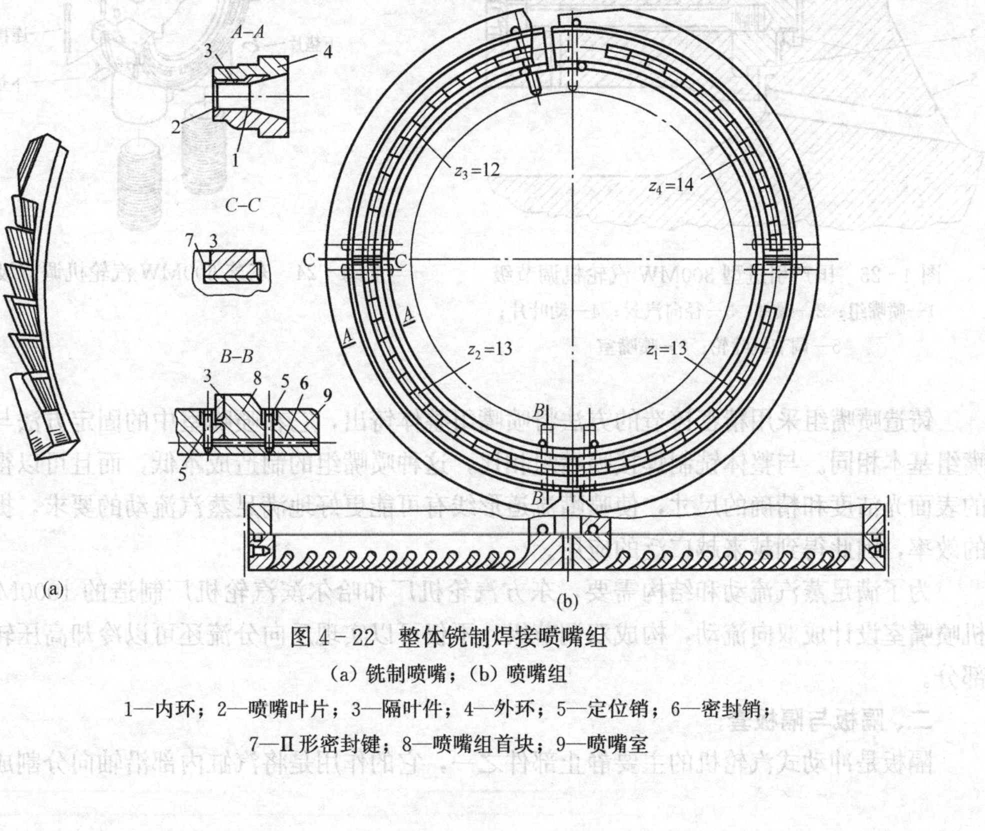

图4-22 整体铣制焊接喷嘴组

(a) 铣制喷嘴；(b) 喷嘴组

1—内环；2—喷嘴叶片；3—隔叶件；4—外环；5—定位销；6—密封销；7—Ⅱ形密封键；8—喷嘴组首块；9—喷嘴室

形成的内环一起构成了喷嘴流道。隔叶件的外圆上再焊上外环，构成完整的喷嘴组。喷嘴组通过凸肩装在喷嘴室的环形槽道中，靠近汽缸垂直中分面的一端，用密封销和定位销将喷嘴组固定在喷嘴室中；在另一端，喷嘴组与喷嘴室通过Ⅱ形密封键密封配合。这样，热膨胀时，喷嘴组以定位销一端为死点向密封键一端自由膨胀。这种喷嘴组密封性能和热膨胀性能比较好，广泛应用于高参数汽轮机上。

国产引进型 300MW 汽轮机调节级喷嘴组是整体电脉冲加工而成，通过进汽侧的凸肩装在喷嘴室出口的环形槽道内，并用螺钉固定，如图 4－23 所示。

东芝 600MW 汽轮机调节级喷嘴组通过焊接的方式固定在喷嘴室上，如图 4－24 所示。4 个喷嘴组两两结合形成上、下两个大喷嘴组，分别焊接在内部隔开的上下两半喷嘴室上，它们通过支承面、水平结合面、螺栓和圆周销进行支承、配合和径向、轴向定位。

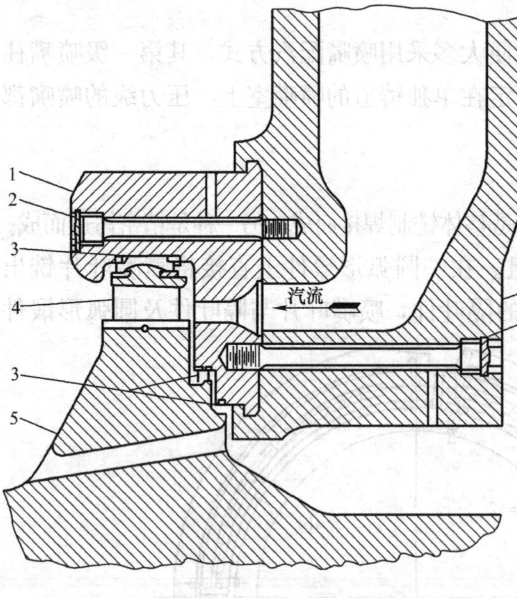

图 4－23 国产引进型 300MW 汽轮机调节级
1—喷嘴组；2—螺钉；3—径向汽封；4—动叶片；5—调节级叶轮；6—喷嘴室

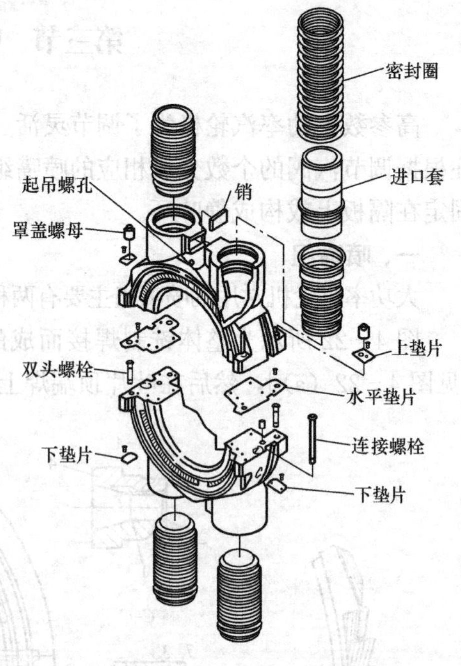

图 4－24 东芝 600MW 汽轮机调节级喷嘴组

铸造喷嘴组采用精密铸造的方法将喷嘴组整体铸出，它在喷嘴室中的固定方法与上述喷嘴组基本相同。与整体铣制焊接喷嘴组相比，这种喷嘴组的制造成本低，而且可以得到足够的表面光洁度和精确的尺寸，使喷嘴流道形线有可能更好地满足蒸汽流动的要求，提高喷嘴的效率，因此得到越来越广泛的应用。

为了满足蒸汽流动和结构需要，东方汽轮机厂和哈尔滨汽轮机厂制造的 1000MW 汽轮机喷嘴室设计成双向流动，构成双调节级，不仅可以实现反向分流还可以冷却高压转子进汽部分。

二、隔板与隔板套

隔板是冲动式汽轮机的主要静止部件之一，它的作用是将汽缸内部沿轴向分割成若干个汽室，并用来固定各压力级的喷嘴叶栅。冲动级的隔板一般由隔板外缘、喷嘴叶栅和隔板体三部分组成，如图 4-25 所示。为了拆卸方便，隔板通常都由水平中分面对分成上、下两半，两半隔板的外缘分别嵌入上、下汽缸内壁的隔板槽中或隔板套内壁的隔板槽中，在隔板的内圆孔处还开有安装隔板汽封环的槽道。

为了保证机组运行的经济性和安全性，隔板应满足以下几点要求。

(1) 具有足够的强度和刚度。当高速汽流从喷嘴喷射出来时，必然对喷嘴叶栅产生很大的反向作用力，此外隔板还要承受前后压差的作用，尤其是高压各级的隔板其前后压差相当大，使隔板产生很大的应力。低压级隔板的压差虽不大，但隔板的面积较大，这就要求隔板必须具有足够的强度以应对汽流力和压差的作用。为避免隔板在前、后压差的作用下产生过大的挠度，造成动、静之间产生碰磨，隔板还必须具有足够的刚度。

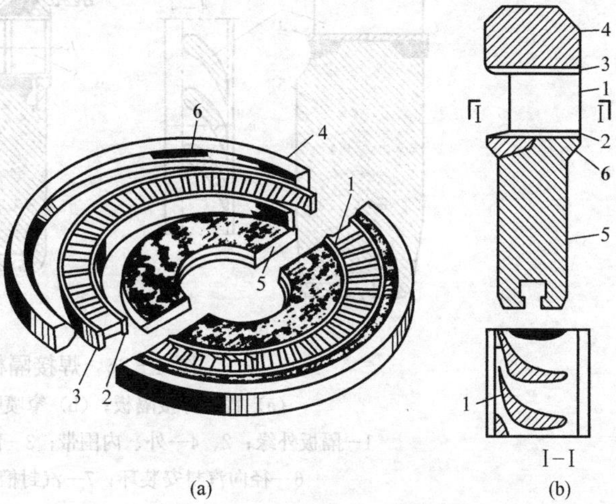

图 4-25 隔板的组成

(a) 隔板组成情况；(b) 隔板断面图

1—喷嘴汽叶；2、3—喷嘴汽叶的内、外围带；

4—隔板外缘；5—隔板体；6—焊接处

(2) 有良好的密封性。为减小在压差作用下通过隔板与汽缸之间、上下隔板之间等结合面处的漏气，应使结合面接触良好或采取密封措施。在隔板的中心孔与转子之间应设置隔板汽封。

(3) 合理的支承与定位。为了保证在任何工况下隔板都能与汽缸、转子保持良好的同心度，避免动、静部分发生摩擦和隔板汽封漏汽增大，同时还要考虑到大修时易于拆卸，故要满足合理的支承与定位。

1. 焊接隔板

焊接隔板具有较高的强度和刚度，较好的汽密性，加工也方便，因此广泛应用于温度在 350℃以上的高、中压级，有些汽轮机的低压级也采用焊接隔板。

图 4-26 (a) 所示为焊接隔板结构图，它是先将铣制、轧制或精密铸造等做出的喷嘴叶片嵌在冲有叶型孔的内、外围带之间，并与内、外围带焊接组成环形叶栅，然后再与弧形外缘和隔板体相互焊接，组成焊接隔板。在隔板外缘上出汽一侧还焊有汽封安装环，用来安装动叶顶部的径向汽封，在隔板的内圆孔上开有隔板汽封环的安装槽道。

对于高参数的大机组来说，高压级隔板的前后压差往往很大，为了保证隔板的强度和刚度，隔板必须做得很厚，如高压前几级隔板的厚度尺寸常在 100mm 以上，而高压级的喷嘴叶高尺寸都很小，若仍将喷嘴的叶宽做成与隔板厚度相同的尺寸，就会使喷嘴的相对高度太小，导致叶高损失增大，级的效率降低。为此将喷嘴的叶宽尺寸缩小，制成窄叶栅，这就是窄喷嘴隔板。为了保证隔板的强度和刚度，在隔板进汽侧的隔板体与隔板外缘之间焊接有若干个加强筋。为了减小流动损失，加强筋应具有一定的线形及合适的节距，其节距多为喷嘴节距的 3 倍。图 4-26 (b) 所示即为窄喷嘴焊接隔板。

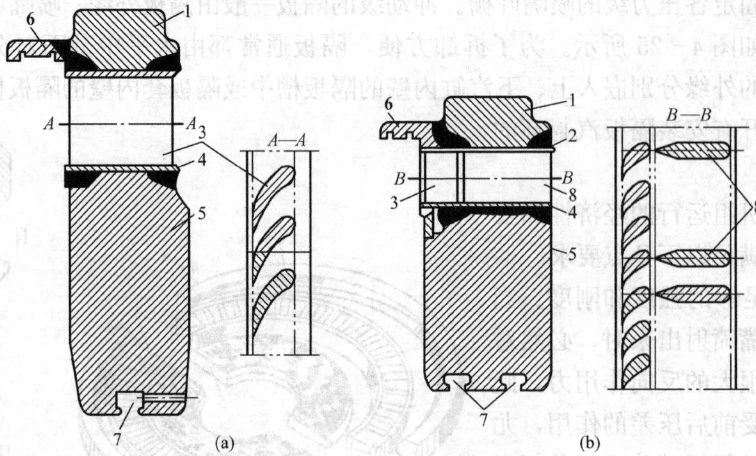

图 4-26 焊接隔板

(a) 普通焊接隔板；(b) 窄喷嘴焊接隔板

1—隔板外缘；2、4—外、内围带；3—静叶片；5—隔板体；

6—径向汽封安装环；7—汽封槽；8—导流筋

2. 铸造隔板

铸造隔板广泛应用于凝汽式汽轮机的低压级，它是将已经成型的喷嘴叶片放入隔板铸型中，然后浇入铁水，冷却后形成隔板整体，如图 4-27 所示。为使叶栅与铸铁板体外缘紧密结合，喷嘴在浇铸前应具有大于其工作高度的伸长段，并且在这部分进行适当形状的切边或打孔，叶片伸长段表面一般还须进行镀锌或镀锡处理。铸造式钢隔板极少应用，这是由于工艺上的困难（浇铸温度高，常烧坏叶栅，钢水流动性差以及冷却后收缩率大等）所致，所以铸造隔板通常多指铸铁隔板。

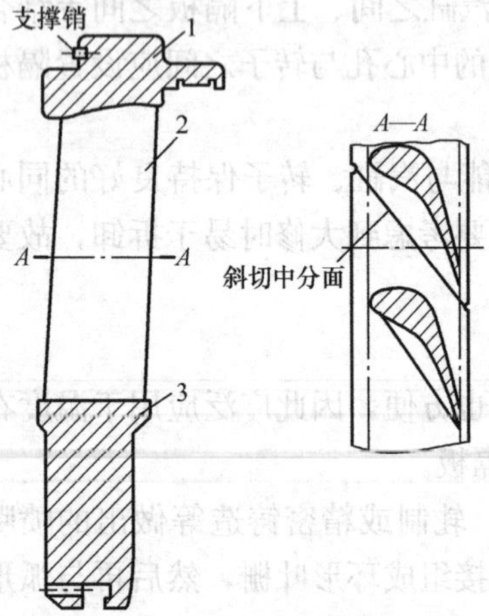

图 4-27 铸造隔板

1—外缘；2—静叶片；3—隔板体

铸造隔板的工作温度较低（一般在 250～300℃以下），但它加工容易，成本低廉，并有较好的减振性能。尽管铸造隔板的喷嘴通道光洁度较差，但在蒸汽的低温低压段，由于喷嘴高度很大，由通道粗糙度引起的能量损失所占比例甚小，铸造隔板的上述优点是目前在大容量机组的低压级仍广泛采用的主要原因。

铸造隔板的喷嘴叶片一般选用合金钢材料，通过铣制、轧制、精密铸造或爆炸成型的空心叶片等工艺制成，为避免隔板水平对开截断喷嘴叶片，铸造隔板的上下两半对分面还常采用斜切口，如图 4-27 所示。

3. 隔板套

冲动式汽轮机通常将部分级的隔板固定在隔板套上，隔板套再装到汽缸上，如图 4-28 所示。为了安装检修方便，隔板套分成上、下两部分，上、下两半通过法兰螺栓连接。

采用隔板套可以简化汽缸结构，减小汽轮机轴向尺寸，有利于汽缸的通用，便于抽汽口的布置，还使机组启、停及负荷变化过程中，汽缸的热膨胀较均匀，减小了热应力和热变形。但隔板套的采用会增加汽缸的径向尺寸，使水平法兰厚度增加，延长了汽轮机启动时间。

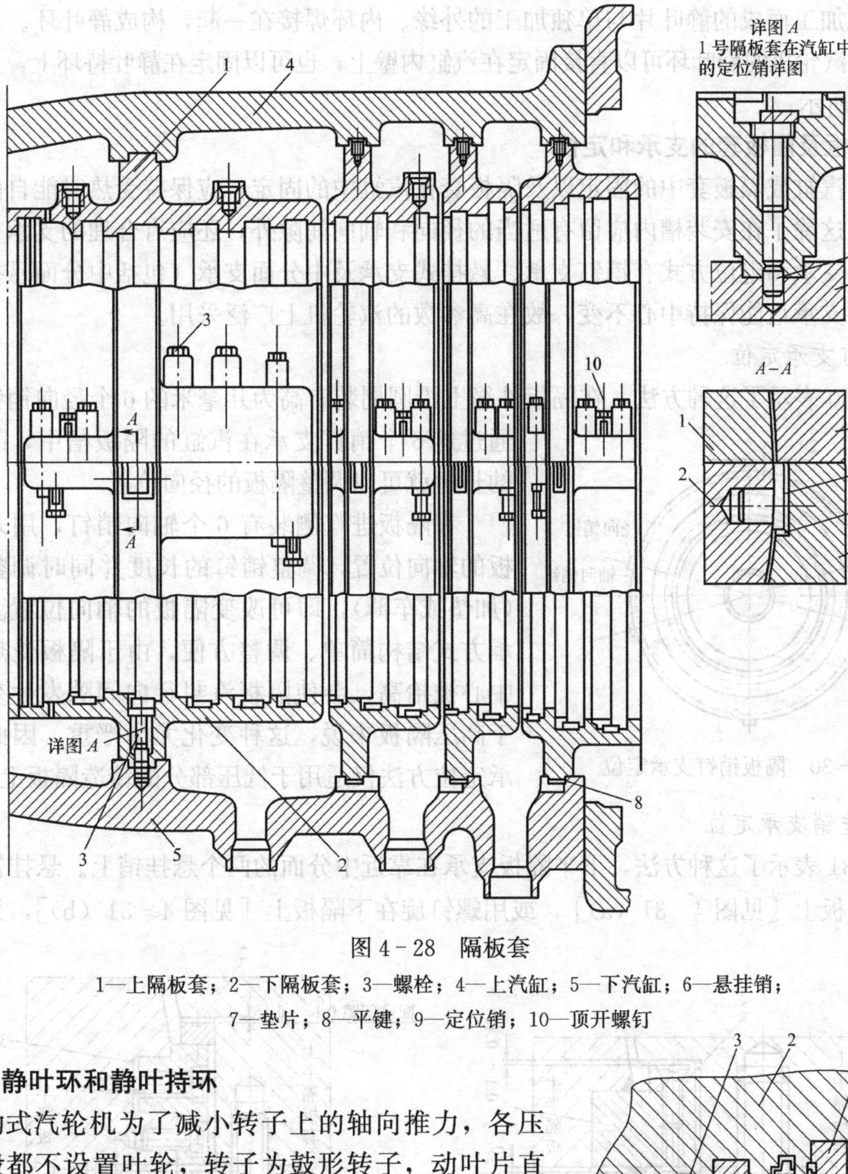

图 4-28　隔板套

1—上隔板套；2—下隔板套；3—螺栓；4—上汽缸；5—下汽缸；6—悬挂销；7—垫片；8—平键；9—定位销；10—顶开螺钉

三、静叶环和静叶持环

反动式汽轮机为了减小转子上的轴向推力，各压力级一般都不设置叶轮，转子为鼓形转子，动叶片直接装在直径较大的转鼓外缘上。这样，由于喷嘴弧段的内径也较为靠近转鼓表面，这样与冲动式汽轮机相比，需要固定喷嘴部分的内径增加了很多，这样就不再需要有冲动式汽轮机隔板中隔板体这部分，因此称为静叶环。

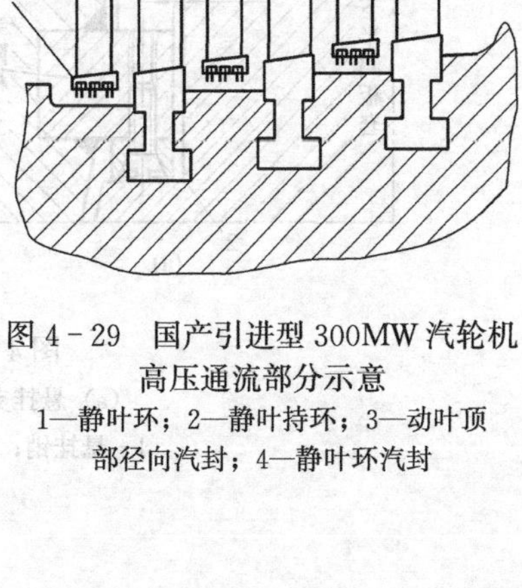

图 4-29　国产引进型 300MW 汽轮机高压通流部分示意

1—静叶环；2—静叶持环；3—动叶顶部径向汽封；4—静叶环汽封

国产引进型 300MW 汽轮机的压力级均为反动级，图 4-29 为该机组高压部分静叶环示意图。各级的静叶环由外缘、喷嘴叶片和内环三部分组成，它是由方形钢整体加工成带偏心叶根和叶顶的喷嘴叶片，再将其叶根和叶顶拼合成圈，焊接在一起构成一块具有水平中分面的静叶环。低压反动级的静叶环，可采用经模锻和机械加工而成的静叶片与单独加工的外缘、内环焊接在一起，构成静叶环。

反动式汽轮机的静叶环可以直接固定在汽缸内壁上，也可以固定在静叶持环上，如图4-8及图4-11所示。

四、隔板及隔板套的支承和定位

隔板在汽缸或隔板套中的固定以及隔板套在汽缸中的固定，应保持受热时能自由膨胀和中心不变。这除了在安装槽内应留有适当的径向和轴向间隙外，还应有合理的支承方式。

常用的支承和定位方式有销钉支承、悬挂式支承及中分面支承（包括中分面悬挂支承）。由于中分面支承最能保持中心不变，故在高参数的汽轮机上广泛采用。

1. 销钉支承定位

图4-30表示了这种方法，在隔板外缘上沿圆周装有高为几毫米的6个径向销钉，隔板通过这6个销钉支承在汽缸的隔板槽中，改变销钉的长短就可以调整隔板的径向位置。

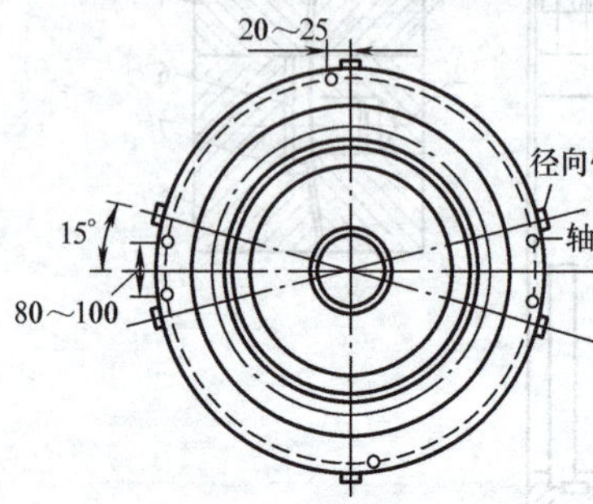

图4-30 隔板销钉支承定位

在隔板进汽侧装有6个轴向销钉，用来固定隔板的轴向位置，调整销钉的长度并同时调整出汽侧(加垫或车薄)，即可改变隔板的轴向位置。这种支承方式结构简单、调整方便，由于隔板受热膨胀后中心被抬高，会使隔板汽封径向间隙发生变化。对于高压隔板来说，这种变化尤为严重，因此这种支承定位方法仅适用于低压部分的铸造隔板上。

2. 悬挂销支承定位

图4-31表示了这种方法，下半隔板支承在靠近中分面的两个悬挂销上。悬挂销的一端镶焊在下隔板上［见图4-31（a)］，或用螺钉旋在下隔板上［见图4-31（b)］，另一端支

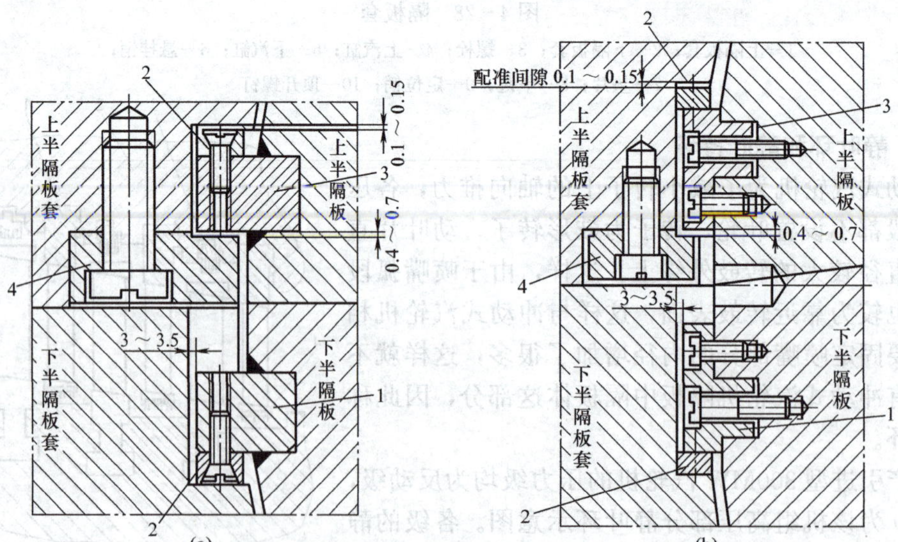

图4-31 隔板的悬挂支承和定位

(a) 悬挂支承结构之一；(b) 悬挂支承结构之二

1—悬挂销；2—调整垫片；3—止动销；4—止动压板

撑在下汽缸或隔板套的台阶上，其中图 4-31（a）适用于焊接隔板，图 4-31（b）适用于铸铁隔板。改变悬挂销下调整垫片的厚度，可调整隔板的上、下位置，隔板的左右位置靠调整隔板底部的平键来保证。上半隔板没有定位结构，而是由上下隔板结合面上的定位键或轴向圆柱销（见图 4-32）来定心的，下隔板中心找好后，上隔板的位置也就随之确定了。大多数隔板在下半中分面上装有突出的平键（见图 4-33）与上半中分面上相应的凹槽相配合，平键除了定心外还可以增加隔板的刚性和汽密性。通常还用压板和螺钉将上半隔板固定在上汽缸上，以便检修时与上汽缸一同起吊。为了使隔板受热后能自由膨胀，压板周围留有一定间隙，同理汽缸上的隔板槽直径应大于隔板外缘直径 1～2mm。

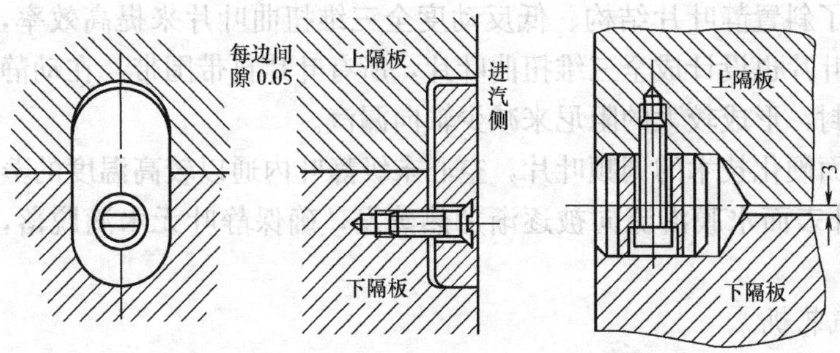

图 4-32 上、下隔板的定位键和圆柱销

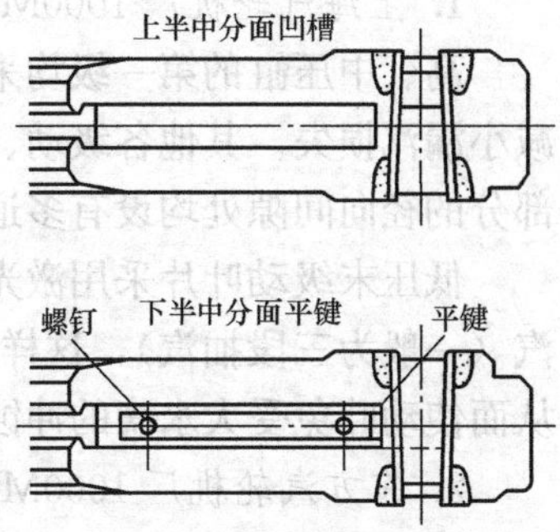

图 4-33 上、下隔板结合面的平键

3. Z 形悬挂销支承定位

图 4-34 所示为国产 300MW 汽轮机采用的 Z 形悬挂销支撑定位，即中分面支承方式（图中只示出了右侧的支承情况，左侧也一样），下隔板和下隔板套各用两只 Z 形悬挂销分别支承在下隔板套和下汽缸的水平中分面上，依靠悬挂销下面支承垫块的厚度来调整它们在垂直方向的位置，使三者的中分面处于同一平面。用隔板和隔板套各自底部的平键来调节它们的横向位置（见图 4-35），最终使隔板、隔板套与汽缸中心一致。

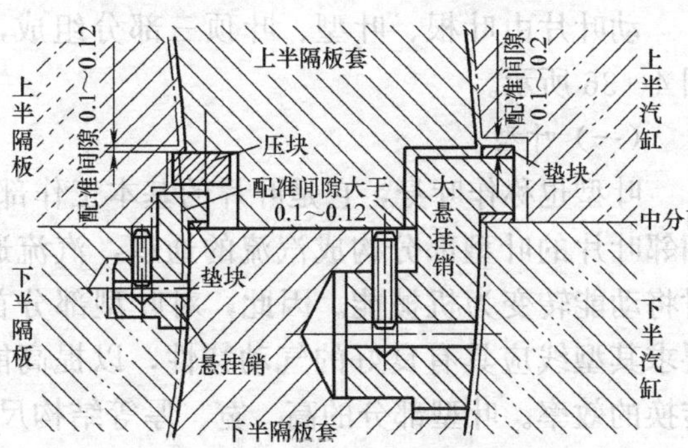

图 4-34 隔板的 Z 形悬挂销支承定位

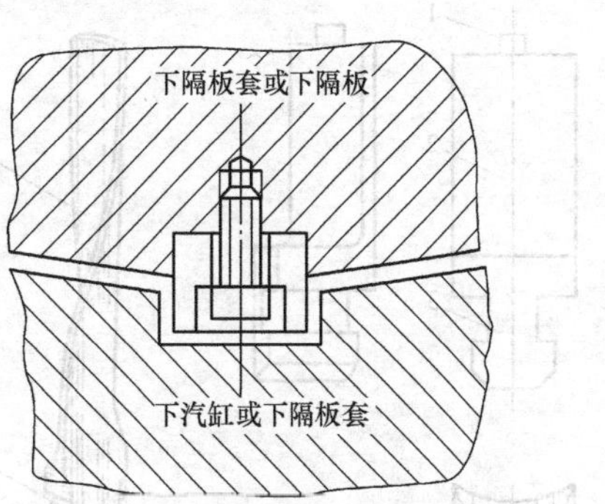

图 4-35 隔板或隔板套底部的定位键

上隔板装入上隔板套后，其左、右两侧用压板块和埋头螺钉压住，既可防止上隔板套起吊时隔板掉出，也同时保持了结合面的汽密性。在上、下隔板的中分面上设有定位的圆柱销和平键，因此上隔板不需要找中心。就位时只要对准销子部位，上半的位置就确定了。上半隔板套同样不需要找中心，就位时只要和下半隔板套水平法兰上的定位螺栓对准即可。在隔

板套的悬挂销与上半汽缸之间有垫块，该垫块用以限制隔板套因喷嘴工作产生的反力矩而转动，同时也保持了结合面的汽密性。由于Z形悬挂销支承为中分面支承，与前两种支承方式相比最能保持中心不变，故在高参数的汽轮机上广泛采用。

五、静叶环和静叶持环的支承和定位

国产引进型300MW汽轮机的静叶环嵌入静叶持环的凹槽中（见图4-29），而静叶持环采用了与内缸相同的支承方式，下半持环支承在下缸的水平结合面上，支承键下设有垫片用来调整持环的垂直位置，持环的顶部和底部有定位销，保持对汽缸轴线的正确位置。

六、超超高临界1000MW汽轮机简介

1. 上海汽轮机厂1000MW汽轮机

高、中压缸的第一级均采用了斜置静叶片结构、低反动度全三维扭曲叶片来提高效率，减小漏汽损失。其他各级动、静叶片也设计成全三维扭曲叶片，所有叶片自带围带，在动静部分的径向间隙处均设有多道汽封，形成较大的阻尼来减少轴向漏汽。

低压末级动叶片采用激光表面硬化技术的调频叶片，空心末级静叶内通以较高温度的蒸汽（一般为三段抽汽），这样静叶表面水膜沿流向被逐渐加热蒸发，确保静叶无水滴脱落，从而使动叶免受大水滴的冲蚀。

2. 东方汽轮机厂1000MW汽轮机

采用多维弯曲静叶技术，喷嘴被切向弯曲，形成三维扩散流道减少二次流损失。同时采用薄出汽边技术来减小尾迹损失，提高效率。

第四节 动 叶 片

动叶片是完成蒸汽能量转换的重要部件，工作时处在高温、高转速、高汽流冲击的严峻条件下，因此说动叶片是关系到汽轮机经济性和安全可靠性的重要部件。因此它不但要有良好的流动性，以保证较高的能量转换效率，还要有足够的强度和完善的振动特性。

一、动叶片的结构

动叶片由叶根、叶型、叶顶三部分组成，如图4-36所示。

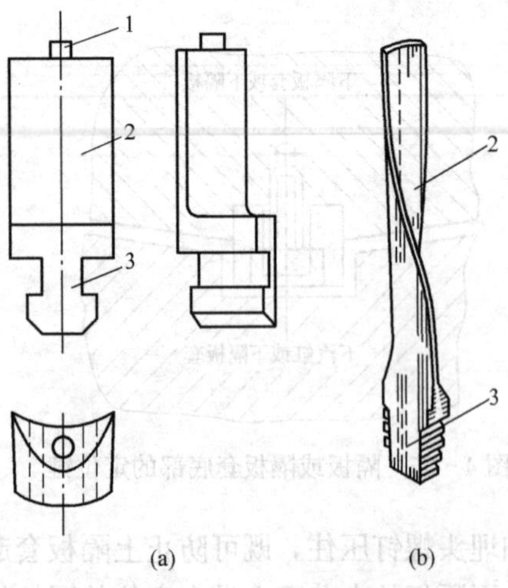

图4-36 动叶片的结构
(a) 等截面叶片；(b) 变截面扭叶片
1—叶顶；2—叶型；3—叶根

（一）叶型

叶型也称作叶身，它是叶片的基本工作部分，相邻叶片的叶型部分构成汽流的通道，汽流通过时将动能转变为机械能。因此，对叶型部分首先要求其型线应具有良好的气动特性，以提高能量转换的效率。叶型部分的高、宽、厚等结构尺寸，除要保证通流面积的需要外，还应满足强度和加工工艺的要求。

按工作原理，动叶有冲动式叶片和反动式叶片之分，过去国产汽轮机绝大部分都采用冲动式叶片，目前国产引进型300、600MW汽轮机除调节级是冲动式叶片外，其余各级均为反动式叶片。

按叶型部分横截面形状沿叶高是否变化，可把叶片分为等截面叶片和变截面叶片。等截面叶片其断面型线和面积沿叶高是相同的，因此又称等截面直叶片。它主要用于高压级和中压级，这样虽会使效率略受影响，但由于加工方便，制造成本低，也有利于部分级叶型通用，所以仍在广泛使用。变截面叶片是沿叶高各截面绕其形心的连线连续发生扭转，同时为了保证强度由叶根到叶顶各截面积也在逐渐减小，所以又称变截面扭转叶片，如图 4－36（b）所示。对于长叶片级来说，沿叶高不同截面处的圆周速度及汽流参数的差异已不容忽视，为减小流动损失提高级的效率，在低压级和部分中压级普遍采用变截面叶片。随着加工工艺的不断进步，变截面叶片已逐步用于高压级。

（二）叶根

叶根是将动叶片固定在叶轮或转鼓上的连接部分，它的结构应保证在任何运行条件下都能连接牢固，同时力求制造简单、装配方便。叶根的结构形式有多种，除根据强度的要求选择外，还要看制造厂的传统习惯和工艺条件。常用的叶根结构有以下几种：

1. T 形叶根

T 形叶根结构如图 4－37（a）所示。这种叶根结构简单，加工、装配方便，但是在离心力的作用下对叶轮轮缘两侧产生较大的弯曲应力，使轮缘有向两侧张开的趋势。若要降低轮缘的弯应力，就需把轮缘的厚度加大，这将导致转子的轴向尺寸增大，所以这种叶根只适用于离心力不大的短叶片。为了克服上述缺点，在叶根上做出两个凸肩，将轮缘包住，这种叶根叫外包凸肩 T 形叶根，如图 4－37（b）所示。由于外包凸肩可阻止轮缘向两侧张开，改善了轮缘的受力状况，从而可在叶根尺寸不增大的情况下提高承载能力。图 4－37（c）所示为双 T 形叶根，这种叶根在不增加轮缘厚度的情况下增大了叶根的承载面积，进一步提高了承载能力，因而多使用在中、低压级的中长叶片上。

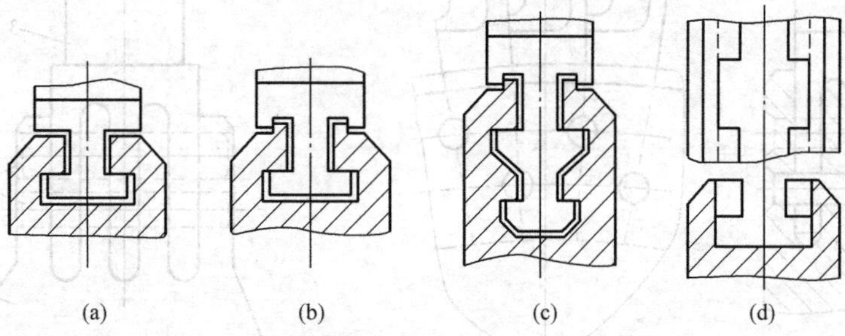

图 4－37　T 形叶根

（a）T 形叶根；（b）外包凸肩 T 形叶根；（c）外包凸肩双 T 形叶根；（d）装入 T 形叶根的切口

T 形叶根在轮缘上的安装，属于周向装配法。安装时，叶片从轮缘上专留的一个或对称的两个切口处［见图 4－37（d）］逐个将叶片插入，然后沿 T 形槽道周向推移至适当部位。各叶根之间及叶根与轮缘槽道之间都必须紧密配合，最后在切口处插入特制的锁口叶片（直叶根，其形状、尺寸与切口槽一样），在根部与轮缘一起钻孔，用铆钉相互固定。这种装配方法简单，但在更换个别叶片时，需将该叶片至切口间的叶片拆下重装，增加了拆装工作量。

2. 枞树形叶根

枞树形叶根如图 4－38 所示。它的形状呈楔形，在叶根两侧加工有若干个齿，其齿数的

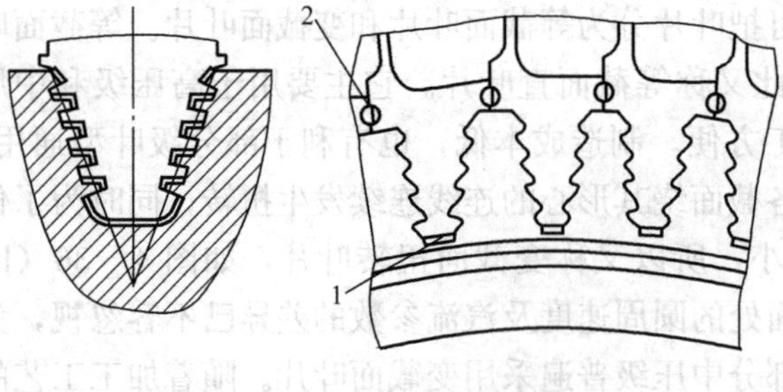

图 4-38 枞树形叶根

1—垫片；2—圆销

多少可按叶片离心力的大小来确定，故枞树形叶根的强度适应性好，承载能力大。这种叶根多用于载荷较大的中、长叶片及调节级叶片。枞树形叶根多采用单个轴向装配法，拆、装都比较方便。叶根从轴向装入轮缘上相应的枞树形槽中，在其底部打入楔形垫片，将叶片顶紧在轮缘上，然后再由相邻叶根各自的半圆槽组成的圆孔中，用两根斜劈的半圆销对插在孔中，将整圈叶根沿圆周胀紧。为了减小轮缘的热应力，也有采用松紧的方法，即安装时叶根底部不打入楔形垫片（引进型 300MW 汽轮机叶根底部无垫片），工作时叶根受热膨胀便紧固在轮缘槽中。

3. 叉形叶根

叉形叶根如图 4-39 所示。叶根制成叉形，安装时径向插入轮缘的叉形槽中并用铆钉固定。叉形叶根的叉尾数可根据叶片离心力的大小来选择，因而承载能力大，强度高；轮缘不承受偏心弯矩，适应性好，并且制造工艺简单，更换叶片方便。但由于这种叶根在装配时工作量大，且钻孔和铰配铆钉需要较大的轴向空间，这就限制了它在整锻转子和焊接转子上的应用。这种叶根结构多用于大功率汽轮机的调节级和末几级。如国产引进型 300MW 和 600MW 汽轮机的调节级采用了每三个叶片为一个整体的三叉形叶根，如图 4-40 所示。

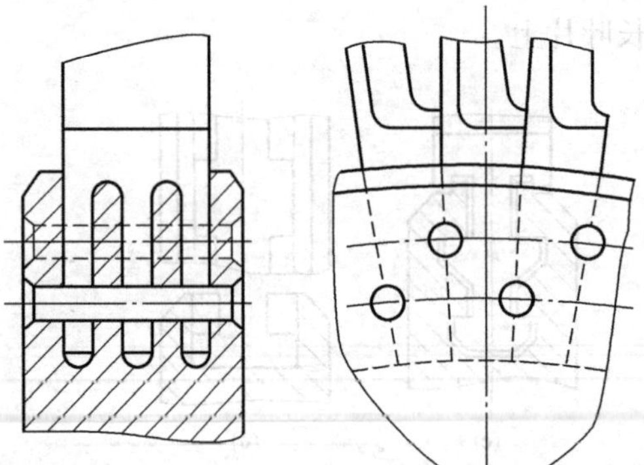

图 4-39 叉形叶根

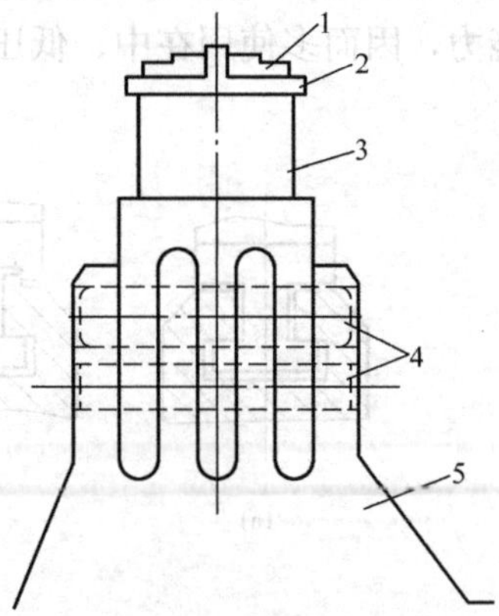

图 4-40 国产引进型 300MW 汽轮机调节级叶片

1—铆接围带；2—整体围带；3—动叶片；4—铆钉；5—转子

改型后的东芝 600MW 汽轮机末两级动叶采用叉形叶根，末级叶片叶根的叉尾数为 7 个，次末级叶片的离心力小些，其叶根的叉尾数为 4 个，如图 4-41 所示。安装时，叶根的叉尾从径向插入轮缘的叉槽中，并保证相邻叶片的根部径向彼此紧密地贴合，然后在相邻两个叶片之间用三个铆钉固定在叶轮上。

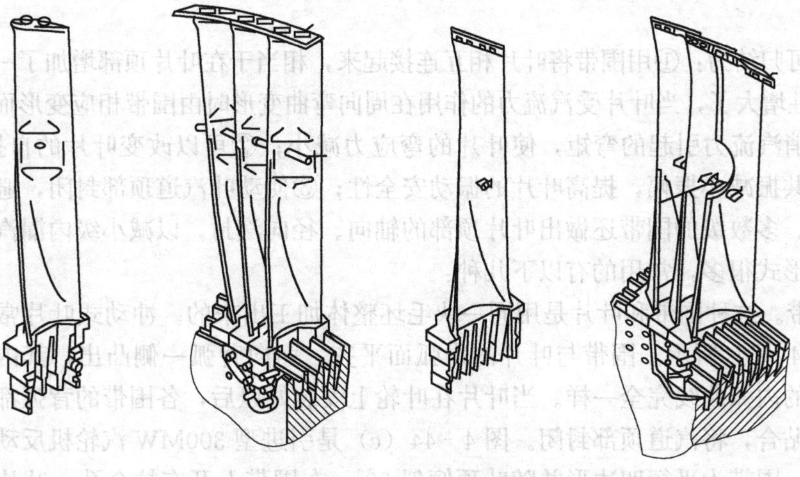

图 4-41　东芝 600MW 汽轮机次末级和末级叶片

4. 菌形叶根

菌形叶根如图 4-42 所示。这类叶根的轮缘上开有一个或两个缺口，叶片从这些缺口依次装入轮缘中，最后装入缺口处的叶片为封口叶片，封口叶片的叶根与其他叶片不同。封口叶片研配装入后用两个铆钉固定在轮缘上。

图 4-43 所示为东芝 600MW 汽轮机调节级动叶片的结构图。该级采用等截面直叶片，为了保证叶片所需要的强度和刚度，采用了既宽又厚的叶型，叶顶为双层围带，即在与叶片整体加工的围带之上又铆接了一层围带，并将 4 只叶片连接成叶片组，叶根采用三菌形叶根且尺寸较大。这样的结构设计不仅叶片的强度很高，同时由于叶片较短，叶型宽厚，叶根尺寸大，顶部围带强固，使得叶片的刚度也很高，这就能极大地提高叶片固有振动频率，在运行中避开共振。

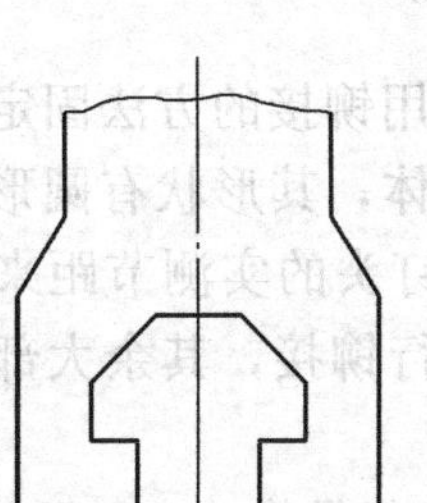

图 4-42　菌形叶根

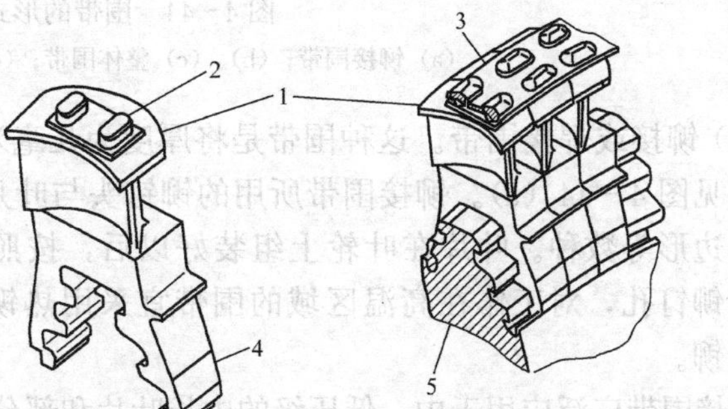

图 4-43　东芝 600MW 汽轮机调节级动叶片结构

1—整体围带；2—铆接头；3—铆接围带；4—菌形叶根；5—轮缘

(三) 叶顶、围带、拉金

汽轮机的短叶片和中长叶片，一般都在叶顶处设有围带，将叶片连接成组。一些中长叶片级，除了在叶片顶部装有围带外，在叶身中部还穿有拉金连接成组。长叶片由于离心力太大，故有些叶顶不装围带，只在叶身中部穿有拉金。个别长叶片级为满足叶片的振动特性，围带、拉金都不装，这样的叶片称为自由叶片。

1. 围带

围带的作用可归结为：①用围带将叶片相互连接起来，相当于在叶片顶部增加了一个支撑点，使叶片的刚性增大了，当叶片受汽流力的作用在周向弯曲变形时由围带相应变形而产生的反弯矩将部分抵消汽流力引起的弯矩，使叶片的弯应力减小；②可以改变叶片的自振频率，使之工作时避开共振减小振幅，提高叶片的振动安全性；③使动叶汽道顶部封闭，避免蒸汽从汽道顶部逸出。多数级的围带还做出叶片顶部的轴向、径向汽封，以减小级内漏汽损失。

围带的结构形式很多，常用的有以下几种：

（1）整体围带。这种围带和叶片是用同一块毛坯整体加工出来的。冲动式叶片常见的整体围带如图 4-44（b）所示。围带与叶片的内弧面平齐，而向背弧一侧凸出，其内、背二侧的弧线与叶片的内弧曲线完全一样。当叶片在叶轮上安装好以后，各围带的背弧都与相邻围带的内弧紧密贴合，将汽道顶部封闭。图 4-44（c）是引进型 300MW 汽轮机反动式叶片整体围带的形式，围带为平行四边形并随叶顶倾斜 30°。在围带上开有拉金孔，叶片组装后相互间围带紧密贴合，并用短拉金连接。整体围带用于短叶片级和部分中长叶片级。若叶片需要分组，可将组内各叶片的围带相互焊接在一起，但也有不焊接的。

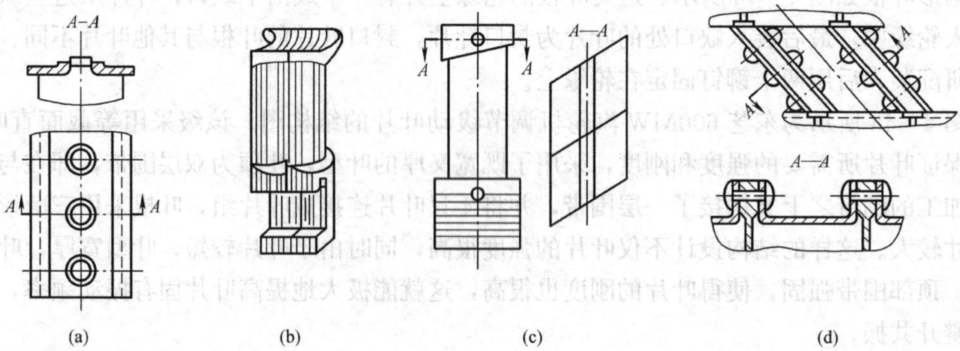

图 4-44　围带的形式

（a）铆接围带；（b）、（c）整体围带；（d）弹性拱形围带

（2）铆接或焊接围带。这种围带是将厚度为几毫米的扁钢带用铆接的方法固定在叶片顶部，见图 4-44（a）。铆接围带所用的铆钉头与叶片是一个整体，其形状有圆形、椭圆形、四边形等数种。叶片在叶轮上组装好以后，按照各叶片铆钉头的实测节距来加工围带上的铆钉孔，对工作在高温区域的围带宜采用热铆的方法进行铆接，其余大部分级都可用冷铆。

铆接围带广泛应用于中、低压级的中长叶片和部分高压级，一般是将 4～12 只叶片连接成一组，各组围带之间须留有 1～2mm 的膨胀间隙。

（3）弹性拱形围带。这种围带如图 4-44（d）所示。在叶片顶部加工出铆接的部分，将一段段拱形围带铆接在相邻两个叶片之间，最终形成整圈连接。这种围带可抑制叶片的 A 型振动，并具有一定的抗扭性能。

2. 拉金

拉金的作用是增加叶片刚性，改善其振动性能。拉金通常为 6～12mm 的实心或空心的金属丝或金属管，穿过叶型部分的拉金孔中。拉金与叶片之间可以焊接在一起，称为焊接拉金，也有不焊接的称为松拉金或阻尼拉金。在一级叶片上可穿 1～2 圈拉金，最多不超过 3

圈。图 4－45 所示为常见拉金的结构示意，其中（d）所示为剖分松装拉金，这种拉金在叶片振动时除拉金与拉金孔之间产生摩擦阻力外，拉金的剖分面间也产生摩擦阻力，能有效地抑制叶片振动。图 4－45（e）为一些大机组末级叶片采用的 Z 型拉金，这种拉金与叶片一起铣出，然后分组焊接。由于这种拉金节距较小，因此可提高叶片的刚性，特别是抗扭性能，也有利于避免拉金因离心力过大而损坏。

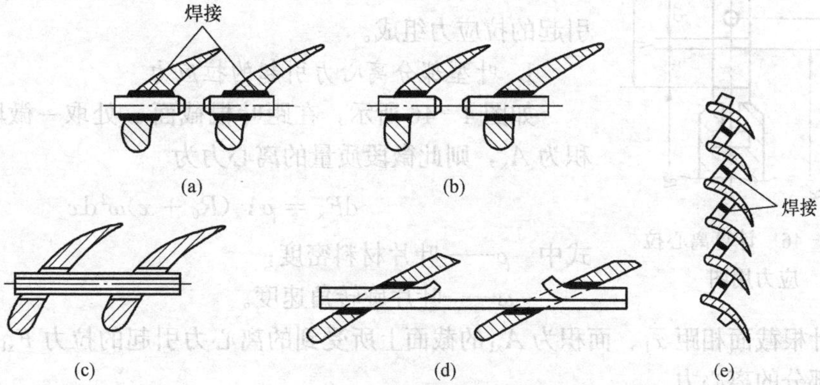

图 4－45 拉金结构示意

（a）实心焊接拉金；（b）实心松装拉金；（c）空心松装拉金；（d）剖分松装拉金；（e）Z 型拉金

拉金与叶片间的连接，除了分组连接和整圈连接外，还有组间连接的形式，即拉金的一半穿在一组叶片中，另一半穿在另一组叶片中。

由于拉金处在汽道之中，会造成蒸汽流动损失，同时拉金孔还会削弱叶片的强度，因此在能满足叶片强度和振动要求的情况下，应尽量避免采用拉金。一些自由叶片和仅用拉金成组的叶片都将叶顶削薄，可起到汽封齿的作用，同时一旦动静部分在该部位发生摩擦，可减轻事故程度，保护了汽轮机。

二、叶片的强度

（一）叶片的受力分析

汽轮机工作时，叶片上受到的作用力主要两种：一是在高转速下叶片、围带、拉金产生的离心力；二是汽流的作用力。

离心力的大小与转速的平方成正比，而电厂汽轮机的工作转速是恒定的，所以叶片所受的离心力不随时间变化，是静应力。离心力不仅会在叶片横截面上产生拉应力，而且当离心力的作用线不通过某个截面的形心时，还会在该截面上产生弯应力。

由于喷嘴出汽边具有一定的厚度及叶型上的附面层等原因，喷嘴出口汽流速度沿圆周分布不均匀，引起动叶片所受汽流力呈周期性变化。这种力可以看作是由不随时间变化的平均值分量和随时间变化的交变分量组成。不变的分量在叶片中引起静弯应力，交变的分力则迫使叶片振动并在叶片中引起交变的振动应力。汽流力的大小随汽轮机的负荷而变化，因此计算叶片静弯应力时，应选择汽流力最大的工况作为计算工况。

离心力和汽流力还可能在叶片上引起扭应力。当叶片上存在温差时，还会产生热应力。一般情况下，这两种应力都较小，强度计算时可略去不计。

叶片的受力可归纳如下：

- 叶片受力
  - 离心力
    - 离心拉应力（静应力）
    - 离心弯应力（静应力）
  - 汽流力
    - 稳定部分——汽流弯应力（静应力）
    - 交变部分——动应力

（二）叶片的拉应力

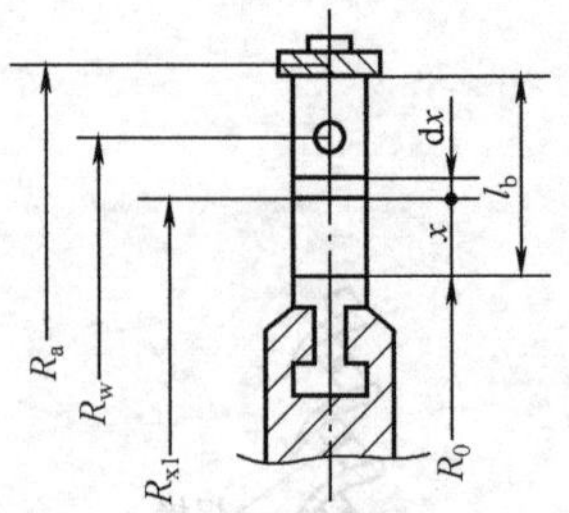

图 4-46 计算离心拉应力用图

叶片的拉应力由叶型部分的离心拉应力及围带、拉金离心力引起的拉应力组成。

1. 叶型部分离心力引起的拉应力

如图 4-46 所示，在距叶根截面 x 处取一微段 $\mathrm{d}x$，其截面积为 A_x，则此微段质量的离心力为

$$\mathrm{d}F_x = \rho A_x(R_0 + x)\omega^2 \mathrm{d}x \tag{4-1}$$

式中 ρ——叶片材料密度；

ω——叶片旋转角速度。

与叶根截面相距 x_1、面积为 A_{x1} 的截面上所受到的离心力引起的拉力 F_{x1} 等于该截面以上叶型部分的离心力

$$F_{x1} = \int_{x1}^{l_b} \rho A_x(R_0 + x)\omega^2 \mathrm{d}x = \rho\omega^2 \int_{x1}^{l_b} A_x(R_0 + x)\mathrm{d}x \tag{4-2}$$

该截面上的离心拉应力为

$$\sigma_{x1} = \frac{F_{x1}}{A_{x1}} = \frac{\rho\omega^2}{A_{x1}} \int_{x1}^{l_b} A_x(R_0 + x)\mathrm{d}x \tag{4-3}$$

对于等截面叶片，横截面积 A 为常数，叶片内任一截面上的离心拉应力为

$$\sigma_{x1} = \frac{\rho\omega^2}{A} \int_{x1}^{l_b} A(R_0 + x)\mathrm{d}x = \frac{\rho\omega^2}{2}[(R_0 + l_b)^2 - (R_0 + x_1)^2] \tag{4-4}$$

由式（4-4）可知，等截面叶片的离心拉应力与横截面积无关，即增大截面积并不能降低离心力引起的拉应力。在 ω、R_0、l_b 已定的情况下，采用密度较小的叶片材料，是降低叶片离心拉应力的有效方法。

由于等截面叶片的横截面积沿叶高不变，其根部承受的离心力最大，因此根部的离心拉应力最大，其值为

$$\sigma_{cb} = \frac{\rho\omega^2}{2}(2R_0 l_b + l_b^2) \tag{4-5}$$

对于变截面叶片，横截面积沿叶高是变化的，在求拉应力时，通常将其沿叶高分成若干段，把每段看作等截面体，然后计算出每段的离心力及每一截面的离心拉应力。通过对各个截面的计算比较，可找出离心拉应力最大的截面。

2. 围带、拉金离心力引起的拉应力

围带和拉金的径向尺寸较小，可以认为它们的质量集中在重心上，并把它们按节距分配到所属叶片组中的每个叶片上，根据其质量和转速计算出离心力后，结合叶片各截面面积，即可得到该离心力在叶片各截面上产生的拉应力。

（三）叶片的弯应力

叶片的弯应力主要是由汽流力引起的，另外离心力也可能引起弯应力。

1. 汽流作用力引起的弯应力

（1）直叶片的弯应力。对于高度较小的等截面直叶片，汽流参数沿叶高变化不大，可以认为汽流对叶片的作用力 F 沿叶高是均匀分布的。此时，叶片可看作承受均布载荷的悬臂梁，在力 F 的作用下，叶片根部截面上的弯矩最大，其值为

$$M = F\frac{l_b}{2} \tag{4-6}$$

为了计算根部截面的最大弯应力，必须找出通过截面形心的最小惯性轴Ⅰ-Ⅰ和最大惯性轴Ⅱ-Ⅱ。实践证明，对多数叶片，最小惯性轴平行于叶片进出汽边的连线 mn，如图 4-47 所示。汽流力沿最小和最大主惯性轴上的弯矩分别为

$$M_1 = F_1\frac{l_b}{2} = \frac{1}{2}Fl_b\cos\varphi \tag{4-7}$$

$$M_2 = F_2\frac{l_b}{2} = \frac{1}{2}Fl_b\sin\varphi \tag{4-8}$$

式中　φ——力 F 与最大主惯性轴的夹角。

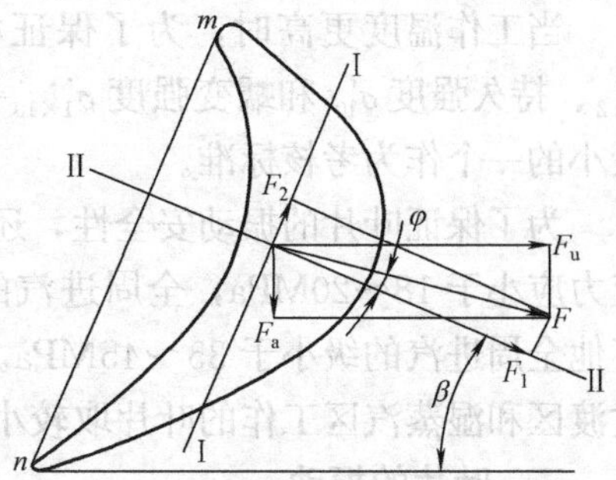

图 4-47　叶型的主惯性轴及汽流力分析

弯矩 M_1 使叶片进汽边和出汽边产生弯拉应力，背弧产生弯压应力；M_2 使叶片进汽边产生弯压应力，出汽边产生弯拉应力。两者合成后，叶片进汽边弯应力比单个弯应力减小，出汽边弯拉应力达到最大。最大的弯拉应力与离心拉应力叠加后，使得叶片出汽边的拉应力达到危险值，从而危及叶片的安全。

（2）变截面叶片的弯应力。对于变截面叶片，汽流参数和汽流作用力沿叶高是变化的。一般将叶片分段，把每段看作直叶片，求出各段的作用力，再分别求出各段中作用力对所求截面的弯矩。由于各段上作用力的方向不同，可先将力分解为周向和轴向，然后计算各自的弯矩，最后求得总弯矩和弯应力。虽然根部受到的弯矩最大，但由于横截面积沿叶高是变化的，所以变截面叶片根部的弯应力不一定最大。

2. 离心力产生的弯应力

当某截面以上的叶型部分离心力辐射线不通过该截面形心时，这个离心力就会在该截面上产生弯矩。

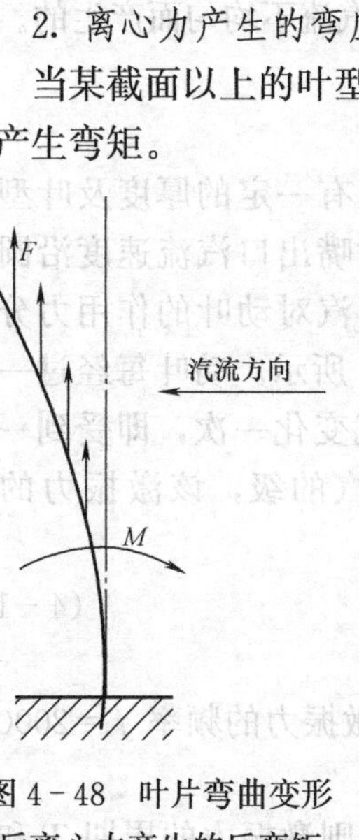

图 4-48　叶片弯曲变形后离心力产生的反弯矩

对于变截面扭曲叶片，各截面形心的连线通常是一条曲线，离心力的辐射线不可能与该线重合，因此会在各截面中产生离心弯应力。

当叶片受汽流作用力产生弯曲变形时，弯曲部分叶型的离心力辐射线不通过这段叶型下面的截面形心，从而产生弯矩，如图 4-48 所示。

3. 围带和拉金对叶片弯应力的影响

用围带及焊接拉金连成组的叶片发生弯曲变形时，围带及拉金内会产生抵抗叶片变形的力，给叶片一个反弯矩，部分抵消叶片上汽流力引起的弯矩，使叶片上的弯曲应力减小。

（四）叶片的静强度校核

为了保证叶片的安全运行，应使叶片上的静应力合力小于许用

应力。

在不同的温度范围内，实际采用的许用应力是不同的。当工作温度低于400～500℃时，材料基本上不发生蠕变，故可采用在工作温度下材料的屈服强度$\sigma_{0.2}^{t}$作为强度准则，此时叶片的许用应力为

$$[\sigma]=\frac{\sigma_{0.2}^{t}}{n} \tag{4-9}$$

式中 n——安全系数，一般在叶型部分$n=1.7\sim1.9$，在拉金孔处$n\geqslant2.5$。

当工作温度更高时，为了保证材料的高温强度，应以其工作温度下材料的屈服强度$\sigma_{0.2}^{t}$、持久强度$\sigma_{10^5}^{t}$和蠕变强度$\sigma_{1\times10^{-5}}^{t}$作为强度准则，分别计算出各许用应力，然后取其中最小的一个作为考核标准。

为了保证叶片的振动安全性，还应限制叶片中的蒸汽弯应力。部分进汽的级，其汽流弯应力应小于18～20MPa，全周进汽的末级和前后有抽汽口的全周进汽级小于25～35MPa，其他全周进汽的级小于35～45MPa。一般地，自由叶片取较小值，成组叶片取较大值；在过渡区和湿蒸汽区工作的叶片取较小值。

三、叶片的振动

叶片的振动主要指的是动叶片的振动，它是根部固定的弹性杆件，当其受到一个瞬时外力的冲击后，它将在原平衡位置附近做周期性的摆动，这种振动称为自由振动，振动的频率称为自振频率。当叶片受到一个周期性外力（称为激振力）作用时，它会按激振力的频率振动，而与叶片的自振频率无关，即为强迫振动。在强迫振动时，若叶片的自振频率与激振力频率相等或成整数倍，叶片将发生共振，振幅和振动应力急剧增加，可能引起叶片的疲劳损坏。若叶片断裂，其碎片可能将相邻叶片及后边级的叶片打坏，还会使转子失去平衡，引起机组强烈振动，造成严重后果。由此可知，叶片振动性能的好坏对汽轮机安全运行影响很大，因此必须对叶片振动问题进行研究。

（一）引起叶片振动的激振力

汽轮机工作时，引起叶片振动的激振力主要是由于沿圆周方向汽流不均匀而产生的。根据频率高低，激振力可分为高频激振力和低频激振力。

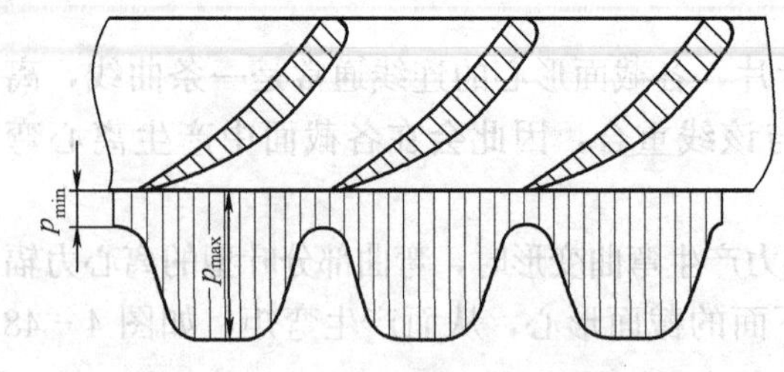

图4-49 静叶栅后汽流力的分布

1. 高频激振力

由于喷嘴出汽边有一定的厚度及叶型上的附面层等原因，喷嘴出口汽流速度沿圆周分布不均匀，使得蒸汽对动叶的作用力分布不均匀，如图4-49所示。动叶每经过一个喷嘴所受的汽流力就变化一次，即受到一次激振。对于全周进汽的级，该激振力的频率为

$$f=z_{n}n \tag{4-10}$$

式中 z_n——级的喷嘴数。

通常一级的喷嘴数$z_n=40\sim80$，汽轮机的转速$n=50$r/s，则激振力的频率$f=2000\sim4000$Hz，故称为高频激振力。

对于部分进汽的级，若部分进汽度为e、级的平均直径为d_m，则激振力的周期T和频

率 f 分别为

$$T=\frac{\frac{e\pi d_{\mathrm{m}}}{z_{\mathrm{n}}}}{\pi d_{\mathrm{m}}n}=\frac{e}{z_{\mathrm{n}}n}\tag{4-11}$$

$$f=\frac{1}{T}=\frac{z_{\mathrm{n}}n}{e}\tag{4-12}$$

2. 低频激振力

由于制造加工的误差及结构等方面的原因，级的圆周上个别地方汽流速度的大小或方向可能异常，动叶每转到此处所受汽流力就变化一次，这样形成的激振力较低，称为低频激振力。产生低频激振力的主要原因有：个别喷嘴加工安装有偏差或损坏；上下隔板结合面的喷嘴结合不良；级前后有加强筋，汽流受到干扰；部分进汽或喷嘴弧分段；级前后有抽汽口。若一级中有 i 个异常处，则低频激振力频率为

$$f=in\tag{4-13}$$

（二）叶片的振型

叶片的振动有弯曲振动和扭转振动两种基本形式，弯曲振动又分为切向振动和轴向振动。绕截面最小主惯性轴的振动，振动方向接近叶轮圆周的切线方向，称为切向振动；绕截面最大主惯性轴的振动，振动方向接近于汽轮机的轴向，称为轴向振动；沿叶高方向绕通过各截面形心连线的往复扭转，称为扭转振动。任何一种复杂的振型都可以看作是弯曲振动和扭转振动的组合。

叶片的扭转振动和轴向振动发生在汽流作用力较小而叶片刚度较大的方向，振动应力较小，所以不是主要问题。切向振动发生在叶片刚度最小的方向，且与汽流主要作用力方向一致，因此切向振动是最容易发生又最危险的振动。以下只讨论叶片的切向振动问题。

按叶片振动时其顶部是否摆动，切向振动可分为A型振动和B型振动两大类。

1. A型振动

叶片振动时，叶根固定不动，叶顶自由摆动的振动形式称为A型振动。振动时，叶型上可能有不动的点（实际是一条线），称为节点。自由叶片发生A型振动时，起初出现振幅沿叶高逐渐增大的振型，随着激振力频率的升高，将出现一个、两个及更多个节点的振型，如图4-50所示，这些振动分别称为 A_0 型、A_1 型、A_2 型……振动。

叶片组发生的A型振动，按节点的个数，也可分为 A_0、A_1、A_2 等振型，如图4-51所示。

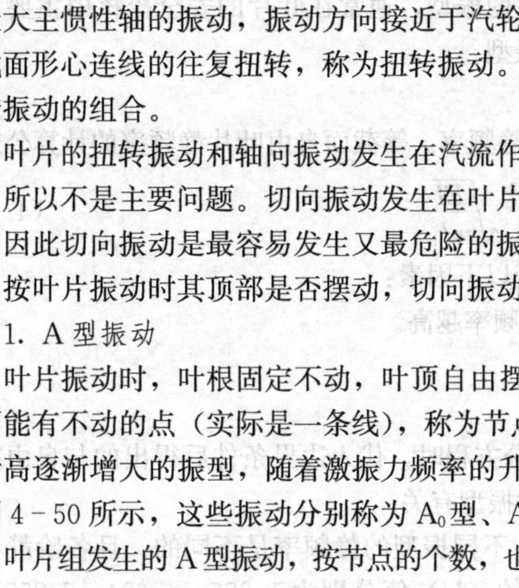

图4-50　自由叶片的A型振动

(a) A_0 型振动；(b) A_1 型振动；(c) A_2 型振动

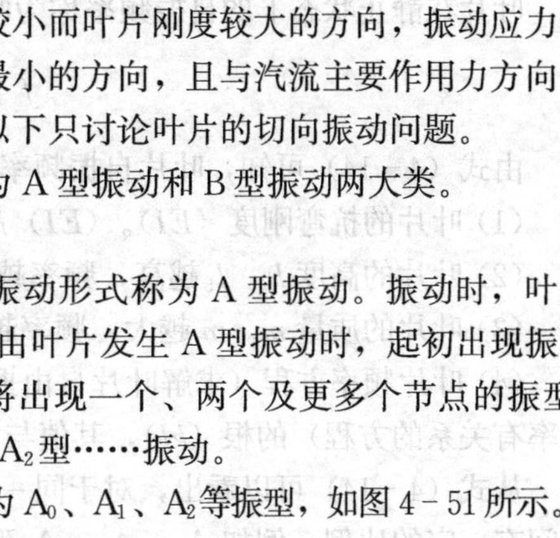

图4-51　叶片组的A型振动

(a) A_0 型振动；(b) A_1 型振动

2. B型振动

叶片振动时，叶根固定不动，叶顶也基本不摆动的振动形式称为B型振动。用围带连成组的叶片，除叶根固定外，叶顶也有支点，有可能发生B型振动。按节点的数目，B型振动也有B_0、B_1等形式。

叶片组发生B型振动时，组内叶片的相位大多是对称的，如图4-52所示的B_0型振动。图4-52（a）中，对称于叶片组中心线的叶片的振动相位相反，如果组内叶片数为奇数，则中间的叶片不振动，这种振动叫做第一类对称的B_0型振动。图4-52（b）中，对称于叶片组中心线的叶片振动相位相同，称为第二类对称的B_0型振动。

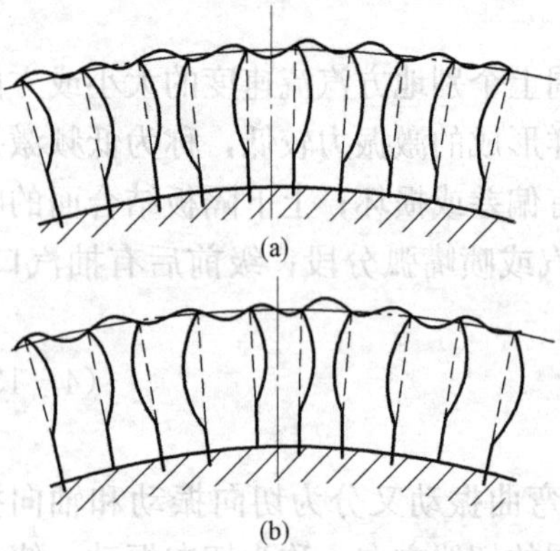

图4-52 叶片组的B型振动
(a) B_0型振动；(b) B_1型振动

当激振力频率逐渐升高时，叶片组将依次出现A_0、B_0、A_1、B_1……振动，其自振频率依次增大，振幅则减小。实践证明，高阶次的振动一般不易发生，即使发生，危险性也不大。而通常出现的低阶次振动，振幅较大，叶片内的动应力较大，因此A_0、B_0、A_1型是最危险的振型，通常在叶片的安全校核中主要考虑这几种振型。

（三）叶片的自振频率

叶片在静止状态下的自振频率称为叶片的静频率。等截面自由叶片静频率的计算公式为

$$f=\frac{(kl)^2}{2\pi}\sqrt{\frac{EI}{ml_b^3}} \tag{4-14}$$

由式（4-14）可知，叶片自振频率取决于以下因素：

(1) 叶片的抗弯刚度（EI）。（EI）越大，频率越高。

(2) 叶片的高度l_b。l_b越高，频率越低。

(3) 叶片的质量m。m越大，频率越低。

(4) 叶片频率方程（求解叶片自由振动微分方程时，代入边界条件后得出的与自由振动频率有关系的方程）的根（kl），其值与叶片的振型有关。

从式（4-14）可以看出，对于同一叶片，不同振型的静频率是不同的，且各阶静频率之间有一定的比例。例如A_0、A_1、A_2型振动的（kl）值分别为1.875、4.694、7.855。则它们的静频率之比为$f_{A_0}:f_{A_1}:f_{A_2}=(k_0l)^2:(k_1l)^2:(k_2l)^2=1:6.25:17.6$。

上述叶片静频率的计算公式是在一定条件下导出的，而叶片工作的实际条件往往与这些条件不相符，使计算值与实际值有偏差，因此应进行修正。叶片工作时的自振频率还受到以下工作条件的影响：

1. 叶根的连接刚度

在叶片频率的理论计算中，假定叶根是刚性固定的。实际中，若叶片安装不当、制造不精确或工作时叶根连接处产生弹性变形等，都可能使叶根部夹紧力不够，叶根会有一部分参与振动。这样，振动叶片的质量增加、刚性降低，因此自振频率降低。这一影响可用叶根牢固系数K_r来修正，该值可从图4-53查得。

对于叶根形式不同、自身柔度不同的叶片，叶根连接刚性对自振频率的影响程度是不同

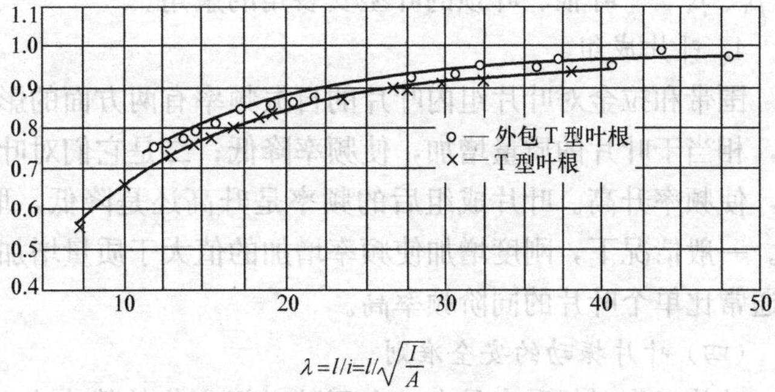

图 4-53　叶根牢固修正系数

的，图 4-53 表示了这一关系。叶片的柔度 $\lambda=l/i$，是叶片高度与叶片截面惯性半径的比值。其中 $i=\sqrt{I/A}$，I 是叶片横截面积的最小惯性矩，A 是横截面积。

对于扭曲叶片，按 $0.5l$ 处的值查出 K_r 值后再乘以 $\sqrt{2\bar{i}}$ 即可（$\bar{i}$ 是单个叶片质心的相对高度）。

2. 工作温度

当温度升高时，叶片的弹性模量 E 降低，使自振频率降低。其影响用温度修正系数 K_t 来修正

$$K_t=\sqrt{\frac{E_t}{E_{20}}} \tag{4-15}$$

式中　E_t、E_{20}——工作温度下、20℃时的弹性模量，计算自振频率时一般采用 20℃时的弹性模量。

考虑上述两个因素的影响，自由叶片的自振频率为

$$f=K_r K_t \frac{(kl)^2}{2\pi}\sqrt{\frac{EI}{ml_b^3}} \tag{4-16}$$

3. 离心力

当叶片在旋转状态下工作，因振动而偏离平衡位置时，叶片上的离心力将偏离截面形心而形成一个附加弯矩，阻止叶片振动时的弯曲。因此，离心力的存在相当于增加了叶片的刚度，使叶片的自振频率提高。

叶片在旋转状态下的自振频率称为叶片的动频率。它与静频率的关系为

$$f_d=\sqrt{f^2+Bn^2} \tag{4-17}$$

式中　f_d——叶片动频率；

f——经过 K_r、K_t 修正后的静频率；

n——叶片的工作转速；

B——动频系数。

动频系数与叶片的结构、振型等很多因素有关。对等截面叶片 A_0 型振动为

$$B=0.8\frac{d_m}{l_b}-0.85 \tag{4-18}$$

对于变截面叶片 A_0 型振动为

$$B=0.69\frac{d_m}{l_b}-0.3+\sin^2\beta \tag{4-19}$$

$$\beta=\frac{2}{3}\beta_r+\frac{1}{3}\beta_t \tag{4-20}$$

式中　d_m——叶片平均直径；

β_r、β_t——叶根、叶顶的叶型安装角的余角。

4. 叶片成组

围带和拉金对叶片组内叶片的自振频率有两方面的影响：一是它们的质量分配到各叶片上，相当于叶片的质量增加，使频率降低；二是它们对叶片的反弯矩使叶片的抗变形能力增加，使频率升高。叶片成组后的频率是升高还是降低，取决于上述两个因素哪个影响更大些。一般情况下，刚度增加使频率增加的值大于质量增加使频率降低的值。所以叶片组的频率通常比单个叶片的同阶频率高。

（四）叶片振动的安全准则

叶片工作时的受力是在一个不随时间变化的静应力σ_m基础上叠加一个幅值为σ_d的交变动应力，如图4-54所示。静应力σ_m为离心拉应力、离心弯应力和汽流弯应力之和；动应力是由汽流激振力引起的，可认为正比于汽流弯应力σ_{sb}，即

$$\sigma_d = D\sigma_{sb} \tag{4-21}$$

式中 D——应力放大系数。

为了保证叶片的安全工作，除了要满足静强度要求外，还应满足动强度要求。动强度以材料在动、静应力复合作用下的动强度指标——耐振强度σ_a^*作为校核指标。耐振强度也称复合疲劳强度，是指在一定工作温度和一定静应力作用下，叶片所能承受的最大交变应力的幅值。

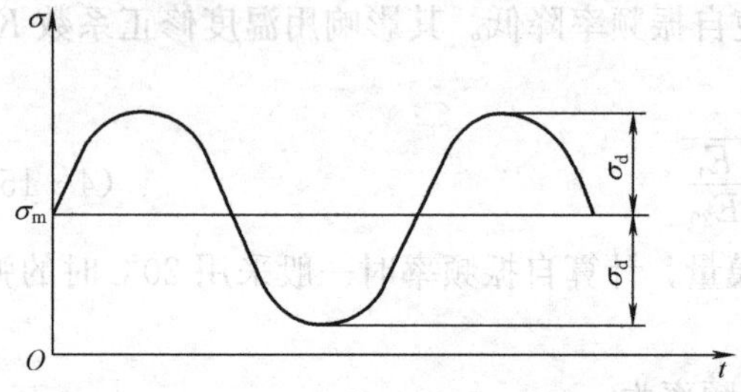

图4-54 叶片工作时的受力

当叶片的自振频率与激振力频率成整数倍时，叶片发生共振，振幅增大，产生很大的交变应力。实践证明，有的叶片在共振状态下工作容易损坏，因此需要将叶片的自振频率与激振力频率调开，避免运行中发生共振，称为调频叶片；有的叶片在共振状态下能长期安全工作，因此不需要调频，称为不调频叶片。

1. 不调频叶片的振动安全准则

不调频叶片在共振时的动应力幅值必须满足如下条件

$$\sigma_d \leqslant \frac{\sigma_a^*}{n_s} \tag{4-22}$$

式中 n_s——安全系数。

将（4-21）代入式（4-22）得

$$\frac{\sigma_a^*}{\sigma_{sb}} \geqslant Dn_s \tag{4-23}$$

式中的σ_a^*和σ_{sb}可以分别通过实验和计算确定，在实际应用时再考虑各种因素的影响加以修正。修正后的耐振强度与汽流弯应力的比值称为安全倍率，用A_b表示。于是式（4-23）变为

$$A_b = \frac{K_1K_2K_d\sigma_a^*}{K_3K_4K_5K_\mu\sigma_{sb}} \geqslant Dn_s \tag{4-24}$$

式中 K_1——介质腐蚀修正系数；

K_2——表面质量修正系数；

K_d——尺寸修正系数；

K_3——应力集中修正系数；

K_4——通道修正系数；

K_5——流场不均匀修正系数；

K_μ——成组影响系数。

K_1、K_2、K_d是考虑影响材料耐振强度的因素，K_3、K_4、K_5、K_μ是考虑弯应力的因素。

由于D、n_s不能精确地确定，一般用统计的方法得到确保叶片运行安全的安全倍率。对大量在共振条件下运行的叶片，分别算出它们的安全倍率A_b和振动倍率K（叶片的动频率与激振力频率之比），按振型归纳后将这些数据点标在A_b-K图上，安全工作的叶片和出事故的叶片分别用不同的符号表示，如图4-55所示。由图4-55可以看出，在安全叶片与被损坏叶片之间有一个明显的分界线，分界线上的A_b值为安全倍率的界线值，称为许用安全倍率，记作［A_b］。这样，不调频叶片的振动强度安全准则就成为

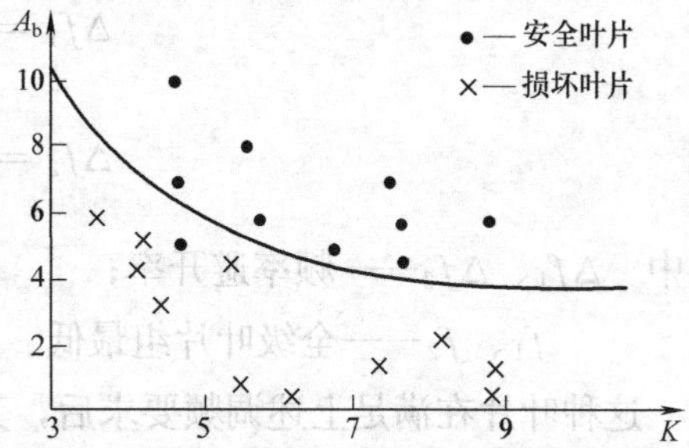

图4-55　不调频叶片A_0型共振A_b-K图

$$A_b=\frac{K_1K_2K_d\sigma_a^*}{K_3K_4K_5K_\mu\sigma_{sb}}\geqslant[A_b] \tag{4-25}$$

对于A_0型振动与低频激振力共振的叶片，不同振动倍率下的［A_b］值见表4-1。$K=1$即动频率与激振力频率相等的叶片不存在，不予考虑；$K=2$（有时为3）时，为保证安全，采用调频叶片。B_0型振动与高频激振力共振的叶片，要求［A_b］$\geqslant$10；对与高频激振力共振的A_0型振动，全周进汽的级［A_b］$\geqslant$45，部分进汽的级［A_b］$\geqslant$55。

表4-1　　不调频叶片A_0型振动的［A_b］值

K	3	4	5	6	7	8	9	10	11	12
［A_b］	10.0	7.8	6.2	5.0	4.4	4.1	4.0	3.9	3.8	3.7

2. 调频叶片的振动强度安全准则

调频叶片应满足调频指标，同时还应满足安全倍率许用值要求。由于调频后避开了共振，动应力大为减小，所以［A_b］值减小了。

（1）A_0型振动与低频激振力kn共振的叶片，动频率应调至kn与$(k-1)n$之间，并满足下列要求

$$\begin{aligned}f_{d1}-(k-1)n_1&\geqslant 7.5\text{Hz}\\ kn_2-f_{d2}&\geqslant 7.5\text{Hz}\end{aligned} \tag{4-26}$$

式中　n_1、n_2——汽轮机工作转速允许变化的上、下限；

f_{d1}、f_{d2}——叶片在转速n_1、n_2时的动频率；

k——频位，$k=f_d/n$。

调频后，这种叶片的安全倍率许用值［A_b］见表4-2。

表 4-2 调频叶片 A_0 型振动的 [A_b] 值

K		2~3	3~4	4~5	5~6
[A_b]	自由叶片	4.5	3.7	3.5	3.5
	成组叶片	3			

(2) B_0 型振动与高频激振力 $Z_n n$ 共振的调频叶片，静频率（对高频振动，动频率与静频率近似相等，可用静频率代替动频率）应满足如下条件

$$\Delta f_1 = \frac{f_1 - Z_n n}{Z_n n} > 15\%$$
$$\Delta f_2 = \frac{Z_n n - f_2}{Z_n n} > 12\% \tag{4-27}$$

式中 Δf_1、Δf_2——频率避开率；

f_1、f_2——全级叶片组最低、最高的 B_0 型振动静频率。

这种叶片在满足上述调频要求后，其 A_0 型振动往往又与低频激振力共振，所以安全倍率许用值 [A_b] 仍采用表 4-1 中的数值。

（五）叶片的调频

当调频叶片的自振频率不符合安全值的要求时，应对叶片的自振频率或激振力频率进行调整，称为调频。由于激振力的频率难以准确估计且不好改变，实用中通常是调整叶片的自振频率。

在调频前，首先应检查叶片的频率分散率是否符合要求。频率分散率 Δf 是一级中叶片 A_0 型振动最高和最低自振频率之差与它们的平均值之比的百分数，要求 $\Delta f < 8\%$。当频率分散率过大时，应检查叶片的安装质量。当频率分散度合格而频率仍不合格时，应进行调频。

调整叶片自振频率的措施主要是改变叶片的质量和刚度，包括连接刚度。电厂中常用的调整叶片自振频率的方法有如下几个。

(1) 加装围带、拉金或改变围带、拉金的尺寸。这些将使叶片的刚度和质量都发生变化，对叶片的自振频率产生两个相反的影响，频率的变化需要根据具体条件进行计算或试验确定。

(2) 重新研磨叶根之间的结合面，以增加叶根的连接刚性。对于因安装质量不佳而导致频率不合格的叶片，这是一种提高自振频率和减小频率分散度的有效方法。

(3) 在叶片顶部钻孔或切角，减小叶片的质量，提高自振频率。

(4) 改变叶片组内的叶片数。当组内叶片数增加时，围带和拉金对叶片的反弯矩增加，使叶片的自振频率提高。但是当组内叶片数已较多时，这种方法的效果就很小了。

(5) 采用松拉金或空心拉金。运行时，松拉金紧贴在叶片上，可有效地抑制叶片的 A_0、B_0 型振动，减小振幅和振动应力。改用空心拉金，使拉金分配到叶片上的质量减小，叶片的自振频率提高。

(6) 在焊接围带和拉金与叶片连接处加焊，或对铆接围带重新捻铆不合格的铆钉，以增加连接的牢固程度，提高叶片的自振频率。

第五节 转 子

转子是汽轮机所有转动部件的组合，其作用是汇集各级动叶栅所得到的机械能并传递给发电机。工作时，转子除了承受巨大的扭矩外，还要承受高速旋转所产生的离心力引起的巨大应力、各部分温度分布不均匀时引起的热应力及转子振动所产生的振动应力。对于高参数、大功率的汽轮机，转子的应力水平很高，工作条件更为严峻。

一、转子的类型及结构

汽轮机转子可分为轮式转子和鼓式转子两种基本类型。冲动式汽轮机大都采用轮式转子。反动式汽轮机为了减小转子上的轴向推力，采用没有叶轮（或有叶轮但其径向尺寸很小）的鼓形转子。有些冲动式大功率汽轮机的低压转子也采用鼓形转子。

(一) 轮式转子

按制造工艺，转子可分为套装式、整锻式、组合式和焊接式。

1. 套装转子

套装转子的结构如图 4-56 所示。叶轮与主轴分别加工制造，然后热套在轴上。这种转子加工方便，材料利用合理，叶轮及主轴锻件尺寸小，质量容易保证。但它不宜在高温条件下工作，否则会因高温蠕变及过大的温差使叶轮与主轴间的过盈消失，发生松动。所以套装转子只适用于中压汽轮机和高压以上汽轮机的低压部分。

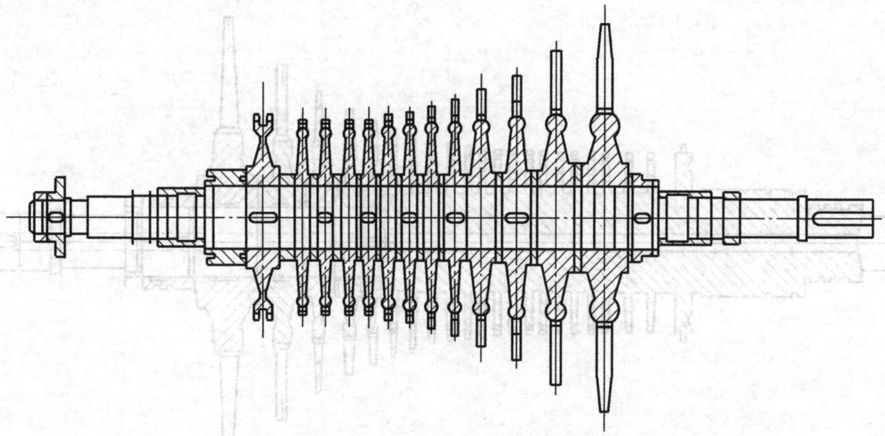

图 4-56 套装转子的结构

2. 整锻转子

整锻转子有轮式和鼓式两种结构，后者多用于反动式汽轮机。

图 4-57 所示为用于冲动式汽轮机的轮式整锻转子，它的叶轮及其他主要转动部件与主轴是用整体锻件加工制成的，因此不会出现松动现象，适应高温工作条件。此外，它的结构紧凑（轴向尺寸短）、强度和刚性都比较高。但是整锻转子的生产需要有大型锻压设备，加工工艺要求很高，贵重材料消耗量大，转子上主要部件损坏时更换困难，甚至造成整个转子报废。尽管如此，为了防止高温下叶轮等部件松动，高参数以上汽轮机的高压转子和一些再热机组的中压转子都采用整锻转子。

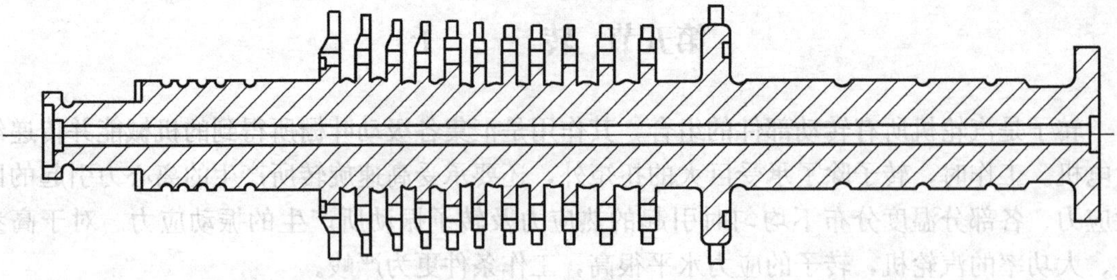

图 4-57 整锻转子

整锻转子的轴心通常钻有 ϕ100 的通孔，其目的是去掉锻件中心残留的杂质及疏松部分，以防止缺陷扩展，同时也便于借助潜望镜等仪器进行探伤检查。但现代大功率汽轮机趋向于采用无中心孔的整锻转子，如哈尔滨汽轮机厂 600MW 超临界汽轮机的高中压转子即是无中心孔的合金钢整锻转子，采用的材料是 30Cr1Mo1V。

3. 组合式转子

组合式转子是由整锻和套装两部分组合而成，图 4-58 所示为其中的一种形式。它是对高温区域工作的级采用叶轮与主轴整体锻造的结构，而对在低温区域工作的级采用叶轮套装结构。这样，既保证了高温区各级叶轮工作的可靠性，又避免采用过大尺寸的锻件及节约耐高温的金属材料，降低制造成本。如国产高压 50MW 汽轮机的转子、100MW 汽轮机的高压转子和 200MW 汽轮机的中压转子都是组合式转子。

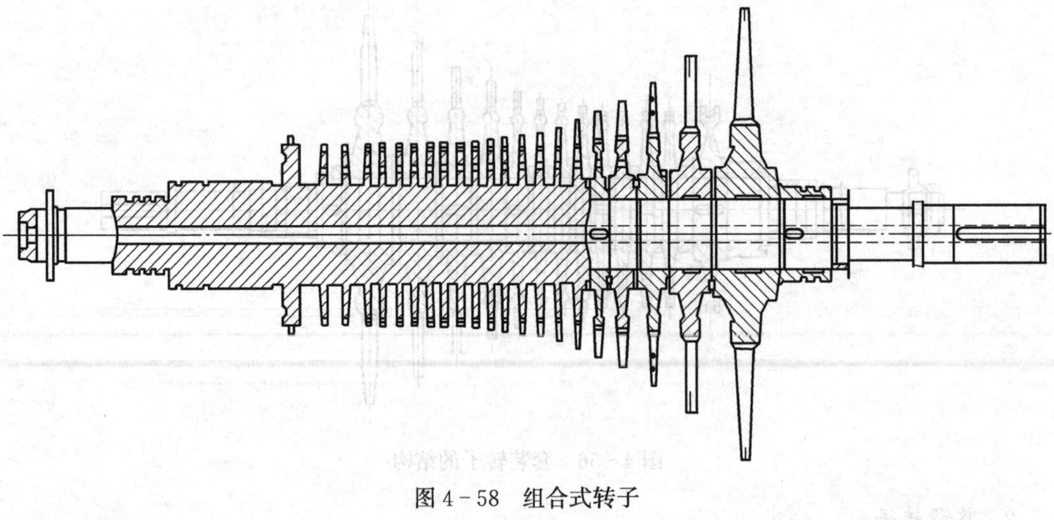

图 4-58 组合式转子

4. 焊接转子

焊接转子有鼓式和轮式两种结构形式。图 4-59 所示为轮式焊接转子，它是由若干实心轮盘和两个端轴拼焊而成。焊接转子具有整锻转子的许多优点，如叶轮不存在松动问题；叶轮无轮毂，结构紧凑；叶轮无中心孔，强度高。此外还具有质量较轻，刚度大，不需要大型整体锻件，叶轮与端轴的锻件尺寸小质量容易保证等优点。但是焊接转子要求材料的可焊性好，焊接工艺及检验方法要求高，随着冶金和焊接技术的不断发展，焊接转子的应用将会日益广泛。如国产 300MW 汽轮机的低压转子采用了焊接转子。

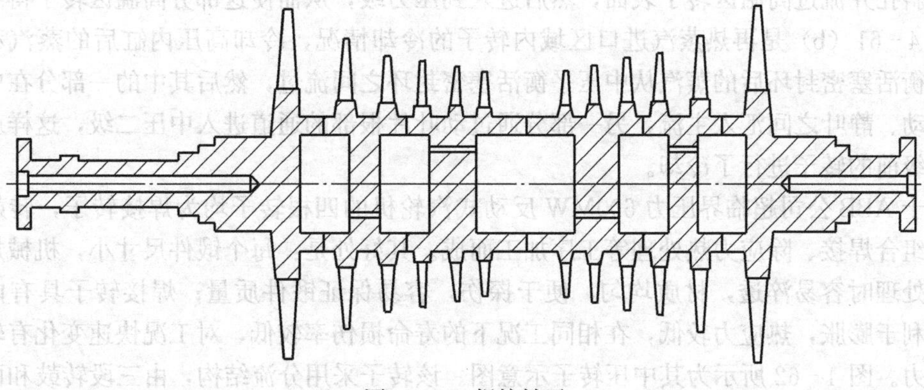

图 4-59　焊接转子

(二) 鼓式转子

图 4-60 所示为国产引进型 300MW 反动式汽轮机的高中压转子，其结构为鼓式整锻转子。为了减小轴向推力，除采取了各反动级不设叶轮，高中压通流部分反向布置这样一些措施外，该转子上还设有高压、中压和低压 3 个平衡活塞，用以平衡轴向推力。该汽轮机的低压转子以进汽中心线为基准两侧对称，中部为转鼓形结构，末级和次末级为整锻叶轮结构。

为了减小高温区域内转子的金属蠕变变形和热应力，国产引进型 300MW 汽轮机对高中压转子进行了冷却，如图 4-61 所示。图 4-61 (a) 为主蒸汽进口处高温区段内转子的冷却结构，该汽轮机调节级与高压压力级反向布置，从调节级出来的蒸汽有一部分通过调节级叶

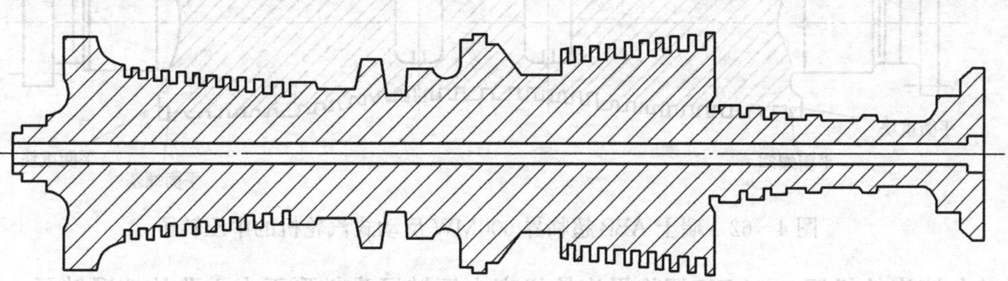

图 4-60　鼓式整锻转子

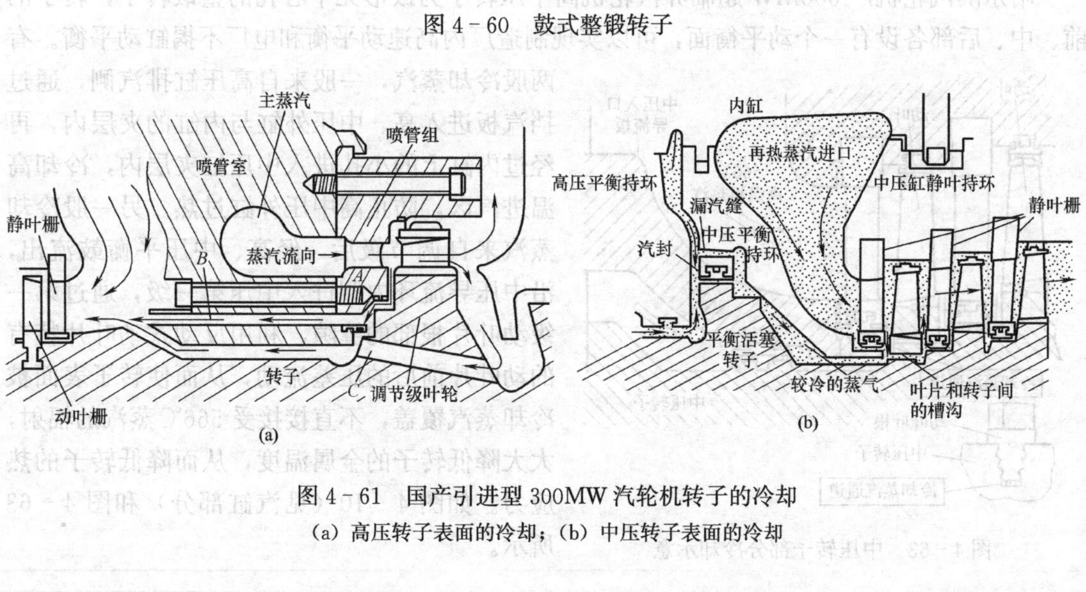

图 4-61　国产引进型 300MW 汽轮机转子的冷却

(a) 高压转子表面的冷却；(b) 中压转子表面的冷却

轮上的斜孔并流过高温区转子表面，然后进入到压力级，从而使这部分高温区转子得到了冷却。图 4 - 61（b）是再热蒸汽进口区域内转子的冷却情况，冷却高压内缸后的蒸汽和来自高压平衡活塞密封环后的蒸汽从中压平衡活塞密封环之间流过，然后其中的一部分在中压第一级的动、静叶之间汇入主流，另一部分通过动叶片根部的通道进入中压二级，这样就对中压第二级前的转子进行了冷却。

瑞士 ABB 公司超临界压力 600MW 反动式汽轮机的四根转子均为焊接转子，转鼓分段锻造、组合焊接、除应力热处理等工序加工而成。其好处是：每个锻件尺寸小，机械加工方便，热处理时容易淬透，材质均匀，便于探伤，容易保证锻件质量；焊接转子具有内部腔室，有利于膨胀，热应力较低，在相同工况下的寿命损伤率较低，对工况快速变化有较强的适应能力。图 4 - 62 所示为其中压转子示意图。该转子采用分流结构，由三段转鼓和两个带有联轴器的端轴焊接而成。在转鼓的两个端面上设有加平衡重块的调整孔，可以在不开缸的条件下进行动平衡。

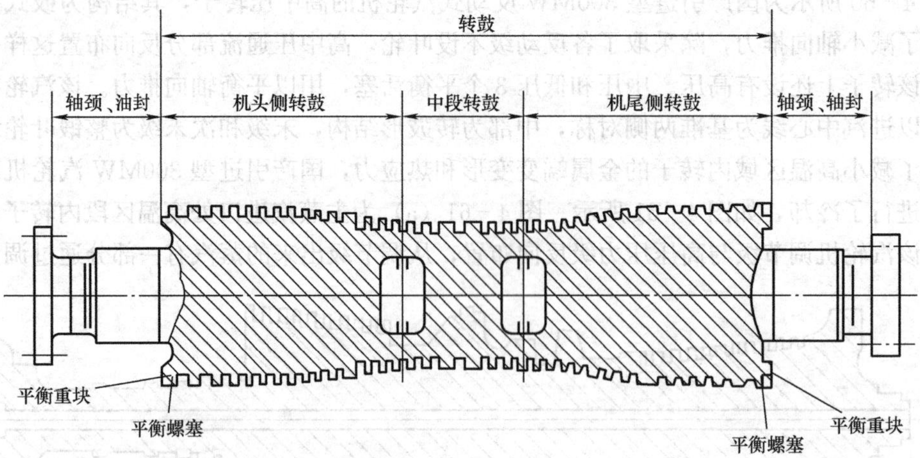

图 4 - 62 瑞士 ABB 超临界 600MW 反动式汽轮机的中压转子

哈尔滨汽轮机厂 600MW 超临界汽轮机高中压转子为鼓形无中心孔的整锻转子，转子的前、中、后部各设有一个动平衡面，可以实现制造厂内高速动平衡和电厂不揭缸动平衡。有两股冷却蒸汽，一股来自高压缸排汽侧，通过挡汽板进入高、中压外缸与内缸的夹层内，再经过内缸上的小孔进入中压缸夹层内，冷却高温进汽区，防止高中压外缸过热。另一股冷却蒸汽来自调节级后，经高、中压平衡鼓流出，沿中压导流环内侧进入中压第一级，通过第一级动叶片根部的缝隙，利用反动式动叶片特有的动叶片前后的压差流动，从而使转子表面被冷却蒸汽覆盖，不直接接受 566℃蒸汽的辐射，大大降低转子的金属温度，从而降低转子的热应力。如图 4 - 10（见汽缸部分）和图 4 - 63 所示。

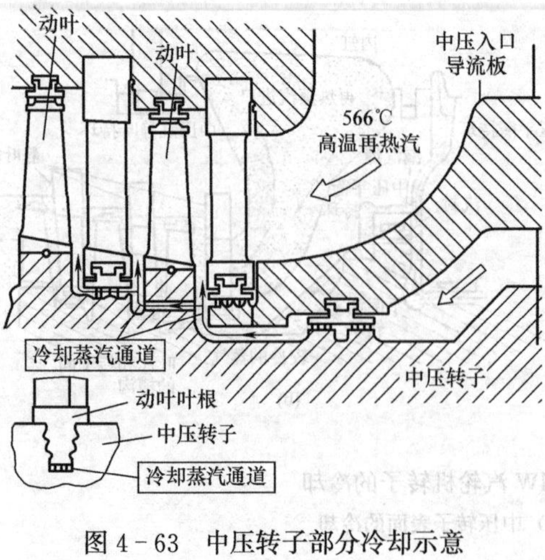

图 4 - 63 中压转子部分冷却示意

二、叶轮

1. 叶轮的结构

叶轮主要用于冲动式汽轮机，其作用是用来安装动叶片并将动叶片上的转矩传递给主轴。叶轮由轮缘、轮面组成，套装式转子的叶轮上还有轮毂，如图 4-64 所示。轮缘上开有安装动叶片的叶根槽，其形状取决于叶根的形式；轮毂是为了减小叶轮内孔应力的加厚部分；轮面将轮缘和轮毂或主轴连成一体，轮面上通常开有 5～7 个平衡孔。为了避免在同一直径上有两个平衡孔，叶轮上的平衡孔都是奇数且均匀分布。

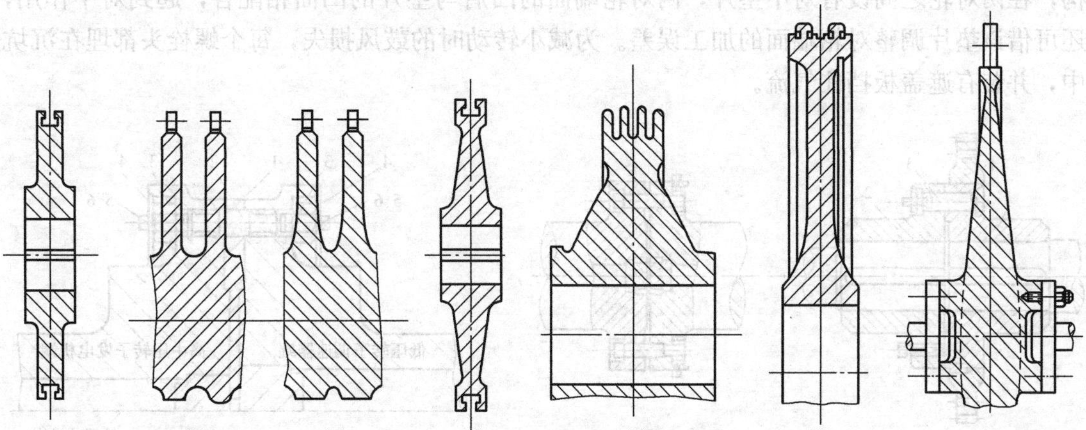

图 4-64 叶轮的结构形式

(a)、(b)、(c) 等厚度叶轮；(d)、(e) 锥形叶轮；(f) 双曲线形叶轮；(g) 等强度叶轮

按轮面断面的型线，叶轮可以分为等厚度叶轮、锥形叶轮和等强度叶轮等形式，图 4-64 为这几种叶轮的纵截面图。等厚度叶轮加工方便，轴向尺寸小，但强度较低，通常用于叶轮直径较小的高压部分。对于直径稍大的叶轮，常将内径附近适当加厚，以提高承载能力，如图 4-64 (c) 所示。锥形叶轮不但加工方便，而且强度高，得到了广泛的应用。等强度叶轮的断面按照等强度要求设计，没有中心孔，强度最高，但对加工要求高，一般采用近似等强度的叶轮型线以便于制造，多用于轮盘式焊接转子。

2. 叶轮的振动

叶轮及其上面的动叶片统称为轮系。当叶轮振动时，总是带动动叶片一起振动，因此实质上是轮系振动，习惯上常简称为叶轮振动。

在运行时，如果蒸汽对轮系的作用力沿圆周分布不均匀，或者轴系的振动，都将引起轮系的振动。由于叶轮沿圆周方向的刚度很大，一般不会产生切向振动；但轴向刚度较小，因此轮系的振动主要是轴向振动。叶轮发生轴向振动时，常见的振型是有节径的振动。当叶轮振动时，若轮面上某直径处振幅很小或基本不振，此直径称为节径，节径两侧的振动方向相反。随着振动频率的提高，节径数逐渐增加。

三、联轴器

联轴器又称靠背轮，其作用是连接汽轮机的各个转子和发电机转子，并将汽轮机的转矩传递给发电机。按照结构和特性，联轴器可分为刚性、半挠性和挠性三种类型。其中挠性联轴器由于结构复杂，传递转矩较小，仅用于功率不大的机组。这里主要介绍前两种联轴器。

1. 刚性联轴器

刚性联轴器有几种结构形式。图 4－65（a）所示为装配式。这种联轴器的两半，即对轮 1 和 2 与主轴分别加工，然后用热套加键的方法固定在各自的轴端上，通过螺栓紧固在一起。在一侧对轮的外圆上还套装着盘车齿轮，以供盘车装置驱动转子用。图 4－65（b）所示的联轴器与主轴为一个整体，这种联轴器的强度和刚度均较装配式高，主要用在整锻式转子和焊接转子上。在两对轮之间设有垫片，安装时修刮垫片厚度可调整对轮端面加工中出现的偏差。图 4－66 所示为国产引进型 300MW 汽轮机采用的刚性联轴器。对轮与轴为整体结构，在两对轮之间设有对中垫片，两对轮端面的凸肩与垫片的凹面相配合，起到对中作用，还可借该垫片调整对轮端面的加工误差。为减小转动时的鼓风损失，每个螺栓头都埋在沉坑中，并装有遮盖板挡住气流。

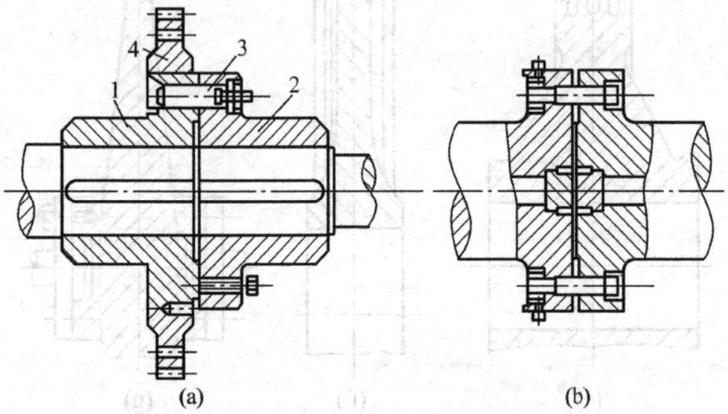

图 4－65　刚性联轴器

（a）装配式；（b）对轮与主轴成整体结构

1、2—联轴器；3—螺栓；4—盘车齿轮

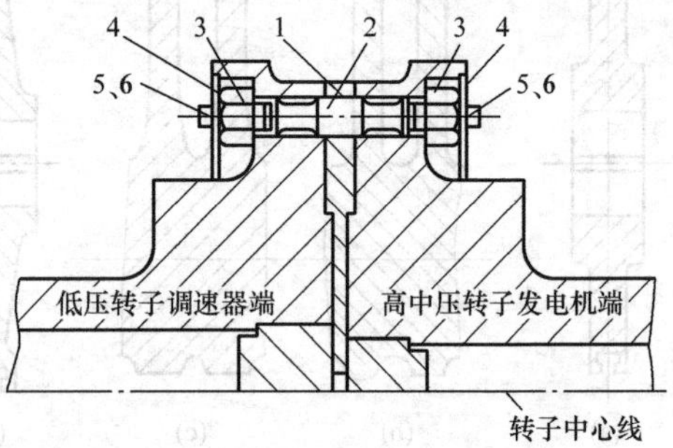

图 4－66　国产引进型 300MW 汽轮机的刚性联轴器

1—联轴器垫片；2—联轴器螺栓；3—联轴器螺帽；4—防鼓风盖板；5—垫圈；6—螺帽

上述几种联轴器主要是通过螺栓承受剪力来传递转子间的扭矩。为使各螺栓受力均匀，螺栓与螺孔之间应紧密配合，两个对轮上的螺孔是在转子初次找中心后一起铰出的，各螺栓的质量应相同或对称，出厂时螺栓与螺孔均打有标记，现场装配时不可互换。联轴器也可主要依靠两对轮端面的摩擦力来传递扭矩，法国 CEM300MW 机组上采用了这种结构。

刚性联轴器的优点是结构简单，尺寸小；连接刚性强，传递扭矩大；工作时不需要润滑，没有噪声。此外，采用刚性联轴器，两个转子可用三个轴承支持，从而简化了结构（少用一个轴承）并缩短了机组的轴向长度。它的缺点是传递振动和轴向位移，对转子找中心要求高。随着制造、安装技术的提高，这些缺点已不是主要问题，因此在大功率机组中被广泛采用。

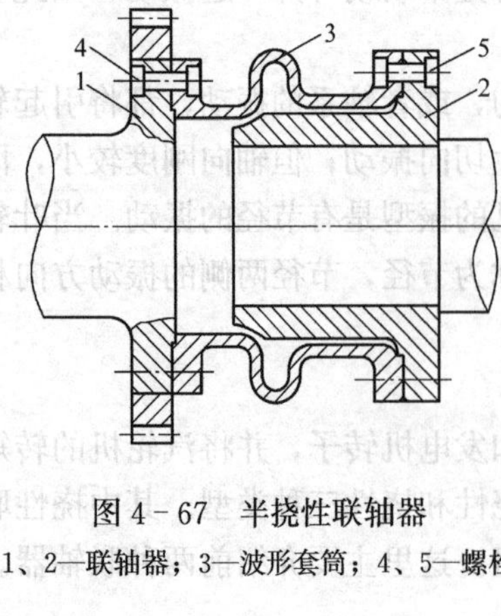

图 4－67　半挠性联轴器

1、2—联轴器；3—波形套筒；4、5—螺栓

2. 半挠性联轴器

汽轮机转子与发电机转子之间的连接，除采用刚性联轴器外，还可以采用半挠性联轴器。半挠性联轴器的结构如图 4－67 所示。对轮 1 与汽轮机的轴为整体结构，对轮 2 用热套加键的方法固定在发电机的轴端。两对轮之间用一波形套筒连接，套筒两端面的法兰与对轮分别用精制螺栓 4 和 5 紧固。波形套筒在扭转方向是刚性的，

而在弯曲方向是挠性的。

由于波形套筒具有一定的弹性，因此这种联轴器允许被连接转子间有一定的偏心和少许轴向位移，对振动的传递也不十分敏感。国产300、200MW等机组的低压转子与发电机转子之间的连接都采用了半挠性联轴器。

四、转子的临界转速

在多数汽轮发电机组启动过程中，当转速升高到某一数值时机组将发生强烈振动，而越过这一转速后，振动便迅速减弱；当转速达到另一更高值时，又可能出现同样现象，在停机过程中，当转速下降到启动时强烈振动的转速时，转子又强烈振动，再继续降低转速，振动又迅速减弱。这些机组发生强烈振动时的转速称为转子的临界转速。

转子临界转速下的振动可看作共振现象。由于制造、装配的误差，以及材质不均匀，转子上存在质量偏心。当转子旋转时，质量偏心引起的离心力作用在转子上，相当于一个频率等于转速的周期性激振力，迫使转子振动。当激振力频率等于转子横向自振频率时，便发生共振，振幅急剧增大，此时的转速就是转子的临界转速。

(一) 等直径均布质量转子的临界转速

汽轮机转子的结构和形状比较复杂，临界转速的计算也较为复杂。为简便起见，下面先讨论无轮盘等直径均布质量转子的临界转速。

根据弹性梁的振动原理，可以导出等直径均布质量转子的临界转速 n_c 为

$$n_c = \frac{30i^2\pi}{l^2}\sqrt{\frac{EI}{\rho A}} \tag{4-28}$$

式中 i——正整数，$i=1, 2, 3, \cdots$；

l、A——转子的跨度、横截面积；

E、ρ——转子材料的弹性模数和密度；

I——转子横截面的形心主惯性矩。

由式（4-28）可见，等直径均布质量转子有无穷多个临界转速。$i=1$、2、3、…时的临界转速 n_{c1}、n_{c2}、n_{c3}、…分别称为一阶、二阶、三阶、…临界转速。

式（4-28）表明，转子临界转速值与抗弯刚度 EI、质量 ρA 及跨度 l 有关。刚度大、质量轻、跨度小的转子，临界转速高；反之，临界转速低。

(二) 汽轮机转子的临界转速

汽轮机转子通常不是等直径而是呈阶梯形，上面还安装着叶轮（轮式转子）和其他零件，其形状和结构较复杂，但前面讨论的等直径均布质量转子临界转速的结论同样适用于汽轮机转子。

汽轮机中，每一根转子两端都有轴承支承，称为单跨转子。汽轮机各单跨转子及发电机转子之间用联轴器连接起来，就构成了一个多支点的转子系统，称为轴系。轴系的临界转速由各单跨转子的临界转速汇集而成，但又不是它们的简单集合。用联轴器连接起来后，各转子的刚度增大，因此轴系的临界转速比单跨转子相应阶次的临界转速高，且联轴器刚性越好，临界转速提高得越多。

转子临界转速的大小还受到工作温度和支承刚度等因素的影响。工作温度升高时，转子的刚度降低，使临界转速降低。转子支承在由油膜、轴承、轴承座、台板和基础等组成的支承系统上，支承刚度降低，使转子的临界转速降低。

（三）转子临界转速的校核标准

为保证机组的安全运行，汽轮机的工作转速应当避开邻近的临界转速，并有一定的裕度。

一阶临界转速高于正常工作转速的转子称为刚性转子，反之称为挠性（柔性）转子。对于刚性转子，通常要求其一阶临界转速 n_{c1} 比工作转速 n_0 高 20%～25%，即 $n_{c1}>(1.2\sim1.25)n_0$，但不允许在 $2n_0$ 附近。对于挠性转子，其工作转速在临界转速 n_{cn}、$n_{c(n+1)}$ 之间，并且要求 $1.4n_{cn}<n_0<0.7n_{c(n+1)}$。

有的汽轮机转子进行高速动平衡，平衡精度大大提高，质量偏心引起的离心力大为减小，因此临界转速与工作转速之间避开的裕度可以减小很多，国外有的制造厂采用 5% 的裕度。实际上，平衡良好的转子在通过临界转速时感觉不到明显的振动。

五、超超临界压力 1000MW 汽轮机简介

上海汽轮机厂 1000MW 压力汽轮机的高压转子、中压转子和两个低压转子均采用无中心孔的整锻转子，并且可以不揭缸进行转子的动平衡。高压转子采用双轴承支承，其他转子均采用单轴承支承，使得汽轮机轴向缩短 8m 左右（一个低压缸的跨距），不仅可以节约工程场地，而且有利于轴系的稳定性，最大限度地缩短轴系的长度。目前世界上，只有西门子公司和 ABB 公司对大型汽轮机的整个轴系采用此技术。如泰州电厂东芝 1000MW 汽轮机总长约 40m，而西门子公司生产的 1000MW 汽轮机一般长度为 29m。另外，西门子公司机头轴承箱内取消了同轴主油泵、机械危急保安器以及与液压调节和控制的相关装置，汽轮机的转速调节和超速保护安全依赖于 DEH 和电子超速保护装置，对电动主油泵和电子超速保护系统要求具有极高的可靠性。

东方汽轮机厂生产的 1000MW 汽轮机全部采用无中心孔的整段转子，所有转子采用双支点支承。为了降低中压整段转子进汽部分的温差，从一抽引入低温蒸汽和中压阀后引出的一股蒸汽混合后作为冷却蒸汽进入中压第一级前，通过正反第一、二级隔板与转子之间的间隙，来冷却中压转子高温段轮毂及轮面。

第六节　汽　　封

一、汽封的作用

汽轮机工作时，转子高速旋转而静止部分不动，动、静部分之间必须留有一定的间隙，避免相互碰撞或摩擦。而间隙两侧一般都存在压差，这样就会有部分蒸汽通过间隙泄漏，不仅造成能量的损失，也造成工质的损失，使汽轮机的效率降低。为了减少漏汽损失，在汽轮机的相应部位设置了汽封。

根据汽封在汽轮机上装设位置的不同，汽封可分为轴端汽封、隔板汽封和通流部分汽封。在汽轮机主轴穿出汽缸两端处的汽封叫轴端汽封，轴端汽封又分为高压轴封和低压轴封。高压轴封主要用来防止蒸汽漏出汽缸而造成能量损失及恶化运行环境；低压轴封用来防止空气漏入汽缸使凝汽器的真空降低而减小蒸汽的做功能力。隔板内圆与转子轴径之间的汽封称为隔板汽封，用来阻止蒸汽经隔板内圆绕过喷嘴到隔板后而造成能量损失（对反动式汽轮机，静叶环内圆与转鼓之间的汽封称为静叶环汽封，用来阻止蒸汽经静叶环内圆绕过静叶到静叶环后而造成能量损失）。通流部分汽封包括叶片顶部和叶片根部的汽封，用来阻止动叶顶部和根部处的漏汽。隔板汽封及通流部分的汽封如图 4-68 所示，静叶环汽封如图 4-69 所示。

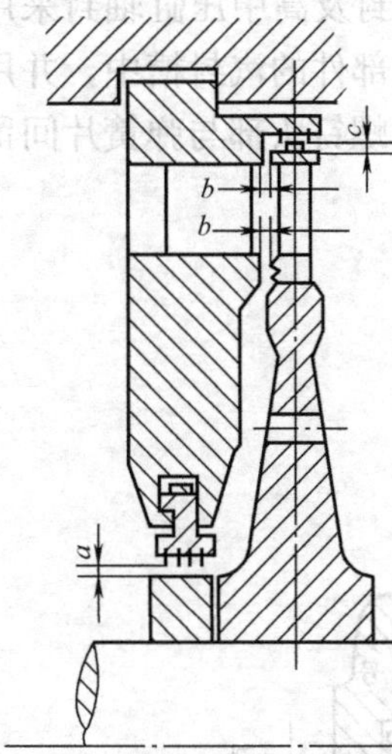

图 4-68 隔板汽封和通流部分汽封

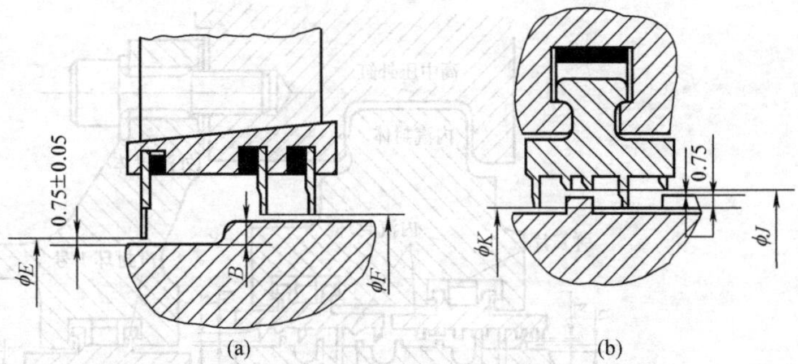

图 4-69 国产引进型 300MW 汽轮机静叶环汽封
(a) 高压级组静叶环汽封；(b) 中压级组静叶环汽封

二、汽封的结构

现代汽轮机中通常采用曲径式汽封，其主要形式有梳齿形、J 形和枞树形。其中枞树形汽封因结构复杂，应用较少，此处不作介绍。

(一) 梳齿形汽封

梳齿形汽封是汽轮机中应用最为广泛的一种汽封，其结构如图 4-70 所示。其中图 4-70（a）为高低齿梳齿形汽封，在汽封环上直接车出或镶嵌上汽封齿，汽封齿高低相间。汽轮机主轴上车有环形凸台或套上装有凸环的汽封套。汽封高齿对着凹槽，低齿接近凸环顶部，这样便构成了许多具有狭小环形间隙的多次曲折通道，对漏汽产生很大的阻力。汽封环通常沿圆周分成 4～6 个弧段（称为汽封块），装在汽封体的槽中，并用弹簧片（或柱形弹簧）压向中心。梳齿尖端很薄，若转子与汽封齿发生碰磨，产生的热量不会过大，而且汽封环被弹簧片支承可作径向退让，这样对转子的损伤较小。图 4-70（b）为平齿梳齿形汽封，其结构比高低齿汽封结构简单，但阻汽效果差些。高低齿汽封主要用于汽轮机高、中压轴封及高、中压隔板汽封，材料多采用合金钢；平齿汽封多用于低压轴封及低压隔板汽封，

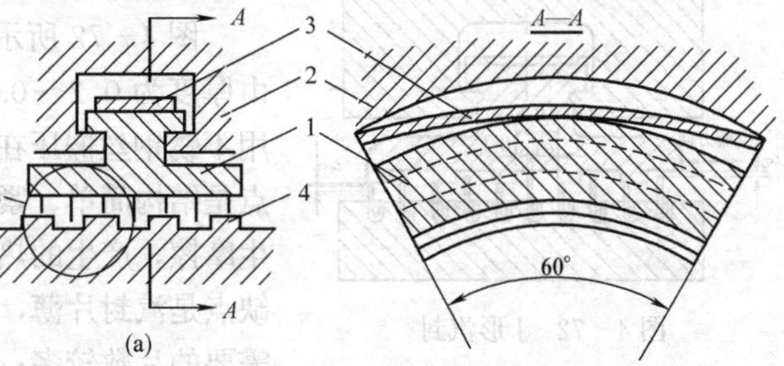

图 4-70 梳齿形汽封
(a) 高低齿梳齿形汽封；(b) 平齿梳齿形汽封
1—汽封环；2—汽封体；3—弹簧片；4—环形凸台或有凸环的汽封套

材料一般为锡青铜。

国产引进型300MW汽轮机均采用梳齿形汽封，其中平衡活塞汽封及高中压缸轴封采用一高两低齿交错的高低齿汽封，如图4－71所示。汽封环装配在相应部件的汽封槽中，并用带状弹簧片压向中心。弹簧片用螺钉固定，为使弹簧片能自由变形，螺钉头部与弹簧片间留有足够的间隙，允许弹簧片移动。

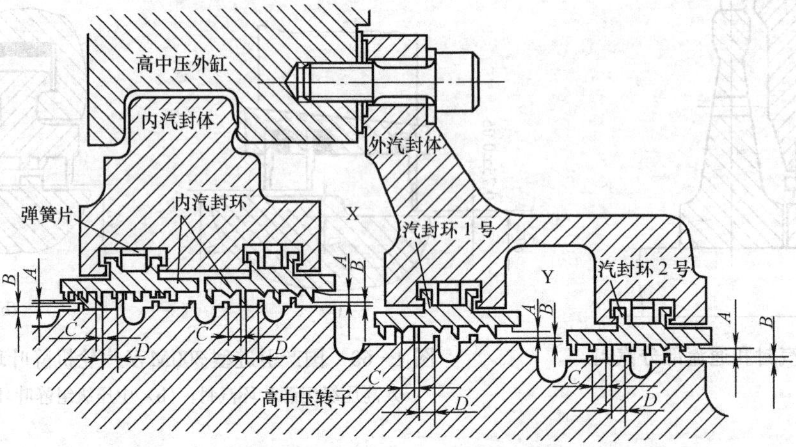

图4－71　国产引进型300MW汽轮机高中压缸轴封

大功率汽轮机轴封较长，通常沿轴向分成若干段，相邻两段之间有一环形腔室，装置引出或导入的蒸汽管道。每一段轴封由一个或几个汽封环组成，每一个汽封环由几个汽封弧段构成，在每个汽封环的内圆上又有若干个汽封齿。如图4－71所示是由四个汽封环组成的三段轴封，构成X、Y两个腔室。在汽轮机启动、停机和低负荷时，轴封系统向X腔室供汽；负荷较高时X腔室向轴封系统送汽。Y腔室始终将汽气混合物送至轴封冷却器。

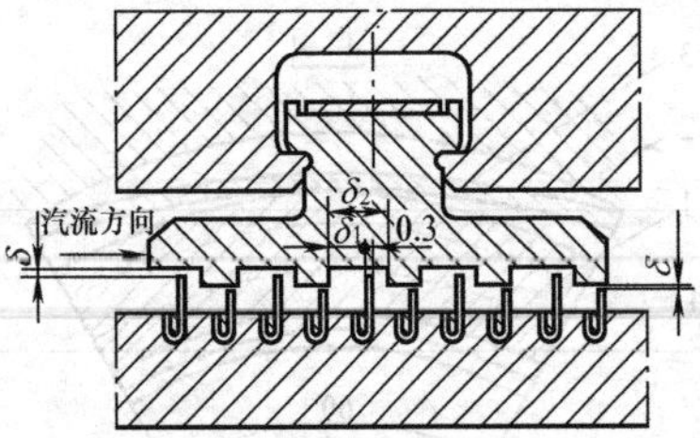

图4－72　J形汽封

（二）J形汽封

图4－72所示为J形汽封，它的汽封齿界面呈J形，由厚度为0.2～0.5mm的不锈钢或镍铬合金薄片制成，用不锈钢丝嵌压在转子或汽封环的凹槽中。这种汽封的特点是结构简单、紧凑；汽封片薄而且软，即使动静部分发生摩擦，产生的热量也不多，因此安全性比较好。其主要缺点是汽封片薄，每一片汽封片能承受的压差较小，因此需要的片数较多；汽封片容易损坏，而且拆装不便。

（三）其他汽封

在有的汽轮机上，还采用了其他新型汽封，如布莱登活动汽封、护卫式汽封、接触式汽封、蜂窝汽封等。由于这些汽封应用较少而不常见，也就不作过多说明。

第七节　轴　　承

汽轮机采用的轴承有支持轴承和推力轴承两种。支持轴承的作用是承担转子的重量及不平衡质量产生的离心力，并确定转子的径向位置，以保证转子中心与汽缸中心一致，从而保证转子与汽缸、汽封、隔板等静止部分正确的径向间隙。推力轴承的作用是承担蒸汽作用在转子上未平衡的轴向推力，并确定转子的轴向位置，以保证通流部分动静间正确的轴向间隙。

由于汽轮机轴承是在高转速、大载荷的条件下工作的，因此，要求轴承工作必须安全可靠，摩擦力尽可能地小。为了满足这一要求，汽轮机轴承都采用液体摩擦的滑动轴承。工作时，在轴颈和轴瓦之间形成油膜，建立液体摩擦，以保证机组安全平稳地工作。因此，这种轴承采用循环供油方式，由润滑供油系统连续不断地向轴承提供压力、温度合乎要求的润滑油。

一、支持轴承

（一）支持轴承油膜的形成

由于转子轴颈的直径小于轴承孔的直径，轴颈未转动时，在转子自身重量的作用下，轴颈与轴瓦的下部接触。这样轴颈与轴瓦之间便形成了一个带弧度的楔形间隙，如图 4-73（a）所示。当连续地向轴承供给具有一定压力和黏度的润滑油之后，轴颈旋转时，黏附在轴颈上的油层随轴颈一起转动，并带动各层油转动，将油从楔形间隙的宽口带向窄口，使润滑油积聚在狭小的间隙中而产生油压。当油压超过负荷时，便能将轴颈抬起。轴颈抬起后，所产生的油压有所降低。当这个油压与载荷相平衡时，轴颈中心便处在一定的偏心位置，达到了轴颈与轴瓦之间完全被油隔开，形成了液体摩擦，如图 4-73（b）所示。显然，轴颈的转速越高，楔形间隙内的油压越高，轴颈中心就将处在较高的偏心位置，如图 4-73（c）所示。当转速达到无穷大时，理论上轴颈中心便与轴瓦中心重合，如图 4-73（d）所示。因此，随着转速的不同，轴颈中心将处在不同的偏心位置上，其轨迹近似一半圆。

油楔沿径向的压力分布如图 4-74（a）所示。假定在润滑油进口处油压为零（表压），油压随楔形间隙的减小而逐渐增大，经过最大值后下降，在润滑油流出油楔的地方（最小间隙后），油压又降至零。由于轴承实际上只有一定的轴向长度，润滑油会从轴承的两端流出，使油楔中的油压从中间沿轴向逐渐下降，到端部时油压下降为零。所以，沿轴承轴向油压是中间大，两头小，端部为零。不同的 l/d（l 为轴承长度，d 为轴颈直径）沿轴向分布如图 4-74（b）所示。由图可见，对于同一轴承，其他条件（转速、轴瓦内径、轴颈直径及润滑油）相

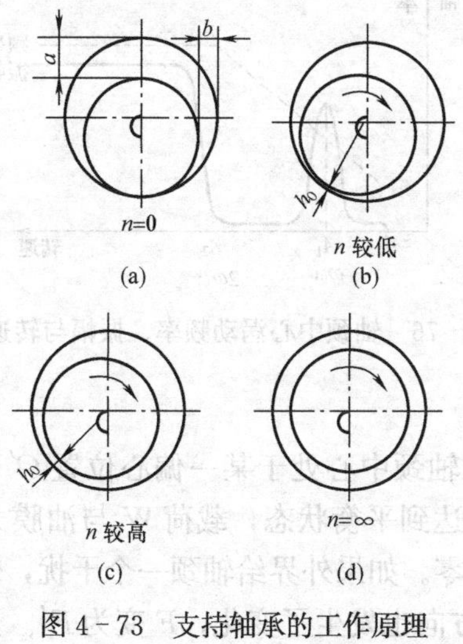

图 4-73 支持轴承的工作原理

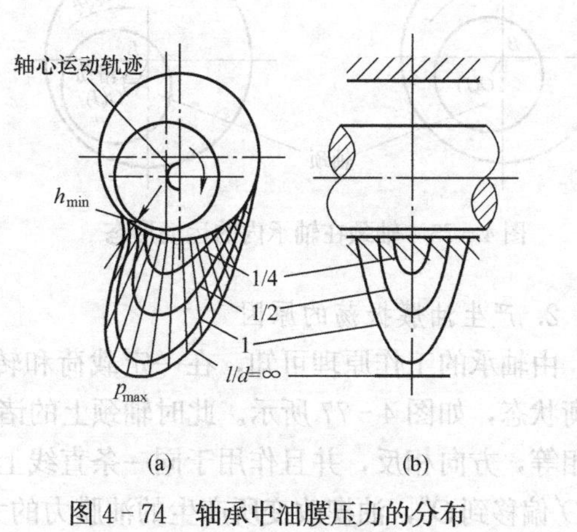

图 4-74 轴承中油膜压力的分布

（a）轴心运动轨迹及油楔中的周向压力分布；

（b）油楔中的轴向压力分布

同时，若轴承轴向长度越长，则产生油压越大，轴承的承载能力越大，轴颈抬起越高，偏心距越小；反之，轴承轴向长度越短，则产生油压越小，承载能力越低，偏心距越大。但是轴承长度过长，将影响轴承的冷却，并增加转子轴向长度，因此，轴承不宜做得过长。

（二）轴承的油膜振荡

1. 油膜振荡现象

采用滑动轴承支承的转子，在稳定状态下，轴颈中心 J 在平衡位置 O 处（见图 4－75），轴颈只围绕该点旋转；一旦失去稳定时，轴颈中心 J 偏离平衡位置 O，轴颈不仅围绕 J 点旋转，而且 J 点本身还将围绕 O 点涡动。当涡动振幅小时，轨迹常近似于一个椭圆，当涡动振幅大时，轨迹就偏离椭圆变成较复杂的形状。这种现象有时会在汽轮机的启动、升速或超速试验中遇到。

图 4－76 所示为某一滑动轴承的振动特性曲线。当转速由零逐渐升高时，起初没有振动，只是随着转速的不同轴颈中心处于不同的偏心位置。当转速升高到 A 点时，轴颈开始出现振动，但振幅较小，振动频率约为 A 点转速的一半。当转速继续升高时，振幅基本不变，振动频率随之增加，总是约等于当时转速的一半。当转速升高到 A_1 点时，达到转子第一阶临界转速 ω_{c1}，此时振动加剧，振幅突然增加，振动频率等于 ω_{c1}。超过第一阶临界转速后，振动迅速减弱，频率也恢复为当时转速的一半。当转速继续升高到 A_2 点达到转子第一阶临界转速的两倍时，振动又加剧，频率等于此时转速的一半，即等于 ω_{c1}。此后转速继续升高，振幅不再减小，频率保持等于第一阶临界转速不变。在以上的过程中，转速升高到 A 点对应的值时，轴颈开始失去稳定，因此 A 点对应转速就是失稳转速；A 点至 A_2 点间，轴颈中心的振动频率等于当时转速一半的小振动，称为半速涡动；A_2 点以后，轴颈中心的振动频率等于转子第一阶转速的大振动，称为油膜振荡。当油膜振荡发生后，在较大的转速范围内，涡动频率将保持等于第一阶临界转速，振幅也始终保持在共振状态下的大振动，这种现象称为油膜振荡的惯性效应。因此，油膜振荡不能用提高转速的方法来消除。

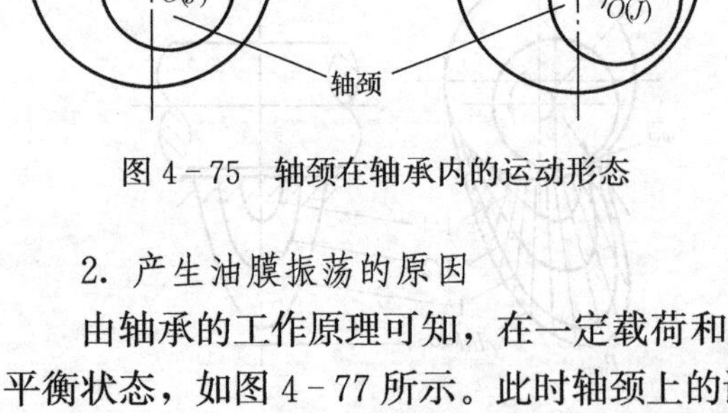

图 4－75　轴颈在轴承内的运动形态

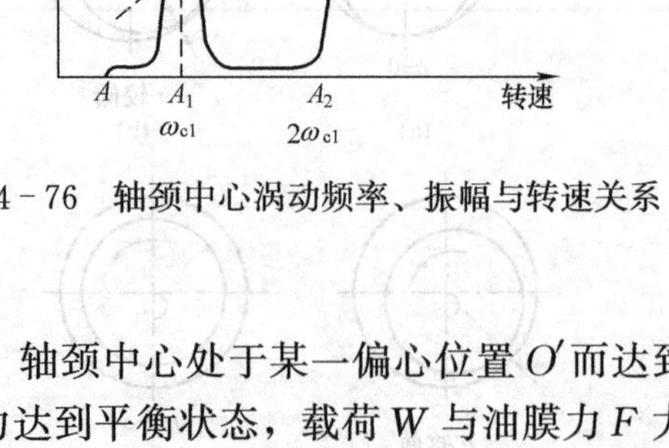

图 4－76　轴颈中心涡动频率、振幅与转速关系

2. 产生油膜振荡的原因

由轴承的工作原理可知，在一定载荷和转速下，轴颈中心处于某一偏心位置 O' 而达到平衡状态，如图 4－77 所示。此时轴颈上的诸作用力达到平衡状态，载荷 W 与油膜力 F 大小相等，方向相反，并且作用于同一条直线上合力为零。如果外界给轴颈一个干扰，使轴心从 O' 偏移到 O''，油楔改变所产生的油膜力的大小与方向也发生了变化，F 变为 F'。这时载荷 W 与油膜力 F' 不再作用于一条直线上，将 F' 分解后分量 F_W 与载荷 W 互相平衡，另一分量 ΔF 可分解为沿油膜变形方向的弹性恢复分力 ΔF_1 和垂直于油膜变形方向的切向分力

ΔF_2，这个切向分力 ΔF_2便是破坏转子稳定运转、引起轴心涡动和油膜振荡的根源，称为失稳分力。

当转子失稳分力小于轴承的阻尼力时，轴心涡动是收敛的，转子属于稳定工作状态，轴心受到扰动而偏移到O''后，将自动回到O'平衡位置，如图 4－78（a）所示。当失稳分力大于轴承的阻尼力时，轴心涡动是发散的，属于不稳定工作状态，此时由于轴心O''绕着平衡位置O'涡动，这种涡动本身又会使转轴受到离心力的作用，从而进一步加大轴心在轴承内的偏移量，进而使失稳分力增大，涡动加剧。如此循环，最终形成油膜振荡［见图 4－78（c）］。介于上述两者之间的是当失稳分力等于阻尼力时的小振幅涡动，此时轴心将沿着一个以原平衡位置O'为中心的椭圆轨道，以轴颈旋转方向相同的方向涡动［见图 4－78（b）］。

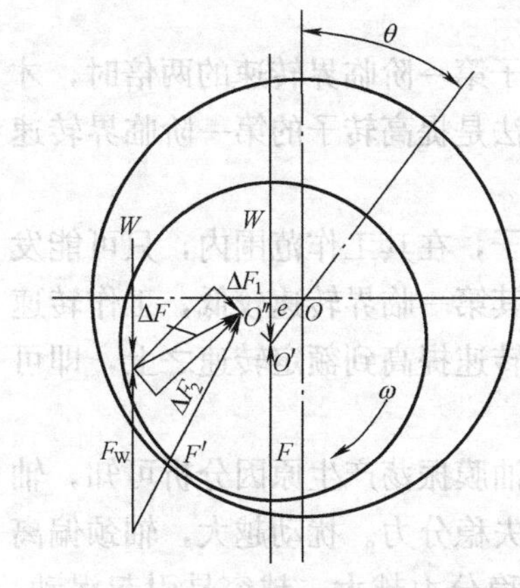

图 4－77　轴颈在轴承中的受力示意

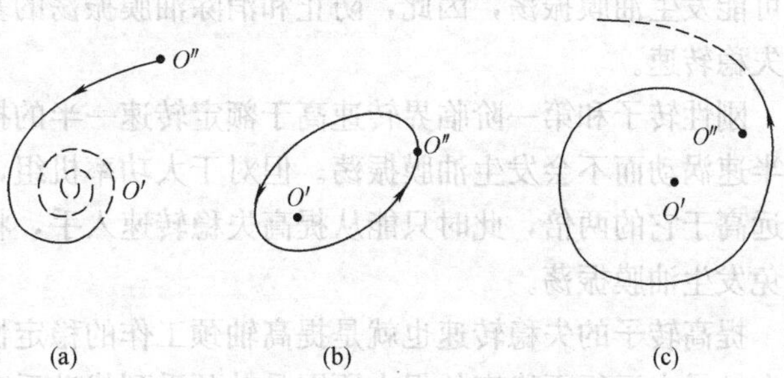

图 4－78　轴心涡动轨迹

（a）稳定工作状态；（b）临界工作状态；（c）不稳定工作状态

3. 轴承载荷对失稳转速和油膜振荡的影响

轴颈在轴承中运转产生失稳的根本原因是转子受到某一扰动后产生了失稳分力。扰动越大、轴心在轴瓦中的偏移量越大，越容易引起轴颈半速涡动及油膜振荡。在同样扰动强度下，轴颈稳定运行时的油膜越薄，轴心相对偏移量越小，失稳分力越小，越不容易产生半速涡动及油膜振荡；反之，轴颈稳定运行时的油膜越厚，在同一扰动下轴心的相对偏移量越大，失稳分力越大，越容易产生轴颈半速涡动及油膜振荡。这就是说，轴承内的油膜越薄，失稳转速越高，轴颈运转越稳定。

轴承载荷不同，所产生的油膜厚度不同，失稳转速的高低也不同，油膜振荡发生的情况也就不同，如图 4－79 所示。图 4－79（a）表示轻载情况，失稳转速 ω_1低于第一阶临界转速 ω_{c1}，轴颈正常运行区最小，转速升至 ω_1时开始半速涡动，升至 $2\omega_{c1}$后发生油膜振荡；图 4－79（b）表示中载情况，$\omega_{c1}<\omega_1<2\omega_{c1}$，轴颈正常运行区较大，半速涡动区较小，在稍高于 $2\omega_{c1}$的某个转速时发生油膜振荡；图 4－79（c）是重载情况，它的油膜稳定区最大，转速高出 $2\omega_{c1}$较多时，轴颈才失稳，且不出现半速涡动即发生油膜振荡。

4. 油膜振荡的防止和消除

发生油膜振荡时轴颈的振幅很大，会引起轴承油膜破裂、轴颈与轴瓦碰撞甚至损坏。另外，因其振动频率刚好等于转子的第一阶临界转速，成为转子的共振激发力，使转子发生共振，可能导致转轴损坏。半速涡动时振幅不大，虽然不会破坏油膜，但长期工作，会引起零件松动和疲劳损坏。因此要尽可能地抑制半速涡动，尤其要防止大振幅的油膜振荡。

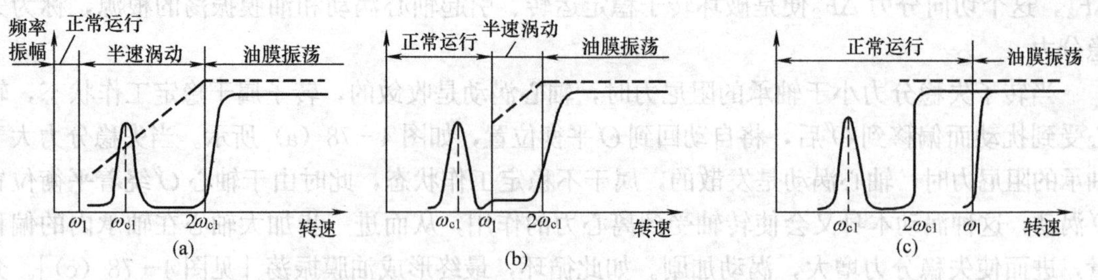

图 4-79 轴承载荷对失稳转速和油膜振荡的影响

(a) 轻载情况；(b) 中载情况；(c) 重载情况

--- 频率 —— 振幅

由前面分析可知，只有当转子的转速高于失稳转速及转子第一阶临界转速的两倍时，才有可能发生油膜振荡，因此，防止和消除油膜振荡的基本方法是提高转子的第一阶临界转速和失稳转速。

刚性转子和第一阶临界转速高于额定转速一半的挠性转子，在其工作范围内，只可能发生半速涡动而不会发生油膜振荡。但对于大功率机组，由于其第一临界转速较低，工作转速远远高于它的两倍，此时只能从提高失稳转速入手，将失稳转速提高到额定转速之上，即可避免发生油膜振荡。

提高转子的失稳转速也就是提高轴颈工作的稳定性。由油膜振荡产生原因分析可知，轴颈在轴承中运行不稳定的根本原因是轴颈受到扰动后产生了失稳分力。扰动越大，轴颈偏离其平衡位置的距离越大，失稳分力越大，越容易引起涡动，进而导致油膜振荡。在同一扰动强度下，轴颈稳定运行时的偏心距越大，其相对偏移就越小，失稳分力也越小，越不容易产生半速涡动和油膜振荡。也就是说，轴颈在轴瓦中平衡位置的偏心矩越大，转子工作越稳定，失稳转速也就越高。而偏心矩的大小总是在相对的观点上才有意义，因此上述结论是对轴颈在轴瓦中的相对偏心率而言的。相对偏心率即轴颈与轴瓦的绝对偏心距 OO' 与它们的半径差 $R-r$ 的比值（见图 4-80），以 K 表示。即

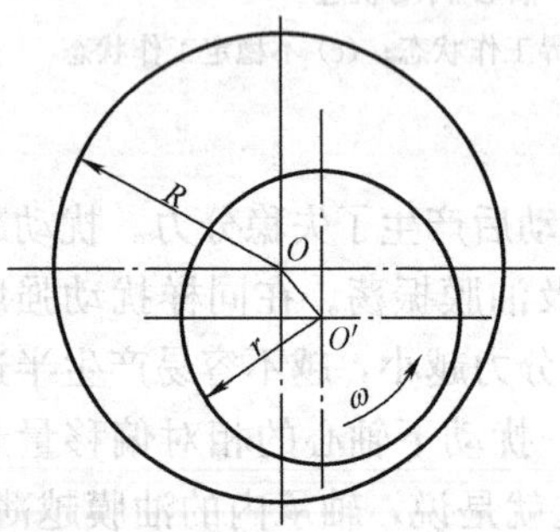

图 4-80 轴承相对偏心率示意

$$K=\frac{OO'}{R-r} \tag{4-29}$$

K 值越大，失稳转速越高，越不容易产生半速涡动和油膜振荡，通常认为 K 大于 0.8 时，轴颈在任何情况下都不会发生油膜振荡。反之，K 越小，转轴工作越不稳定，越容易产生半速涡动和油膜振荡。

防止和消除油膜振荡可在两方面着手：一方面是改进转子设计，尽量提高转子的第一阶临界转速；另一方面是通过改进轴承形式、轴瓦与轴颈的径向间隙、轴承比压、润滑油黏度等因素，提高转子的失稳转速。对于发电厂已投运的机组来说，转子的临界转速是很难改变的，故可从以下方面提高失稳转速：

(1) 增大轴承比压 P。$P=\frac{P}{LD}$，P 为轴承比压，P 为轴承载荷，L 为轴承长度，D 为轴

承直径。具体做法一是调整对轮中心，改变各轴瓦的负荷分配，增大失稳转速低的轴承的载荷；另一做法是缩短轴瓦长度，减小长径比，可车去轴瓦两端的部分乌金或在下瓦承压部分开一中央沟。

(2) 增大轴瓦工作弧段的椭圆度。也是增大轴瓦两侧的间隙和减小轴瓦与轴颈的接触角。这样能提高轴承工作稳定性的原因在于增大了轴承的相对偏心率。

(3) 在下瓦适当位置开泄油槽，降低油楔压力。这一措施可以减小轴颈浮起的高度，增大相对偏心率，如图 4-81 所示。

(4) 提高油温，降低油的黏度。这样轴颈旋转时带入油楔的油量减少，油膜变薄，增大轴颈的偏心率。

(5) 减小轴瓦顶部间隙，增大上瓦乌金宽度，这相当于增大了上瓦向下施加的油压力，增大了轴承比压。

(6) 采用稳定性好的轴瓦，如椭圆瓦、多油楔瓦和可倾瓦等。

（三）轴承结构

支持轴承的结构形式有多种，按轴瓦的形式可分为圆筒形轴承、椭圆形轴承、多油楔轴承及可倾瓦轴承等；按轴承自身的支承方式可分为固定式和自位式两种。

1. 圆筒形支持轴承

圆筒形支持轴承是指轴瓦的内圆为正圆。若轴承体的外形为圆筒形就称为固定式圆筒形轴承，若轴承体的外形为球面就称为自位式圆筒形轴承。

图 4-82 所示为固定式圆筒形支持轴承。轴承体与轴瓦为整体结构，其外部和内圆均为圆筒形。轴瓦由上、下两半组成，通过定位销对正定位，并用螺栓连接起来。下瓦支持在三块垫铁上，垫铁用螺钉与轴瓦固定，垫铁的下边压有垫片，改变这三处垫片的厚度就可以调整轴瓦的中心。垫片为薄钢片制成，每一处的垫片数不许超过三层。在转子放入以前，底部垫铁和轴承座洼窝之间应留有 0.03～0.07mm 的间隙（较大值用于功率大的机组），这样，

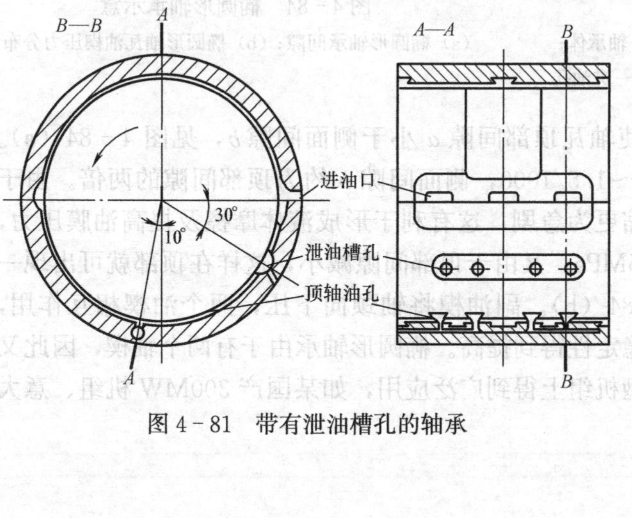

图 4-81　带有泄油槽孔的轴承

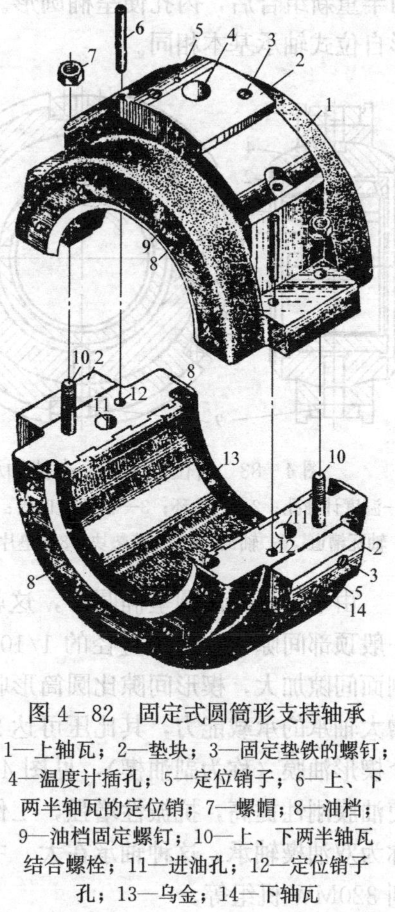

图 4-82　固定式圆筒形支持轴承

1—上轴瓦；2—垫块；3—固定垫铁的螺钉；4—温度计插孔；5—定位销子；6—上、下两半轴瓦的定位销；7—螺帽；8—油档；9—油档固定螺钉；10—上、下两半轴瓦结合螺栓；11—进油孔；12—定位销子孔；13—乌金；14—下轴瓦

当转子放入后，下瓦的三个垫铁均匀受力。在上瓦的顶部也装有一个垫铁，改变该垫块下垫片的厚度就可以调整轴瓦与轴承盖之间的紧力。

图 4-83 所示为自位式圆筒形支持轴承结构简图，其结构与固定式圆筒形支持轴承基本相同，不同的是该轴承体外形呈球面。当转子的挠度变化引起轴颈倾斜时，轴承体可作相应转动，自动调位，从而使轴颈和轴瓦之间的间隙在整个轴瓦的长度范围内保持不变。轴承共用了 4 块支持垫块，以便在轴承座中调整中心，垫片就是调整轴瓦径向位置用的。润滑油从底部垫块上的孔进入轴承，在这之前可加装节流孔板，用以控制进入轴承的润滑油量。进入轴承的润滑油顺轴承体与轴瓦之间的环形槽道流动，在轴瓦中分面左右两侧进入轴瓦。左边进入的润滑油沿上半轴瓦的宽敞槽道按轴转动的方向流动，同时将轴承冷却，最后大部分从缺口槽流出端部。如要加强冷却效果，可加大缺口槽的尺寸。轴瓦中分面右边进入的油被轴颈旋转带入楔形间隙，然后从两端排出，流入轴承箱回油通路。轴承两端装有挡油环，以防止润滑油溅出轴承。在上轴瓦和上轴承体间开有油槽，油可通过轴承体、球面座上的孔达到温度计插孔，以便安装温度计测量轴承油温。

在静止状态下，圆筒形支持轴承顶部间隙约为侧边（单侧）间隙的 2 倍。

2. 椭圆形支持轴承

椭圆形支持轴承是指轴瓦的内圆为椭圆形，如图 4-84 所示。当轴承内圆乌金浇铸完毕车准轴瓦内孔尺寸时，在上、下两半中分面间加了一层厚 0.8～1.0mm 的垫片，撤走垫片，两半重新组合后，内孔便呈椭圆形。椭圆形轴承多采用球面支持的自位式，在结构上与圆筒形自位式轴承基本相同。

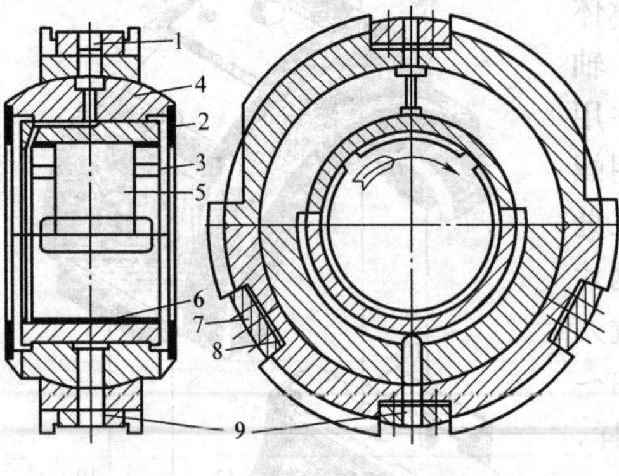

图 4-83　自位式圆筒形支持轴承

1—温度计插孔；2—挡油环；3—轴瓦缺口槽；4—轴承体；5—轴瓦槽道；6—轴瓦；7—支持垫块；8—垫片；9—进油孔

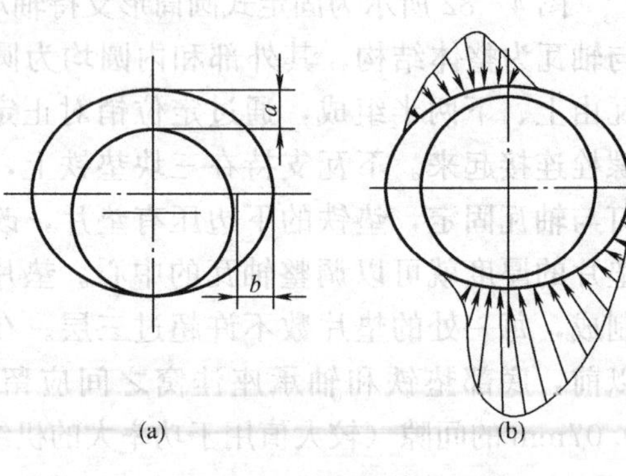

图 4-84　椭圆形轴承示意

（a）椭圆形轴承间隙；（b）椭圆形轴瓦油楔压力分布

由于轴瓦的内圆呈椭圆形，这就使轴瓦顶部间隙 a 小于侧面间隙 b，见图 4-84（a）。一般顶部间隙 a 为轴颈直径的 1/1000～1.5/1000，侧面间隙 b 约为顶部间隙的两倍。由于侧面间隙加大，楔形间隙比圆筒形收缩更为急剧，这有利于形成液体摩擦及提高油膜压力，增大轴承的承载能力，其比压可达 2.5MPa。又由于顶部间隙减小，这样在顶部就可出现一个楔形油膜（称为副油楔），见图 4-84（b）。副油楔将轴颈向下压，两个油楔相互作用，使油膜刚性提高，抗振性增强，工作稳定性得到提高。椭圆形轴承由于有两个轴楔，因此又称为双油楔轴承，这种轴承在大、中型机组上得到广泛应用，如某国产 300MW 机组、意大利 320MW 机组等。

3. 三油楔轴承

三油楔轴承是多油楔轴承的一种，其结构如图 4－85 所示。轴瓦上有三个固定油楔：上瓦两个，下瓦一个，每个油楔入口的最大深度为 0.27mm。为了使油楔分布合理又不使结合面通过油楔区，上、下瓦结合面与水平面倾斜 35°，安装时将轴瓦反转 35°，这使安装和检修不便。近年来随着加工工艺的提高，有的厂家将三油楔轴承的中分面改成水平的。改成水平中分面后有两个油楔有接缝，实验证明，这条接缝对轴承性能影响不大。

润滑油从轴承的进油口进入轴瓦的环形油室，然后分别经过 3 个油楔的进油口进入各油楔中。当轴颈旋转时，3 个油楔中均形成油膜，分别作用在轴颈的三个方向上。下部大油楔产生的压力起承受载荷的作用，上部两个小油楔产生的压力将轴颈往下压，使转轴运行平稳，并具有良好的抗振性能。三油楔轴承的承载能力较高，其比压可达 3MPa。

轴瓦底部开有高压油顶轴装置的进油口及油池。机组启动时，从顶轴油泵打来的高压油进入轴承将轴颈顶起，使轴颈与轴瓦之间用油隔开，防止出现干摩擦，保护轴颈和轴承。

4. 可倾瓦支持轴承

可倾瓦轴承又称活支多瓦轴承，它通常是由 3～6 或更多块能在支点上自由倾斜的弧形瓦块组成，其原理如图 4－86 所示。工作时，瓦块可以随着转速、载荷及轴承温度的不同而自由摆动，自动调整到形成油膜的最佳位置。油膜对轴颈的作用力与轴颈上的载荷在任何情况下都在同一直线上，因此这种轴承具有较高的稳定性。由于瓦块可以自由摆动，增加了支承柔性，具有吸收转轴振动能量的能力，即具有很好的减振性。同时，可倾瓦轴承还具有承载能力大（比压可达 4MPa）、摩擦耗功小以及能承受各个方面的径向载荷、适应正反转动等优点，越来越多为大功率汽轮机所采用。其缺点是结构复杂，加工制造以及安装、检修较为麻烦，成本较高。

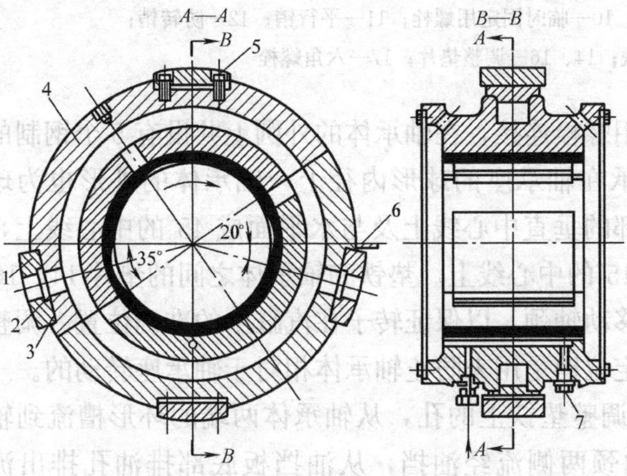

图 4－85　三油楔轴承

1—调整垫片；2—节流孔；3—带孔调整垫片；4—轴瓦体；5—内六角螺钉；6—止动垫圈；7—高压油顶轴进油

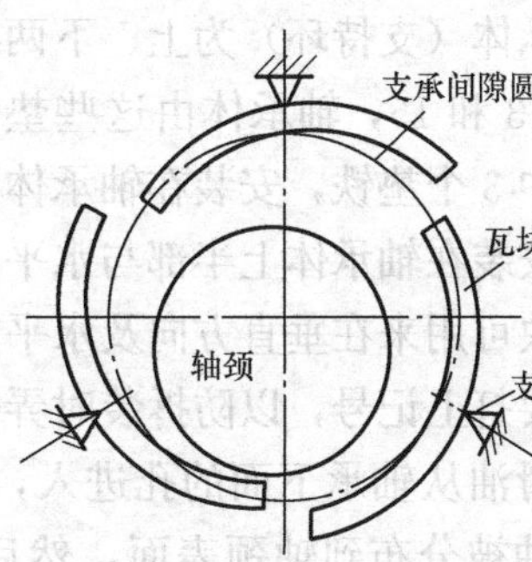

图 4－86　可倾瓦支持轴承原理图

图 4－87 所示为国产优化型 300MW 机组 2 号轴承采用的可倾瓦轴承。该轴承由 4 块浇有巴氏合金的可倾瓦、轴承体（支持环）、轴承盖、轴承座及其他附件组成。4 块独立的瓦块互不相连，2 个下瓦块承受轴颈的载荷，2 个上瓦块保持轴颈运行的稳定。各瓦块均用球面调整垫块支持在轴承体内，调整垫块的球形表面与各瓦块间有内垫片，调整垫块的平面边

与轴承体之间有外垫片。因各瓦块均为球面支承，这就能使瓦块在圆周方向和轴向自由倾斜，从而形成油楔和与轴颈自动对中。改变外垫片的厚度尺寸，可调整轴承的径向间隙。

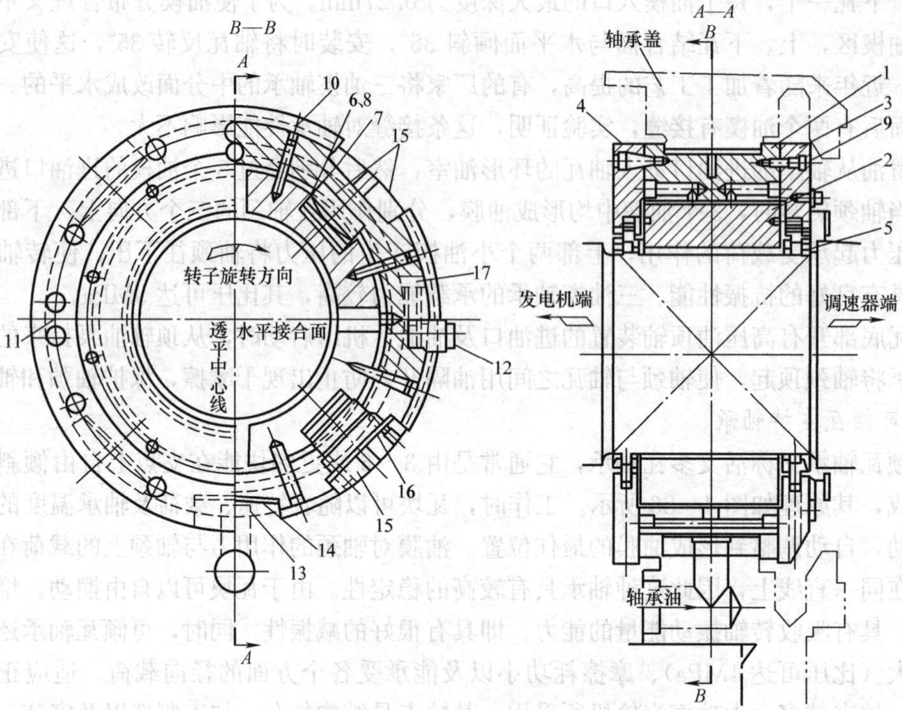

图 4-87 国产优化型 300MW 机组的可倾瓦轴承

1—轴承体（分成两块）；2—可倾瓦块；3、4—浮动油挡支持板；5—浮动油挡；6、8—内、外垫片；7—球面支承块；9—埋头六角螺栓；10—临时固定用螺栓；11—平行销；12—防转销；13、15—轴承调整垫铁；14、16—调整垫片；17—六角螺栓

轴承体（支持环）为上、下两半，用螺栓连接，在轴承体的外圆上共设有 5 个钢制的调整垫铁 13 和 15，轴承体由这些垫铁支承在轴承座的球形内径上，轴承体的外形也为球形面。其中 3 个垫铁，安装在轴承体下半部的垂直中心线上及与水平面成 45°的中心线上，其他两个安装在轴承体上半部与水平面成 45°的中心线上。垫铁和轴承体之间的垫片 14、16 和球形垫块可用来在垂直方向及水平方向移动轴颈，以保证转子在汽缸中的准确位置。调整垫铁同样要打上记号，以防拆装时弄错。定位销是用来防止轴承体相对于轴承座转动的。

润滑油从轴承下面的孔进入，通过调整垫铁上的孔，从轴承体两端的环形槽流到轴瓦内部，油被分布到轴颈表面，然后由轴颈两侧流经油挡，从油挡板底部排油孔排出流回油箱。轴承两端装有浮动式内油挡，油挡环固定在油挡支持板 3、4 上，整个油挡分成上、下两半用螺栓直接固定在轴承体上。

二、推力轴承

汽轮机在安装时如果转子的轴向位置不正确，则不能保证汽缸内动、静之间正常的轴向间隙。机组运行中，蒸汽在转子上还要产生很大的轴向推力，其数值一般可达几吨至几十吨，该推力足以使转子产生轴向移动，导致动、静之间产生撞击或摩擦。因此，汽轮机必须设置推力轴承。

现代汽轮机广泛采用的是密切尔式推力轴承，这种轴承在推力盘两面圆周方向上各装有6～12个扇形瓦块。承受正向推力一侧的瓦块称为工作瓦块（或推力瓦块），而推力盘另一侧的瓦块称为非工作瓦块（或定位瓦块）。在某些异常的工况下，如突然甩负荷、高压缸和中压缸的进汽阀一个突然关闭而另一个还在开着等，可能出现瞬时的反向推力，有些情况下出现的瞬时反向推力比正向推力更大，因此非工作瓦块的承力面积丝毫不能比工作瓦块的面积小。

密切尔式推力轴承瓦块的结构一般有两种情况。一种是固定式的［见图4-88（a）］，即瓦块与支持环是整体结构，但在瓦块进油一侧的底部加工出开口槽，使半个瓦块悬空，这有利于增加瓦块的支承弹性，以便瓦块的工作面与推力盘之间建立楔形油膜。另一种是摆动式的［见图4-88（b）］，瓦块用背面的支持销悬挂在支持环上。

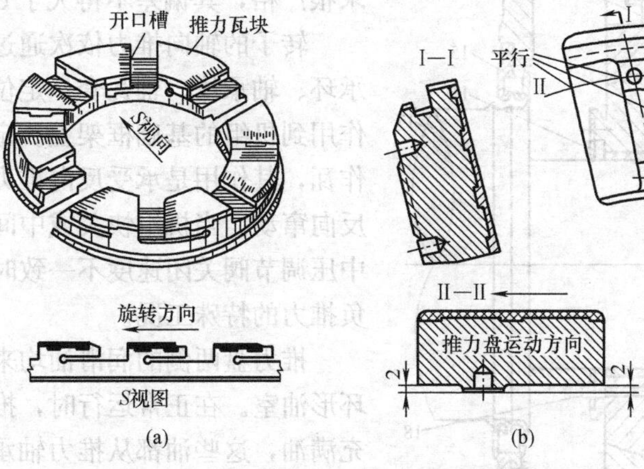

图4-88　密切尔式推力轴承的瓦块

(a) 固定式；(b) 摆动式

瓦块与推力盘之间楔形油膜建立的过程如图4-89所示。汽轮机在静止时，瓦块表面与推力盘平行，如图4-89（a）所示。汽轮机转动后，供入轴承的润滑油被旋转的推力盘带入瓦块与推力盘之间的间隙中，当转子上有推力产生时，间隙中的油层就受到压力，并传递给推力瓦块。由于瓦块背部的支承点不在中央位置，而是偏向瓦块的排油一侧，使进油一侧的面积大，因此油压的合力 Q 也偏向瓦块的进油侧。这样，合力 Q 就与瓦块支点的反作用力 R 形成一力偶，使瓦块发生偏转，形成油楔，如图4-89（b）所示。随着瓦块的偏转，油压的合力 Q 向排油一侧移动，当 Q 移至 R 的作用点时，瓦块便保持平衡位置，油楔的压力与轴向推力保持平衡状态，从而在瓦块与推力盘之间建立起液体摩擦，如图4-89（c）所示。

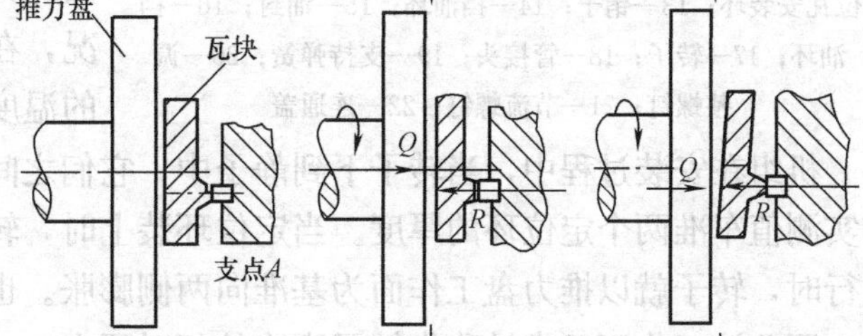

图4-89　推力瓦块与推力盘之间油楔的形成

运行中，转子上的轴向推力总体上与蒸汽流量成正比，因此，负荷越大，轴向推力亦越大。随着轴向推力的增大，瓦块偏转的角度也在增大，油楔的压力及轴承的摩擦发热量都在升高。所以运行中应重视对推力轴承工作温度的监视，以免瓦块表面厚约1～1.5mm的乌金被融化，造成事故。一般在推力轴承上半部工作面和非工作面的瓦块上，各设有1～2个热电偶温度测点，用于测量瓦块的乌金温度。

对于中、小型机组，推力轴承常与一个支持轴承制成一体，称为推力—支持联合轴承。图4-90是一种有代表性的联合轴承结构图。这种轴承的推力轴承壳体与支持轴承的轴瓦连成一体，称为轴承体。为了保证各推力瓦（工作瓦）受力均匀，轴承体的支承面为球面，轴承体能够在一个小的锥度范围内自由摆动，以自动适应推力盘的角度。因此凡是支承面为球面的轴承均称为自位轴承。同样是为了各推力瓦受力均匀的目的，对各瓦的厚度偏差要求很严格，其偏差不得大于0.02mm。

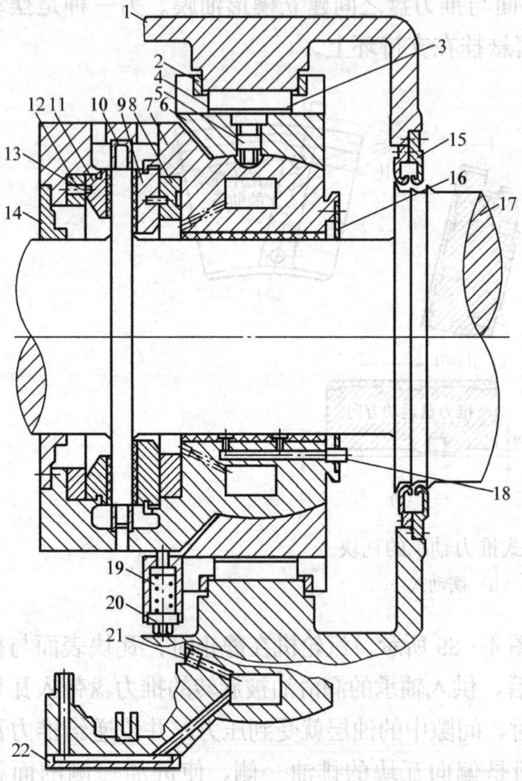

图4-90 推力支持联合轴承

1—轴承箱盖；2—定位环；3—垫块；4—调整垫片；5—止动销；6—球面轴瓦枕；7—轴承体；8—支持环；9—推力瓦块；10—油封环；11—定位瓦块；12—定位瓦安装环；13—销子；14—挡油环；15—油封；16—挡油环；17—转子；18—管接头；19—支持弹簧；20—调整螺钉；21—节流螺钉；22—连通盖

转子的轴向推力依次通过推力瓦块、支承环、轴承体、轴瓦套、定位环、轴承箱等作用到机组的基础框架上。定位瓦也称非工作瓦，其作用是承受反向推力，限制转子的反向窜动。当机组快关或中间再热机组的高中压调节阀关闭速度不一致时，有可能出现负推力的特殊工况。

推力盘两侧的润滑油均来自轴承体内的环形油室。在正常运行时，推力轴承内全部充满油，这些油都从推力轴承上方的回油口溢出。推力轴承的进油温度35～45℃之间；设计温升一般为5～15℃，最高不超过20℃；出口油温不得超过65～70℃。在供油正常的情况下，推力轴承润滑油的温升能反映转子轴向推力的变化。但由于在推力轴承中，形成油膜的润滑油占很少一部分，大部分是起冷却作用的，所以利用润滑油温升不能敏感地反映轴向推力的大小。有时乌金已被严重磨损或烧毁，而回油温度才上升了1～3℃。因此为了更加灵敏地反映推力瓦处的润滑情况，在近代机组上，都设法直接测量推力瓦的温度。

机组在安装过程中，当转子下到静子中，它们之间的轴、径向间隙也合乎要求以后，要按实测值车准两个定位环的厚度。当定位环装上时，转子在静子中的轴向位置就确定了。在运行时，转子就以推力盘工作面为基准向两侧膨胀。也可以说，该工作面相对于静子没有位移。因此该工作面又常被称作转子膨胀的相对死点。

推力瓦由乌金层和用锡磷青铜浇铸的瓦胎构成。乌金的厚度应小于通流部分的最小轴向间隙，一般为1.5mm左右。这是考虑当发生乌金全部熔化的事故后，凭借锡磷青铜的耐磨性，避免动静部分间的直接摩擦。

图4－91所示为独立设置的推力轴承结构形式。它与支持轴承分开设置，安装工作瓦的支承环都有球形接合面，并共同安装在球面座内。为了保证进油环形室中的油不大量外漏，设置了浮动式挡油圈。挡油圈内圆浇有乌金，外圆用拉弹簧锁紧。

三、超超临界压力1000MW汽轮机简介

上海汽轮机厂1000MW汽轮机采用水平中分的自位式轴承，各个轴承的失稳转速大于额定转速的125%，以确保在运行时不会产生油膜振荡。

东方汽轮机厂1000MW汽轮机的1～4号轴承采用6瓦块的可倾瓦轴承，5～8号轴承采用6瓦块的椭圆形轴承。推力轴承位于高压缸、中压缸之间的2号轴承箱内，采用倾斜平面式双推力盘结构。

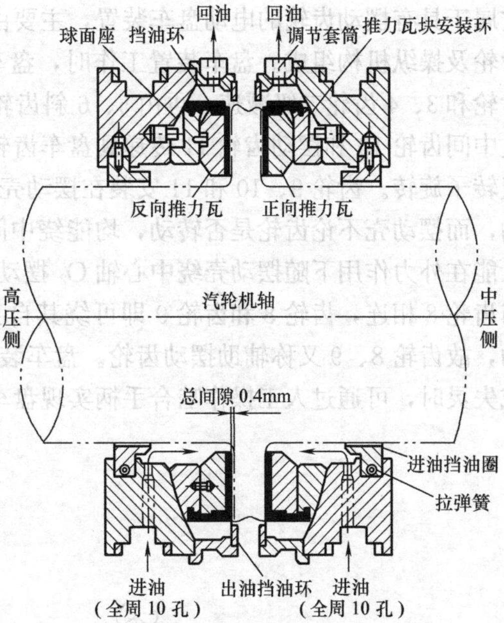

图4－91 独立设置的推力轴承

第八节 盘 车 装 置

在汽轮机不进蒸汽时用以驱动机组转子以一定转速旋转的设备称为盘车装置。按动力来源的不同，盘车装置可分为电动盘车、液动盘车、手动盘车；按结构特点，盘车装置可分为具有螺旋轴的电动盘车、具有摆动轮的电动盘车；按盘车转速的高低，盘车装置可分为高速盘车（40～70r/min）和低速盘车（2～5r/min），多数机组都采用电动低速盘车装置。

汽轮机在启动冲转前和停机后，都需要投入盘车装置，让转子以一定的转速连续转动。启动冲转前投入盘车装置，是要检查汽轮机的动、静部分间有无摩擦现象；转子的弯曲度是否合格，以便判断机组是否具备启动条件。另外，启动冲转前，为了达到所要求的真空，常在冲转前就已向轴封送汽，这些蒸汽进入汽缸后会引起汽缸、转子上下温度不均匀，尤其是轴封处转子受热不均。一些大机组在冲转前就已用辅助蒸汽对高压缸进行暖缸，这些情况下如果转子静止不动，便会因上下温差而导致大轴发生向上弯曲变形，机组冲转后势必会引起振动，甚至造成动静部分摩擦。因此，机组启动冲转前要用盘车装置带动转子低速转动起来，让转子受热均匀，利于机组顺利启动。

汽轮机停机后，汽缸和转子进入自然冷却过程，由于上、下缸散热条件不同，以及冷、热气体的对流作用，使上缸的温度逐渐高于下缸温度。对于大型机组，一般停机8～12h后，是上、下缸的温差最大的时候，如果转子在这个冷却过程中处于静止状态，那么转子将会因上、下温差而产生弯曲，这种热弯曲可以达到很大的数值。因此，停机后应立即投入盘车装置，盘车不仅使转子温度均匀，防止弯曲变形，还可消除或减小上、下缸温差，减小汽缸变形，有利于机组随时再启动。

图 4－92 为东芝 600MW 机组盘车装置的结构示意图（该图所示为从发电机端向前看）。它属于具有摆动齿轮的电动盘车装置，主要由电动机、齿轮箱、摆动壳、传动齿轮、盘车大齿轮及操纵机构组成。盘车装置工作时，盘车电动机通过齿轮箱内 4 个齿轮，即经过 1、2 齿轮和 3、4 齿轮二级减速，再由 5、6 斜齿轮和 7、8 齿轮减速后，传递到辅助齿轮 9，再通过中间齿轮 10 和摆动齿轮 11 传递到盘车齿轮，即完成最后一级减速，最终带动汽轮发电机组转子旋转。齿轮 9、10 和 11 安装在摆动壳内。齿轮 10 只能受电动机驱动绕中间轴 O_2 转动，而摆动壳不论齿轮是否转动，均能绕中间轴 O_2 转动。齿轮 11 既能绕中心轴 O_3 转动，又能在外力作用下随摆动壳绕中心轴 O_2 摆动，故称齿轮 11 为摆动齿轮。齿轮 9 通过 O_1 轴与齿轮 8 相连，齿轮 8 和齿轮 9 即可绕其自身中心轴 O_1 转动，又能随摆动壳绕中心 O_2 摆动，故齿轮 8、9 又称辅助摆动齿轮。盘车装置之投入或退出，均可自动实现，当自动不好或失灵时，可通过人工操作啮合手柄实现盘车啮合。

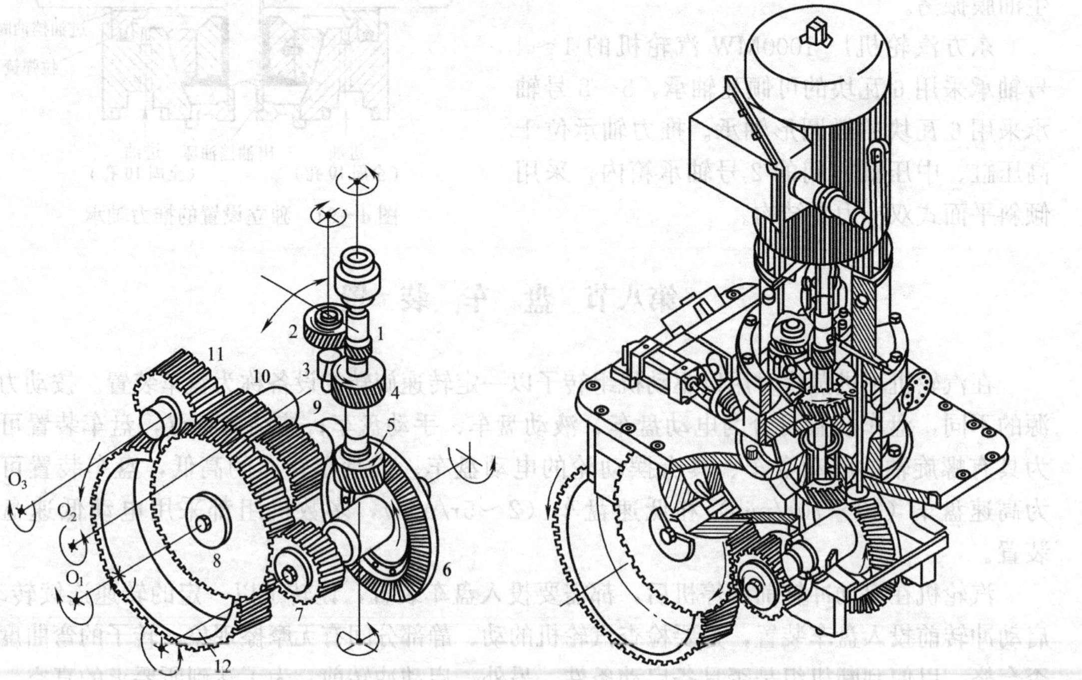

图 4－92 盘车结构图

盘车装置投入工作过程如下：通过人工操作啮合手柄或由气缸带动啮合。操作指令发出后，通过杠杆推动摆动壳绕 O_2 朝逆时针方向摆动 18°，使摆动齿轮与转子的盘车齿轮啮合，由于摆动壳连同 4 个齿轮的重心位于中间轴 O_2 的右侧（靠近 O_1 侧），因此这个位置摆动壳刚好处于不平衡状态。但在摆动齿轮与盘车齿轮啮合的瞬间，盘车电动机带电，使摆动齿轮带动盘车齿轮旋转，同时摆动齿轮带动转子转动的反作用力使摆动架上的销柱停留在顶杆椭圆孔的右上位置并保持。

盘车装置的自动退出：当转子转速大于盘车转速后，盘车装置便可自动退出工作。在转子冲转升速时，盘车齿轮的转速突然升高，而摆动齿轮 11 因受电动机驱动，转速维持不变，这样由盘车齿轮产生的反力矩将摆动齿轮甩出，此时气缸在失气自由状态，于是摆动壳在惯性力作用下，围绕中心轴 O_2 顺时针摆动 18°，并使摆动壳的销柱停留在顶杆椭圆孔的左下方，盘车装置就此自动脱开，摆动壳处于平衡状态。

但是，当机组处于盘车状态时，如果停运盘车装置，则转子的盘车齿轮与摆动齿轮在啮合状态下停止转动，由于两者啮合力的作用，摆动齿轮不会离开其啮合位置。

上海汽轮机厂 1000MW 汽轮机采用高速盘车，盘车转速为 70r/min；东方汽轮机厂和哈尔滨汽轮机厂的 1000MW 汽轮机采用低速盘车，盘车转速分别为 2r/min 和 3r/min。

复习思考题及习题

1. 汽轮机本体由哪些主要部件组成？

2. 何谓汽轮机的进汽部分？大功率汽轮机的进汽部分有几部分组成？

3. 高压调节汽阀后的导汽管与喷嘴室是怎样进行连接的？对该连接方式有何要求？

4. 正常运行时，高压主汽阀、高压调节汽阀、中压主汽阀和中压调节汽阀的工作状况怎样？

5. 汽缸的作用是什么？大功率汽轮机的高压缸、中压缸和低压缸为什么要采用双层缸结构？

6. 高中压合缸结构有何优点？国产引进型 300MW 汽轮机高、中压缸夹层冷却蒸汽的来源及流动情况怎样？

7. 为什么要设置低压缸喷水装置？该装置什么时候投入和撤出？

8. 大功率汽轮机高中压内、外缸有哪几种支承方式？各有何优缺点？低压内、外缸采用什么支承方式？

9. 滑销系统的作用是什么？由哪几类滑销组成？各个滑销都处于什么位置？

10. 叙述东芝 600MW 和哈尔滨汽轮机厂超临界 600MW 汽轮机滑销系统的组成、死点设置及工作过程。

11. 国产引进型 300MW 汽轮机汽缸结构有何特点？

12. 汽轮机第一级喷嘴组与喷嘴室有几种固定方式？

13. 隔板的作用是什么？隔板有哪几种支承与定位方式？

14. 动叶片由哪几部分组成？常用的叶根形式有哪几种？各种叶根怎样进行装配？

15. 围带和拉金分别有什么作用？有哪几种形式？

16. 动叶片工作时主要受到哪些力的作用？等截面叶片上最大拉应力和弯应力在什么地方？

17. 工作时引起叶片振动的激振力有哪几类？是如何产生的？

18. 叶片及叶片组的切向弯曲振动有哪些振型？其中最容易发生又最危险的是哪几种？

19. 什么是叶片的自振频率、静频率、动频率？影响叶片自振频率的因素有哪些？

20. 什么是调频叶片和不调频叶片？调整叶片自振频率的措施是什么？调频方法有哪些？

21. 按制造工艺，转子有哪几种形式？各有什么特点？应用于什么场合？

22. 冲动式汽轮机和反动式汽轮机的转子都有哪些类型？其结构有何不同？

23. 叶轮的结构形式有哪几种？有何特点？

24. 什么是转子的临界转速？为什么转子在临界转速下会发生强烈振动？影响转子临界

转速的因素有哪些？什么是刚性转子？什么是挠性转子？

25. 汽轮发电机组常用的联轴器有哪几种？各有何特点？

26. 汽封的作用是什么？常用的曲径式汽封都安装在汽轮机的哪些部位？

27. 说明滑动轴承的工作原理。

28. 什么是油膜振荡？它有什么危害？防止和消除油膜振荡的主要措施有哪些？

29. 支持轴承有哪几种形式？各有什么特点？

30. 什么是盘车装置？它有什么作用？

第五章　凝　汽　设　备

凝汽式汽轮机广泛应用于现代火电厂和核电站。凝汽设备是汽轮机的重要辅助设备，在电厂热力循环中起着汽轮机冷源的作用。降低汽轮机的排汽压力，可以增大汽轮机的理想焓降，提高电厂的循环热效率。例如，国产引进型 300MW 机组若凝汽器压力降低 1kPa，会使热耗减小 0.9%～1.8%，机组功率将增加 1%左右。另外，如果凝结水中含氧及含盐量的增高会严重影响蒸汽品质，威胁机组的安全。在凝汽设备中，循环水泵的耗电量约占总发电量的 1.2%～2%。因此凝汽设备的运行状况对机组安全、经济运行有重要意义，掌握凝汽设备的结构、工作原理、运行特点等知识是十分必要的。

第一节　凝汽设备的作用和工作原理

凝汽设备主要由凝汽器、凝结水泵、循环水泵和抽气设备等组成。图 5-1 是凝汽设备的示意图，汽轮机排汽进入凝汽器，而循环水泵不断地将冷却水（或循环水）送入凝汽器，吸收蒸汽的凝结放热量，将排汽不断地凝结成纯净的凝结水，凝结水流入凝汽器底部的热井中，最后由凝结水泵将其抽出送往加热器和除氧器进入锅炉循环使用。因为凝汽器处于高度的真空状态，为防止空气在凝汽器内积存，需要抽气器不停地将其抽出。

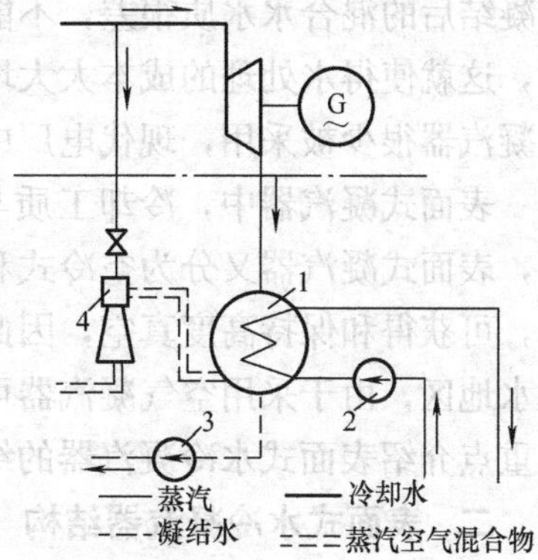

图 5-1　凝汽设备的示意
1—凝汽器；2—循环水泵；
3—凝结水泵；4—抽气器

降低汽轮机排汽压力以提高机组的经济性有许多方法，其中最有效的办法是将排汽送到密闭的容器即凝汽器内，并用水或空气作为冷却工质，将排汽凝结为水，蒸汽凝结成水时，体积骤然缩小（如在正常凝汽器压力 0.005MPa 下，干蒸汽比水的体积约大 28 000 倍），所以在凝汽器内会形成高度真空，同时再用抽气器不断地将漏入凝汽器的空气抽出，以维持凝汽器内高度的真空状态。另外，凝汽器内的蒸汽凝结过程汽水两相共存，凝结压力就是蒸汽凝结温度下对应的饱和压力。只要冷却水温不高，在正常条件下，蒸汽凝结温度也就不高，一般凝汽式机组的蒸汽凝结温度在 30℃左右，其对应的饱和压力 4～5kPa，大大低于大气压力，就形成了高度真空，这就是凝汽设备简单工作原理。

凝汽设备的首要作用是在汽轮机的排汽口建立并保持规定的真空，使进入汽轮机的蒸汽膨胀到尽可能低的压力，从而增大机组的理想焓降，提高其热经济性。例如，在我国华东地区，凝汽器真空提高 1%，125MW 机组供电煤耗可减小 3.65g/kWh，200MW 机组供电煤耗可减小 3.75g/kWh。

但是，汽轮机的排汽压力也不是越低越好，而是存在一个最佳值。这个最佳值主要受两方面因素的影响，一方面，冷却面积和冷却水量越大，真空越高，但同时基本投资、厂用电和运行费用也随之增加，若在某个排汽压力下，汽轮机因真空的提高而增加的功率等于（甚至小于）凝汽设备所增大的能量消耗时，继续降低排汽压力就得不偿失；另一方面，排汽压力降低时，蒸汽体积急骤增大，使汽轮机排汽部分的尺寸显著增大，末级叶片高度也相应增大，导致机组结构复杂。若使末级尺寸不变，则势必增大末级排汽余速损失，这样降低排汽压力所得到的效益也就被抵消了。因此，近代汽轮机的设计排汽压力一般都在3～5kPa的范围内，而不采用更低的数值。

凝汽设备的另一个作用是回收洁净的凝结水作为锅炉给水。锅炉给水不洁净将使锅炉结垢和腐蚀，使新汽夹带盐分导致汽轮机通流部分结垢，这会严重影响电厂的安全经济运行。汽轮机容量越大，给水量也越大。若全部靠软化水，则水处理设备的投资和运行费用将大大增加，而凝汽器洁净的凝结水正好可大量用作锅炉的给水。

第二节 表面式水冷凝汽器

一、凝汽器的类型

按照汽轮机排汽凝结方式不同，可将凝汽器分为表面式和混合式两种类型。在混合式凝汽器中，蒸汽与呈雾状喷入的冷却水直接混合，使蒸汽冷却凝结。由于冷却水未经处理，蒸汽凝结后的混合水水质很差，不能循环利用；或处理大量的冷却水，使一部分混合水循环利用，这就使得水处理的成本大大增加，这是混合式凝汽器的主要缺点。由于这个原因，混合式凝汽器很少被采用，现代电厂中广泛使用的是表面式凝汽器。

表面式凝汽器中，冷却工质与蒸汽被冷却表面隔开互不接触。根据所用的冷却工质不同，表面式凝汽器又分为空冷式和水冷式两种。由于用水作冷却工质时，凝汽器的传热系数高，可获得和保持高度真空，因此现代火电厂广泛采用以水为冷却介质的表面式凝汽器。在缺水地区，由于采用空气凝汽器可节约大量水资源，故空冷机组得到越来越广泛的利用。本节重点介绍表面式水冷凝汽器的结构和工作特点。

二、表面式水冷凝汽器结构

图5-2是表面式水冷凝汽器结构简图，它主要由外壳、水室、管板和冷却水管等组成。凝汽器的外壳通常呈圆柱形、椭圆形或矩形。两端连接着形成水室的端盖5和6。端盖与外

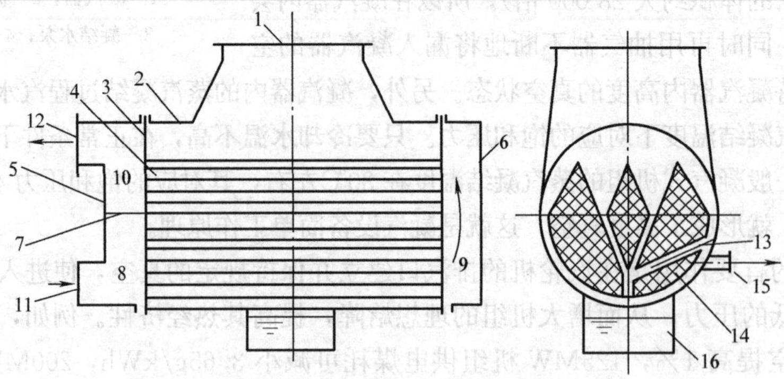

图5-2 表面式水冷凝汽器结构简图

1—排汽进口；2—凝汽器外壳；3—管板；4—冷却水管；5、6—水室的端盖；7—水室隔板；8、9、10—水室；11—冷却水进口；12—冷却水出口；13—挡板；14—空气冷却区；15—抽气口；16—热井

壳之间装有管板，管板上装有很多冷却水管，使两端水室相通。冷却水从进口进入水室，经冷却水管进入另一端水室，转向后从出口流出。汽轮机排汽从排汽口进入凝汽器冷却水管外侧空间，并在冷却水管外表面凝结成水，凝结水汇集到热水井后由凝结水泵抽出。

凝汽器的传热面分为主凝结区和空气冷却区两部分，这两部分之间用挡板隔开。在主凝结区，空气的含量较少可以忽略，而在空气冷却区空气的含量较高，为了避免抽气器将未凝结的蒸汽也抽出，空气在抽出之前要再经过一次冷却，凝结部分蒸汽以减少体积，使其容积流量减小，进而减轻了抽气设备的负荷，有利于提高抽气效果，这就是设置空气冷却区的目的，空气冷却区的面积约占凝汽器面积的5%～10%。

1. 表面式水冷凝汽器的类型

根据冷却水在凝汽器流经的次数不同可将凝汽器分为单流程、双流程和多流程等形式。冷却水在铜管中只流动一个单程，即冷却水不经过往返而从另一端直接排出则称为单流程凝汽器。为了提高冷却水的利用程度，冷却水在凝汽器中经过一次往返后才排出，这种凝汽器称为双流程凝汽器，依此类推，在缺水地区还可采用三流程或四流程等多流程凝汽器。流程越多，冷却水利用程度越高，但水流动的阻力越大。一般在冷却水水源充足、取水方便的情况下，大机组常采用单流程型式，而中、小型机组中多采用双流程。

在凝汽器上还设有抽气口将空气抽出。在凝汽器入口处，空气在蒸汽中的含量很小。随着凝结过程的进行，空气含量越来越大，在蒸汽流程的末端达到最大值，因此抽气口设在凝汽器流程的末端。

按照抽气口的位置不同可将凝汽器分为汽流向下式、汽流向上式、汽流向心式、汽流向侧式等形式（见图5-3）。抽气口装在凝汽器下部，蒸汽自上向下流动，称汽流向下式。蒸汽在这种形式的凝汽器中流动时进入头几排铜管便开始凝结，凝结水在滴下时仍不断被冷却，因此使进入热井的水温低于相应压力的饱和温度较多，热经济性差。抽气口装在凝汽器上侧，称为汽流向上式。汽流在从下向上流动时，不断加热下滴着的凝结水，使凝结水温与排汽温度之差（即过冷度）减小。但由于汽流在凝汽器中的流程长，因此汽体流动阻力（即汽阻）很大，也影响了它的广泛使用。汽流向心式、汽流向侧式以及多区域汽流向心式等形式是较为理想的凝汽器，避免了前两种凝汽器的缺点，因此在现代火电厂中广泛采用。

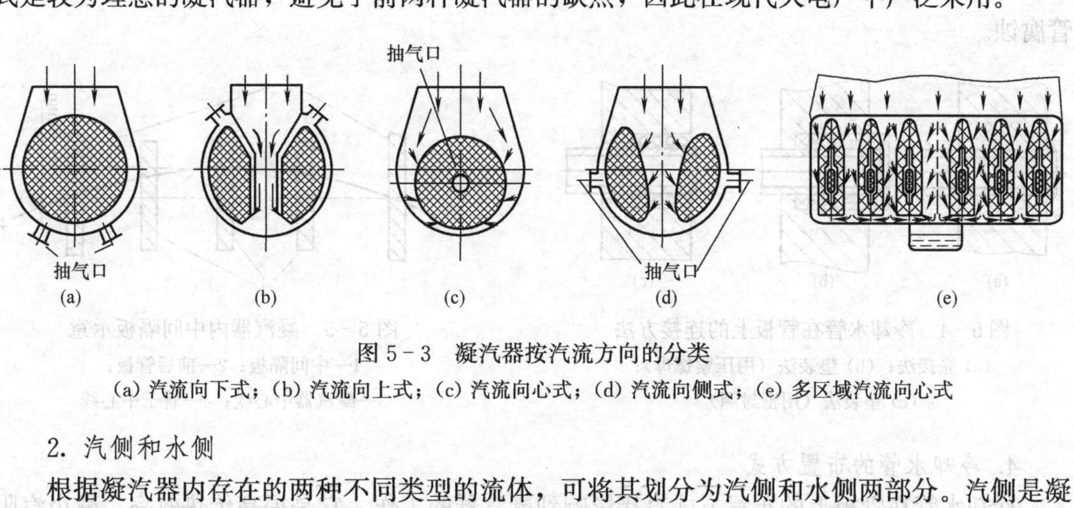

图5-3 凝汽器按汽流方向的分类

(a) 汽流向下式；(b) 汽流向上式；(c) 汽流向心式；(d) 汽流向侧式；(e) 多区域汽流向心式

2. 汽侧和水侧

根据凝汽器内存在的两种不同类型的流体，可将其划分为汽侧和水侧两部分。汽侧是凝汽器内指蒸汽凝结的区域，而水侧是指冷却水流动的区域，这两个区域互不相通。

在凝汽器中有两种不同品质的水，即凝结水和冷却水。蒸汽在汽侧凝结成纯净的凝结水，汇集在凝汽器的热井中，通过凝结水泵抽走，进入热力系统完成汽水循环，循环往复使用，所以凝结水是高品质、低含氧量的洁净水。而冷却水大多来自于大江、大河或地下水，经滤网过滤后进入凝汽器，所以冷却水的含氧量较高，品质较低。在运行中，若凝汽器冷却水管胀口不严及水管泄漏等原因，冷却水会漏入汽侧，使凝结水水质变差，将导致锅炉受热面结垢，传热恶化，不但影响经济性，还会威胁锅炉设备的安全。此外，凝结水水质不良还会使新蒸汽夹带盐分，在汽轮机通流部分结垢，影响汽轮机安全、经济运行。因此运行中必须严格监视凝结水的品质。

3. 冷却水管的固定和支撑

管板的作用是固定冷却水管并将凝汽器的汽侧和水侧分开。冷却水管的端部在管板上的固定方法分胀接法和垫装法两种（见图 5-4）。胀接法最为常见，利用扩管器将管子的直径扩大，管子产生塑性变形，使管子和管板孔紧密接触，并在接触表面形成弹性压力，从而保证接连的强度和严密性。胀接法不仅结构和工艺比较简单，而且连接处的严密性好，被现代汽轮机广泛采用。在采用胀接法的凝汽器中，为了便于冷却水管的自由膨胀，在冷却水管安装时使其呈弯曲状，管子的热膨胀就靠本身的变形来补偿。

垫装法分为用压紧螺母连接和用密封圈连接两种形式，用压紧螺母连接的垫装法在铜管与隔板间装密封垫料，然后用带螺纹的管头把垫料压紧，起到密封作用。这种连接方法密封效果较差，应用不广。用密封圈连接的垫装法是在管子与管板之间塞入几个塑料密封圈，保证密封效果。试验表明，这种方式密封效果较好，也可使铜管自由膨胀，但工艺复杂，相邻管子之间的紧凑性差，这种方法只适用于汽轮机排汽温度变化较大的凝汽器。

为了保证凝结水的质量，在运行时应保证连接处有高度的严密性。由于两管板之间的冷却水管长而细，为了避免管子振动和减小管子的挠度，在两管板之间装有若干中间隔板，如图 5-5 所示，一般中间隔板上孔的中心比管板上孔的中心要抬高 5～10mm，这样可以保证管子与隔板间紧密接触，改善了管子的振动性能；同时，由于管子向上弯曲，也减少了热膨胀时产生的弯应力，并能使凝结水沿弯曲的冷却水管外表面向两端流下，以减小管子外表面水膜的厚度，提高了传热效率；另外，当机组停机时，循环水能自动从管内流出，以防止铜管腐蚀。

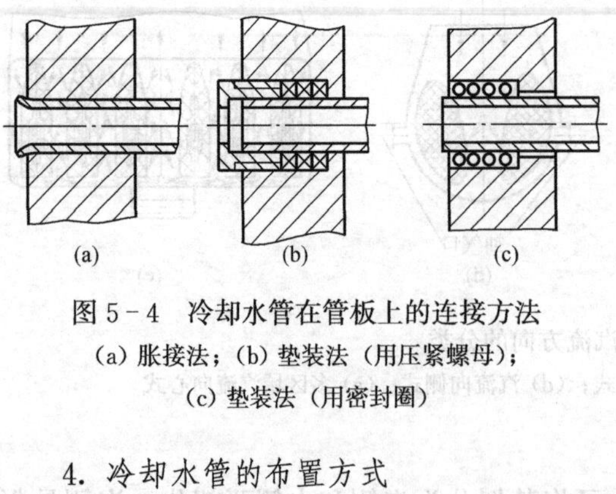

图 5-4 冷却水管在管板上的连接方法

(a) 胀接法；(b) 垫装法（用压紧螺母）；(c) 垫装法（用密封圈）

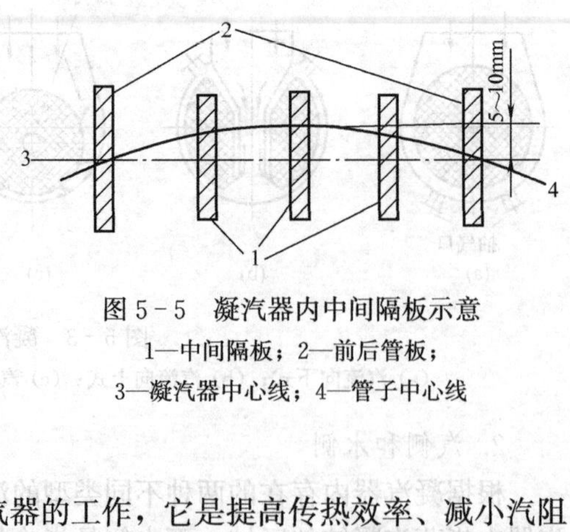

图 5-5 凝汽器内中间隔板示意

1—中间隔板；2—前后管板；3—凝汽器中心线；4—管子中心线

4. 冷却水管的布置方式

冷却水管在管板上的布置方式直接影响到凝汽器的工作，它是提高传热效率、减小汽阻和降低凝结水过冷度的一个重要因素。如图 5-6 所示，冷却水管在管板上的排列方式主要有顺排、叉排和辐向排列三种形式。顺排汽流途径曲度较小，阻力较小。叉排布置紧凑，当节距相同时，能在单位管板面积上排列最多的管子，使单位体积内的换热面积最大。同时，叉排汽流流动扰动大，换热效果好，得到了广泛的应用，但流动阻力较大。至于辐向排列，由于蒸汽的不断凝结，沿流动方向蒸汽体积不断减小，所需通道也相应减小，故其流动阻力不变，换热效果也较好。顺排和辐向排列的汽阻较小，但所占管板面积大，尤其是顺排一般只用在蒸汽进入管束入口处，以减小汽阻。

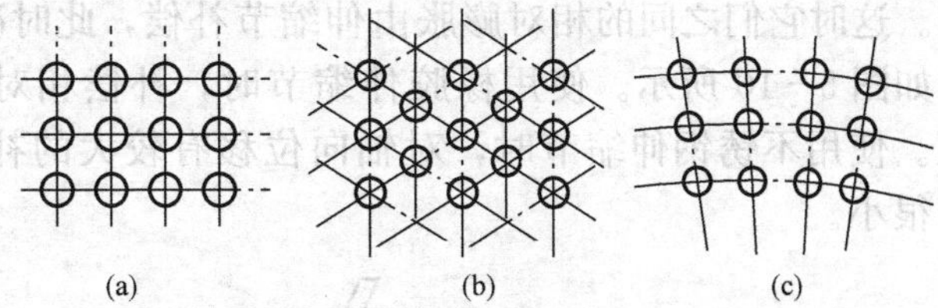

图 5－6　冷却水管在管板上的排列方式

(a) 顺排；(b) 叉排；(c) 辐向排列

尽管管子在管板上的排列方式只有三种，但凝汽器的管束布置形式是多种多样的，管束布置的形状与凝汽器传热性能、工作好坏有很大的关系。带状布置在国内大机组中最常采用(见图 5－7)，为汽流向侧式，蒸汽进入凝汽器后，向两侧流动。进汽部分的管束是一个扩口状，使流动阻力减小，并使蒸汽可以和多排管子接触，加之管束的蛇形布置，增大了换热面积。沿蒸汽的流动方向，所需通流面积逐渐减小。两侧的管束在下部并不封口，使一部分蒸汽可以一直流到下部，凝结水可以受到回热，减少了过冷度。

国外的大型机组凝汽器使用了一种教堂窗式管束排列，如图 5－8 所示。这种布置多管束全周进汽，扩大了蒸汽进入管束的面积，降低了进入管束的蒸汽速度，并保证凝汽器所有管子的冷却蒸汽量基本相同，因而汽阻较小，热负荷分配均匀，使得传热性能良好。

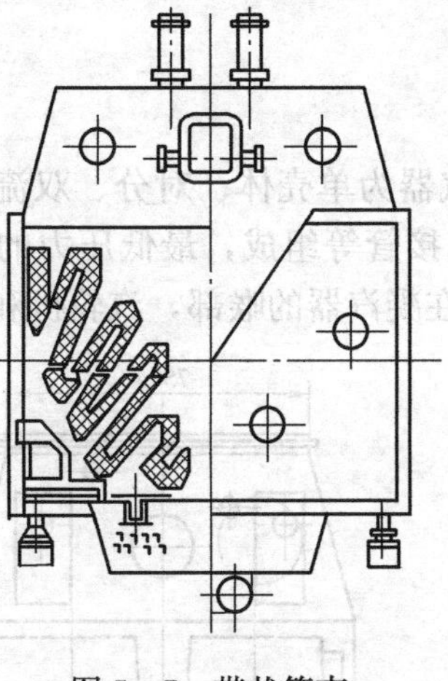

图 5－7　带状管束

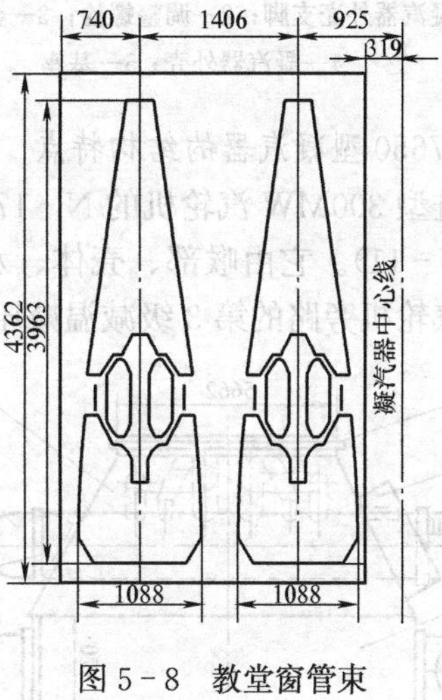

图 5－8　教堂窗管束

5. 凝汽器与汽轮机的连接方式

尽管凝汽器从停运到运行其温度变化的幅度并不大，但因它的体积庞大，在长、宽、高三个方向上都会有一定的膨胀量。这里着重提出的是，凝汽器喉部与汽轮机排汽口的连接必须保证严密不漏，凝汽器的膨胀不应使与之连接的汽缸也随之产生位移，否则将会使汽轮机低压缸发生位移和变形。目前大功率汽轮机广为采用的连接方式有刚性连接和弹性连接两种。

如果凝汽器的入口和排汽缸的出口是焊接在一起或用法兰螺栓进行连接的，这称为刚件连接。这时，凝汽器自重和部分水重通过压缩弹簧支承在基础上，排汽缸和凝汽器在垂直方向的膨胀依靠限缩弹簧来补偿，如图5－9所示。

如果凝汽器和排汽缸之间的接口用橡胶伸缩节或不锈钢伸缩节连接，则称为弹性连接。这时它们之间的相对膨胀由伸缩节补偿，此时凝汽器直接安装在基座之上，其示意图如图5－10所示。使用橡胶伸缩节时，补偿相对位移能力较强，但橡胶制品容易老化。使用不锈钢伸缩节时，对轴向位移有较大的补偿能力，而对横向位移的补偿能力却很小。

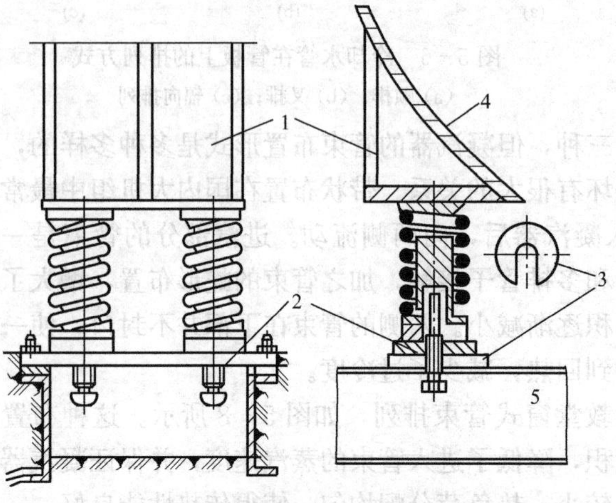

图5－9 凝汽器的弹簧支座

1—凝汽器外壳支脚；2—调整螺栓；3—金属垫圈；4—凝汽器外壳；5—基座

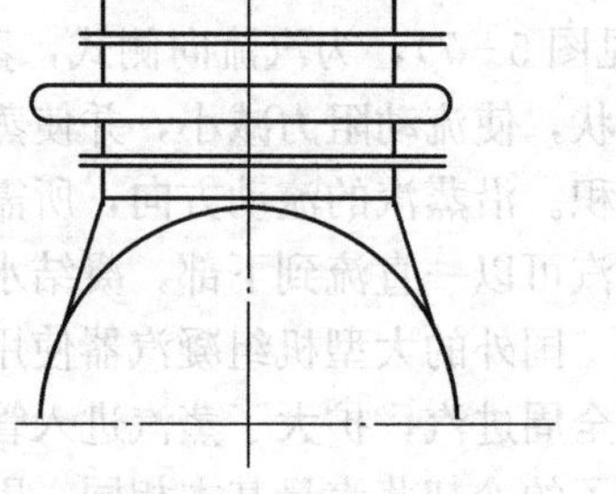
图5－10 弹性连接

6. N－17650型凝汽器的结构特点

国产引进型300MW汽轮机的N－17650型凝汽器为单壳体、对分、双流程的表面式凝汽器（见图5－11）。它由喉部、壳体、水室、排汽接管等组成，最低压力的两级组合式低压加热器、汽轮机旁路的第3级减温减压装置布置在凝汽器的喉部，汽轮机和给水泵汽轮机

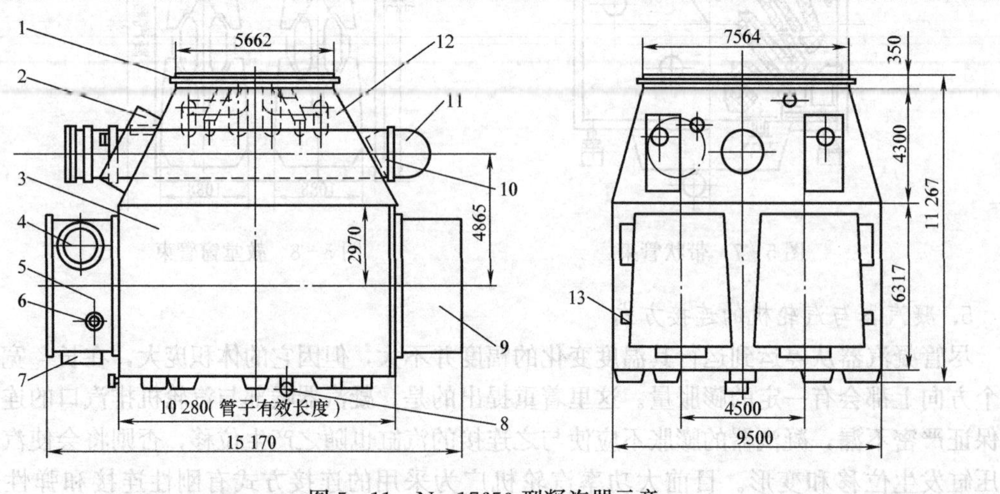

图5－11 N－17650型凝汽器示意

1—排汽伸缩接管；2—减温减压装置；3—壳体；4—冷却水出口；5—前水室；6—空气抽出口；7—冷却水进口；8—凝结水出口；9—后水室；10—给水泵汽轮机排汽入口；11—低压加热器；12—喉部；13—空气抽出口

的排汽均进入此凝汽器。凝汽器采用单一的方壳外形，由钢板焊接而成，制造工艺简单、质量轻，并能充分利用汽轮机下部的空间，在同样冷却面积下，与圆形凝汽器相比，其高度和宽度可减少10%左右。

该凝汽器的水室分进出口水室、折回水室共6个。水室均由碳钢焊接而成，外侧用T型钢加强，有足够的强度和刚度。该凝汽器的主要优点是采用了对分结构，当凝汽器脏污时，汽轮机不需要停机，只需降低一定的负荷便可以进行一侧清洗，另一侧正常运行。若冷却水不分道，即采用所谓单一式凝汽器，有共同的水室，构造虽然简单，但失去了在运行中能一侧清洗冷却水管的优点，现代凝汽器都采用这种对分式形式。

第三节 凝汽器的真空

一、凝汽器压力的定义

在理想情况下，凝汽器汽室内只有蒸汽而没有其他气体，所以凝汽器汽侧的压力处处都相同，蒸汽在汽侧压力相应的饱和温度下凝结。而实际上，凝汽器内的气体可看成是由蒸汽和空气组成的气体混合物。根据道尔顿分压力定律，凝汽器的压力 p_c 等于蒸汽的分压力 p_s 和空气的分压力 p_a 之和，即 $p_c=p_s+p_a$。

在凝汽器入口处，由于所含的空气量不到万分之一，凝汽器的压力 p_c 可以用凝汽器入口处蒸汽分压力 p_s 来代替，p_c 与 p_s 相差甚微。而在空气冷却区，大量蒸汽已经凝结，只剩下少量蒸汽和不凝结的空气，蒸汽和空气的质量流量已是同一数量级，这时蒸汽分压力明显减小，所对应的饱和温度也相应降低。所以蒸汽的分压力在凝汽器内是变化的，凝汽器压力通常指凝汽器入口处蒸汽温度对应的饱和压力。

凝汽器真空是指大气压力与凝汽器压力之差。故真空越高，凝汽器压力越低，机组的经济性越好。反之，亦然。大型凝汽器的真空一般采用水银真空计测量（见图5-12），测点应布置在离第一排冷却水管约300mm处（见图5-13），凝汽器的压力 p_c 为

$$p_c=133.3(B-H)$$

式中 B——当地当时大气压的汞柱高度，mm；

H——真空计中汞柱高度，mm。

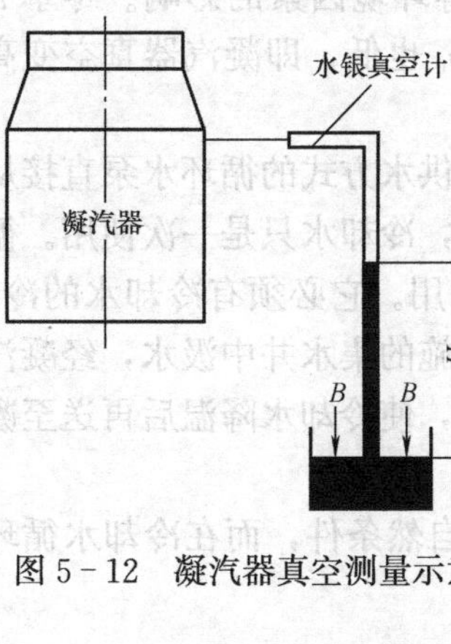

图5-12 凝汽器真空测量示意

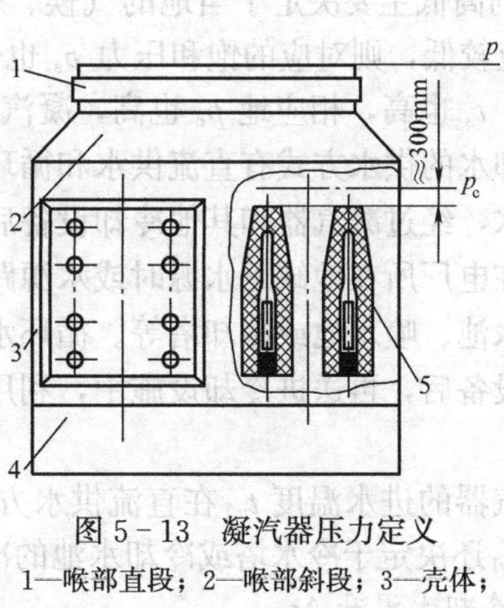

图5-13 凝汽器压力定义

1—喉部直段；2—喉部斜段；3—壳体；4—热井；5—管束

凝汽器的真空度 V 是指凝汽器真空值 H 与大气压力 B 之比，通常用百分数表示，凝汽器真空度为

$$V = \frac{H}{B} \times 100\%$$

二、凝汽器真空的影响因素

蒸汽在汽轮机内膨胀做功，到凝汽器时已进入湿蒸汽区，进入凝汽器的蒸汽是湿饱和蒸汽，在蒸汽凝结过程中，蒸汽和凝结水的温度均为饱和温度。而饱和温度和饱和压力为一一对应关系，且饱和温度越高，对应的饱和压力也越高。

由前面讨论已知凝汽器的压力 p_c 可用凝汽器入口处蒸汽分压力 p_s 来代替。若已知凝汽器入口处蒸汽的饱和温度 t_s，就可查出对应的饱和压力 p_s，从而确定凝汽器的压力。

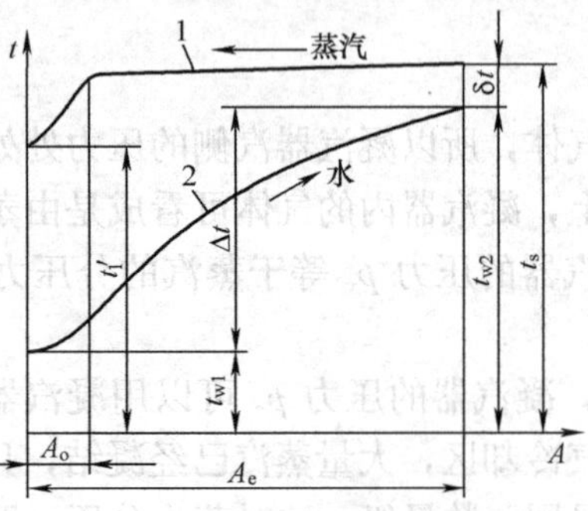

图 5-14 蒸汽和水的温度沿冷却表面的分布图

当凝汽器中蒸汽和冷却水的流动方向为逆流布置时，蒸汽和冷却水温度变化的规律如图 5-14 所示。图中曲线 1 表示凝汽器内蒸汽饱和温度 t_s 的变化规律，蒸汽温度 t_s 在主凝结区基本不变，在空冷区下降较多。曲线 2 表示冷却水由入口处的温度 t_{w1} 逐渐吸热上升到出口处的温度 t_{w2}。在冷却水入口水温较低，与蒸汽的传热温差较大，单位面积的热负荷较大，故此处冷却水温上升较快。

凝汽器端差是指凝汽器入口处蒸汽饱和温度 t_s 与冷却水出口温度 t_{w2} 之差，用 δt 表示，则

$$\delta t = t_s - t_{w2}$$

令 Δt 为冷却水的温升，它等于冷却水的出口和入口水温之差，即

$$\Delta t = t_{w2} - t_{w1}$$

主凝结区蒸汽的饱和温度为

$$t_s = t_{w1} + \Delta t + \delta t \tag{5-1}$$

由式（5-1）可知影响凝汽器内压力 p_c 有三个方面的因素。

1. 冷却水入口温度 t_{w1}

t_{w1} 的高低主要决定于当地的气候、季节和供水方式等环境因素的影响。冬季 t_{w1} 较低，t_s 也相应较低，则对应的饱和压力 p_s 也低，凝汽器压力 p_c 也低，即凝汽器真空变高；夏季 t_{w1} 较高，t_s 也高，相应地 p_c 也高，凝汽器真空变低。

冷却水的供水方式有直流供水和循环供水两种。直流供水方式的循环水泵直接从江河的上游取水，经过凝汽器和其他冷却设备后排入江河的下游，冷却水只是一次使用。循环供水方式则在电厂所在地缺乏水源时或水源距离电厂较远时采用。它必须有冷却水的冷却设施，如冷却水池、喷水池或冷却塔等。循环水泵从这些冷却设施的集水井中汲水，经凝汽器和其他冷却设备后，再送进冷却设施中，利用水蒸发降温原理，使冷却水降温后再送至凝汽器循环使用。

凝汽器的进水温度 t_{w1} 在直流供水方式中完全取决于自然条件，而在冷却水循环供水系统中，t_{w1} 还决定于冷水塔或冷却水池的冷却效果。

2. 冷却水温升 Δt

若不考虑散热损失，排汽的放热量与冷却水的吸热量相等，从而列出凝汽器热平衡方程

式，进一步求得出 Δt，即

$$Q = D_c(h_c - h'_c) = c_p D_w \Delta t \tag{5-2}$$

式中 Q——凝汽器的传热量，kJ/h；

D_c——进入凝汽器的蒸汽量，kg/h；

D_w——进入凝汽器的冷却水量，kg/h；

h_c、h'_c——凝汽器中的蒸汽和凝结水的焓，kJ/kg。

水的比定压热容 c_p=4.187，由式（5-2）得

$$\Delta t = \frac{h_c - h'_c}{4.187 D_w / D_c} = \frac{h_c - h'_c}{4.187 m}$$

式中，$h_c - h'_c$是1kg排汽凝结时放出的汽化潜热，由于排汽有10%左右的湿度、故$h_c - h'_c$将比1kg干饱和蒸汽的凝结放热量少，只有2140～2220kJ/kg，取其平均值，则

$$\Delta t \approx \frac{2177}{4.187 m} = \frac{520}{m} \tag{5-3}$$

式中，$m = D_w / D_c$，称为凝汽器的冷却倍率或循环倍率，它表明冷却水量是被凝结蒸汽量的多少倍。m 越大，Δt 越小，蒸汽饱和温度 t_s 也越低，真空越高。但 m 越大，循环水泵及电动机容量越大，循环水管越粗，末级叶片因排汽比体积增大而增长，电站投资增加，故设计时恰当的 m 值应在汽轮机组的冷端最佳参数选择（是很多方案的计算与比较）任务中决定。一般单流程凝汽器 m 取 50～80，双流程 m 取 60～70。

在运行时，汽轮机排汽量主要由外负荷决定，故降低 Δt 主要依靠增加冷却水量 D_w 来实现。D_w 增加，Δt 减小，真空提高。D_w 主要决定于循环水泵容量和启动台数，然而冷却水量 D_w 也可能由于其他原因而减少。例如，凝汽器管板被杂草、木块、小鱼等堵塞；冷却水管内侧结垢，流动阻力增大；循环水泵局部故障；循环水吸水井水位太低，吸不上水等都可能使冷却水量减少，引起真空降低。

3. 凝汽器传热端差 δt

根据热平衡方程式和传热方程得

$$Q = D_w c_p \Delta t = K A_c \Delta t_m \tag{5-4}$$

式中 K——凝汽器的总体传热系数，kJ/(m²·h·K)；

Δt_m——蒸汽和冷却水之间的对数平均传热温差，℃；

A_c——冷却水管外表面总面积，m²。

蒸汽和冷却水之间的对数平均传热温差 Δt_m 公式为

$$\Delta t_m = \frac{(t_s - t_{w1}) - (t_s - t_{w2})}{\ln[(t_s - t_{w1})/(t_s - t_{w2})]} = \frac{\Delta t}{\ln[(\Delta t + \delta t)/\delta t]} \tag{5-5}$$

将式（5-4）与式（5-5）联立求解得

$$\delta t = \frac{\Delta t}{e^{\frac{A_c K}{4.187 D_w}} - 1} \tag{5-6}$$

可见，传热端差 δt 与 A_c、K、D_w、Δt 有关。增大 A_c，可减小 δt，提高真空，但 A_c 的增大需要增大投资，故也要在汽轮机组冷端最佳参数选择任务中决定。对一台已制造好的凝汽器（A_c 已定），其他参数不变的前提下，δt 随 D_w 的减小而减小，但此时 Δt 又会增加，因此 D_w 和 Δt 之间难以定性地指出它们的对应关系。

传热系数 K 越大，δt 越小，真空越高。K 与冷却水管的材料、冷却表面清洁程度、空

气含量、冷却水进口温度及流速、蒸汽流速和流量以及凝汽器的结构（流程数、管子排列方式、管径）等因素有关。凝汽器的冷却水管一般采用传热系数较高的铜合金制作，近年来由于不锈钢管的抗腐蚀性能好，所以应用显著增多，但不锈钢管传热系数较低、胀管困难、价格也较昂贵。目前，钛合金被认为是制造凝汽器冷却管最有效的材料，它既有良好的抗腐蚀和抗锈蚀性，又能适应任何水质，这对海水冷却的电厂尤为重要。在国外电厂已得到较广泛的应用。我国已在浙江等地的少数电厂中应用，但因应用时间较短，还需要在设备寿命、结构、生物积聚情况和价格等方面做进一步的研究。

传热端差 δt 由于受传热面积等因素制约，其值不宜太小，一般 $\delta t=3\sim10$℃。运行时，传热系数 K 是影响 δt 的主要因素。凡影响传热系数 K 的因素，都将影响传热端差 δt，从而也都将影响蒸汽饱和温度 t_s 与凝汽器压力 p_c。

三、极限真空、最佳真空和真空恶化

汽轮机的排汽压力越低，则真空越高，汽轮机的理想比焓降越大，发出的电能也越多。但是真空也不是越高越好。对于一台结构已定的汽轮机，蒸汽在末级的膨胀有一定的限度，若超过此限度继续降低排汽压力，蒸汽膨胀只能在末级动叶以外进行，即蒸汽在汽轮机末级动叶斜切部分已达到膨胀极限，汽轮机功率不会因再提高真空而增加，这时达到的真空称为极限真空。

虽然在极限真空下蒸汽的做功能力得到充分利用，但此时循环水泵耗电维持在较高水平，而且由于凝结水温降低，最后一级回热抽汽量增加，汽轮机功率相应减小，另外由于背压的降低，排汽将比体积不断增大，而末级排汽面积一定，于是排汽余速损失将不断增加，故从经济上说极限真空是不合算的。

如果冷却水进口温度不是很低，要达到极限真空需要消耗大量的冷却水。因此达到极限真空前，循环水泵耗功的增加量可能超过汽轮机功率的增加量，若再继续增加冷却水量，提高真空，反而使电站出力减小。所谓最佳真空就是提高真空所增加的汽轮机功率与为提高真空使循环水泵等所消耗的厂用电增加量之差达到最大时的真空值，这时经济上的收益最大（见图 5-15）。凝汽器的设计真空值一般在最佳真空附近。另外，对于运行中的机组，要保持最佳真空，以保证机组的热经济性，但实际运行的循环水泵可能有几台，当采用定速泵时，循环水量不能连续调节，故应通过试验确定不同蒸汽量及不同冷却水进口温度下的最佳运行真空。

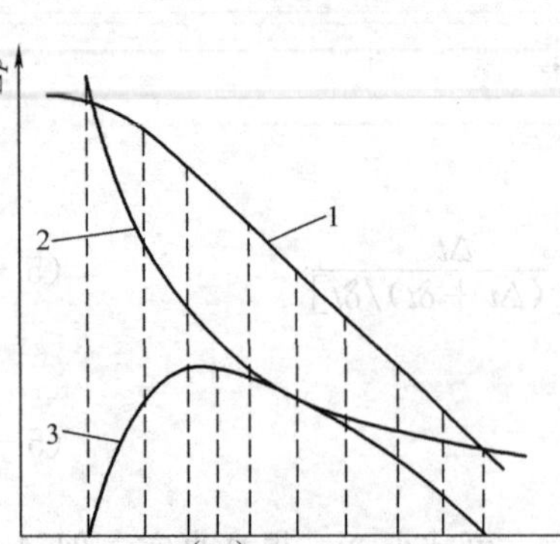

图 5-15　最佳真空的确定

1—汽轮机功率增量与 p_c 关系曲线；

2—循环水泵耗功增量与 p_c 关系曲线；

3—收益功率曲线

真空下降会导致汽轮机出力降低，若真空过度降低，即真空恶化，将导致一系列不良后果，如汽轮机的排汽温度会相应升高，使体积庞大的排汽缸受热变形。另外，大多数机组的低压缸为台板支撑，即非中分面支撑，若排汽温度升高，低压缸受热膨胀，会使低压缸的中心线上移，造成机组动静间的间隙发生变化，间隙消失会引起机组动静摩碰，造成机组振动。有的机组低压转子的轴承坐落在低压缸上（也称轴承不落地），当低压缸膨胀时原来分配在轴系各轴承上的负荷要发生变化，这也会引起机组振动。机组背压变化会使轴向推力也随之改变，变化幅度大了，也影响机组的安全运行。真空恶化还会导致空气分压力增大，使凝结水含氧量增加。因此，一般机组均设有低真空限荷保护装置，即在机组真空降低到一定数值时，迫使机组减负荷或停机，以维持真空不再降低，保护机组的安全。

四、凝汽器内空气的危害

凝汽器的空气主要是通过汽轮机设备中处于真空状态下的低压各级与其相应的回热系统、排汽缸、凝汽设备等的不严密处漏入；另外，新蒸汽进入汽轮机时也可能夹带进来的极少量的不凝结气体。

漏入的空气量与凝汽器设备的尺寸、结构完善程度、安装质量和运行情况等因素有关。漏入量也随机组负荷的减小而增大，因为在低负荷时，处于真空状态下的工作区域增大，使漏气的范围扩大。如汽轮机空转时，真空会一直延伸到调节级，此时漏入的空气量大为增加。试验证明，汽轮机负荷降低一半，将使漏入空气量增加30%～40%。

空气漏入凝汽器，使空气分压力和排汽温度升高，凝汽器真空降低，降低汽轮机的经济性外，还会使汽轮机低压缸因蒸汽温度升高而变形，甚至造成机组振动。另外，由于空气分压力增大，增加了空气在水中的溶解度，使凝结水的含氧量增加，加剧了低压管道和低压加热器的腐蚀，降低设备的可靠性，同时也增加了除氧器和抽气器的负担，对机组安全经济运行不利。此外，空气积聚在水管周围，增加了传热阻力，使传热端差增大，真空下降。

空气分压力增大，还会使凝结水过冷度加大，冷源损失加剧。凝结水温度低于凝汽器入口压力对应的蒸汽饱和温度的现象称为过冷现象，两者的温度差称为过冷度。在运行中，导致凝汽器凝结水过冷的正常原因有：①管子外表面蒸汽分压低于管束之间平均蒸汽分压，使蒸汽凝结温度低于管束之间混合汽流的温度；②蒸汽凝结在管子外表面形成水膜（包括上排管束淋下来的凝结水在内），受管内冷却水冷却，使得水膜平均温度低于水膜外表面的蒸汽凝结温度；③汽阻使管束内层压力降低，也使凝结温度降低。仅前两项，就使凝结水的过冷度达2.8℃左右。

此外，产生过冷度的非正常原因：①冷却水管束排列不合理，将使汽阻增大；②漏入空气多或抽气器工作不正常，使空气分压增大；③凝结水水位过高，淹没冷却水管，使凝结水进一步冷却。这些都是应避免的。

为了降低过冷度，在凝汽器内设置蒸汽通道，进入凝汽器的蒸汽可直达其底部，加热凝结水，这种凝汽器称为回热式凝汽器。如图5-3所示，汽流向上式、汽流向侧式以及多区域汽流向心式均属于回热式凝汽器。回热效果好时，凝结水的过冷度可小于1℃左右。性能良好的大型凝汽器，即使热井内不采用专门的加热除氧结构，自身也可做到无过冷现象。

五、真空系统严密性的检查

运行中应定期作严密性试验，以确定真空系统的严密性。其试验方法是：先记录下试验前的真空值，调整机组负荷为80%～100%的额定负荷，待汽轮机负荷稳定以及各部分运行情况均正常时，缓慢关闭主抽气器上的空气阀门（主抽气器仍继续运行）并严密监视凝汽器的真空变化，当主抽气器的空气阀门完全关闭时，开始观察并记录凝汽器真空的下降速度。试验应维持3～5min，如真空下降速度小于或等于0.13kPa/min为优秀，不大于0.267kPa/min为良好，不大于0.4kPa/min为合格，若大于0.4kPa/min时，说明真空系统的严密性不合格，必须进行检查，并设法消除漏气点。试验过程中，若真空下降至接近规定的低限时，应停止试验，恢复到试验前的状态。

检查真空系统严密性的方法较多，在运行中检查严密性的仪器是氦气检漏仪。利用该仪器可以检查真空系统中焊缝、管道接头、法兰和阀门接合处的泄漏。使用时，将氦气释放于真空系统中可能泄漏的地方，然后在真空泵出口处取样，由检漏仪指示出试样中所含有氦气的浓度，从而分析确定泄漏的位置和泄漏的严重程度。

通过检测凝结水的含氧量，也可确定泄漏点是在热井水面以上的汽空间还是在热井水面以下的水空间，这是一种辅助方法。含氧量高，而抽气量又在许可范围之内，泄漏点是在热井水面以下的水空间；含氧量高，而抽气量又大于许可值，泄漏点是在热井水面以上的汽空间。

在运行时也可采用传统的蜡烛火焰法（注意该方法不适用氢冷却发电机系统）、涂抹肥皂沫、涂抹薄荷油（在抽气器的空气排出口看能否嗅到薄荷味）等方法。

对真空系统的整体或部分进行水压试验是全面检漏最有效的一种方法，但是它必须在汽轮机停运并已达到冷态后进行。其方法是，先把所有的与真空系统相连的管道用阀门切断，然后向凝汽器的汽侧空间注水，在注水前可根据情况对凝汽器下部的弹簧支座进行支垫。按照 DL 5011—1992《电力建设施工及验收技术规范汽轮机机组篇》的要求，真空系统进行水压试验时，注水高度应在汽封洼窝以下 100mm 处。各加热器、抽气管道以及其他在主机启动时处于真空状态下的管道和设备均应注水。注水后应仔细检查，不严密处会渗水，应及时消除。

六、真空除氧

空气漏入凝汽器会导致机组的安全性和经济性下降，故现代凝汽器均设有真空除氧装置。保证除氧效果的基本条件是将凝结水加热到饱和温度 t_s，同时要有足够大的汽、水接触面积。

图 5-16 是一种设置在凝汽器热井中的淋水盘式凝结水真空除氧装置。凝结水进入热井时，首先流入带有许多小孔的淋水盘，水自小孔流下，形成水帘，水帘落到由角铁制成溅水板上，溅成水滴，表面积又进一步增大，与此同时被上面流下的蒸汽加热，只要能将凝结水加热到饱和温度，就可把溶于水中的氧气和其他气体除掉。不凝结气体经过许多根空气导管引到空气冷却区，由抽气器抽走。

当抽气器工作时，在凝汽器抽气口形成一个低压区，使汽轮机的排汽有一部分从凝汽器的中央通道穿过水滴流入低压区而加热凝结水，使之达到饱和状态，这样形成凝结水除氧的条件。

一般真空除氧装置在大约 60%额定负荷以上工作时的除氧效果较好，满负荷工作时的除氧效果最好。但是在低负荷、机组启动和其他非正常工况下投运时，由于蒸汽量少，蒸汽在管束上部就已凝结，不能到达热井加热凝结水，而且凝汽器压力降低，漏入的空气量增大，使凝结水的含氧量增大，过冷度也就增大，一般真空除氧装置效果较差，这时可采用热井鼓泡除氧法加以解决。苏联热电站凝汽器中，广泛采用鼓泡除氧，效果较好。美国凝汽器中的鼓泡除氧装置如图 5-17 所示，热井中的凝结水被蒸汽鼓泡搅动而混合和加热，凝结水被加热到饱和温度时释放出非凝结气体。这种装置可以在机组启动、低负荷和其他非正常工况下投运。

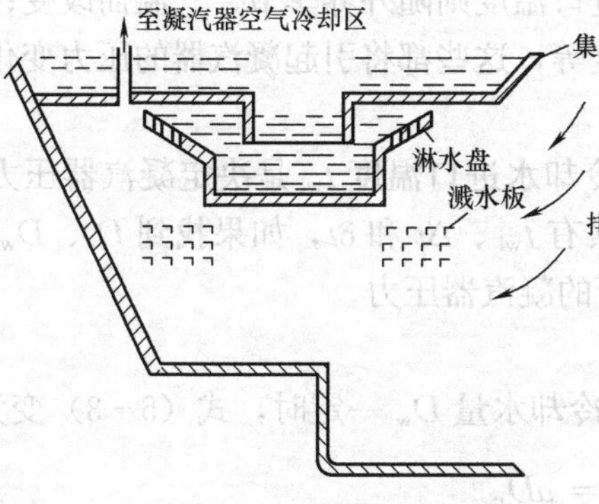

图 5－16 淋水盘式真空除氧装置

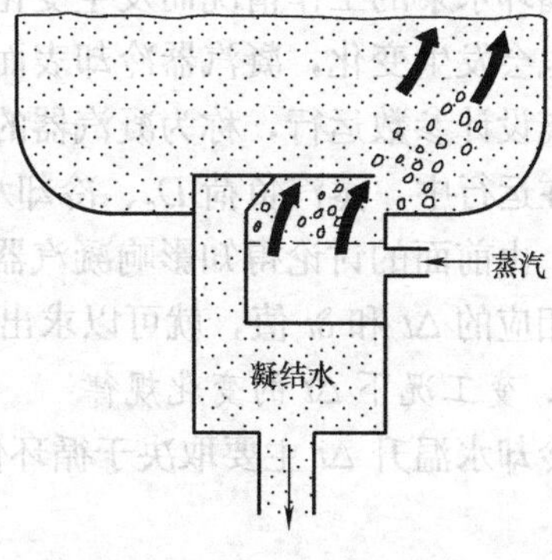

图 5－17 热井鼓泡除氧装置

第四节 凝汽器的变工况及运行

凝汽器是汽轮机重要的辅助设备之一。它一般在汽轮机主机启动之前投入，在主机停运之后停运，所以凝汽器能否正确投运，直接影响到机组的启动时间及启动性能。

一、机组运行对凝汽设备的要求

在机组运行时，为了保证完成凝汽器的任务，从提高热经济性的角度对凝汽器提出了一些要求。应加强凝汽器的传热效果，尽量减少传热端差，在运行时，及时抽走积聚在冷却水管表面的空气并定期清洗凝汽器冷却水管，防止冷却水管结垢。减小过冷度，过冷度越大，说明被冷却水额外带走的热量越多，这一部分损失要靠锅炉多燃烧燃料来弥补。

减小汽阻和水阻。由于空气抽出口不断地抽出空气，抽气口处的压力最低，在凝汽器中蒸汽和空气由入口流向抽气口，在流经管束时存在流动阻力。凝汽器入口处压力与抽气口处压力的差值称为凝汽器的汽阻。汽阻越大，则凝汽器入口压力越高，经济性越低。现代凝汽器的汽阻可以减少到 260～240Pa。凝汽器的水阻是指冷却水在流经凝汽器时所受的阻力。它由冷却水管内的沿程阻力、局部阻力与水室中的流动阻力等部分组成。水阻越大，循环水泵耗功越大，故水阻应越小越好。双流程凝汽器的水阻较大，为 49～78kPa。单流程水阻较小。汽流向侧式和多区域汽流向心式凝汽器的汽阻和过冷度都比较小，在国产汽轮机中应用较广。

另外，从安全性的角度出发，要求凝汽器的密封性能良好，凝结水的含氧量较低，允许凝汽器膨胀并使与之相连的汽缸不产生位移。

凝汽设备运行状态的优劣集中表现在如下三个方面：凝汽器内是否保持在最佳真空、凝结水的过冷度是否最小以及凝结水的品质是否合格。如果在同一功率下凝汽器的真空降低 1kPa，则汽耗量将增加 1.5％～2.5％；凝结水过冷度增加 1℃，则煤耗约增加 0.13％；凝结水中含氧量的增加，也会直接影响机组的安全运行。总之，为了使凝汽设备保持好的运行状态，要对它进行实时监视，并适当地及时地进行调整和维护。它的运行状态的好坏，是反映机组运行水平的一个重要方面。

二、变工况时凝汽器压力的确定

凝汽器制造厂家都会给出凝汽器压力的设计压力，此压力是指在一定的循环水温度、一定的循环水量及汽轮机为额定工况时对应的凝汽器压力。凝汽器在运行中的工作条件往往与设计条件不符，当汽轮机负荷变化时，排入凝汽器的蒸汽量可在较大范围内变化；冷却水量将随循环水泵的工作情况而发生变化；冷却水进口温度则随外界季节、气温而改变；漏入空气量也会发生变化，凝汽器冷却表面的脏污程度等，这些都将引起凝汽器的压力变化。凝汽器偏离设计参数运行，称为凝汽器的变工况。

在运行中，蒸汽负荷 D_c、冷却水量 D_w 和冷却水进口温度 t_{w1} 是决定凝汽器压力的主要因素，由前面的讨论得知影响凝汽器压力的因素有 t_{w1}、Δt 和 δt，如果找到 D_c、D_w 和 t_{w1} 变化时相应的 Δt 和 δt 值，就可以求出不同工况下的凝汽器压力。

1. 变工况下 Δt 的变化规律

冷却水温升 Δt 主要取决于循环倍率 m，当冷却水量 D_w 一定时，式（5-3）变为

$$\Delta t = \frac{520}{m} = aD_c \tag{5-7}$$

可见，此时 Δt 正比于 D_c。在运行中，冷却水温升 Δt 是判断循环水系统工作情况的重要指标。在运行中，蒸汽负荷 D_c 没有变化，而冷却水温升 Δt 却变化较大，说明循环系统的工作情况有变化，运行人员应作相应的检查和调整。反之，当冷却水量 D_w 及其他条件不变，可根据 Δt 的变化情况判断凝汽器负荷 D_c 或传热的变化情况。

2. 变工况下 δt 的变化规律

当 D_w 不变时，a 为常数，由式（5-6）与式（5-7）得

$$\delta t = \frac{aD_c}{e^{\frac{A_c K}{4.187 D_w}} - 1} = bD_c \tag{5-8}$$

对已运行的凝汽器，A_c 不变，若 K 也不变，则 δt 与 D_c 成正比，也就是与 d_c（$d_c = D_c/A_c$，称为比蒸汽负荷）成正比，如图 5-18 中的辐射线（包括虚线）所示。

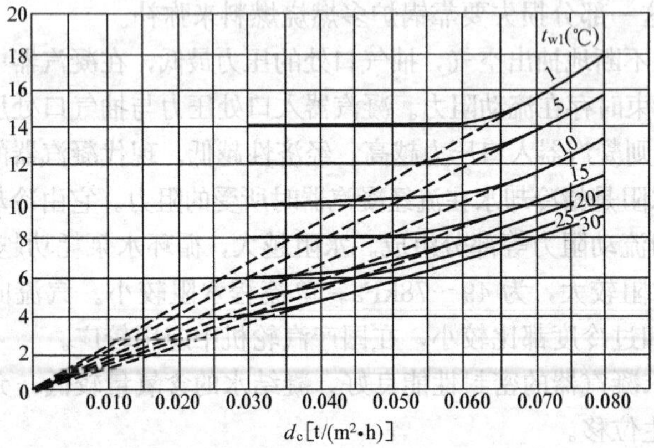

图 5-18 端差 δt 与 d_c、t_{w1} 的关系曲线

实验证明，当凝汽器负荷下降不大时，漏入空气量不变，δt 确实与 D_c 成正比。当蒸汽负荷下降较多时，随着凝汽器真空的提高，汽轮机处于真空状态的级数增多，漏入的空气量增大，使 K 值减小，与此同时 D_c 也相应减小，在两方面的共同作用下，δt 下降缓慢或不变，见图 5-18 中实线由转折段变为水平段。

3. 变工况下 p_c 的确定

由式（5-1）可知，凝汽器压力 p_c 下相应的饱和温度为

$$t_s = t_{w1} + aD_c + bD_c \tag{5-9}$$

可见，排汽的饱和温度 t_s 与冷却水进口温度 t_{w1} 及蒸汽负荷 D_c 之间存在着固定关系，在冷却水量 D_w 一定时，对应于每一个 t_s 值都可以查出相应的饱和压力 p_s，在主凝结区 p_s 近似地等于 p_c，从而可以确定凝汽器的压力 p_c。

三、凝汽器的特性曲线

凝汽器压力 p_c 随 D_c、D_w 和 t_{w1} 变化而变化的规律称为凝汽器的热力特性，或称为凝汽

器的变工况特性。$p_c=f(D_c、D_w、t_{w1})$ 的关系曲线称为凝汽器的特性曲线。凝汽器的特性曲线可以指导运行人员监视凝汽器的运行，确定机组的最安全、最经济的运行方式。

以N－3500－1型凝汽器为例绘制凝汽器特性曲线，若已知冷却面积为 $A_c=3210m^2$，冷却水量 $D_w=9380t/h$，取一系列 t_{w1} 和 D_c 值，根据式（5－7）计算 Δt，传热系数 k 可通过经验公式计算得出，再由式（5－8）计算 δt，由 $t_s=t_{w1}+\Delta t+\delta t$ 得 t_s，查水蒸气热力性质表得 p_c，根据 p_c 可画出凝汽器的特性曲线。改变冷却水量 D_w 后，再次计算，可作出新的 D_w 下的另一张凝汽器特性曲线。因此凝汽器的特性曲线是由 D_w 取不同常数时的许多组特性曲线所组成。图5－19所示仅为许多组特性曲线中的一组。上述的特性曲线是从同一种类型的设备在所有部件都处于明显完好和清洁状态下进行试验而得到的，所以其特性曲线可作为标准值，用作监视凝汽器工作和组织经济运行的依据。

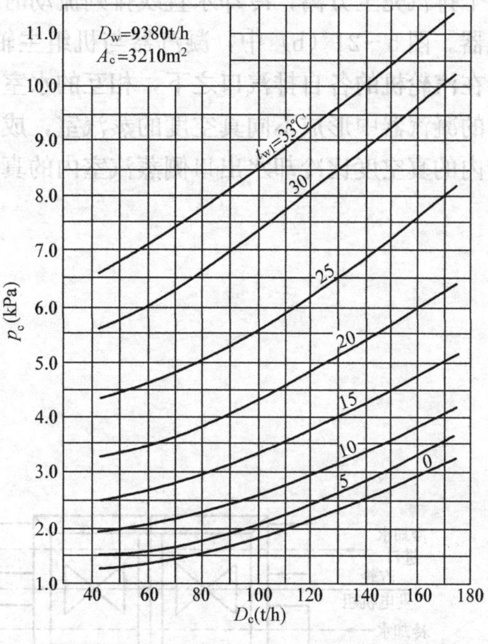

图5－19　N－3500－1型凝汽器特性曲线

由图5－19可见，当 D_w 和 t_{w1} 不变时，D_c 降低，将使 Δt 和 δt 减小，因而 p_c 减小。当 D_c 和 D_w 均不变时，Δt 和 δt 也不变，若 t_{w1} 减小，则 t_s 的减小，所以 p_c 仍然减小。

四、多压凝汽器

现代机组的单机功率不断增大，汽轮发电机组效率的微小改善，便可获得可观的经济效益。单机率的增大意味着进汽流量的提高，相应流经末级至凝汽器的蒸汽流量也明显增大，迫使机组采用2个或3个，甚至4个低压部分。凝汽器的最大功能就是要使机组达到尽可能高的效率，而采用多压式凝汽器是提高凝汽器功能最有效的方法之一。

20世纪60年代初期，美国就开始在大功率机组中采用多压凝汽器，日本在60年代中期从美国引进了这一新技术，并不断创新，成功地研制成单壳体多背压液体自密封的多压凝汽器。苏联1978年已在k－800－240－3型机组上采用了双背压运行。汽轮机组由于采用多背压运行，给电厂带来了较好的经济效益，以600～1000MW机组为例，可提高电厂经济性0.2%～0.3%。

有两个以上排汽口的大容量机组的凝汽器可以制成多压凝汽器。所谓多压凝汽器是指把凝汽器分隔成几个独立的互不相通的汽空间，每个汽空间与汽轮机的排汽口相连，冷却水依次串行流过各汽室，由于各汽室进口水温不同，所以每个汽空间的压力也不同，这样就构成了多压凝汽器。

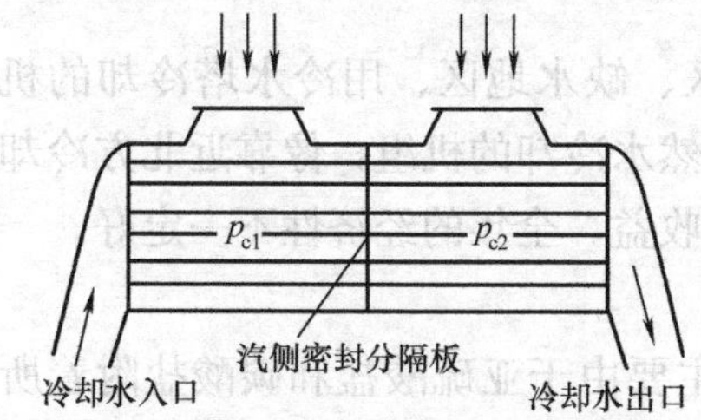

图5－20　双压凝汽器的示意

图5－20是双压凝汽器的示意图，冷却水由左侧进入，右侧排出，凝汽器汽侧用密封的分隔板隔成两部分。冷却水的进口侧温度较低，汽侧压力 p_{c1} 也较低；冷却水出口侧温度较高，汽侧压力 p_{c2} 也较高，这样汽轮机两个排汽口对应的凝汽器的压力就不同，从而构成

了双压凝汽器。以此类推，可以制成三压、四压凝汽器，在美国最多有六压凝汽器。

大型汽轮机的多压凝汽器可采用与汽轮机主轴平行布置或与汽轮机主轴垂直布置。在图 5-21（a）中，凝汽器与汽轮机主轴平行布置，凝汽器的蒸汽室中央隔开，使汽轮机的各个排汽完全分离，冷却水直线排列流动时，就变成了左右蒸汽室真空度不同的两级压力凝汽器。图 5-21（b）中，凝汽器与机组主轴垂直布置，将两个或三个完全独立的凝汽器连接在汽轮机的各自排汽口之下，相互的水室用管道相连通。当冷却水直线排列流动时，在各自的凝汽器中形成不同真空度的蒸汽室，成为多级压力式凝汽器。显然，冷却水进口侧蒸汽室内的真空度比冷却水出口侧蒸汽室内的真空度要高。

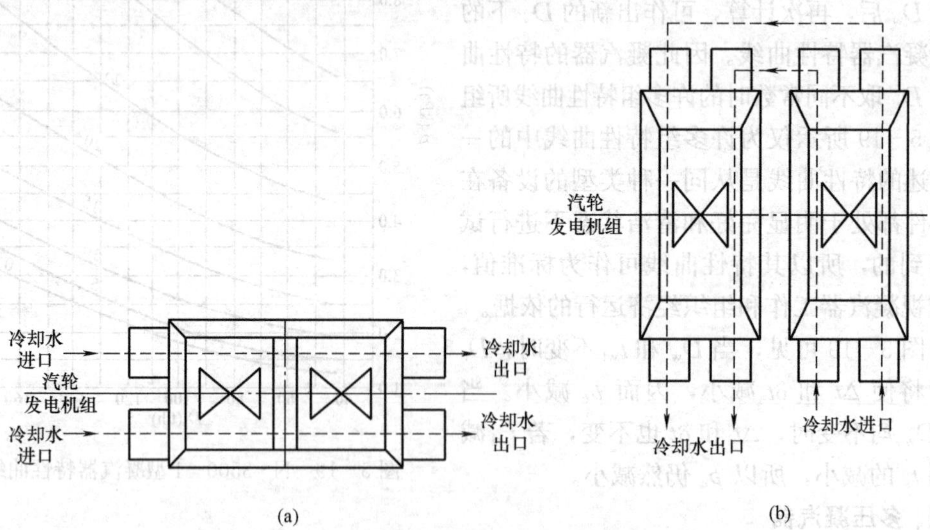

图 5-21 多压凝汽器的布置

(a) 与汽轮机主轴平行布置；(b) 与汽轮机主轴垂直布置

一定条件下，多压凝汽器的平均压力比单压凝汽器的低。这一平均压力是平均蒸汽凝结温度 $\bar{t}_s=1/2(t_{s1}+t_{s2})$ 所对应的饱和压力，t_{s1} 与 t_{s2} 是低压侧与高压侧的蒸汽凝结温度。从传热观点看，多压凝汽器之所以能取得一个比单压凝汽器为低的平均压力，一个原因是凝汽器的汽侧压力腔室分成多个之后，使沿冷却水管长度方向的热量更趋于均匀，单位冷却面积的热负荷更均匀，换热面能被充分利用；另一个原因是单压运行时冷却水的温升曲线呈抛物线状，若汽侧腔室分隔成无穷多个时，冷却水的温升曲线就接近于直线，各压力区的凝结过程是在较小的温差下进行的，沿冷却水管长度方向吸热均匀，对于同样的冷却面积，可以达到更大的传热量；而当传热量一定时，多压凝汽器中的蒸汽就能在比单压凝汽器更低的平均压力下凝结。

研究表明，多压凝汽器更适用于像南方汽温高的地区、缺水地区、用冷水塔冷却的机组，这代表了多压凝汽器的主要运行领域。而对于采用天然水冷却的机组，像靠近北方冷却水温度较低的地区，凝汽器采用多压运行只是个别月份有收益，全年的经济性不一定好。

五、凝汽器的清洗

凝汽器的脏污分为汽侧污染和水侧污染。汽侧污染主要由于亚硫酸盐和碳酸盐附着所致，但这个问题较小，可用 80～90℃热水冲洗掉，效果良好。至于水侧污染，由于水源不同，水质各有差异，引起的污染、堵塞、结垢也有所不同。采用循环供水系统或直流供水系统，一般都存在着水中杂物堵管和铜管结垢两种影响凝汽器经济运行的问题，结垢又可分为以微生物为主的软垢和以碳酸钙为主的硬垢。凝汽器铜管结垢不但使热阻增大，且使凝汽器的通流面积减少。显然，这将使凝汽器水阻迅速上升。不管结垢或堵管，其结果都会恶化凝汽器的工况，使真空下降。这不仅浪费燃料，还威胁机组的安全运行，必须设法进行处理。

利用钢丝刷等机械清洗办法，都要大量劳力，同时长时间在腥臭闷热的凝汽器水室附近工作，对操作者的健康也是有害的；而且还需机组减负荷运行或停机，造成经济损失。因此采用胶球自动清洗凝汽器装置，既适应了电业生产的需要，也提高了劳动生产率，减轻了劳动强度。它是改善劳动条件的一项技术措施。

1. 胶球清洗原理

图5-22为胶球自动清洗装置示意图。可以看出，胶球泵输出的压力水将加球室内的胶球带出，经注球管注入凝汽器的冷却水进水管，胶球和冷却水一道进入冷却水管。胶球是一种质地柔软且富有弹性的海绵橡胶球，它的密度与冷却水相接近，其直径比冷却水管内径大1～2mm，它随冷却水进入铜管，并在水流的作用下，被压成椭圆形，与水管内壁整圈接触，如图5-23所示。胶球在行进过程中，不断对水管内壁进行挤压和摩擦，将壁面的污垢抹下来，带出铜管外，同时也把停留在管壁上的静止水膜破坏，从而提高了管子的传热效果。当胶球离开水管时，在自身弹力的作用下，突然恢复原状，使胶球表面带出的污垢脱落，并随冷却水排出，胶球被安装在凝汽器冷却水出口管上的胶球网回收，经胶球泵加压后，重新进入加球室循环使用。

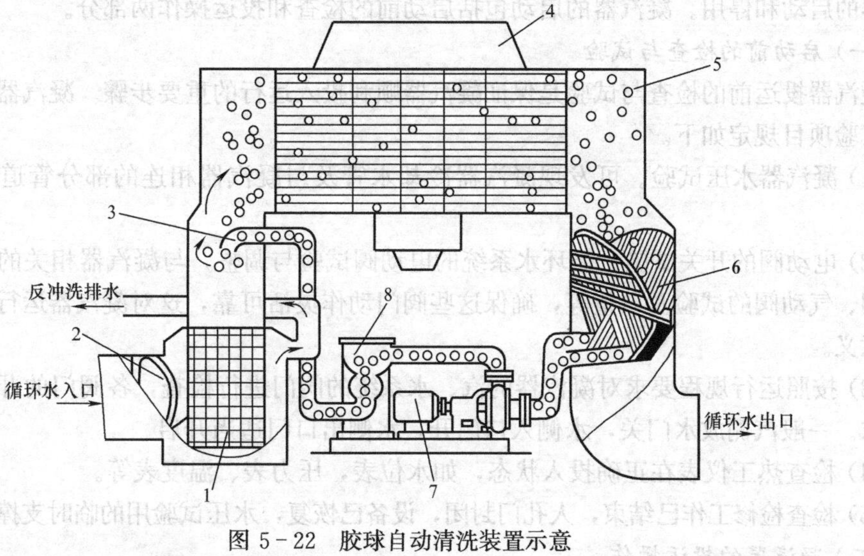

图5-22　胶球自动清洗装置示意

1—二次滤网；2—反冲洗蝶阀；3—注球管；4—凝汽器；5—胶球；6—收球网；7—胶球泵；8—加球室

胶球清洗装置的使用效果与冷却水的净化程度有很大关系，既要求安装在循环水泵进水管上的一次滤网应保持良好工作状态外，又要求安装在冷却水进水管上的二次滤网有良好的净化效果。

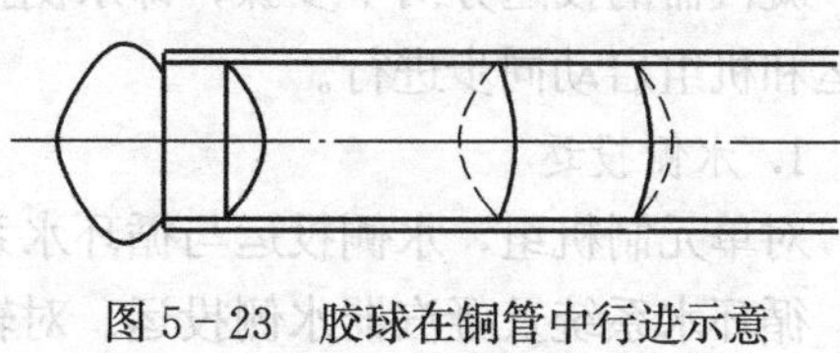

图5-23　胶球在铜管中行进示意

2. 胶球清洗凝汽器的经济效果

(1) 不停机、不减负荷清洗，保证机组的满发。例如某电站600MW机组，未装胶球清洗装置前实发500MW；安装胶球清洗装置后不仅满发，而且超发。又如一台125MW机组，过去每年要进行20～25次清洗，每次减负荷30～40MW，历时7～8h，现在不必减负荷清洗，每年可多发电（5～6）×10^6kWh。

(2) 改善劳动条件，节省劳动力。如一台50MW机组的凝汽器，过去每次需50人连续工作三班，要捅刷两天才行。而采用胶球清洗装置后，只要进行正常维护就行了。

(3) 降低凝汽器的端差，提高真空度。如苏联在160MW机组上安装胶球清洗装置后，凝汽器的端差低于额定值1.3～1.6℃。

(4) 节约燃料。如一台50MW机组采用了胶球清洗后，端差由原来的11℃下降至6～7℃，全年可节约标准煤1500t。

(5) 保护铜管，延长使用寿命。沉积在铜管内壁上的氯化物与微生物会促使铜合金管的腐蚀。胶球能将它们清除，客观上也起了保护作用。胶球不但能清除正在积结的硬垢，使它不能附着在铜管内壁上，而且能减薄已生成的硬垢，甚至磨破硬垢使其开裂。

国内有些大机组原来没设计凝汽器的清洗装置，不少机组是投运后才陆续设计安装凝汽器的清洗装置的，运行经验表明，胶球清洗装置投资不多，经济效益较好，而且也易于实现自动控制或计算机程序控制。

六、凝汽设备的运行

凝汽设备运行情况的好坏，主要表现在能否保持或接近最有利真空、使凝结水过冷度最小和保证凝结水品质合格。为了对凝汽器的启动和停用程序有一个初步了解，这里重点介绍凝汽器的启动和停用。凝汽器的启动包括启动前的检查和投运操作两部分。

（一）启动前的检查与试验

凝汽器投运前的检查与试验是保证凝汽器顺利投入运行的重要步骤。凝汽器投运前的检查与试验项目规定如下。

(1) 凝汽器水压试验。可发现凝汽器冷却水管及与凝汽器相连的部分管道和附件是否泄漏。

(2) 电动阀的开关试验。循环水系统的电动阀试验与调整，与凝汽器相关的补水系统的电动阀、气动阀的试验及调整等，确保这些阀门动作灵活可靠，这对凝汽器运行有着重要的指导意义。

(3) 按照运行规程要求对凝汽器的汽、水系统的阀门进行检查，各阀门的开关状态应符合要求。一般汽侧放水门关，水侧入口门开，水侧出口门适当开启。

(4) 检查热工仪表在正确投入状态，如水位表，压力表、温度表等。

(5) 检查检修工作已结束，人孔门封闭，设备已恢复，水压试验用的临时支撑物已去掉。

（二）凝汽器的投运操作

凝汽器的投运分两个步骤，即水侧投运和汽侧投运。水侧投运在机组启动前完成，汽侧投运和机组启动同步进行。

1. 水侧投运

对单元制机组，水侧投运与循环水系统投运同步进行。在做好准备工作后，启动循环水泵，循环水系统及凝汽器水侧投运。对轴流式循环泵，凝汽器出口的闸门必须开启。

在凝汽器循环水排水管的高位处，将排空气阀打开，以便将空气从循环水管道中排除，当放空气阀排出水时，即可将该阀关闭。在循环水系统中若装有抽气器，应投入抽气器将循环水系统中的空气抽出。

凝汽器通水后应检查人孔门等部位是否漏水。凝汽器水侧空气排尽后，调整凝汽器的出口水阀开度，保持正常的循环水流。

2. 汽侧投运

凝汽器的汽侧投运分清洗、抽真空、接带热负荷三个步骤。

(1) 清洗。凝汽器的汽侧清洗是保证凝结水水质合格的重要手段之一。清洗前应联系化学人员储备足够的补充水，并检查凝汽器的汽侧放水阀是否已关闭。清洗时，启动补水泵，开启凝结水补水阀，将水位补至一定程度后，开汽侧放水阀，继续进水冲洗凝汽器汽侧的冷却水管及室壁，直至水质合格。

(2) 抽真空。机组冷态启动时，应在锅炉点火前抽真空，以保证疏水的畅通和工质的回收，但也不宜过早。抽真空时，应检查真空破坏阀、汽侧放水阀等排大气阀是否已关闭，然后启动抽气设备开始抽真空，根据真空上升情况，判断真空系统是否正常。

(3) 接带热负荷。锅炉点火后，随着疏水和汽轮机旁路系统蒸汽的排入，凝汽器开始接带热负荷，到机组冲转并网后，凝汽器接带的热负荷才逐步增加。这一阶段，应注意循环水系统、抽真空系统和汽封系统的是否正常运行，监视凝汽器真空是否稳定，以保证机组整个启动过程的顺利进行。

(三) 凝汽器的停用

凝汽器的停用是在机组停机后进行，操作顺序是先停汽侧，后停水侧。凝汽器停用时要注意真空到零后开启真空破坏阀；排汽缸温度低于50℃后，方允许停循环水泵；为防止凝汽器局部受热或超压造成损坏，停运后应做好防止进汽及进疏水的措施，较长时间停用，还应做好防腐工作。另外，凝结水系统在运行时，应认真监视凝汽器水位，防止满水后冷水进入汽缸造成事故。

第五节 抽 气 设 备

抽气设备的任务是在机组启动时，建立凝汽器内的真空；在正常运行时，不断地抽出漏入凝汽器的空气及排汽中的不凝结气体，维持凝汽器规定的真空。抽气设备按工作原理可分为射流式和容积式两大类。根据工作介质不同，射流式抽气器可分为射汽式和射水式两种。容积式抽气设备分为液环式真空泵和机械离心式真空泵。国内电站的小机组一般采用射汽抽气器，大型再热单元制机组一般用射水抽气器，近几年来大机组上开始应用液环式真空泵。

一、射流式抽气器

1. 射汽抽气器

如图5-24所示，射汽抽气器由工作喷管、混合室和扩压管组成。工作蒸汽进入喷管，在喷嘴中降压增速，使混

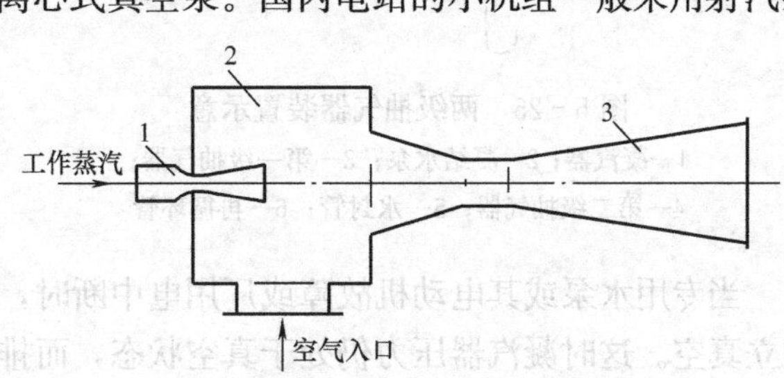

图5-24 射汽抽气器的结构示意

1—工作喷嘴；2—混合室；3—扩压管

合室形成高度真空，混合室的入口与凝汽器抽气口相连，抽气口处蒸汽空气混合物不断地被吸入混合室，喷嘴出口的高速汽流在混合室中与周围气体分子产生动量交换，夹带气体分子前行进入扩压管，再将气体动能转换为压力能，速度降低，压力升高，汽气混合物最终排入大气或中间冷却器。

一般对于高、中压母管制额定参数启动的机组，由于工作蒸汽的来源有保证，大都采用射汽式抽气器，且制成带两级或三级中间冷却器的抽气器，另外，还要配置专用的启动抽气器。

图 5－25 为两级抽气器装置的示意图。主抽气器总是安装在压力最低的加热器前面（按主凝结水的流向），这样主凝结水的温度最低，被凝结的蒸汽量可以增多。抽气冷却器的冷却水一般都采用从凝结水泵打出的主凝结水。在主凝结水管路上还设有再循环管道，以保证在机组启动或低负荷运行时，抽气冷却器有足够的冷却水。由于中间冷却器内的汽侧与凝汽器侧有一定压差，所以可用带节流阀的管子将中间冷却器内的凝结水送到凝汽器内。为了防止抽气器因故不能正常工作时，空气大量漏入凝汽器，所以采用了垂直布置的 U 形水封管。

对于高参数大容量单元机组，由于射汽式抽气器的过载能力小，且机组滑参数启动时需要引入其他的工作汽源，使系统复杂化，所以大多采用射水式抽气器。

2. 射水抽气器

射水抽气器的工作原理和射汽抽气器一样，只是工质采用压力水而不是用蒸汽如图 5－26 所示。射水抽气器一般由专用水泵供给工作水，高压工作水进入工作水入口水室，然后进入喷管将压力能转变为动能，形成高速水流，使混合室形成高度真空，凝汽器的蒸汽空气混合物被吸进混合室，与工作水相混合，部分蒸汽遇工作水后立即凝结，然后一起进入扩压管降速增压，以略高于大气压力排出扩压管。

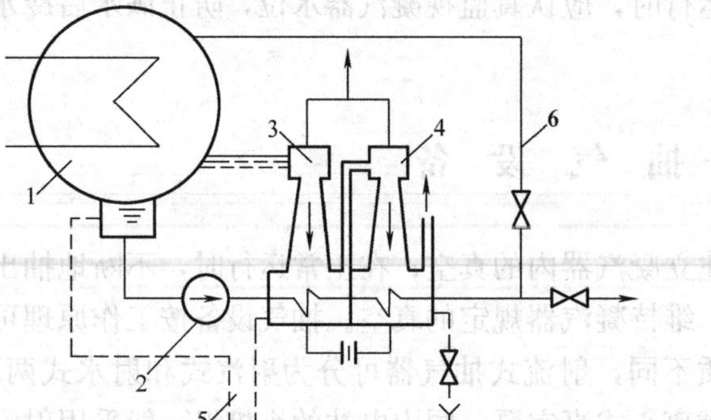

图 5－25　两级抽气器装置示意

1—凝汽器；2—凝结水泵；3—第一级抽气器；4—第二级抽气器；5—水封管；6—再循环管

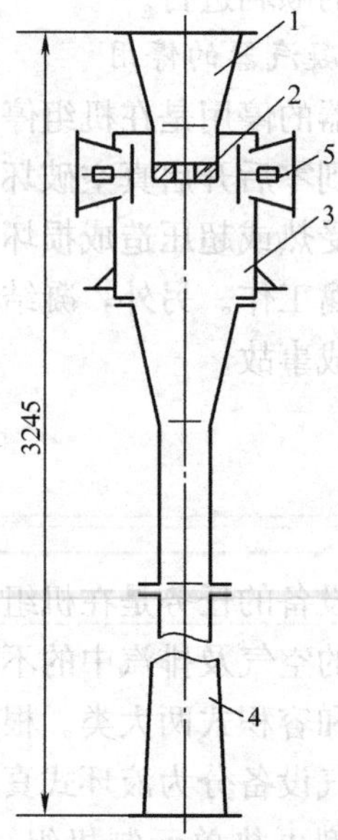

图 5－26　射水抽气器的结构示意

1—工作水入口水室；2—喷嘴；3—混合室；4—扩压管；5—止回阀

当专用水泵或其电动机故障或厂用电中断时，工作水室水压立即消失，混合室内就不能建立真空。这时凝汽器压力仍处于真空状态，而排水井水面的压力是大气压力，故不洁净的工作水将从扩压管倒流入凝汽器，污染凝结水，为此在混合室入口处设置了止回阀，用以阻止工作水倒流。

射汽抽气器与射水抽气器相比，前者的工作蒸汽是从新蒸汽节流而来的，因此产生节流损失，从热效率上考虑是不经济的；如果前者与单元制机组配套，当这种机组采用冷态滑参数启动方式时，还需要为射汽抽气器准备汽源。从这些角度考虑，采用射水抽气器较为有利。但射水抽气器需要设置专用的射水泵，投资较多，而且又不能回收被抽出蒸汽的凝结水及其热量，增加了凝结水的损耗。故这两种抽气器各有自己的特点。射水抽气器结构简单，工作可靠，启动运行方便，一般适用于滑参数启动和滑压运行的单元制再热机组。

图 5-27 为常见的采用射水抽气器抽真空系统。供水方式为闭式循环方式。一台机组配两台射水抽气器，分别对应两台射水泵，一台运行，一台备用。

二、容积式抽气器

容积式抽气器分为液环式真空泵和机械离心式真空泵两种。

1. 液环式真空泵

液环式真空泵主要由偏心叶轮、前弯式叶片、泵壳、吸气口、排气口等部分组成，如图 5-28 所示。它可以通过一个带有许多叶片的偏心叶轮对液体施加离心力，使其起到活塞的作用，从而进行气体输送。当工作液体采用水时，也称为水环式真空泵。

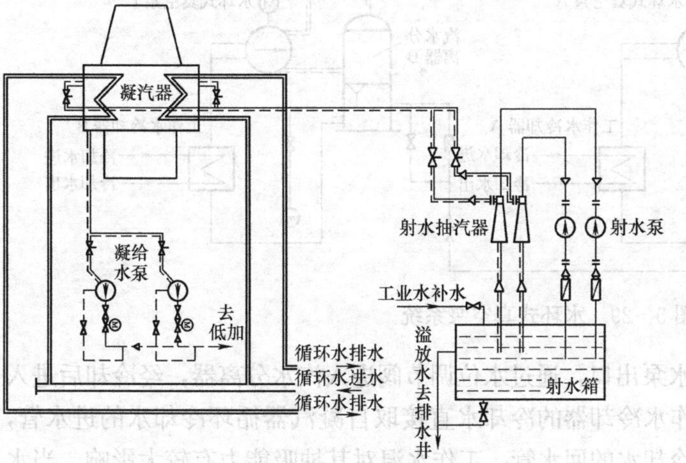

图 5-27 C-40-75-1 型射水抽气器系统示意

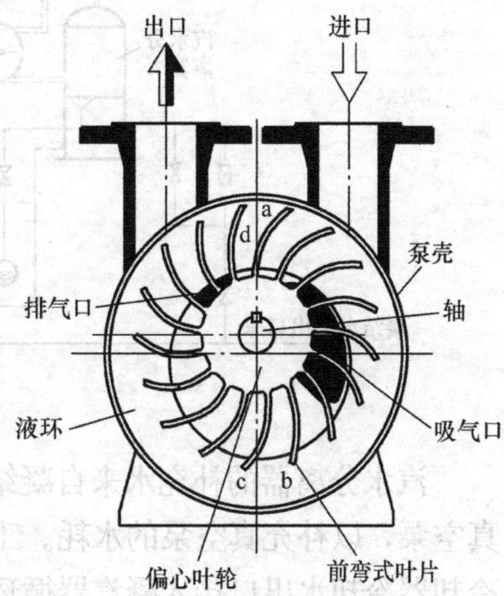

图 5-28 液环式真空泵结构原理图

液环式真空泵在工作前，需要先向泵内注入一定量的液体（一般为水）。当电动机带动偏心叶轮旋转时，由于离心力作用，液体向外运动。这样液体就在贴近泵壳内表面形成一个运动着的圆环，称为液环。由于叶轮是偏心安装的，液环与叶轮轮毂之间形成一个新月空间。转子每转动一周，由液环、叶片、轮毂表面围成的小空间的容积便由小到大，再由大到小地周期性变化。在旋转的前半周，即 a 由转向 b，小空间的容积由小变大，压力降低，通过吸气口吸入气体。进而，在后半周，即由 c 转向 d，小空间的容积由大变小，使被吸入的气体压缩升压，当压力达到一定程度时，通过排气口将气体排出。这样，液环式真空泵就完成了吸气、压缩、排气三个连续的过程，为了保持恒定的液环，在运行过程中必须连续向泵内供液体，以达到抽气的目的。

图 5-29 为常见的水环式真空泵抽真空系统。系统由两台水环式真空泵及其低速电动机、汽水分离器、工作水冷却器、高低水位调节器、内部有关连接管道、阀门及电气控制设备等组成。由凝汽器抽吸来的气体经气动蝶阀进入水环式真空泵，真空泵排出的气体和少量

的工作水，通过管道进入汽水分离器，分离后的气体经其顶部的对空排气口排向大气；分离出的水与补充水一起进入工作水冷却器。被冷却后的工作水一路喷入真空泵进口，及时将真空泵吸入气体中的部分蒸汽凝结，提高真空泵的抽吸能力，另一路直接进入泵体，维持真空泵的水环厚度和降低水环的温度，确保真空泵的抽吸能力。水环除了与偏心叶轮组成不断变大、缩小的气体空间，有抽吸和压缩气体的作用之外，还有散热、密封和冷却等作用。由于真空泵的工作水是随着被压缩气体一起排出的，因此真空泵的水环需要新的冷工作水连续补充，以保持稳定的水环厚度和温度，确保真空泵的抽吸能力。

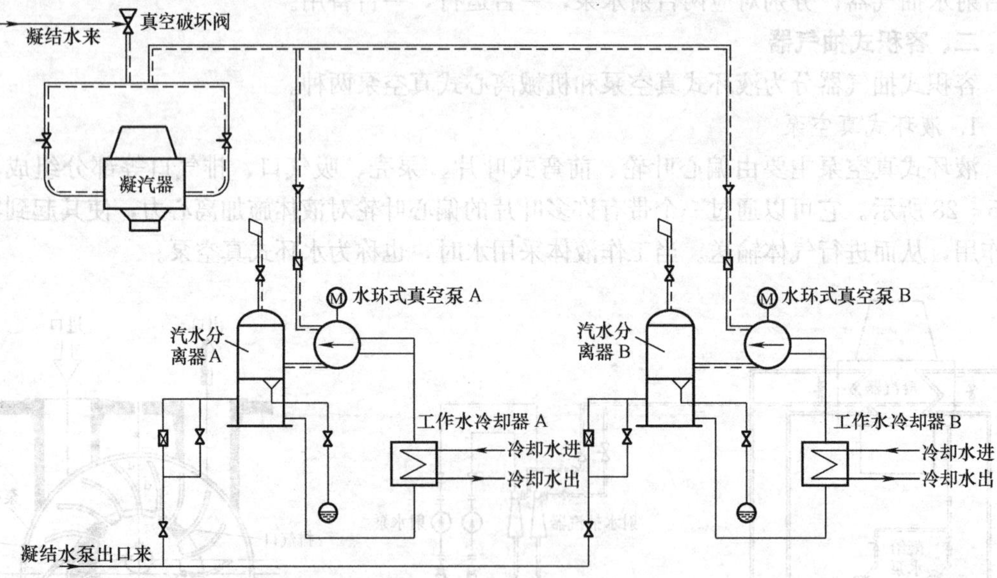

图 5-29 水环式真空泵系统

汽水分离器的补充水来自凝结水泵出口，通过水位调节阀进入汽水分离器，经冷却后进入真空泵，以补充真空泵的水耗。工作水冷却器的冷却水直接取自凝汽器循环冷却水的进水管，冷却器冷却水出口接入凝汽器循环冷却水的回水管。工作水温对其抽吸能力有较大影响，当水温升高时，水环式真空泵抽吸能力下降，故运行时需要保证工作水冷却器的正常运行。

液环式真空属于旋转式机械，结构紧凑，安装空间小；由于采用液环式，以液体为“活塞”，因而其内部没有像吸气和排气管路中的阀门那样的复杂的装置，所以无需供油，操作极其简便，内部无需特殊的润滑，可以连续不断地吸气和排气，不会产生振动。同时，它的启动性能好，当入口压力高时，抽气量会迅速上升，液环式真空泵的这种特性对汽轮机快速启动极为有利。当真空系统在运行中漏气量增大，真空仅会有较小的下降，且抽气过程中，若进水也不会产生危险，故适应性较强。液环式真空泵由于功耗低、运行维护方便、工作可靠、自动化程度高、启动性能好，利于环保等优点，多作为国产 300～600MW 机组的配套设备。

2. 机械离心式真空泵

机械离心式真空泵的结构如图 5-30 所示，机械离心真空泵的工作轮安装在与锥筒、汽水混合物吸入管相连接的外壳中，工作水由水箱经吸入管进入吸入室。随着工作轮旋转，工作水经一个固定喷管喷出，并进入旋转着的工作轮的叶片槽道内。水被叶片分隔成许多的小股水柱，这些高速水柱夹带由吸入管吸入的汽气混合物进入锥筒，在锥筒内增加流速后进入扩压管，并在压力稍大于大气压力之后排入水箱，经汽、水分离后，气体排出，工作水继续参加循环。机械离心式真空泵也需要定期补充冷水，以防工作水的流失和水温升高。这种泵在100～300MW机组上较广泛地应用。

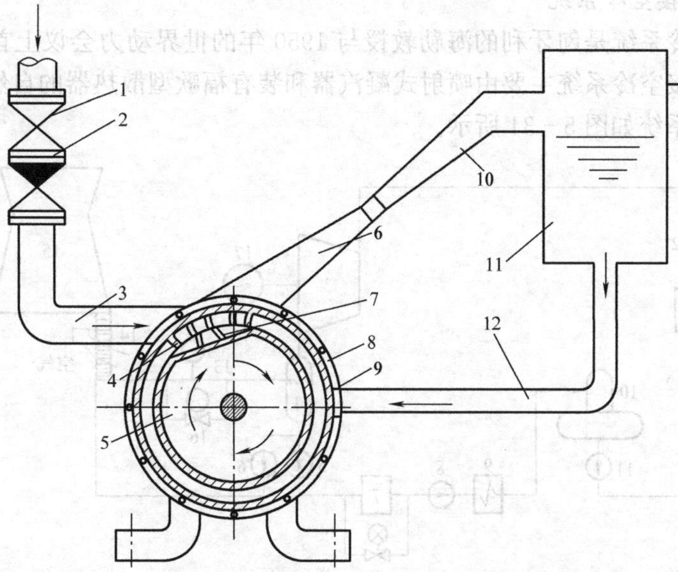

图5-30 机械离心式真空泵结构原理图

1—闸阀；2—止回阀；3—汽、水混合物吸入管；4—叶片；5—吸入室；6—锥筒；7—喷嘴；8—工作轮；9—外壳；10—扩压管；11—水箱；12—吸水管

第六节 空冷凝汽器系统

随着火电厂高参数、大容量汽轮机的广泛运用，水资源短缺的状况越来越严重。大力发展坑口火力发电，降低发电成本，提高洁净化能源的供应比例，是我国电力发展的主要方向。但兴建大容量火力发电厂需要大量的冷却水源，而煤炭资源丰富的地区大多缺水，洁净水又成为坑口电站发展的“瓶颈”问题。因此，如何合理利用资源发展火电站，成为目前电力建设研究的重点问题。

发电厂空冷技术已成为当前发电厂建设中的一个热门课题，空冷机组冷却系统本身可节水97%以上，全厂性节水约65%。一般$1m^3/s$的水可建设1台1000MW湿冷机组，而建设1台100万千瓦空冷机组只需$0.35m^3/s$的水。因此相同数量的水可建设的空冷机组规模比湿冷机组的规模大三倍，这充分显示了空冷技术节水的优越性及其推广使用的广阔前景。空冷机组由于节水效果显著，发展较快，特别是在西部“富煤缺水”地区和干旱地区发展更加迅猛。

发电厂空冷技术从提出到现在约有50余年的历史，并在国际上有了迅速发展，目前已出现单机容量686MW的空冷机组。在干旱地区，空冷机组发展尤为迅速，并出现了多种类型，如直接空冷、间接空冷、干湿联合冷却机组等。发电厂空冷技术已成为当前发电厂建设中的一个热门课题。

目前国际上用于发电厂的空冷系统有间接空冷系统和直接空冷系统，本节主要分析空冷系统的类型、特点，以及直接空冷系统构成、工作原理和运行中常见的问题。

一、间接空冷系统

间接空冷系统分为带喷射式凝汽器的间接空冷系统（又称海勒式间接空冷系统）和表面式凝汽器的间接空冷系统（又称哈蒙间接空冷系统）。

（一）海勒式间接空冷系统

海勒式间接空冷系统是匈牙利的海勒教授与1950年的世界动力会议上首先提出，因此而得名。海勒式间接空冷系统主要由喷射式凝汽器和装有福歌型散热器的自然通风空冷塔组成，其原则性汽水系统如图5-31所示。

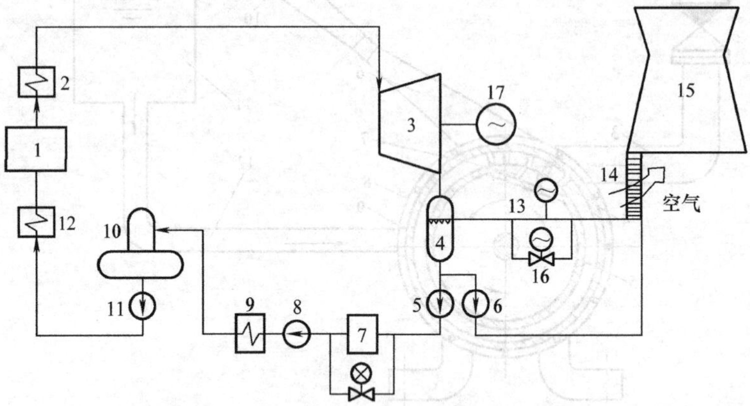

图5-31 海勒式间接空冷机组汽水系统

1—锅炉；2—过热器；3—汽轮机；4—喷射式凝汽器；5—凝结水泵；6—循环水泵；7—凝结水精处理；8—凝结水升压泵；9—低压加热器；10—除氧器；11—给水泵；12—高压加热器；13—调压水轮机；14—空冷散热器；15—空冷塔；16—旁路调压阀；17—发电机

该系统中的冷却水是高纯度的中性水（pH=6.8～7.2）。在喷射式凝汽器中，冷却水和汽轮机排汽直接接触进行热交换，形成的凝结水和受热的冷却水在凝汽器底部热井混合。其中，与排汽量质量相当、大约2%的混合水经凝结水精处理装置处理后送至汽轮机的回热系统，其余约占98%的混合水由循环水泵送至自然通风空冷塔，在散热器中与空气对流换热冷却后，通过调压水轮机送至喷射式凝汽器，开始下一个循环。其特点是空气通过空冷塔散热管束翅片将循环水冷却，靠循环水做中间冷却介质再将排汽冷却。由此可见，间接空冷系统的换热与常规的闭式水冷系统均为两次换热，但蒸汽与冷却水之间为直接换热，而冷却水与空气之间为间接换热。

海勒式间接空冷系统的优点是：以微正压的低压水系统运行，较易掌握，可与中背压汽轮机配套；冷却系统消耗动力稍低，厂用电较少；基建投资中等；占地面积中等。其缺点是：铝制空冷散热器耐冲洗、耐抗冻性能差；空冷散热器的塔外布置，易受大风影响其带负荷能力；设备系统复杂，且有薄弱环节。

海勒式间接空冷系统适合于气候温和、无大风地区，带基本负荷运行。目前，使用海勒式间接空冷系统的国内机组单机容量最大为200MW。

（二）哈蒙式间接空冷系统

哈蒙式间接空冷系统是在海勒式间接空冷系统的运行实践基础上发展起来的新系统。该系统由表面式凝汽器和自然通风的空冷塔组成，空冷塔内的散热器是由经过整体热镀锌处理的椭圆形钢管、外缠绕椭圆形翅片或套嵌矩形钢翅片的管束组成。哈蒙式间接空冷机组原则性汽水系统如图 5-32 所示。

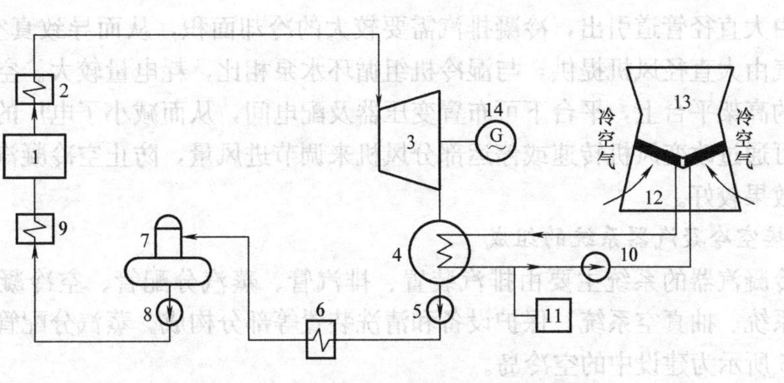

图 5-32　哈蒙式间接空冷机组汽水系统

1—锅炉；2—过热器；3—汽轮机；4—表面式凝汽器；5—凝结水泵；6—低压加热器；7—除氧器；8—给水泵；9—高压加热器；10—循环水泵；11—膨胀水箱；12—空冷散热器；13—空冷塔；14—发电机

哈蒙式间接空冷系统与常规的水冷系统的工作过程基本相似，不再赘述。不同之处在于用空冷塔代替水冷塔，即循环水与空气通过散热器进行换热；冷却水管用不锈钢管代替了铜管；用除盐水代替循环水；用密闭式循环水系统代替敞开式循环水系统。

该系统中，由于冷却水在温度变化时体积发生变化，所以设置膨胀水箱。水箱顶部与充氮系统连接，使水箱水面上充满一定压力的氮气，既可以补充冷却水容积的变化，又可以避免冷却水与空气接触而受到污染。

哈蒙式间接空冷系统类似于湿冷系统，其优点是：节约厂用电，设备少，冷却水系统与汽水系统分开，两者水质均可按各自要求控制；冷却水量可根据季节调整，在高寒地区，冷却水系统中可充以防冻液防冻；空冷散热器在塔内布置，其带负荷能力基本上不受大风影响。其缺点是：空冷塔占地大，基建投资多；系统中需要进行两次表面式换热，使全厂热效率有所降低。

哈蒙式间接空冷系统适用于核电站、热电站和调峰大电厂。使用该系统的国内外机组单机容量为200、300、686MW。

二、直接空冷系统

直接空冷系统（Air Cooled Condencer，ACC）是指汽轮机的排汽直接用空气来冷凝，空气与蒸汽间进行热量交换，其工艺流程如图 5-33 所示，汽轮机排汽通过粗大的排气管道送至室外空冷岛的空冷凝汽器内，轴流冷却风机使空气流过冷却器外表面，将排汽冷凝成水，凝结水再经泵送回汽轮机的热力系统。

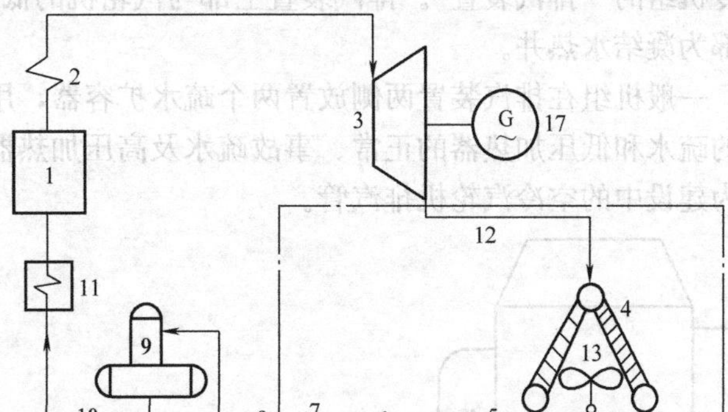

图 5-33　直接空冷机组原则性热力系统

1—锅炉；2—过热器；3—汽轮机；4—空冷凝汽器；5—凝结水泵；6—凝结水精处理装置；7—凝结水升压泵；8—低压加热器；9—除氧器；10—给水泵；11—高压加热器；12—汽轮机排汽管道；13—轴流冷却风机；14—立式电动机；15—凝结水箱；16—除铁器；17—发电机

直接空冷系统的主要特点是汽轮机排汽直接由空气来冷凝，汽轮机背压变化幅度大。汽轮机排汽需由大直径管道引出，冷凝排汽需要较大的冷却面积，从而导致真空系统的庞大。系统所需空气由大直径风机提供，与湿冷机组循环水泵相比，耗电量较大。空冷凝汽器布置在汽机房前的高架平台上，平台下可布置变压器及配电间，从而减小了电厂的占地面积。直接空冷系统可通过改变风机转速或停运部分风机来调节进风量，防止空冷凝汽器结冰，调节相对灵活、效果较好。

（一）直接空冷凝汽器系统的组成

直接空冷凝汽器的系统主要由排汽装置、排汽管、蒸汽分配管、空冷凝汽器、冷却风机、凝结水系统、抽真空系统、保护设备和清洗装置等部分构成。蒸汽分配管如图 5－34 所示，图 5－35 所示为建设中的空冷岛。

图 5－34　蒸汽分配管

图 5－35　建设中的空冷岛

1. 排汽装置

国外的直接空冷机组，汽轮机的排汽管一般都与低压缸直接连接，排汽直接排入空冷凝汽器。系统复杂，占地面积大，投资也大。

我国的直接空冷机组，提出了“排汽装置”的设计思想，即把湿冷机组的凝汽器改造为空冷机组的“排汽装置”。排汽装置上部与汽轮机的低压缸连接，下部侧面与排汽管道相连，底部为凝结水热井。

一般机组在排汽装置两侧放置两个疏水扩容器，用于接受汽机本体、抽汽接管、各阀门中的疏水和低压加热器的正常、事故疏水及高压加热器事故疏水（见图 3－36）。图 5－37 所示为建设中的空冷汽轮机排汽管。

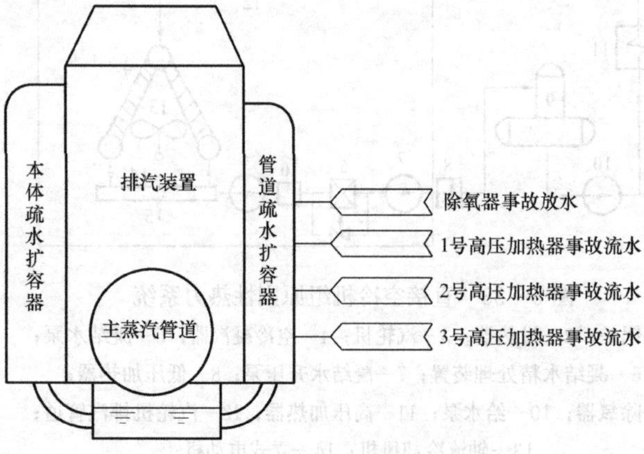

图 5－36　排汽装置示意

图 5－37　建设中的空冷汽轮机排汽管

2. 排汽管

为了尽量减少汽轮机排汽管道长度和压降，大型燃煤机组的直接空冷电站一般将空冷岛紧靠主厂房A列，与主厂房平行布置。排汽管道从汽机房A列引出后，通过蒸汽分配管将汽轮机排汽送往空冷岛的各冷却单元。对大容量空冷机组，排汽管道直径比较粗，目前国内几个空冷电站设计情况来看，300MW机组排汽管道直径在5m左右，600MW机组排汽管道的直径一般为6m左右。

3. 空冷凝汽器

直接空冷凝汽器分成若干个冷却单元，每个冷却单元又由许多组管束组成A型钢结构，每组管束都由两个翅片管构成；在每个冷却单元下部都有一台强制冷却风机；风机与安装在其上的A型钢结构组成一个冷却三角，A型钢结构的顶角一般为60°左右。上海汽轮机厂330MW空冷机组机组的空冷岛设30个冷却单元，其中平行于A排为5个冷却单元，垂直于A排为6个冷却单元，空冷岛平台高度为35m。空冷凝汽器的工作原理如图5-38所示。

翅片管是空冷系统的核心，其性能直接影响空冷系统的冷却效果。翅片管可分为单排管、双排管和多排管，这三种冷却元件在直接空冷系统中都得到了成功的应用。目前大型空冷机组采用较多是大口径扁管翅片管（见图5-39），又称为单排管。单排管是在1990发展起来的，世界上有许多电厂采用过。单排管的主要优点是管束两侧换热面积被充分利用，使总换热面积减小；且空气流动阻力较小，空冷风机耗电量降低，噪声也减小；凝结水在管中流动更加顺畅，减小了凝结水过冷度和发生冬季冰冻的危险，从防冻性能来看，单排管好于双排管，且单排管比双排管容易清洗。

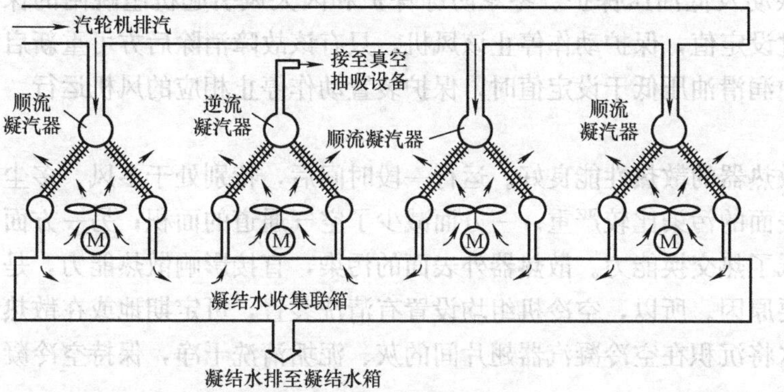

图5-38 空冷凝汽器的工作原理

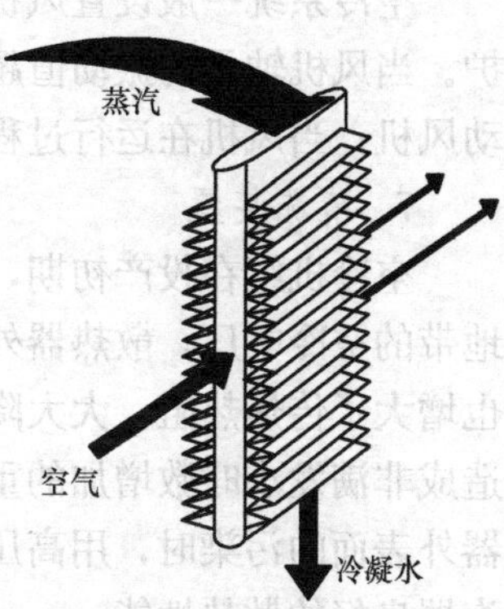

图5-39 单排椭圆形翅片管结构示意

按照蒸汽与凝结水流动方向，可将管束分为顺流管束和逆流管束两种，如图5-38所示。在顺流管束中，蒸汽流动方向和凝结水流动方向一致；而在逆流管束中，蒸汽流动方向和凝结水的流动方向相反。汽轮机排汽中70%～80%的乏汽在顺流管束中凝结，剩余的蒸汽在逆流管束中被冷却。在逆流管束中因为蒸汽和凝结水的流动方向是相反的，这种设计使凝结水始终被蒸汽包围，从而保证凝结水不易发生过冷和冻结。在逆流管束的顶部设有抽真空系统，可将系统内的空气和不凝结气体抽出。

4. 冷却风机

风机可分为鼓风式和吸风式。鼓风式风机在工程中得到广泛的应用。冷却风机一般由

4～9片叶片、叶轮、轮毂、减速箱和电动机组成。上述各部件依次直接连接，坐落于风机桥架上，风机桥架四周通过减振器与A型钢结构平台支撑连接。

应用于空冷凝汽器的风机有三种驱动方式，即单速、双速及变频调速。采用双速电动机和变频调速电动机驱动风机可节约厂用电。变频调速是一种广泛应用于各种领域的节能措施。由于变频调速是无级调速，调节曲线光滑，调速快，所以，在冬季运行时，可以将运行背压降低至汽轮机阻塞背压附近运行而不至于使散热器冻结，从而提高机组在冬季运行的经济性。而双速风机由于转速变化慢，且不连续。若采用双速风机，在冬季运行时，只有提高背压来防冻。美国的Wyodak电厂原设计为双速风机，电厂改造为变频调速风机后，在冬季可以比双速风机降低3kPa运行而无冻结。另外，采用变频调速后，在夏季高温段，风机可以110%转速运行，增大了空冷散热器的通风量，降低了汽轮机的运行背压，提高发电量，减少风机耗功。

5. 抽真空系统

在汽轮机启动和正常运行时，抽真空系统要使空冷汽轮机低压缸、排汽管道、空冷凝汽器等设备内部形成真空，所以必须采用较大抽气量的抽气器。如上海汽轮机厂NC330/279-16.7/0.4/538/538型空冷机组的抽真空系统设有3台机械真空泵，机组启动时，3台真空泵同时投入运行，以达到要求在30min内将空冷凝汽器压力抽到34kPa；正常运行时，冬季1台真空泵运行2台备用，夏季2台真空泵运行1台备用。另外，在排汽管水平管段各接有一个电动真空破坏阀，在机组事故情况下破坏真空，增加排汽管背压，缩短汽轮机的惰走时间。

6. 保护设备

空冷系统一般设置风机振动及低油压保护、冬季防冻保护和因大风引起机组跳闸的保护。当风机轴承的振动值超过设定值，保护动作停止该风机，只有该故障消除后方可重新启动风机；当风机在运行过程中润滑油压低于设定值时，保护装置动作停止相应的风机运行。

7. 清洗装置

空冷机组在投产初期，散热器的散热性能良好。运行一段时间后，特别处于多风、多尘地带的空冷电厂，散热器外表面的污染比较严重。一方面减少了空气通道的面积；另一方面也增大了传热热阻，大大降低了热交换能力。散热器外表面的污染，直接影响散热能力，是造成非满发小时数增加的重要原因。所以，空冷机组均设置有清洗装置，可定期地或在散热器外表面的污染时，用高压水将沉积在空冷凝汽器翅片间的灰、泥垢清洗干净，保持空冷凝汽器良好的散热性能。

（二）直接空冷机组运行中常见的问题

直接空冷机组受外界气象条件影响大，夏季高背压运行影响机组负荷和安全；空冷凝汽器在冬季启停、低负荷运行时段的防冻问题尤为突出，这些都需要在生产运行中采取有效、合理的措施予以控制。

1. 机组排汽温度波动大

由于环境对空冷机组的影响较大，且空冷系统自身冷却能力有限，使得机组在运行中排汽温度和压力可能产生较大幅度的波动，这就要求汽轮机能适应数10℃以上的大幅度排汽温度变化，才能在夏季最高气温下安全运行。为保证夏季不致因为高温而产生运行困难，一般可将其排汽温度最高限制到70～72℃，特殊工况时可以提高到75℃。随着技术的进步，这种适应性可通过改变汽轮机低压级设计来实现。反动式汽轮机能比较适应变工况运行，其更能适应排汽温度的波动，应为首选的型式。

2. 机组背压高，且波动幅度大

空气的冷却效果比水差，虽然空冷凝汽器有很大的散热面积，但其背压比湿冷机组的高。一般空冷机组的设计背压为15～35kPa，因而供电煤耗比湿冷机组高3%～5%。我国北方地区汽轮机背压在7.6～35kPa之间。在不同环境温度条件下，一般通过控制风机转速调节通过顺流冷却单元和逆流冷却单元的空气流量，从而达到控制汽轮机的背压的目的，确保汽轮机安全、经济运行。

在环境温度较高，通常在36℃以上时，机组背压将升至45kPa左右（根据不同的地理位置，此值有所不同），此时其所对应的排汽温度将达到75℃。某电厂新装机组因长期在高背压和高排汽温度状态下运行，曾发生末级叶片扭曲或断裂事故。为此，一般空冷机组要求背压以45kPa为界限，当超过该限值时，必须通过降低机组负荷来保证背压值在允许的范围内，确保机组的安全稳定运行。

3. 空冷凝汽器在夏季真空偏低存在非满发问题

夏季随着气温的持续升高，机组的真空不断下降，功率逐渐降低。空冷机组在夏季炎热期非满发问题最为突出。根据电网要求，在夏季某一高温下，保证机组发额定功率时的气温称为满发气温。在额定进汽参数条件下，根据电网要求在夏季某较高温度下保证发额定功率的背压满发背压。如果夏季外界气温超过满发气温，导致真空降低，机组将不能满发。

机组在最高气温和阀门全开工况运行时，真空是否具有安全裕量，特别是当10%风机故障停运后，机组运行背压能否维持在报警背压以下，直接影响到机组安全性。若机组背压超过满发背压，只有按要求进行降负荷运行，机组在超过其最高满发排汽压力时就不能满负荷运行。

4. 冬季防冻

当外界气温降到0℃以下时，大量蒸汽在空冷岛的前段已凝结完毕，在后段只有不凝结的气体，不能使凝结水保持蒸汽的温度，而很快地被冷却到管壁及外界空气的温度而结冰，这些管段称为死区。若空冷凝汽器如没有采取有效的防冻措施，翅片管内的凝结水可能过冷却甚至冰冻。

常用防冻的措施有设置逆流冷却单元；使风机减速或停运，直至凝结水温度回升；设置挡风墙防止冬季外界自然风直接吹向散热器；设置电动真空隔离阀，在冬季启动时采取关闭某几个冷却单元，提高凝结水温度，防止凝结水在空冷凝汽器下部出现过冷而冻结；启动备用真空泵，增加通过结冰的逆流段换热管束的乏汽和不凝结气体流速，有利于加速化冰。

机组冬季启动时，也可打开旁路系统使蒸汽直接进入空气冷凝器。必要时，还需限制冬季启动的大气温度，如在－15℃或－20℃以下的环境温度不宜启动。更应避免长期在最小防冻流量以下的排汽量工况下运行。环境温度越低，空冷凝汽器防冻要求进入最小排汽热量越大。机组负荷一定时，运行背压越高，排汽温度和排汽量越大，相应的排汽热量越大，有利于防冻，但同时会降低机组经济性。为了保证空冷凝汽器的安全，适当提高机组运行背压是非常有效的，但必须有一定的限度。

在防止空冷凝汽器冻结的同时，还要防止低真空保护动作跳闸。大型汽轮机一般都设计有不同负荷下的背压保护。低负荷运行时为了防冻，机组背压可能保持得比较高，同时运转的风机数量少、转速低，当机组升负荷突增或有突来的大风时，如未能及时启动相应数量的空冷风机或配合启动备用真空泵，很有可能使背压上升到当时负荷的背压保护值。

5. 不利风向风速对直接空冷系统的影响

不利风向风速对直接空冷系统散热影响是多种形式的，它可使空冷凝汽器排出的热风回流到风机入口，提高了冷却风的风温和汽轮机运行背压，它也可使局部空冷管束热风出口处的风压低于自然风压，阻碍了热量的散发，局部的空冷凝汽器管束失去散热能力。上游高大建筑物尾风涡流及空气环流和逆温效应等都对空冷凝汽器造成不利影响。因此，直接空冷系统对风向、风速以及上游建筑物对空气环流的影响极其敏感。特别是在高气温条件下，汽轮机运行背压已经很高，不利风向造成的热回流及散热不畅而使汽轮机背压突然升高，汽轮机出力下降。在高气温条件下，严重的热回流及散热不畅容易使汽轮机背压超过背压保护限值而跳闸停机。因此直接空冷的布置，应考虑环境大风对系统散热的影响。

6. 系统排汽损失较大

由于空气传热系数很低，其换热能力决定了空冷系统庞大的体积，另外，整个空冷凝汽器无法安置于汽轮机下部，不得不远离机组放在户外。机组乏汽需要进行较长距离的管道输送，造成各种形式的流动损失，管道压降引起的损失往往不容忽略。

虽然直接空冷机组在运行中会出现一些问题，但总的来说，由于直接空冷系统可节约大量水资源，且使用设备较少，系统简单，空气量的调节灵活，防冻性能好，所以目前被缺水地区广泛采用。

复习思考题及习题

1. 画出表面式水冷凝汽设备的原则性系统图，并说明凝汽设备的任务和组成。

2. 为什么凝汽器内会形成高度的真空？

3. 表面式水冷凝汽器有哪些类型？结构怎样？各部分的作用是什么？

4. 分析影响水冷凝汽器真空的因素有哪些？

5. 什么是凝结水的过冷度？过冷度大有何危害？减小过冷度有哪些措施？

6. 真空系统不严密有什么危害？常用的凝汽器检漏措施有哪些？

7. 试述抽气设备的作用和分类。

8. 试述喷射式抽气器的工作原理。

9. 什么是最佳真空？真空恶化和极限真空？

10. 分析水环式真空泵的工作原理及其系统的工作过程。

11. 什么是凝汽器的热力特性？定性地画出凝汽器热力特性曲线，并分析该曲线能说明什么问题？

12. 电厂中常见的空冷系统有哪几种？

13. 间接空冷系统分为哪几类？画出它们的原则性热力系统图，并分析它们的特点。

14. 画出直接空冷系统的原则性热力系统图，并分析其特点。

15. 直接空冷系统由哪些主要设备组成？

16. 试分析直接空冷机组在运行会遇到哪些常见的问题？如何解决这些问题？

17. 已知某台凝汽器在设计工况下运行，冷却水进口温度 $t_{w1}=28℃$，冷却水出口温度 $t_{w2}=43℃$，汽轮机排汽温度 $t_s=54℃$，凝结水温度 $t_c=52.5℃$，试求：①冷却水的温升；②凝结水的过冷度；③凝汽器的冷却倍率。

第六章 汽轮机调节及保护系统

第一节 汽轮机调节系统的任务与类型

一、汽轮机调节系统的任务

由于电能具有不能大量储存的特点，而且电力负荷又具有随机变化性，为了减少损失，节省能源，要求汽轮发电机组的负荷必须随外界负荷的需要随时改变它所发出的功率，以适应用户耗电量的变化，并且还要保证供电质量，即保证电压和频率。所有这些都是由调节系统来完成的，同时还必须保证机组安全可靠地运行。

供电电压除与汽轮发电机组的转速有关外，还与发电机的励磁电流有关。并网运行的汽轮发电机组其转速基本不变，所以发电厂主要是通过调整发电机励磁电流的大小来调节供电电压。

对于一个确定的汽轮发电机组，供电频率取决于汽轮机的运行转速。频率 f（Hz）和转速 n（r/min）之间的关系是

$$f = \frac{np}{60}$$

式中 p——发电机的磁极对数。

火电厂大容量发电机大多具有一对磁极，在转速为 3000r/min 时，其频率为 50Hz。供电频率的过高或过低，不仅影响供电质量，也影响电厂本身的安全性和经济运行。我国的电网频率为 50Hz，要求频率的变动范围是±0.5Hz，对应的转速波动范围是±30r/min。

汽轮发电机组在运行中，其转子上受到三个力矩的作用，一个是蒸汽作用在汽轮机转子上的主动力矩 M_t，另一个是发电机转子在磁场中旋转时受到的电磁阻力矩 M_e，第三个是转子旋转时的摩擦阻力矩 M_f。在高负荷下，M_f 比 M_t、M_e 小得多，可忽略不计，则转子的运动方程为

$$I_\rho \frac{d\omega}{dt} = M_t - M_e \tag{6-1}$$

式中 I_ρ——转子的转动惯量；

ω——转子转动的角速度，即转速；

$\frac{d\omega}{dt}$——转子的角加速度。

蒸汽作用在汽轮机转子上的主动力矩 M_t 可以用式（6-2）表示

$$M_t = 9555 \frac{P_i}{n} \tag{6-2}$$

由式（6-2）可知，在汽轮机功率一定时，汽轮机转子上的主动力矩 M_t 与转速成反比，如图 6-1 所示。随着转速的升高，主动力矩逐渐减小。

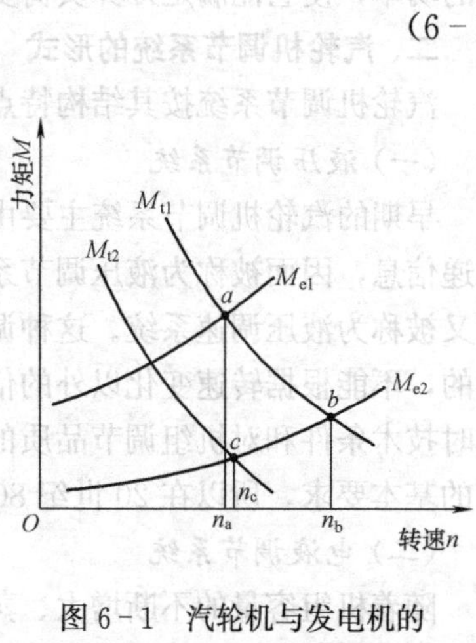

图 6-1 汽轮机与发电机的力矩—转速特性

电磁阻力矩与转速的关系取决于外界负载的特性，电网中的负载大致可分为三类：频率变化对有功功率没有直接影响的负载，如照明、电热设备等；有功功率与频率成正比变化的负载，如金属切削机床、磨煤机等；有功功率与频率呈三次方或高次方变化的负载，如鼓风机、水泵等。

电网的综合负载与频率的关系取决于各类负载所占的比例。由于电网中绝大多数属于第二类负载，所以负载特性如图 6－1 中的 M_{e1} 所示，转速 n 增大时 M_{e1} 随之增大。

由式（6－1）可知，当 $M_t=M_e$ 时，$\frac{d\omega}{dt}=0$，则 $\omega=$常数，即 $n=$常数；$M_t>M_e$ 时，$\frac{d\omega}{dt}>0$，则 n 升高；$M_t<M_e$ 时，$\frac{d\omega}{dt}<0$，则 n 下降。在图 6－1 中曲线 M_{t1} 与曲线 M_{e1} 的交点 a 为汽轮机的一个平稳工况点，此时汽轮机的转速为 n_a。当外界负荷减小时，引起电磁阻力矩减小，发电机特性曲线变动到 M_{e2}，此时若不改变汽轮机的内功率，则由于 $M_t>M_e$，转子转速升高，导致 M_t 减小而 M_e 增大，最后这两个力矩在一个更高的转速 n_b 下平衡，新的平衡点为 b。由此可见：汽轮发电机组依靠自身力矩与转速之间的变化特性可以自发地从一个稳定工况调整到另一个稳定工况，这种调整能力称为汽轮发电机组的自平衡能力。事实上，这种自平衡能力很弱，转速变化很大，不仅使机组发出的电能频率和电压不能满足用户要求，而且对汽轮发电机组零件强度和运行效率来说也是不允许的。

为了能够满足外界负荷变动的要求，又要保证电能频率，只有适当调整汽轮机的内功率，去改变蒸汽作用在汽轮机转子上主动力矩的特性，如图 6－1 所示，使主动力矩由 M_{t1} 线移到 M_{t2} 线，M_{t2} 与 M_{e2} 会在 c 点达到新的平衡状态，并能保证机组转速 n_c 在允许的范围内。

由上述分析可知，当机组发出的功率与外界负荷不相适应时，汽轮机的转速就会发生变化。汽轮机转速既是为了提高供电质量而必须保证的一个量，又是反映功率平衡的一个量。当转速发生变化时，必须对汽轮机进行调节（改变汽轮机的进汽量），改变汽轮机发出的功率，使之与外界负荷平衡，才能保证汽轮机转速保持在规定的范围内。据此得出这样的结论：汽轮发电机组必须具备调节汽轮机功率的调节系统，汽轮机调节的任务是及时调整汽轮机的功率，使它能满足外界负荷变化的需要，同时保证转速在允许的范围内。

二、汽轮机调节系统的形式

汽轮机调节系统按其结构特点可划分为液压调节系统和电液调节系统两种形式。

（一）液压调节系统

早期的汽轮机调节系统主要由机械部件与液压部件组成，主要依靠液体作为工作介质来传递信息，因而被称为液压调节系统。又由于它只根据机组的转速变化来进行自动调节，因而又被称为液压调速系统。这种调节系统的调节精度低，反应速度慢，运行时工作特性是固定的，不能根据转速变化以外的信号调节需要来进行及时调整，而且调节功能少，所有这些当时技术条件和对机组调节品质的要求有关。但由于它的工作可靠性高且能满足机组运行调节的基本要求，所以在 20 世纪 80 年代以前投产的机组上应用较多。

（二）电液调节系统

随着机组容量的不断增大、蒸汽参数的逐步提高、中间再热循环的广泛采用以及机组运行方式的多样化，对机组运行的安全性、经济性、自动化程度以及多功能调节提出了更高的要求，仅依靠原有的液压调节技术已不能完全适应。于是，电液调节系统便应运而生了。该系统主要由电气部件、液压部件组成。利用电气部件测量与传输信号方便，并且信号的综合处理能力强，控制精度高，设备操作、机组调整方便，调节参数的修改便利。液压部件用作执行机构（阀门的驱动装置）时充分显示出响应速度快、输出功率大的优越性，是其他类型执行机构所无法取代的。

1. 功频电液调节系统

早期的电液调节系统是以模拟电路组成的模拟计算机为基础的，引入功率、频率两个控制信号的电液调节系统，常称为功频电液调节系统，又被称为模拟电液调节系统，也称为功频模拟电液调节系统。

2. 数字电液调节系统

随着数字计算机技术的发展及其在电厂热工过程自动化领域中的应用，开发了以数字计算机为基础的数字式电液调节系统（Digital Electric Hydraulic Control)，也可简称为数字电调或 DEH。前期的数字电调大多以小型计算机为主机构成，后期随着微机的出现以及微机技术的发展，数字电调改用以微机为主机，因此可称为微机型电调。

我国从 20 世纪 60 年代开始研制、投运电液调节系统，从之后的 80 年代开始，先后从国外引进了几十套电液调节系统，同时还利用引进技术制造、投运了多套电液调节系统，见表 6-1。

表 6-1　　引进 600MW 汽轮机电液调节系统应用情况

电厂名称	机组容量（MW）	制造厂	型　号	分　类	工质及油压（MPa）
神头二电厂	2×500	Skoda（捷）		AEH 电液并存	汽轮机油，1.3
元宝山电厂	1×600	Alsthom（法）	REC-70	AEH 纯电液调节	抗燃油，12
北仑港电厂	5×600	1、3～5 号机组 东芝（日） 2 号机组 Alsthom（法）	TOSMAP MICROREC	DEH	抗燃油，11 抗燃油，12
石洞口二电厂	2×600	ABB（瑞士）	PROCONTROL-P	DEH	抗燃油，12
沙角 C 电厂	3×660	Alsthom（法）	MICROREC	DEH	抗燃油，12
邹县电厂	2×600	日立技术（东汽制造）	HITASE-200E SDEHG	DEH	抗燃油，10.98
平圩电厂	2×600	哈尔滨汽轮机厂（国产引进型）	DEHMODⅡ	DEH	抗燃油，13
哈三电厂	2×600	哈尔滨汽轮机厂（国产引进型）	DEG-Ⅲ	DEH	抗燃油，13
扬州二电厂	2×600	西屋（美）	DEG-Ⅲ	DEH	抗燃油，13

三、各种调节系统的比较

从发展观点看，调节系统从液压系统、功频模拟电液调节系统到数字电液调节系统，是从低一级向高一级的调节系统发展，一般而言，后一种调节系统优于前一种调节系统。

功频模拟电液调节系统与液压调节系统比较，突出的优点是：

(1) 功频模拟电液调节系统的电气部分，具有快速、准确和灵敏度高的特点，系统的调节精度高，迟缓率为0.1%，而一般的液压调节系统，迟缓率则高达0.3%～0.5%。

(2) 功频模拟电液调节系统为多回路多变量调节系统，PID的综合运算能力强，具有较强的适应外界负荷变化和抗内扰能力，而液压调节系统仅为单变量的比例调节系统，调节性能较差。

(3) 功频模拟电液调节系统的转速或功率实际值能准确地等于给定值，静态特性良好；在动态特性方面更为突出，机组甩负荷时，由于功率给定切除可以防止反调，转速稳定在3000r/min上，系统的动态升速比液压调节系统减少一个速度变动率值，动态特性很好。

(4) 功频模拟电液调节系统可提供调频、带基本负荷和单向调频等不同的运行方式。在机组启动过程中，有大小范围测速可供选择，大范围测速从100～200r/min起就能精确地对转速实行闭环控制，即使蒸汽参数波动，也能保持给定转速，升速稳定，精确度可达±2～3r/min；转速达到2850r/min左右，改投小范围测速系统，调节精确度更有所提高，便于并网。而一般液压调节系统，转速达到2700r/min后才可投入闭环控制系统，调节精确度仅为±7～15r/min，差距较大。

(5) 功频模拟电液调节系统中的电气部分，便于比较、综合各种信号，便于在线改变运行方式和调节参数，便于参数调整和运行检修，便于机炉协调控制，有利于机组的自动化，而未经改造的液压调节系统，这些方面几乎受到局限，在实现机炉协调控制方面的难度较大。

无论是模拟电液调节系统或数字电液调节系统，目前都还没有电气元件能够取代作用力大、动作迅速的液压执行机构，所以需要继续保留使用，因而设有把电信号转换成液压信号的电液转换装置，所不同的是对液压机构进行了许多重大的改进。例如采用高压抗燃油的液压伺服机构，把油压从过去的0.98～1.96MPa提高到10.98～18.00MPa，提高了10倍之多，使结构紧凑，推力大，动作更加迅速。

数字电液调节系统和功频模拟电液调节系统比较，除具有功频模拟电液调节系统的所有优点外，由于实施计算机控制，还增加了许多新的特点：

(1) 用计算机取代模拟电调中的电子硬件，特别是采用了微处理机和使功能分散到各处理单元后，显著提高了可靠性。

(2) 计算机的运算、逻辑判断与处理功能特别强，除控制手段外，在数据处理、系统监控、可靠性分析、性能诊断和运行管理（参数与指标显示、制表打印、报警、事故追忆和人机对话）等方面，都可以得到充分的发挥。

(3) 调节品质高，系统的静态和动态特性良好。例如，在蒸汽参数稳定的条件下，对功率调节可在±2MW，对转速调节可在2r/min以内。此外，由于硬件采用积木式结构，系统扩展灵活，维修测试方便；在冗余控制手段，保护措施严密等方面，均比功频模拟电液调节系统有明显的优势。

(4) 利用计算机有利于实现机组协调控制、厂级控制以至优化控制，这是模拟电液调节系统无论如何也不能相比的。

由于大型机组转子相对较轻，超速的可能性大，对调节品质和安全措施方面都要求很高，液压或模拟电液调节系统都已很难适应。因此，随着计算机性能价格比的提高，运算功能和判断功能的不断强大，运行经验的积累和丰富，特别是自控部分在大型电厂中越来越受到重视和已经成为一个重要部分。所以，现在国内外新建的较大容量机组上，都普遍地采用数字电液调节系统。

第二节　汽轮机液压调节系统

一、液压调节系统的工作原理

（一）典型液压调节系统的工作过程

为了便于描述调节系统的工作原理，先着重介绍三种国产典型凝汽式汽轮机液压调节系统的工作过程。

1. 高速弹性调速器液压调节系统

图 6-2 所示为这种调节系统的示意图，该系统的高速弹性调速器、差动活塞、杠杆 cod、调速器滑阀等组成转速感受机构。滑阀、油动机以及反馈滑阀等组成阀位控制机构。传动杠杆和调节汽阀组成配汽机构。

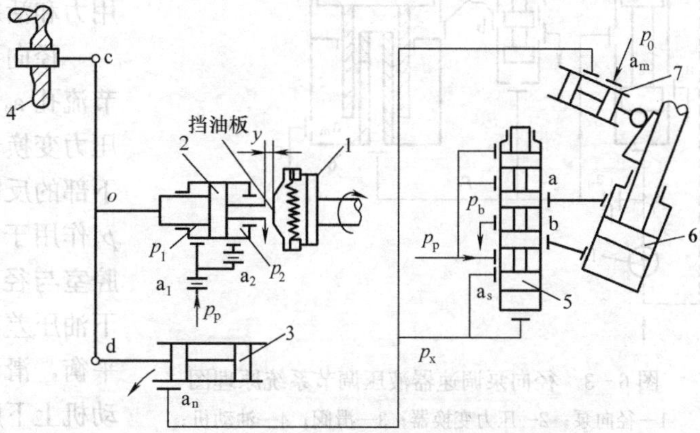

图 6-2　高速弹性调速器液压调节系统原理图

1—高速弹性调速器；2—差动活塞；3—调速器滑阀；4—同步器；5—滑阀；6—油动机；7—反馈滑阀

主调节过程：当外界负荷减小时，发电机的电磁阻力矩减小，产生 $\Delta M_e<0$，机组转速升高，产生 $\Delta n>0$，调速器中重块的离心力增大而向外伸张，弹性刚带变形，挡油板向右移动，使得差动活塞油喷嘴与挡油板之间的间隙增大，油喷嘴排油量增加，引起差动活塞右侧油室中的油压 p_2 下降，使差动活塞向右移动。差动活塞的右移通过杠杆带动调速器滑阀也向右移动，排油口 a_n 开度增大，控制油压 p_x 降低，滑阀下移，使得压力油进入到油动机上腔室，下腔室通回油，油动机活塞下移，关小调节汽阀，减小汽轮机的进汽量与内功率，主动力矩相应减小，使得转子上的力矩差逐渐减小到零。

反馈调节过程：当油动机活塞下移时，通过反馈斜板使反馈滑阀在其左边弹簧力的作用下向右移动，反馈油口 a_m 开大，进油量增多，控制油压 p_x 逐渐升高，滑阀向上回移，当滑阀回到原来位置时，控制油压 p_x 恢复原值，同时切断油动机的进排油，油动机活塞停止运动。这是一种负反馈。

此时，主回路和子回路的稳定条件均已满足，系统便达到了新的稳定状态。

当系统从一个稳定状态调节到另一个稳定状态后，虽然滑阀回到了中间位置，但油动机和调节汽阀的位置却改变了，反馈滑阀的位置也因此改变了，也就是说，在系统稳定后反馈量依然存在。因而反馈滑阀是一静反馈装置，它将油动机的活塞位移量转换成油压变化量，用作阀位反馈信号。

当 p_x 下降使滑阀下移时，油口 a_s 开大，进入 p_x 油路的油量增加，阻碍 p_x 的下降，可以减缓滑阀的下移速度，进而使油动机活塞的运动趋于平稳。在调节过程终了时，由于滑阀回到原来中间位置，油口 a_s 也回复到原来的大小，使反馈作用消失。这种仅在动态调节过程中起作用的反馈叫动反馈，又因为是通过液压来传递信号，所以又叫做液压反馈。

当外界负荷增大时，调节过程相同，但信号的变化方向相反。

2. 径向钻孔泵调速器液压调节系统

图 6-3 所示为这种调节系统的示意图，该系统的径向泵、压力变换器等组成转速感受机构，滑阀、油动机以及反馈油口等组成阀位控制机构。调节汽阀及调节汽阀与油动机之间的传动杠杆等组成配汽机构。

径向泵出口压力油一路通至压力变换器活塞的下部腔室，作为转速变化的脉冲信号，而压力变换器活塞上部腔室通至径向泵进口，因此径向泵进出口的油压差作用在压力变换器活塞上。稳态时，这个压差产生的作用力和活塞上的弹簧力相平衡。

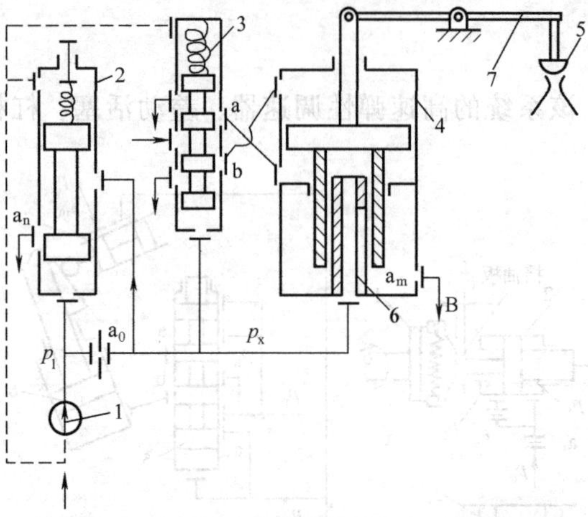

图 6-3　径向泵调速器液压调节系统原理图

1—径向泵；2—压力变换器；3—滑阀；4—油动机；5—调节汽阀；6—反馈油口；7—传动杠杆

径向泵出口压力油的另一路经过一个节流孔 a_0 送至控制油压 p_x 的油路中，并经压力变换器活塞控制的泄油口 a_n 和油动机下部的反馈泄油口 a_m 泄掉，形成控制油压 p_x作用于滑阀的下部腔室。而滑阀的上部腔室与径向泵进口相通。稳态时，滑阀上下油压差产生的作用力与上部的弹簧力相平衡，滑阀处于中间位置，遮断了通向油动机上下腔室的油路 a 和 b，油动机活塞稳定在某一位置不动。

主调节过程：当外界负荷减小时，发电机的电磁阻力矩减小，机组转速升高，径向泵出口油压升高，压力变换器活塞上的力平衡被破坏，活塞上移，使其控制的泄油口 a_n 变小，控制油压 p_x 升高，则滑阀向上的作用力大于向下的作用力，滑阀上移，压力油进入油动机活塞下部，油动机活塞上部通排油，油动机活塞上移，关小调节汽阀，减少进汽量，汽轮机发出的功率变小，使新的功率和外界负荷相适应。

反馈调节过程：当油动机活塞上移时，带动活塞下部套筒上移，开大了泄油口 a_m，使控制油压降低，当控制油压恢复到原来数值时，滑阀又回到中间位置，重新关闭去油动机的油路，油动机停止移动，调节过程结束。

在系统达到新的稳定状态后，反馈油口 6 的大小不能回复，因而反馈油口 6 是一静反馈油口。

当外界负荷增大时，调节过程相同，但信号的变化方向相反。

3. 旋转阻尼调速器液压调节系统

图 6-4 所示为这种调节系统的示意图，该系统的旋转阻尼、放大器、继动器等组成转速感受机构。滑阀、反馈杠杆、静反馈弹簧、动反馈弹簧、油动机等组成阀位控制机构。调节汽阀及调节汽阀与油动机之间的传动杠杆等组成配汽机构。

主油泵出口的压力油一路经可调针型阀 a_1 后进入旋转阻尼，并从旋转阻尼的外缘流过阻尼管后经轴芯排油，于是针型阀 a_1 后形成一次油压 p_1；另一路压力油经过节流孔 a_2 后从放大器蝶阀与二次油室之间的间隙 s 处流出，在节流孔 a_2 后形成二次油压 p_2；第三路压力油经过节流孔 a_3 后供油至滑阀顶部，然后从继动器下部的蝶阀与滑阀之间的间隙处流出，形成三次油压 p_3。

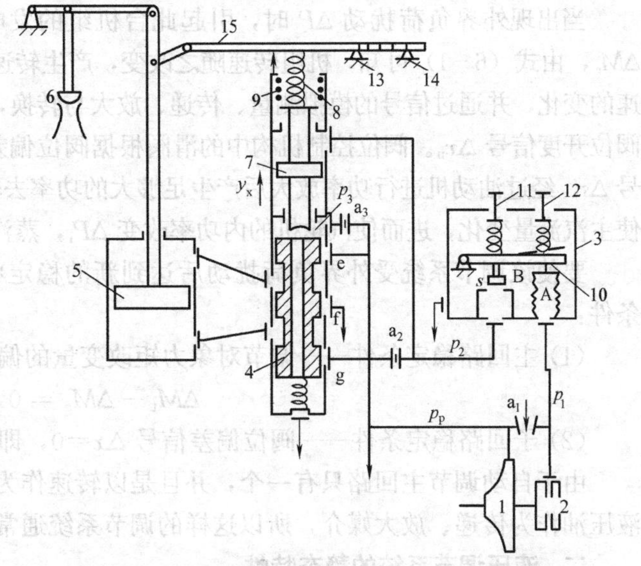

图 6－4　旋转阻尼调速器液压调节系统原理图

1—主油泵；2—旋转阻尼；3—放大器；4—滑阀；5—油动机；6—调节汽阀；7—继动器；8—静反馈弹簧；9—动反馈弹簧；10—放大器平衡板；11—主同步器；12—辅助同步器；13—可调支点；14—固定支架；15—反馈杠杆

主调节过程：当外界负荷减小时，发电机的电磁阻力矩减小，机组转速升高，引起旋转阻尼管中油柱的离心力相应增大，一次油压 p_1 随之增大，增大后的一次油压 p_1 经波纹管 A 作用在放大器平衡板上使其逆时针旋转，于是放大器蝶阀与二次油室之间的间隙 s 增大，二次油泄油量增大，引起二次油压 p_2 下降，继动器活塞上的受力平衡被破坏而上移，三次油泄油间隙增大，三次油压 p_3 下降，滑阀在其下部弹簧的作用下向上移动，打开通向油动机的油口 e 和 f，压力油进入到油动机活塞上部，油动机活塞下部通回油，于是油动机活塞下移，关小调节汽阀，减少进汽量，汽轮机发出的功率变小，直到与外界负荷相平衡。

反馈调节过程：在油动机活塞下移时，带动反馈杠杆逆时针旋转，使反馈弹簧 8 的作用力减小，继动器活塞下移，待继动器活塞回复到动作前的位置时，三次油压 p_3 恢复到原来的数值，滑阀回到中间位置，调节过程结束。

当外界负荷增大时，调节过程相同，但信号的变化方向相反。

（二）液压调节系统的转速控制原理

由上述三种典型液压调节系统的工作过程可知，液压调节系统都是由转速感受机构或称调速器、阀位控制机构（液压伺服机构或称传动放大机构）、配汽机构和调节对象等四部分组成，如图 6－5 所示，其中前三个机构组成调节设备。该系统也可看成由一个转速调节主回路（主环）和一个阀位控制子回路（子环）组成。

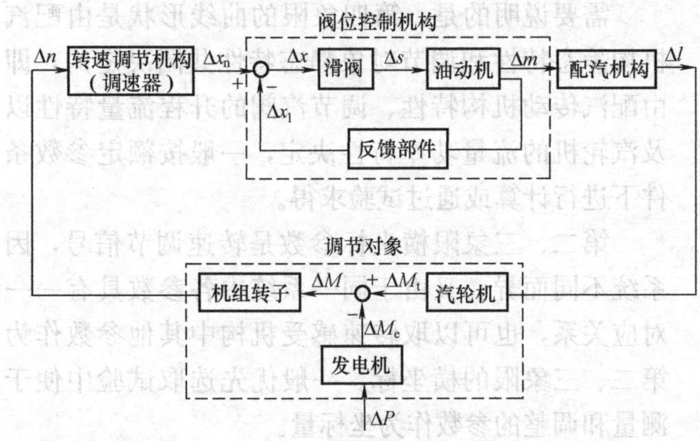

图 6－5　汽轮机液压调节系统方框图

为了便于说明此类调节系统的转速控制原理，假定某台机组单机运行或将电网中所有并列运行的机组简化合成为一台功率等效的机组。

当出现外界负荷扰动 ΔP 时，引起此台机组的发电机的电磁阻力矩变化，产生改变量 ΔM_e，由式（6-1）可知，机组转速随之改变，产生转速偏差信号 Δn，转速感受机构感受到转速的变化，并通过信号的模拟测量、传递、放大与转换，最终按特定的调节规律获得调节汽阀阀位开度信号 Δx_n。阀位控制机构中的滑阀根据阀位偏差信号 Δx 进行调节，产生滑阀位移信号 Δs，经过油动机进行功率放大后产生足够大的功率去驱动配汽机构，获得调节汽阀位移 Δl，使主汽流量变化，进而使汽轮机的内功率改变 ΔP_i，蒸汽作用在转子上的主动力矩改变 ΔM_t。

要使该调节系统受外界负荷扰动后达到新的稳定状态，则必须同时满足下述两个基本条件：

（1）主回路稳定条件——调节对象力矩改变量的偏差值 $\Delta M=0$，即

$$\Delta M_t - \Delta M_e = 0$$

（2）子回路稳定条件——阀位偏差信号 $\Delta x=0$，即 $\Delta x_n - \Delta x_1 = 0$。

由于自动调节主回路只有一个，并且是以转速作为调节装置的被调量，调节过程中利用液压油作为传递、放大媒介，所以这样的调节系统通常称作汽轮机液压调节系统。

二、液压调节系统的静态特性

（一）液压调节系统静态特性线

由液压调节系统的工作原理和典型液压调节系统的工作过程可知，调节系统是根据转速偏差信号进行动作的，动作后使调节汽阀的开度改变，汽轮机的功率也相应改变，调节结束后系统达到一个新的稳定状态，无论是汽轮机的功率 P_i 和转速 n，新的稳定值与原稳定值是完全不同的，称为有差调节，并且在稳定工况时，一定的汽轮机功率与一定的汽轮机转速相对应。因此，稳态下汽轮机功率与其转速之间的一一对应关系，称为调节系统的静态特性，而描述汽轮机功率与其转速关系的曲线称为调节系统的静态特性曲线。

液压调节系统是由转速感受机构、阀位控制机构、配汽机构和调节对象等部分组成，所以液压调节系统的静态特性也就取决于各组成部分的静态特性。

通过试验或计算得到各组成部分的静态特性曲线后，在四象限图上利用投影的关系得到调节系统的静态特性曲线。具体方法是：在四象限图的第二、三、四象限中分别绘制出转速感受机构、阀位控制机构、配汽机构的静态特性曲线，然后根据投影原理，就可在第一象限内绘制出汽轮机功率与其转速的关系曲线 dd，即为液压调节系统静态特性曲线，如图 6-6 所示。

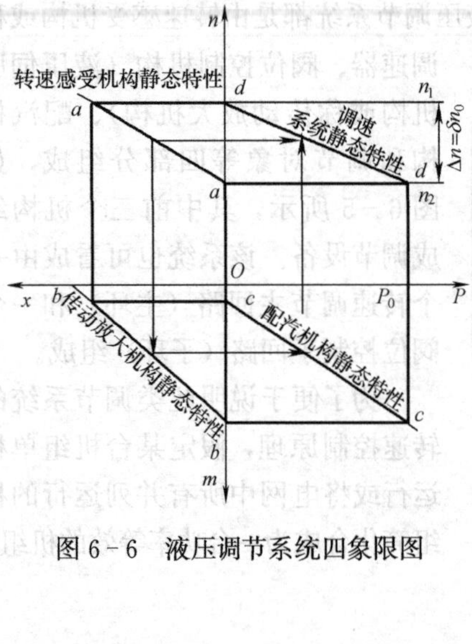

图 6-6 液压调节系统四象限图

需要说明的是：第四象限的曲线形状是由配汽机构静态特性和调节对象静态特性共同决定的，即由配汽传动机构特性、调节汽阀的升程流量特性以及汽轮机的流量功率特性决定，一般按额定参数条件下进行计算或通过试验求得。

第二、三象限横坐标参数是转速调节信号，因系统不同而异。又由于同一系统中各参数具有一一对应关系，也可以取转速感受机构中其他参数作为第二、三象限的横坐标。一般优先选取试验中便于测量和调整的参数作为坐标量。

由于调节系统各组成部分存在着参数对应关系

的非线性因素，所以实际系统的静态特性线不是直线，而是曲线。

评价调节系统静态特性曲线的指标有速度变动率和迟缓率两个。

（二）速度变动率（转速不等率）

1. 速度变动率的定义

根据调节系统的静态特性，当机组单机运行（孤立运行）时，汽轮机功率从零增加到额定值，稳定转速相应从 n_1 降为 n_2，转速的差值 $\Delta n=n_1-n_2$ 与额定转速 n_0 之比的百分数称为调节系统的速度变动率，其表达式为

$$\delta=\frac{n_1-n_2}{n_0}\times100\%=\frac{\Delta n}{n_0}\times100\% \tag{6-3}$$

2. 速度变动率对并网运行机组负荷分配的影响

现代汽轮发电机组通常并列于电网中运行，在稳定运行状态时，各台机组的功率不全相同，但所有机组发出的功率之和必与电网的总负荷相平衡，从而维持一个稳定的电网频率，各台机组的运行转速完全相同。当出现外界负荷扰动时，总供给与总需求之间的平衡关系被打破，若将电网中所有并列运行机组简化合成为一台功率等效的机组，则会引起这台功率等效机组的转速变化，也就是引起电网频率变化。在这个频率变化影响下，各台机组调节系统相应动作，使汽轮机功率相应改变，当在新的条件下总供给与总需求达到平衡时，电网便达到了新的稳定状态。

为了进一步说明电网中并列运行机组的负荷自动分配特性，现假定电网中只有两台机组并列运行，两台机组的静态特性曲线如图 6-7 所示，两台机组的额定功率分别为 P_1 和 P_2，速度变动率分别为 δ_1 和 δ_2，并且 $\delta_1>\delta_2$。当外界负荷减少 ΔP 时电网频率上升 Δn，引起两台机组的调节系统各自动作。重新获得稳定后，其功率按各自的静态特性发生了变化，1 号机功率减少 ΔP_1，2 号机功率减小 ΔP_2，$\Delta P_1+\Delta P_2=\Delta P$。若将调节系统静态特性线近似看成直线，则根据相似三角形关系及参数的变化方向可得

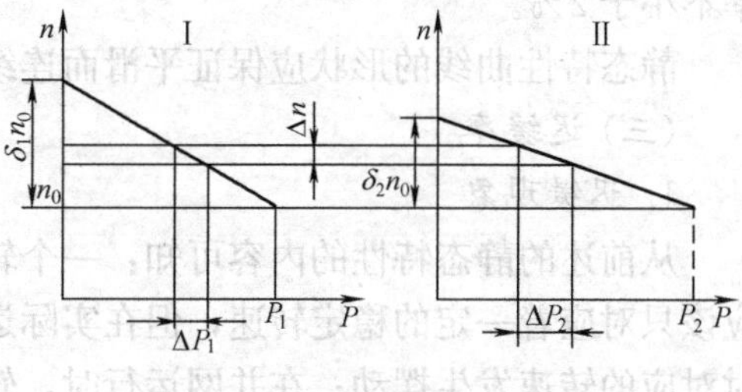

图 6-7　速度变动率对并列运行机组负荷分配影响

1 号机
$$\frac{\Delta P_1}{P_1}=-\frac{\Delta n}{\delta_1 n_0}$$

2 号机
$$\frac{\Delta P_2}{P_2}=-\frac{\Delta n}{\delta_2 n_0}$$

两式合并后可得

$$\delta_1\frac{\Delta P_1}{P_1}=\delta_2\frac{\Delta P_2}{P_2} \tag{6-4}$$

由于
$$\delta_1>\delta_2$$

所以
$$\frac{\Delta P_1}{P_1}<\frac{\Delta P_2}{P_2}$$

由此可见：在电网负荷变动时，速度变动率大的机组功率的相对变化量小，而速度变动率小的机组功率的相对变化量大。

根据电网负荷经济调度的原则以及机组负荷变动的适应性，通常选择功率大、效率高的机组带基本负荷，在电网频率变化时，尽量使这些机组功率变动较小，以保证有较高的运行

经济性与安全性，因而这类机组的速度变动率应选择得大些，取4%～6%。另一类机组主要承担尖峰负荷，一般是一些效率较低，负荷变动适应性强的中小机组。这类机组的速度变动率应选得小些，取3%～4%。

当外界负荷变化引起电网频率变化时，电网中并列运行的各机组调节系统按其静态特性自动地调整功率承担一定的负荷变化，以减少电网频率的变化，这种调节过程叫作一次调频。由于汽轮机调节系统具有转速有差静态特性，所以一次调频不能维持电网频率不变，甚至不能保证电网频率不超过合格范围，它只能减缓频率变化程度。

3. 局部速度变动率

静态特性线不是直线，而是曲线。如图6-8所示。电网频率改变引起的功率变动取决于工作点附近静态特性线的斜率，也就是取决于局部速度变动率。各功率区段的局部速度变动率是根据运行的不同要求来确定的。

在低功率段（$P<10\%P_0$），曲线斜率应大些，有利于机组并网，并且可以提高机组低功率运行时的稳定性。

在额定功率附近，曲线斜率应大些，这样既可以使机组稳定在经济工况附近工作以保证有较好的经济性，又可以使机组在电网频率较低时不超载。

中间功率段，曲线斜率较小，这样既可以使机组在此段有较强的一次调频能力，又可以使总的平均速度变动率不超过规定范围，为避免局部不稳定，通常要求最小的局部速度变动率不小于2%。

静态特性曲线的形状应保证平滑而连续地向功率增大的方向向下倾斜。

（三）迟缓率

1. 迟缓现象

从前述的静态特性的内容可知：一个转速应该只对应着一个稳定功率，或者一定的功率应该只对应着一定的稳定转速，但在实际运行中并不完全如此，如在单机运行时，功率一定时对应的转速发生摆动；在并网运行时，转速一定时对应的功率发生摆动，这就是调节系统所存在的迟缓现象。究其原因，一是各调节部套在工作中存在摩擦力，例如滑阀与套筒之间的摩擦力，阻碍调节动作而形成迟缓；二是传动构件铰链处有间隙；三是滑阀的油口有盖度；四是工作介质（油）具有黏滞力。

2. 迟缓率的定义

由于迟缓现象的存在，使得静态特性曲线不是一根，而是一条静态特性带，如图6-9所示，带的纵向宽度为$\Delta n_\varepsilon=n_a-n_b$。当转速上升时沿着转速上行线变化；转速下降时沿着转速下行线变化。

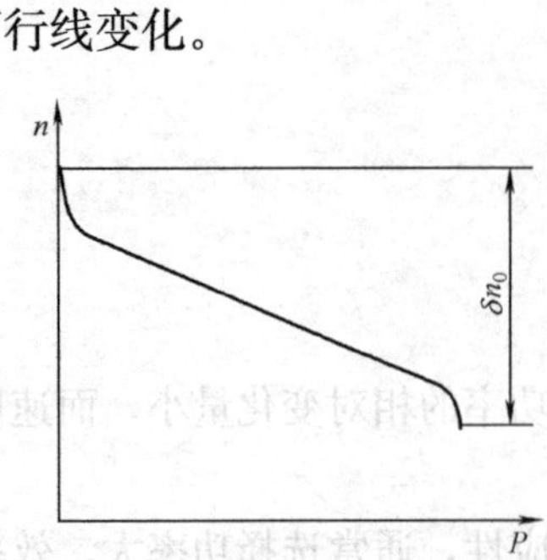

图6-8 具有不同局部速度变动率的静态特性

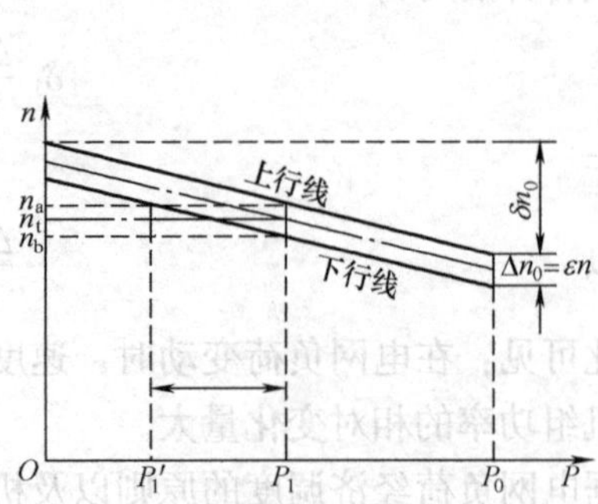

图6-9 考虑迟缓后调节系统的静态特性曲线

通常用迟缓率 ε 来衡量调节系统的迟缓程度。在同一功率下，因迟缓而出现的转速上升过程线与转速下降过程线之间的最大转速变动量 Δn_ε 与额定转速 n_0 的比值被定义为迟缓率，即

$$\varepsilon = \frac{\Delta n_\varepsilon}{n_0} \times 100\% = \frac{n_a - n_b}{n_0} \times 100\% \tag{6-5}$$

3. 迟缓对机组运行的影响

机组单机运行时，迟缓会引起转速自发变化（即转速摆动），最大摆动量为 $\Delta n_\varepsilon = \varepsilon n_0$。

机组并网运行时，转速取决于电网频率，迟缓会引起功率自发发生变化（即功率飘移）。当调节系统静态特性简化为直线带状时，功率晃动的最大数值可按相似三角形关系推算出

$$\Delta P = \frac{\varepsilon}{\delta} P_0 \tag{6-6}$$

由式（6-6）可知：并网运行机组因迟缓引起的自发性功率飘移量的大小与迟缓率成正比，与速度变动率成反比。

虽然希望迟缓率 ε 越小越好，但过高的要求会带来设备制造的困难。一般要求液压调节系统的迟缓率 $\varepsilon < 0.3\% \sim 0.5\%$；电液调节系统的迟缓 $\varepsilon < 0.1\%$。

（四）同步器

调节系统的静态特性确定了汽轮机功率和转速（电网频率）单值对应的关系，因而在某一个电网频率下，汽轮机只能发出一个固定的功率，不能改变，而在单机运行时，汽轮机功率由外界负荷决定，一个功率对应一个固定的转速，且不能改变。显然，这是不能满足机组运行要求的。但是，如果将静态特性曲线上下移动，改变转速与功率的对应关系，就能在电网频率不变的情况下，改变并网机组的功率，还可在功率不变情况下，改变单机运行机组的转速。同步器就是用来上下移动静态特性曲线的装置，同步器能够连续地平移静态特性曲线，使其成为一簇线，或者说成为一个工作区带。

1. 同步器的用途

(1) 调整单机运行机组的转速。操作同步器，可以改变某个机构输出与输入信号之间的对应关系，使调节系统静态特性线产生平移。

单机运行工况有两种：一是单机空载运行；二是单机有载运行。

单机空载运行时，操作同步器，使静态特性线平移，机组转速沿着静态特性图上纵坐标（$P=0$）与静态特性线交点的数值变化。为发电机并网创造频率（转速）同步条件。此时同步器起着转速给定作用，如图 6-10（a）所示。

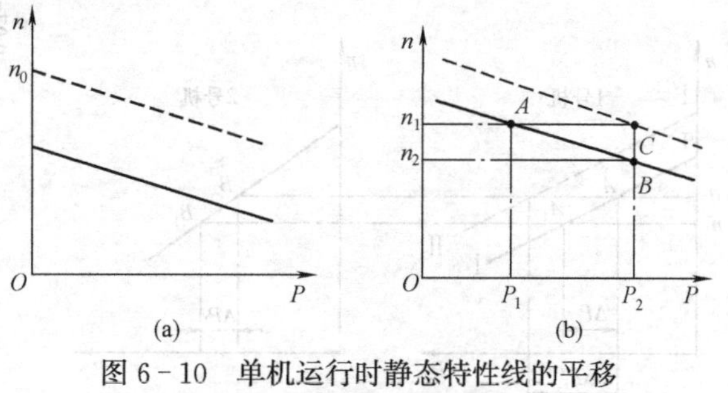

图 6-10　单机运行时静态特性线的平移

(a) 单机空载时的转速调整；

(b) 单机有载时的转速调整（二次调频）

单机有载运行，即一机带一网情况，操作同步器，可在同一功率下得到不同的转速，也就是说可以将转速调到合格范围内。例如负荷增加后，机组通过调节系统的自动调节，按静态特性由 A 点工况过渡到 B 点工况，相应的，功率由 P_1 调整到 P_2，转速由 n_1 调整到 n_2，这是机组的一次调频特性，此时 $n_2 < n_1$，有可能超过了供电频率规定的

质量范围。解决此问题的办法就是操作同步器，使静态特性线向上平移，直至机组转速（供电频率）回至预定的质量范围内为止，于是，机组由 B 点工况过渡到 C 点工况，这种通过同步器来调节供电频率的方法叫二次调频。

(2) 调整并网运行机组的功率。操作并网运行机组的同步器，起着功率给定作用，使机组功率及所带负荷按指令作相应变动，具体应用在下述两种场合：

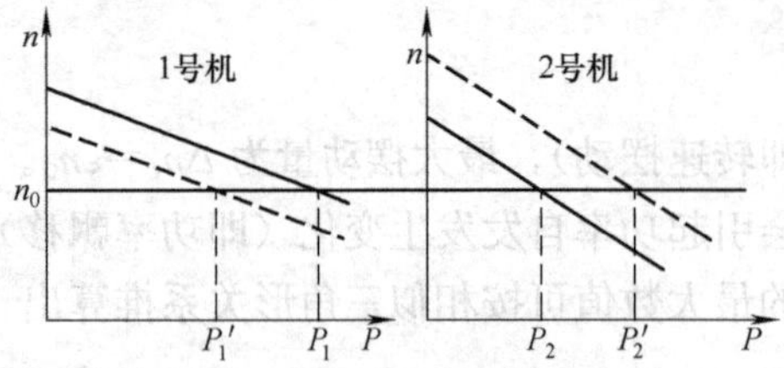

图 6-11 同步器调整并列运行机组之间的负荷分配

第一种场合：供电频率合格，但由于某种需要，必须对部分机组负荷作重新分配，例如，有一台机组要停机检修，则要逐渐将这台机组的负荷减至零，相应地，将所减负荷同步地转加到其他机组上，用以保证总功率不变，如图 6-11 所示。

第二种场合：外界负荷扰动后，通过电网中各台机组的一次调频过程，其结果虽然使得总功率变动量满足外界总负荷变动量的要求，但供电频率有可能超过了预定的质量范围，此时可在维持总功率不变的条件下按经济调度的原则操作一些机组的同步器，实现负荷的重新分配，将电网频率调回到预定的质量范围内，即进行二次调频。

为了使问题描述方便，假定电网中只有两台机组并列运行，如图 6-12 所示，原稳定工况点分别为 A、B，转速为 n_0。若电网负荷增加，则通过两台机组的一次调频后，转速同时降到 n_1，工况点分别移到 A_1、B_1，功率分别增加 ΔP_1、ΔP_2，根据电网频率调整及经济调度的需要，若让 2 号机仍回到原工况点，一次调频后的总功率变动量全由 1 号机来承担，则可操作 1 号机同步器，使 1 号机静态特性线由 Ⅰ-Ⅰ 位置移到 Ⅰ′-Ⅱ 位置，$\Delta P_1' = \Delta P_1 + \Delta P_2$，从而实现了两台机组负荷的重新分配。由图 6-12 可见，二次调频的结果是：一次调频后 2 号机的功率变动量 ΔP_2 转移到了 1 号机上，1 号机承担了总的功率变动量；转速调回到了一次调频前的数值 n_0；2 号机恢复原工况点运行。由此可知，通过二次调频，可以将电网频率精确地调整到预定的质量范围内，从而弥补一次调频的不足之处。

2. 同步器的动作范围

同步器处于某一给定位置时，必有对应的一条静态特性线位置。图 6-13 中，A-A'线

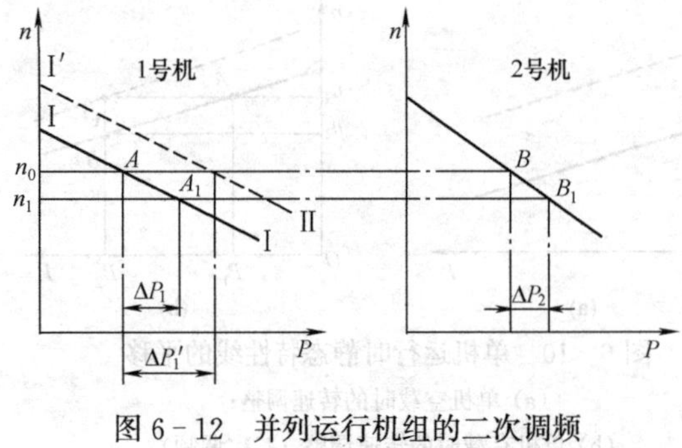

图 6-12 并列运行机组的二次调频

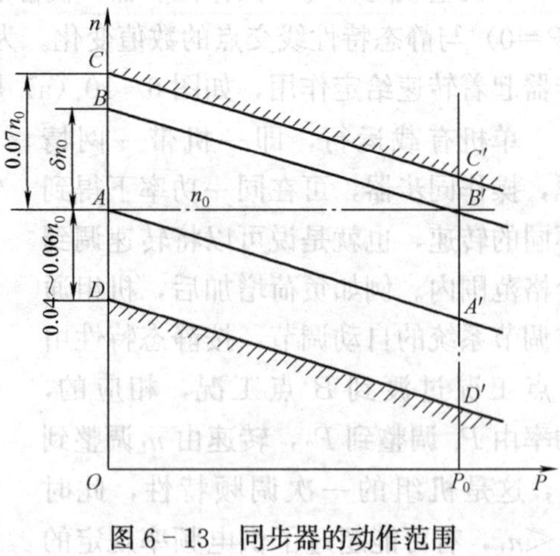

图 6-13 同步器的动作范围

对应于同步器在空负荷位置，A 点坐标值为 $(0, n_0)$，即负荷为零，转速为额定值；$B-B'$ 线对应于同步器在额定负荷位置（即满负荷位置），B' 点坐标值为 (P_0, n_0)，B 点坐标值为 $[0, (1+\delta)n_0]$。

操作同步器，使静态特性线由 $A-A'$ 位置平移到 $B-B'$ 位置，就能使机组在额定蒸汽参数条件下从空负荷改变到额定负荷。同理，反向操作同步器，使静态特性线由 $B-B'$ 位置平移到 $A-A'$ 位置，便能使机组在额定蒸汽参数条件下从额定负荷改变到空负荷。然而，为了满足一些非额定参数运行工况的需要，必须使同步器操作行程留有一定的富余量。根据电网频率和蒸汽参数的变化情况，同步器应有一个高限余量位置和一个低限余量位置，相对应的静态特性线位置分别是 $C-C'$、$D-D'$。

(1) 高限余量的作用。同步器在额定负荷位置作并网运行可能遇到电网频率升高出现一次调频过程，若本机组无高限余量，则机组无法再带到额定负荷；同时还有可能出现主蒸汽压力、温度低于额定值，使静态特性线向下自发漂移，致使机组更加不能带到额定负荷。因此，当电网频率在允许范围内升高和蒸汽参数同时在允许范围内降低时，为了仍能使机组带到满负荷，需要考虑留有一定的高限余量。此外，在额定蒸汽参数条件下，为了考虑超负荷的可能性，也需要留有一定的高限余量。

高限余量不宜过大，否则在单机空载运行时，一旦操作不慎就有超速的危险，一般取 $(1\%\sim2\%)n_0$，并要求同步器在高限位置时的空负荷转速不超过 $1.07n_0$，如图 6－13 中 C 点所示。

(2) 低限余量的作用。在机组要并网时可能遇到电网频率较低的情况，若本机组无低限余量，则空负荷时的最低转速就是额定转速（如图 6－13 中 A 点所示），这样，机组就无法调节到更低的转速以便与电网同步，因此并网困难；同时还有可能出现主蒸汽压力、主蒸汽温度高于额定值，使静态特性线向上自发漂移，导致机组并网更加困难。因而必须留有一定的低限余量，以便能顺利并网。此外，对于已在并网运行的机组来说，如果没有低限余量，就不能在电网频率较低或主蒸汽参数较高的情况下利用同步器将负荷减到零，造成正常停机困难。

低限余量大对机组运行无坏处，但太大了则要求同步器动作范围增大，这对机构设计不利。一般要求低限余量为 $(4\%\sim6\%)n_0$，因此，同步器在低限位置处的空负荷转速为 $(94\%\sim96\%)n_0$，如图 6－13 中 D 点所示。

综上所述，同步器的动作范围一般取 $(95\%\sim107\%)n_0$。

三、液压调节系统的动态特性

调节系统静态特性描述的是各稳定状态下功率与转速的对应规律，它与两状态之间的过渡过程无关。调节系统动态特性描述的是调节系统受到扰动后，被调量随时间的变化规律。研究调节系统动态特性的目的是：判别调节系统是否稳定，评价调节系统品质以及分析影响动态特性的主要因素，以便提出改善调节系统动态品质的措施。

（一）动态特性指标

对液压调节系统来说，一方面，转速是被调量，过高的转速会威胁设备运行安全；另一方面，可能出现的最恶劣扰动是机组甩全负荷，它是一个幅度最大的阶跃扰动信号。期望调节系统在此扰动下具有良好的调节性能。所以，研究甩全负荷时机组转速变化的动态特性指标，具有典型的代表意义。

1. 稳定性

图 6-14 为汽轮机甩全负荷时，转速的几种变化过程。图 6-14（a）上的三条过程线，都随时间 t 的加长而最终趋于静态特性决定的空负荷转速 n_1。这样的过程被称为过渡过程。图 6-14（b）所示的三条过渡线，转速围绕 n_1 做不衰减的谐振（曲线 d），或者振幅随时间 t 逐渐增大（曲线 e），或者偏离额定转速后便一直扩散开去（曲线 f）。这些过程统称为不稳定过渡过程。图 6-14 中纵坐标量为转速相对值，即 $\varphi=n/n_0$。

生产工艺要求转速调节的过渡过程必须是稳定的，但其过渡过程可以是单调的，也可以是衰减振荡的，但明显的振荡次数要少于 3～5 次。

2. 超调量（转速动态偏差）

图 6-15 为甩全负荷时一种典型的转速过渡过程曲线。机组在额定负荷、额定转速下甩全负荷时，通过调节系统的调节，理应到达空负荷稳定工况，这一新的稳定工况点转速可按同步器在额定负荷位置处的静态特性关系求出：$n_s=(1+\delta)n_0$。

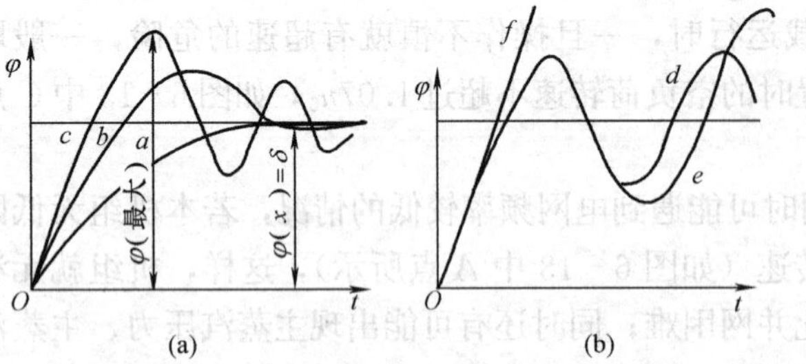

图 6-14 机组甩负荷时的转速过渡过程

(a) 稳定过渡过程；(b) 不稳定过渡过程

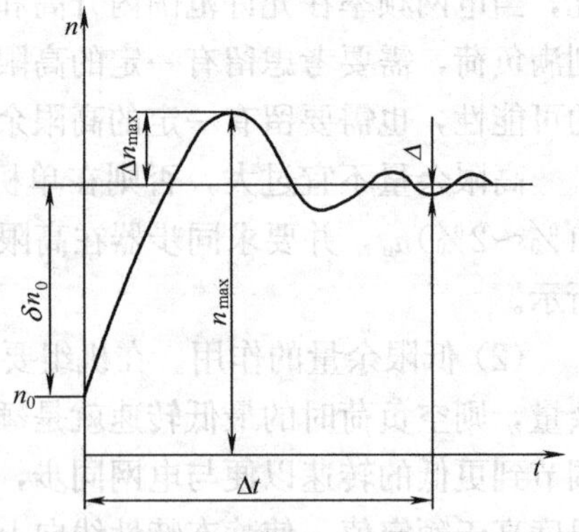

图 6-15 机组甩全负荷时的转速过渡过程

在转速调节过程中，最大动态转速 n_{max} 与最后的静态稳定转速 n_s 之差 Δn_{max} 被称为转速动态偏差，或称为转速动态超调量。最大动态转速为 $n_{max}=(1+\delta)n_0+\Delta n_{max}$。

为保证机组在甩全负荷时不引起停机，最大动态转速 n_{max} 必须低于超速遮断装置的动作转速，并留有足够的余量。机械超速遮断装置的动作转速为（110%～112%）n_0，希望最大动态转速 n_{max} 不超过（107%～109%）n_0。要减少 n_{max}，一方面 δ 不宜选得过大；另一方面要提高调节性能，例如减小系统的迟缓，努力减小动态超调量 Δn_{max}。此外，在甩全负荷时，若设有自动信号，驱使同步器快速退向空负荷位置，也将有利于减小最大动态转速 n_{max}。

3. 快速性（过渡过程时间）

在调节过程中，当被调量与新的稳定值之差 Δ 小于静态偏差 5%时，就可认为系统已达到新的稳定状态。调节系统受到扰动后，从原来的稳定状态过渡到新的稳定状态所需要的最少时间被称为过渡过程时间。图 6-15 中的 Δt 为机组甩全负荷时的过渡过程时间，一般要求小于 5～50s，不宜过长。

（二）影响动态特性的主要因素

1. 转子飞升时间常数 T_a

转子飞升时间常数是指转子在额定功率时的蒸汽主力矩 M_{t0} 作用下，转速由零升高到额

定转速时所需的时间为

$$T_a = \frac{I_\rho(\omega_0 - 0)}{M_{t0}} = \frac{I_\rho \omega_0}{M_{t0}} \tag{6-7}$$

甩负荷时，T_a 越小，转子的最大飞升转速越高，而且过渡过程的振荡将加剧。影响转子飞升时间常数的主要因素有汽轮发电机组转子转动惯量 I_ρ 及汽轮机的额定主力矩 M_{t0}。I_ρ 越小，越容易加速。随着汽轮机容量越来越大，M_{t0} 成倍地增加，但转子的转动惯量 I_ρ 却增加不多，因而 T_a 越来越小。例如，小功率机组 T_a 约为 11～14s，高压机组 T_a 为 7～10s，中间再热机组 T_a 仅为 5～8s。所以机组功率越大，超速的可能性也越大，因而甩负荷后，控制动态超速的难度也越大。

2. 中间容积时间常数 T_V

从汽轮机的调节汽阀以后一直到最末级为止，在蒸汽流过的整个路径内，包括调节汽阀以后的蒸汽管道、蒸汽室、通流部分以及再热器，这些被蒸汽占据的容积称为汽轮机的中间容积。由于这些中间容积的存在，在调节系统动作时，要改变蒸汽的流量，必须同时改变各中间容积中的压力势能。换句话说，在开大调节汽阀的过程中，在增加蒸汽流量的同时还要增加各中间容积的压力势能，从而造成了蒸汽流量增加的速度减慢；在关小调节汽阀的过程中，减小蒸汽流量的同时，各中间容积中储存着的压力势能会释放出来，造成蒸汽流量减小的速度变慢。

中间容积时间常数是指蒸汽以额定流量，以多变过程充满整个中间容积，并达到额定工况下的密度所需要的时间

$$T_V = \frac{V\rho_{V0}}{nG_0} = \frac{V}{nG_V} \tag{6-8}$$

式中　n——多变指数；

V——中间容积；

ρ_{V0}、G_V、G_0——在额定工况下，中间容积 V 中的蒸汽密度、体积流量与质量流量。

中间容积时间常数表示中间容积储存蒸汽能力的大小。当中间容积越大、中间容积压力越高时，中间容积时间常数 T_V 越大；反之，T_V 越小，表明中间容积中储存的蒸汽量越多，其做功能力越大，甩负荷时，虽然高压调节汽阀已迅速关小，但中间容积的蒸汽仍继续流进汽轮机，压力势能在释放，使汽轮机转速额外飞升也就越大。

3. 速度变动率 δ（转速不等率）

如图 6-16 所示，转速不等率对动态特性指标的影响是：δ 大时，动态稳定性好。这是由于甩同样的负荷，δ 大时，转速变化大，反馈信号强，可使调节系统快速动作，但动态偏差与静态偏差均较大。

4. 油动机时间常数 T_m

油动机时间常数的定义是：当油动机滑阀开度为最大时，油动机处在最大进油量条件下走完整个行程所需要的时间。

如图 6-17 所示，油动机时间常数 T_m 越大，则调节汽阀关闭的时间越长，调节过程的动态偏差越大，转速过渡过程曲线摆动幅度越大，过渡过程时间越长，因而调节品质越差。但另一方面，T_m 大可削弱油压波动对调节系统的影响。

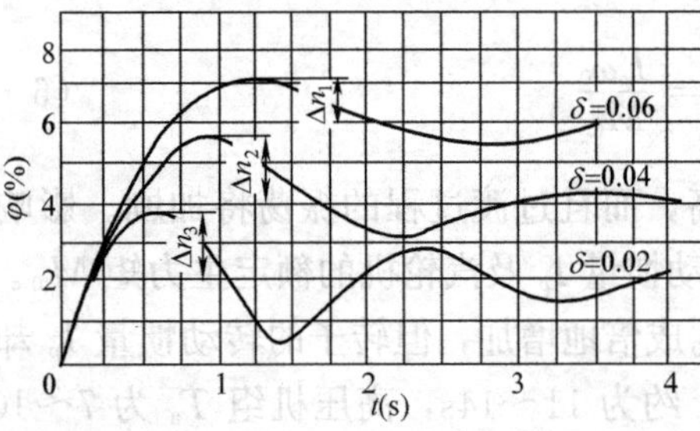

图 6-16　速度变动率对动态特性的影响

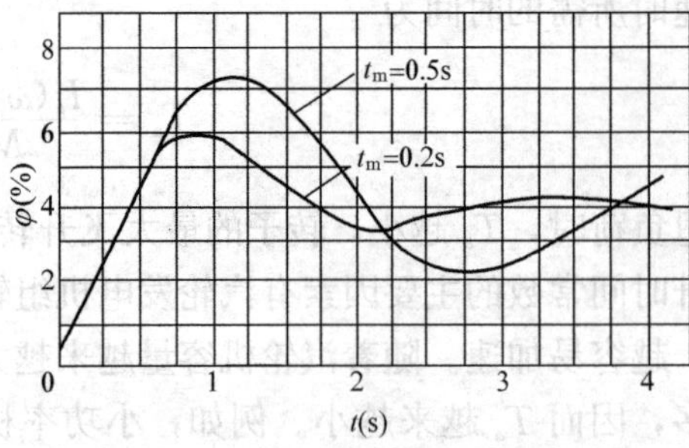

图 6-17　油动机时间常数对动态特性的影响

5. 迟缓率

由于迟缓的存在，甩负荷时不能及时使调节汽阀动作，动态偏差要加大。

四、中间再热汽轮机的调节特点

中间再热式汽轮机的原则性系统图如图 6-18 所示。从锅炉过热器出来的过热蒸汽经过高压主汽阀和高压调节汽阀进入高压缸做功，自高压缸排出的蒸汽又引回到锅炉的再热器，经过再热器加热后的蒸汽温度一般达到与新蒸汽相同的温度（也有比新蒸汽温度高的，如部分超临界压力机组），然后经中压主汽阀和中压调节汽阀进入中低压缸做功，最后排入凝汽器。由于采用了中间再热，汽轮机被中间再热器分成了高压部分和中、低压部分，这就对汽轮机的动态特性有显著的影响。为了适应对象的要求，调节系统相应采取了一些措施，这就构成了中间再热汽轮机的调节特点。

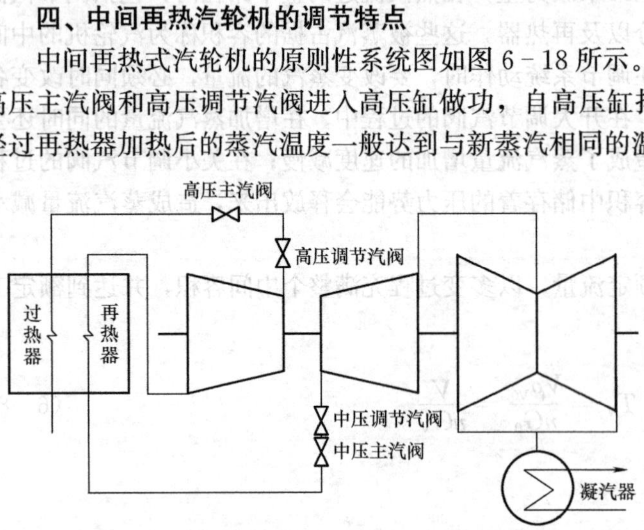

图 6-18　中间再热式汽轮机原则性系统图

1. 高参数、大功率中间再热机组的功率滞延

由于中间再热机组有再热器及其连接管道构成庞大的中间再热容积，当机组功率增加时，调节系统将把调节汽阀开大，高压缸的功率随流量的增加能够迅速增加，而中低压缸的功率则随再热容积内蒸汽压力的逐渐升高而增加，此时，由于再热蒸汽压力的逐渐升高，高压缸前后压差逐渐减小，高压缸的功率又开始逐渐减小，因此机组的总功率不是立即达到电网所要求的数值，而是经过一段时间以后才达到，这种现象称为功率滞延。该滞延直到过渡过程结束，达到高压和中低压缸各自应承担功率的份额为止。为了提高机组功率对外界负荷的适应性，调节系统应该采取相应的校正措施，来弥补中、低压缸的功率不足，使机组负荷始终与外界负荷一致，从而消除动态过程中功率的滞延现象。

2. 高参数、大功率中间再热机组甩负荷时的动态超速

由于高参数、大功率汽轮机组转子的时间常数较小，加之残留在汽轮机中间再热容积内的大量蒸汽，在甩负荷时对汽轮机超速的影响也是很大的。甩负荷时，当机组从电网中解列出来，并在高压调节汽阀关闭的过程中，由继续流动的蒸汽流量引起的转子超速份量和残留在各段蒸汽容积中的蒸汽所做的功，会使汽轮机超速 40%～50%，这是不允许的，但这两

因素引起转子超速的份量基本上是各占一半。由此可见，要降低动态超速，一方面要加快调节系统的快速性，这包括要缩短自甩负荷信号开始到调节汽阀开始关闭的延迟时间，以及调节汽阀油动机从额定负荷位置关到空载位置的时间；另一方面要减小蒸汽容积的时间常数。为此在中压缸入口增设了中压主汽阀和中压调节汽阀。

3. 高、中压调节汽阀的匹配关系

中间再热汽轮机由于单机功率大，一般均为电力系统的主力机组，所以要求有较高的经济性。为减小中压调节汽阀的节流损失，希望它在较大的负荷范围内保持全开状态。当甩负荷时又要求中压调节汽阀同时参与调节，迅速关下，以维持汽轮机空转。这样，就势必有一从全开位置转向关小的转折点，一般取额定负荷的30%左右这一点，如图6－19所示。在机组启动时，高、中压调节汽阀同时开启，并同时控制空载转速。当功率为30%P_0时，中压调节汽阀已全开，高压调节汽阀约为30%开度。在功率从30%增加到100%的过程中，中压调节汽阀就一直全开，由高压调节汽阀来调节功率。

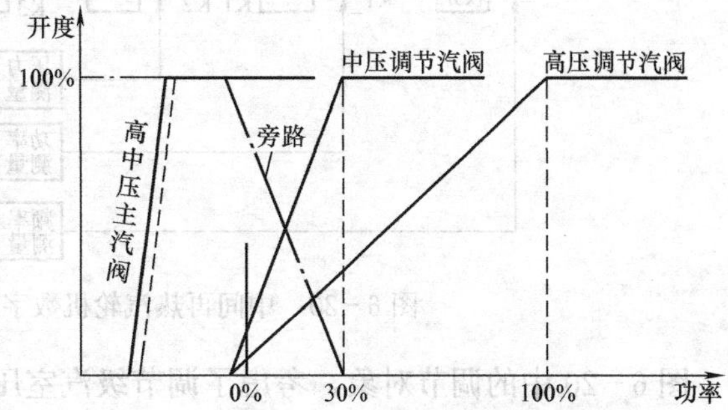

图6－19　高、中压调节汽阀开启顺序

4. 采用单元制运行方式

为使锅炉正常运行，必须使新蒸汽流量与再热蒸汽流量之间保持严格的比例，故对向不同汽轮机供汽的各锅炉的主蒸汽管道不能互相连通；从汽轮机的变工况特性看，在主要负荷变化区域，由于再热蒸汽压力有随着负荷的变化而变化的这一特点，使不同汽轮机的再热器之间不能连通。所以再热机组的主蒸汽系统和再热蒸汽管道系统都只能采用单元制系统。然而，汽轮机和锅炉的动态特性不同，这必然造成机炉有协同配合问题。从机组的启停和甩负荷情况看，再热汽轮机的空载汽耗量一般为3%～8%的额定汽耗量，不允许干烧的再热器的最小冷却蒸汽量为百分之十几，而维持锅炉稳定燃烧的蒸汽量则高达30%～50%。为了解决汽轮机空转流量和锅炉最低负荷之间的矛盾，并且为了保护中间再热器，需要设置旁路系统。

第三节　汽轮机数字电液调节系统

汽轮机数字式电液调节系统（DEH）体现了当前汽轮机调节的新发展，集中了两大最新成果，固体电子学新技术——数字计算机技术，液压新技术——高压抗燃油系统，成为尺寸小、结构紧凑、精度高、可靠性好的调节系统。

为了实现机炉协调控制，就要求机、炉、电及与之有关的各工作系统在工况变化时，具有及时、准确的监测手段，并迅速地发出相应的控制指令，使机、炉、电及有关系统能在新的工况下，协调、稳定地工作。采用电气调节方式是达到上述要求的最有效方法。

汽轮机的数字电液调节系统（DEH）就是采用电子元件和电气设备对机、炉、电及有关工作系统的状态进行监视，以数字的方式传递信号、计算机分析判断、发出（电气的）控制指令，然后通过电液转换器（伺服阀）将电气指令信号转换为液压执行机构能够执行的液压信号，达到完成控制操作的目的。

一、数字式电液调节系统的基本原理

图 6-20 为中间再热汽轮机数字式电液调节系统的方框图，它也是一种功率——频率调节系统，与模拟电调相比较，其给定、综合比较部分和PID（或PI）的运算部分，都是在数字计算机内完成的。由于计算机控制系统是在一定的采样时刻进行控制的，所以，两者的控制方式完全不同，模拟电调属于连续控制，而数字电调则属于离散控制，也称采样控制。

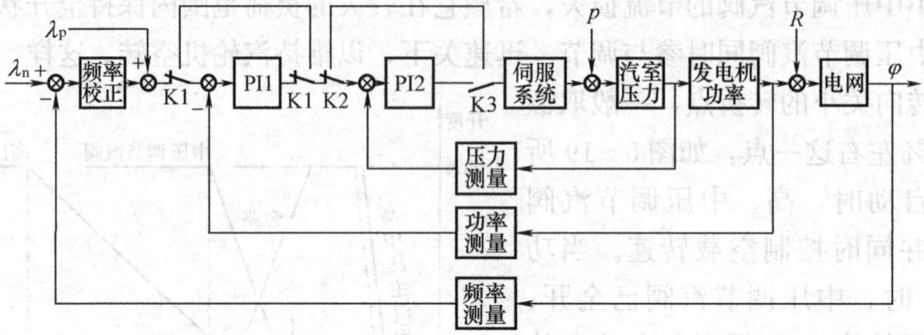

图 6-20 中间再热汽轮机数字式电液调节系统方框图

图 6-20 中的调节对象，考虑了调节级汽室压力特性、发电机功率特性和电网特性，而计算机的综合、判断和逻辑处理能力又强，因此，它是一种更为完善的调节系统。

该系统采用 PI 调节规律，是一种 PI 调节系统。整个系统由内回路和外回路组成，内回路增强了调节过程的快速性，外回路则保证了输出严格等于给定值；PI 调节规律既保证了对系统信息的运算处理和放大，积分作用又可以保证消除静态偏差，实现无差调节。

系统的虚拟“开关”由软件来实现，K1 和 K2 开关的指向可提供不同的运行方式，既可按串级 PI 方式运行，又可按单级 PI 方式运行。这就使得当系统中某个回路发生故障时，如变送器损坏等情况下，系统仍能正常工作。运行方式的变更即可通过逻辑判断和跟踪系统自动切换，也可以通过键盘操作进行切换。

系统中的外扰是负荷变化 R，内扰是蒸汽压力变化 P，给定值有转速给定 λ_n 和功率给定 λ_p，两给定值彼此间受静态关系的约束。机组启停或甩负荷时用转速控制回路，并网运行不参与调频时用功率控制回路，参与调频时用功率——频率回路控制。

当系统受到外扰时，调节级汽室压力首先变化，该压力正比于汽轮机的功率，能准确地代表汽轮机功率的大小，可使系统较快做出响应，提高机组对外界负荷的适应性，克服再热环节功率的滞后，动态特性最好。而发电机功率的变化既受自身惯性的影响，又受中间再热容积的影响，其系统响应较慢，系统的动态品质较差。并网运行机组的转速，受电网频率的影响，但对一台机组的影响相对较小。

当机组处于调频方式运行时，若电网的负荷增加，有两种调节情况。一种是功率给定值随之增加，直到该给定值与电网要求本机组增加的负荷相适应，电网频率回升，系统的调节偏差为零，从而保持转速的给定值，也即频率不变。另一种是功率给定仍保持不变，电网的频率必然降低，于是转速的偏差就代表了功率的增加部分，该情况表明系统的功率给定值及其所保持的负荷值是不一样的，而被转速偏差修正后的负荷给定值，才是调节系统所保持的负荷值。

当机组处于非调频方式运行时，转速偏差信号就不应进入系统，或者是将该偏差乘以较小的百分数，使机组对外界电网负荷的变化不敏感，只按系统本身的负荷给定值来控制机组。同理，如果在机组的额定负荷附近设置转速的不灵敏区，则机组就处于带基本负荷运行状态。

二、数字式电液调节系统的组成

图 6-21 是 DEH 电液调节系统的原理示意图。该系统由以计算机为主体的数字系统和采用了高压抗燃油的液压执行机构两大部分组成，数字的输出经转换和放大后，由电液转换器去控制各执行机构，从而完成对汽轮机的调节和保护。该数字式电液调节系统的组成如下：

(1) 电子控制器：主要包括数字计算机、混合数模插件、接口和电源设备等，主要用于给定、接受反馈信号、逻辑运算和发出指令进行控制等。

(2) 操作和监视系统：主要是图像站，包括有操作盘、独立的计算机、显示器和打印机等，为运行人员提供运行信息，进行人机对话、操作和监督等服务。

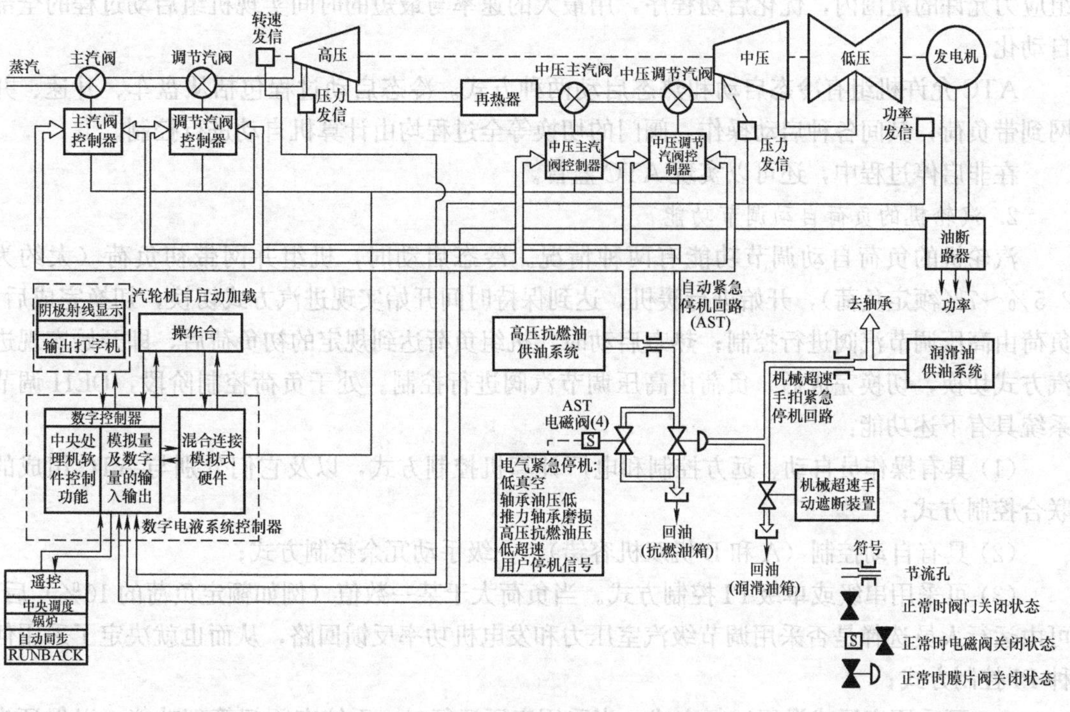

图 6-21　DEH 电液调节系统原理示意

(3) 油系统：本系统的高压控制油与润滑油分开，各自采用不同的工作介质。高压油为调节系统提供控制的动力用油和安全油，系统一般设有 2 台油泵，1 台运行，1 台备用，它接受电子控制器和操作盘来的指令进行控制。润滑油主油泵由主机拖动，为润滑油系统的正常工作提供工作油。

(4) 转换、放大和执行机构：主要由滤网、电液转换器和具有快关、隔离功能的单侧进油往复式油动机、试验电磁阀、快速卸荷阀和 LVDT 等组成，负责带动高压主汽阀、中压主汽阀的开关以及改变高压调节汽阀、中压调节汽阀的开度。

(5) 保护系统：用于机组参数超标或严重超标而危及机组安全时，紧急关闭所有主汽阀和调节汽阀，立即停机。设有机械超速保护装置、电超速保护，以及高转速下主油泵出口油压低、润滑油压低、EH抗燃油压低、转子轴向位移过大、轴振大、低压缸排汽温度高、末级叶片温度高、凝汽器真空过低、锅炉MFT、发变机组跳闸保护动作、发电机定子冷却水中断、DEH严重故障等情况下危急遮断和就地、集控室手动停机之用的保护装置。

此外，该系统还与工作员站（操作员站和工程师站）、数据采集系统（DAS）、汽轮机安全监视装置（TSI）、低超速保护（OPC）、危急遮断系统（ETS）、自动同期系统（AS）相连接，还留有与锅炉燃烧控制系统（BMS）等的通信接口。它又是分散控制系统（DCS）的一个子系统，可实现机、炉协调控制（CCS）。

三、数字式电液调节系统的功能

一般情况下，所有汽轮机DEH调节系统都具有四大功能。

1. 汽轮机的自动程序控制（Automatic Turbine Control，ATC）功能

DEH调节系统的汽轮机自动程序控制，是通过状态监测，计算转子的热应力，并在机组应力允许的范围内，优化启动程序，用最大的速率与最短的时间实现机组启动过程的全部自动化。

ATC允许机组有冷态启动和热态启动两种方式。冷态启动过程包括从盘车、升速、并网到带负荷，其间各种启动操作、阀门的切换等全过程均由计算机自动进行控制。

在非启停过程中，还可以实现ATC监督。

2. 汽轮机的负荷自动调节功能

汽轮机的负荷自动调节功能有两种情况。冷态启动时，机组并网带初负荷（大约为2.5%～7%额定负荷），开始进行暖机，达到保持时间开始实现进汽方式切换，切换完成后，负荷由高压调节汽阀进行控制；热态启动时，机组负荷达到规定的初负荷后，即开始实现进汽方式切换，切换完成后，负荷由高压调节汽阀进行控制。处于负荷控制阶段，DEH调节系统具有下述功能：

（1）具有操作员自动、远方控制和电厂计算机控制方式，以及它们分别与ATC组成的联合控制方式；

（2）具有自动控制（A和B机双机容错）、一级手动冗余控制方式；

（3）可采用串级或单级PI控制方式。当负荷大于某一数值（例如额定负荷的10%）后，可由运行人员选择是否采用调节级汽室压力和发电机功率反馈回路，从而也就决定了采用何种PI控制方式；

（4）可采用定压或滑压运行方式。当采用定压运行时，系统有阀门管理功能，以保证汽轮机能获得最大的效率；

（5）根据电网的要求，可选择调频运行方式或基本负荷方式；设置负荷的上下限及其速率等。

此外，还有主蒸汽压力控制（TPC）和外部负荷返回（RUNBACK）等保护主要设备和辅助设备的控制方式，运行控制十分灵活。

3. 汽轮机的自动保护功能

为了避免机组因超速或其他原因遭受破坏，DEH的保护系统有如下三种保护功能：

（1）机械超速保护和手动停机。前者用于机组正常运行时的超速保护，即当转速达到（110%～112%）n_0时，实现紧急停机；后者为保护系统不起作用时进行手动停机，以保障

人身和设备的安全。

(2) 低电超速保护（OPC）。该保护只涉及调节汽阀，即转速达到 103%n_0 快关调节汽阀，实现对机组的超速保护。

(3) 危急遮断系统。该保护是在危急遮断系统检测到机组转速达到 110%n_0 或其他安全指标达到安全界限后，通过跳闸电磁阀关闭所有的主汽阀和调节汽阀，实现紧急停机。

4. 机组和 DEH 系统的监控功能

该监控系统在启停和运行过程中对机组和 DEH 装置两部分运行状况进行监督。内容包括操作状态按钮指示、状态指示和 CRT 画面，其中对 DEH 监控的内容包括重要通道、电源和内部程序的运行情况等；CRT 画面包括机组和系统的重要参数、运行曲线、潮流趋势和故障显示等。

四、DEH 调节系统的运行方式

为了确保控制的可靠，DEH 调节系统设有三种运行方式，机组可以在任何一种方式下运行，其顺序和关系是：手动控制↔操作员自动↔汽轮机自动 ATC，紧邻两种运行方式互相跟踪，并可做到无扰切换。

手动控制是当控制器出现故障时，运行人员在操作盘上通过按键直接控制各阀门的开度，以维持汽轮机的运行，各按钮之间逻辑互锁，同时具备操作超速保护控制器（OPC）、主蒸汽压力控制器（TPC）、外部触点返回（RUNBACK）和脱扣等保护功能，该方式作为汽轮机自动方式的备用。

操作员自动方式是 DEH 调节系统基本的运行方式。用这种方式可以实现汽轮机转速和负荷的闭环控制，并具有各种保护功能。该方式设有完全相同的 A 和 B 双机系统，两机容错，具有跟踪和自动切换功能，也可以强迫切换。在该方式下，运行人员根据 DEH 提供的机组运行状态参数，通过键盘输入目标转速和目标负荷及其变化速率，由 DEH 系统分别实施机组转速和负荷控制。

汽轮机自动（ATC）是最高一级运行方式，此时包括转速和负荷及它们的速率，都不是来自操作员，而是计算机程序或外部设备进行控制，因此，是居于操作员自动上一级的最高运行方式。

随着 DEH 调节系统的功能不断强大，运行可靠性的不断提高，DEH 的运行方式主要采用操作员自动和汽轮机自动方式，手动控制功能逐渐减弱，只将重要的保护按键保留，作为机组安全运行的备用。

五、DEH 调节系统的控制模式

DEH 的控制器是其系统的核心，它具有主汽阀和调节汽阀两种控制模式。对于不同的电厂，由于采用的 DEH 厂家不同，使得汽轮机可以采用不同的控制模式。

1. 主汽阀控制模式

主汽阀控制有两种控制方式。

(1) 主汽阀自动（AUTO）方式。这种方式也称数字系统控制方式，其控制指令可由计算机或运行人员自操作盘通过计算机发出，前者称为汽轮机主汽阀自动控制（ATC），后者称为汽轮机主汽阀操作员自动控制。

(2) 主汽阀手动方式。此时数字信号不参与，通过模拟系统对机组进行控制。

主汽阀控制系统用于机组启动升速和机组跳闸进行紧急停机。在冷态启动开始阶段，由主汽阀控制汽轮机的转速，调节汽阀处于全开状态；当转速达到96%额定转速时，转速控制由主汽阀切换至调节汽阀，然后主汽阀全开，一直到并网带负荷运行，在此期间，只要不出现汽轮机跳闸，机组就始终由调节汽阀进行控制。

2. 调节汽阀控制模式

(1) 调节汽阀自动（AUTO）方式。调节汽阀自动方式为计算机参与的数字系统运行控制方式。在汽轮机启动和负荷控制阶段，可以实现：

1) 操作员自动控制方式（OA）：在该方式下，系统接受操作员输入的目标转速或目标负荷及其变化率，并进行控制。

2) 遥控方式（REMOTE）：在该方式下，系统接受协调控制（CCS）或负荷调度中心的目标值及其变化率，并进行控制。

3) 电厂计算机控制方式（PLANT COMP）：在该方式下，系统接受厂级计算机输入的目标值及其变化率，并进行控制。

4) 自动汽轮机控制方式（ATC）：这是一种联合控制方式，其组合形式有OA－ATC、CCS－ATC、ADS－ATC和REMOTE－ATC等几种。此时，由前者给定目标值及其变化率，ATC负责监控，并从下面的速率中选取一个最小的作为当前执行速率：

a) 由ATC计算转子应力所确定的速率；

b) 发电机限制的负荷速率；

c) 外部输入负荷速率，如OA、REMOTE、PLANT COMP等；

d) 电厂内部允许的负荷速率，如TPC、RUNBACK限制等。

5) 电厂限制控制方式：在该方式下，DEH系统接受电厂内部运行条件所制约，具体控制方式有：

a) 主蒸汽压力控制方式（TPC）。在主蒸汽压力下降时限制汽轮机的负荷，避免汽轮机发生水冲击和锅炉汽压急剧下降。

b) 外部负荷返回控制方式（RUNBACK）。该方式主要是考虑辅机故障，如在给水泵和风机跳闸的情况下，系统将以一定的速率去关小调节汽阀，直到故障消除为止。

(2) 调节汽阀手动方式。在调节汽阀手动控制方式下，计算机不参与控制，由运行人员发出指令，通过模拟系统输出的信号进行控制。

由上所述，不管哪一种控制模式，都有数字控制和模拟控制两种方式，它们之间设有A/D转换和跟踪系统，以便在系统或运行方式变更时，实现无扰动切换。

六、汽轮机的自动控制（ATC）

DEH的ATC系统与汽轮机盘车控制系统、疏水控制系统、发电机励磁控制系统、发电机自动同期系统等协同工作，提供必要的接口和指令，实现汽轮机组从盘车状态直到带满负荷的全部自动操作。

当选择ATC方式，DEH电液调节系统根据机组当前的状态，特别是转子应力的计算结果，按启动程序自动设定目标转速和升速率，完成进汽阀门切换，将转速升至额定值；同期并网后，自动设定目标负荷和变负荷率，直至带满负荷。在汽轮机启动或负荷控制的任一阶段，若出现异常工况，ATC系统能自动地按相反的顺序退回到异常状况消失的阶段或将汽轮机退回到所要求的运行方式。

ATC启动程序在将汽轮机从盘车转速升速到同步转速的过程中，要完成下列工作：

(1) 在汽轮机冲转之前，核对有关参数，直至所有参数均在要求范围内，按机组温度状态选择升速过程，发出冲转指令。

(2) 在升速过程中，如遇有关参数超过报警限值，将立即进入转速保持。如该转速落在叶片共振或转子临界转速范围内，则在转速保持之前，将转速降到共振范围以下。

(3) 按程序规定升速：升速率由转子实际应力和允许应力的裕度控制，如需要暖机，则自动进行，暖机时间根据缸温变化和胀差等进行逻辑计算自动给出。

(4) 使汽轮机升速到接近同步转速，然后向自动同期装置发出信号，ATC 的升速程序结束；汽轮发电机的并网由自动同期装置发出指令来完成。并网后 DEH 控制汽轮发电机组带初始负荷。

ATC 系统的负荷控制完成从机组带初始负荷直到目标负荷。目标负荷由运行人员或用其他方式事先设定。它能够用最短的时间实现所需要的负荷变动，负荷变化率取下列三种变化率的最小值：

(1) 由转子应力变化确定的锅炉所允许的负荷变化率。

(2) 由运行人员根据各种原因，包括电厂其他设备的运行状况而给出的负荷变化率。

(3) 由 DCS 系统给出的负荷变化率。

在 ATC 负荷控制期间，ATC 连续地监视汽轮机状态参数如压力、温度、热应力、振动、膨胀等的变化，超限时报警打印。若负荷变化率的调整纠正不了系统变量的不正常变化时，ATC 程序将使汽轮机从 ATC 控制方式退出，必要时通过危急遮断系统（ETS）跳闸停机。

在“操作员自动”和 CCS 方式下，ATC 系统的监视功能仍起作用。

七、数字电液调节系统的特性

一个良好的调节系统，应该是静态特性和动态特性都好。但是，如果系统的静态参数不匹配，动作规律就不对头，因此静态特性是基本特性。系统的动态特性不满足要求也是不允许的。对调节系统的正确要求应该是在满足静态特性要求的前提下，具有尽可能好的动态特性。

(一) 调节系统的静态特性

调节系统的静态特性反映了转速和功率在稳定工况下的关系。在 DEH 调节系统中，机组稳定运行后，功率校正回路的 PI1 输入信号为零，可得

$$(\lambda_P + x) - P = 0 \tag{6-9}$$

而 $x = K\Delta n = K(n_0 - n)$（存在不灵敏区时，$|\Delta n| >$ 不灵敏区）

$$P = -Kn + (Kn_0 + \lambda_P) \tag{6-10}$$

$$n = -\frac{1}{K}P + \left(n_0 + \frac{\lambda_P}{K}\right) \tag{6-11}$$

式中 P——发电机功率，MW；

K——频率校正环节的放大倍数，MW·min/r；

n、n_0——机组的实际转速、额定转速，$n_0 = 3000$r/min；

λ_P——设定值形成回路输出的功率给定值，MW；

x——经频率校正环节校正以后的转速偏差，MW。

图 6-22 就是根据功率特性方程式（6-11）作出的 DEH 调节系统的静态特性曲线，从图中可以看出以下几点。

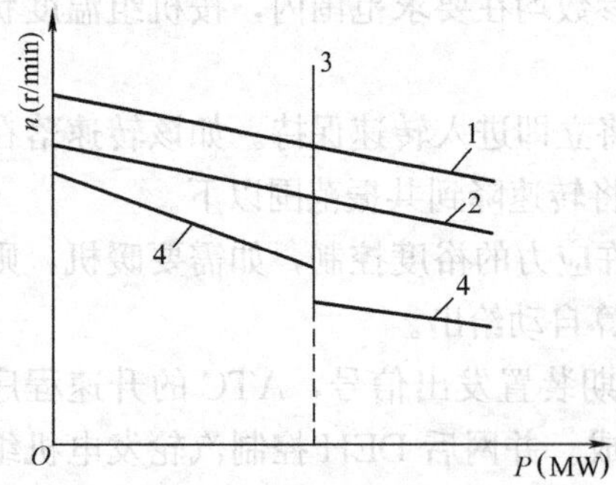

图 6-22 DEH 调节系统的静态特性

(1) 由于 DEH 系统采用了转速和功率反馈信号，系统具有功率—频率的静态特性（曲线 1），具有良好的线性关系。

(2) 运行中变更功率给定值 λ_p，可使特性曲线平移（由曲线 1 到曲线 2），从而实现二次调频，保证频率稳定。

(3) 转速不灵敏区可根据需要确定，当 Δn 取的足够大（在不灵敏区内，相当于切除转速反馈回路）时，机组不参与一次调频，其出力只随功率设定值而变化（曲线 3），图中为一垂线。

(4) 频率校正环节的放大倍数 K 反映了系统的速度变动率，改变 K 可以改变特性曲线的斜率；同时改变 K 和 Δn 可以改变斜率和纵切距（曲线 4），从而获得不同的系统特性。

(二) DEH 调节系统的动态特性

1. 串级 PI 控制下 DEH 调节系统的动态特性

(1) 理想情况下调节系统的动态特性。理想情况是指调节系统在无约束全自由运动状态下的运动规律，它可以作为衡量调节品质的理想尺度。图 6-23 为该情况下机组甩额定负荷时调节系统的过渡过程，此时机组脱离了电网而单机运行。

图 6-23 中曲线 1 和曲线 2 对比，表示甩负荷后中调节汽阀关闭，中间再热环节对机组超速不再构成影响，只是由于曲线 2 是在功率给定不切除情况下进行的，结果，系统动态品质变坏，稳态时转速偏差 δn_0，即 150r/min（速度变动率为 5%）。曲线 1 和曲线 3 对比，两种情况甩负荷时功率给定均切除，仅中间再热容积影响的差别，结果曲线 3 的动态品质下降，但稳态时无转速偏差。

(2) 有约束情况下调节系统的动态特性。有约束情况下调节系统的动态特性是指实际系统的动态特性，在该情况下，系统的运动受到油动机行程和蒸汽参数变化实际情况的约束。图 6-24 表示机组甩额定负荷和功率给定切除时理想与实际情况下转速 n 和油动机相对行程 μ 的过渡过程。图中曲线 1 表示无约束情况，曲线 2 表示有约束情况。在有约束情况下，转速的振幅增大，油动机的振荡强烈，系统的动态品质全面下降，表现实际情况下的系统动态特性不及理想情况。

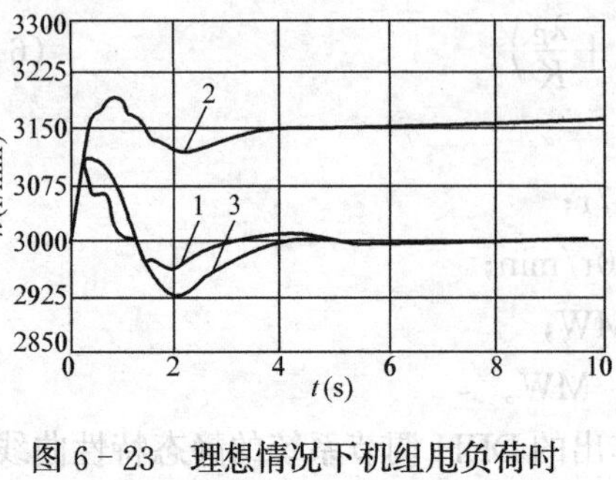

图 6-23 理想情况下机组甩负荷时 DEH 系统转速的过渡过程

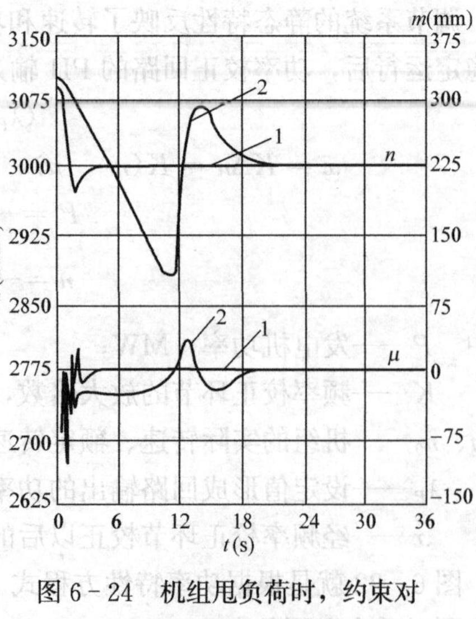

图 6-24 机组甩负荷时，约束对动态特性的影响

2. 机组并网运行时调节系统的动态特性

对于DEH调节系统采用不同的PI方式运行时，其动态特性将不同。图6-25给出了电网负荷变化2%时，三种运行方式的转速过渡过程，图中曲线1、2和3分别表示串级PI、单级PI1和单级PI2控制的情况。从图6-25中可看出，由于串级控制有双内回路的快速响应作用，其动态特性全面优于单级PI控制方式，当过渡过程结束时，三种控制方式的转速都回到电网对应的转速，动作规律正确。

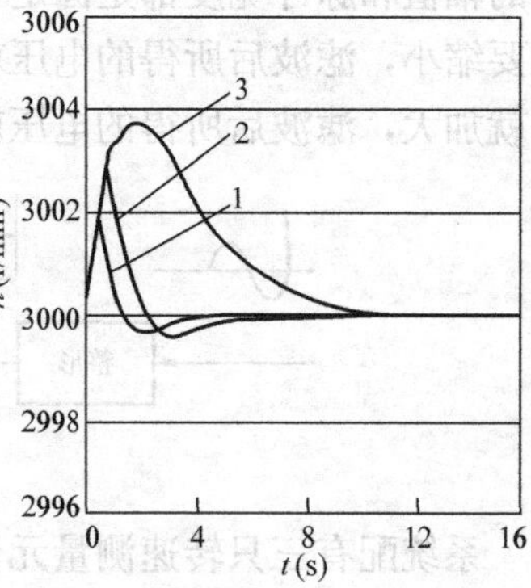

图6-25　并网运行时三种控制方式转速的过渡过程

综上分析，可得下述重要结论：

(1) DEH系统在串级PI运行方式时动态品质最好，应作为基本运行方式。

(2) 为避免反调，机组甩负荷时功率给定必须切除，此时机组能稳定在给定转速上，有利于重新并网。

(3) 中间再热容积对机组转速的影响很大，机组甩负荷时，除立即关闭高压汽阀外，同时关闭中压汽阀也至关重要。

第四节　汽轮机电液调节系统中的主要部件

电液调节系统主要由四部分组成来完成汽轮机进汽量的控制：电子调节装置、阀位控制器、配汽机构、调节对象。在DEH中，电子调节装置中的各个电子调节器采用数字量传送信号，在输入、输出接口处采用必要的模/数转换器和数/模转换器。

一、转速测量元件

转速测量元件的作用是将转速信号转变为直流电压模拟信号后发送给DEH，主要由磁阻发信器与频率变送器组成。而磁阻发信器是用来将被测转速信号转换为相应频率信号的测量元件。

如图6-26所示，磁阻发信器由测速齿轮和测速头组成，测速齿轮装在汽轮机轴上，测速头固定在齿轮旁边的支架上，处于齿轮径向位置。测速头内装有永久磁钢、铁芯和线圈，铁芯端部与齿顶之间留有较小（约1mm）的间隙。根据电磁感应原理，当齿轮随主轴转动时，铁芯与齿轮之间的间隙交替变化，从一个齿到另一个齿，气隙磁阻交变一次，相应的线圈中的磁通量交变一次，从而在线圈两端感应出交变电势，作为测速头的输出信号。该电势的频率f与齿数z、汽轮机转速n（r/min）的关系为

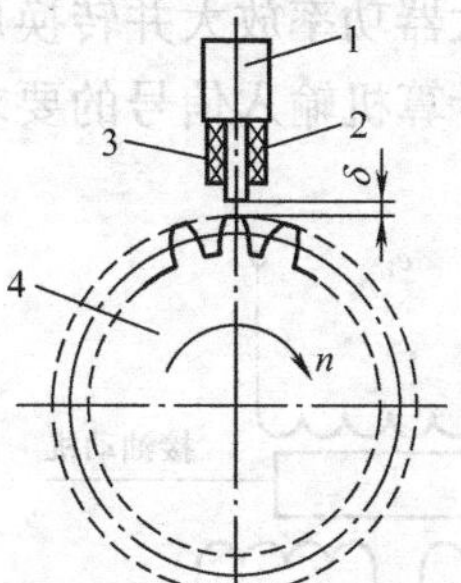

图6-26　磁阻发信器
1—磁钢；2—线圈；3—铁芯；4—齿轮

$$f=\frac{nz}{60}$$

当齿数一定时，频率f汽轮机转速n成正比。一般取$z=60$，所以$f=n$。例如当$n=3000$r/min时，电势的频率$f=3000(1/s)$，即测速头每秒钟输出信号的频率在数值上等于汽轮机每分钟的转数，因而可以方便地将f作为转速n的信号。

将测速头输出的电势经过频率—电压变压器，将电势频率f转

换成直流电压模拟信号。频率—电压转换的原理框图如图 6-27 所示。来自磁阻发信器的正弦信号，首先经过整形电路转换成方波信号，然后经过微分电路变换成为同一频率的尖脉冲，这些尖脉冲然后去触发一个单稳电路，单稳电路将输出一系列的方脉冲序列，这些方脉冲的幅值和脉冲宽度都是固定常数。因此如果输入信号的频率高时，这些方脉冲之间的距离就要缩小，滤波后所得的电压就高；相反，如果输入信号的频率低时，这些方脉冲之间的距离就加大，滤波后所得的电压就低。

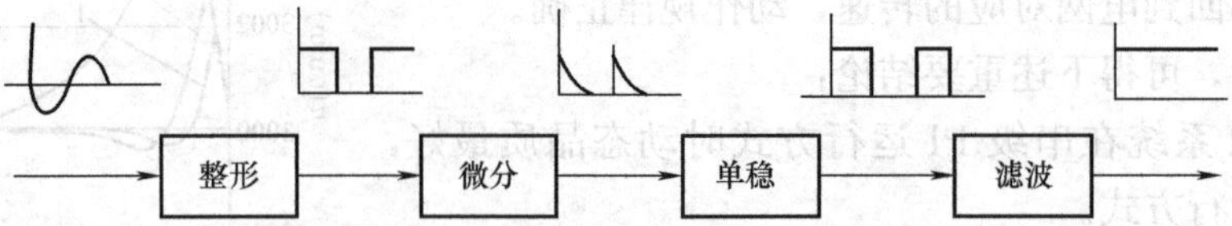

图 6-27 频率—电压转换电路框图

系统配有三只转速测量元件，其转速信号通过传感器分别引线至主控制器 A 与 B，在每一个主控制器中，都设有高值选通器，选通其中转速高的一个信号，参与 DEH 控制。

二、功率测量元件

功率测量元件的功能包括发电机有功功率的测量和放大，以及不平衡功率的校正。在功频电液调节系统中采用较多的功率测量元件是霍尔效应测功器。

如图 6-28 所示，将一矩形半导体薄片置于磁场 B 中，当沿薄片的一对边 1、2 通一电流 I_S 时，则在另一对边 3、4 就会产生电动势 V_H，此现象为霍尔效应，电势 V_H 称为霍尔电势，该半导体薄片被称为霍尔元件。当霍尔元件用于测量发电机功率时，将发电机出线电压经电流互感器转换成电流 I_S。另将发电机电流经电流互感器后，接至励磁绕组上，产生磁场 B。电动势 V_H 的幅值正比于电流和磁场强度的乘积，也就是正比于发电机电流和电压的乘积，既

$$V_H = KI_SU_S$$

因此 V_H 可作为电功率测量信号，此信号较弱，经过放大后再输出。三相功率要用三个霍尔元件来分别测量，其值相加。

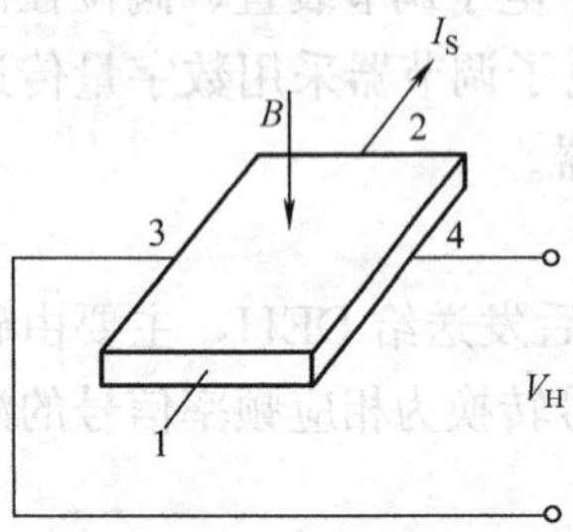

图 6-28 霍尔测功原理图

三、线性位移差动变送器（LVDT）

LVDT 的作用是把油动机活塞的位移（同时也代表调节汽阀的开度）转换成电压信号，反馈到伺服放大器前，与计算机送来的信号相比较，其差值经伺服放大器功率放大并转换成电流值后，驱动电液转换器、油动机直至阀门。当阀门的开度达到了计算机输入信号的要求时，伺服放大器的输入偏差为零，于是阀门处于新的稳定位置。

LVDT 是由一个芯杆与外壳组成，如图 6-29 所示，在外壳中有三个绕组，一个是一次绕组，供给交流电源；在中心点的两侧各绕有一个二次绕组，这两个绕组反向连接，因此二次绕组的净输出，是该两绕组所感应的电动势之差值。当绕组内的铁芯处于中间位置时，两个二次绕组所感应的电动势相等，变送器的输出信号为零。当铁芯与绕组有相对位移，例如铁芯向右移动时，则右半部绕组所感应的电动势比左半部绕组所感应的电动势大，其输出的

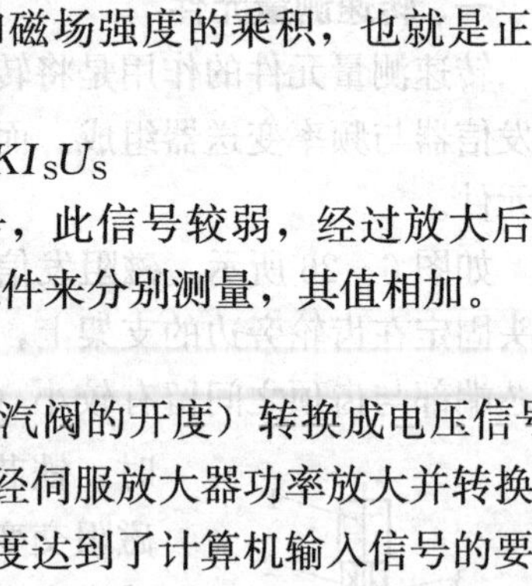

图 6-29 LVDT 工作原理图

电压代表右半部的极性。二次绕组感应的电动势经整形滤波后，转变为铁芯与绕组间相对位移的电信号输出。在实际装置中，外壳是固定不动的，铁芯通过杠杆或直接与油动机活塞杆相连，这样，输出的信号便可模拟油动机的位移，于是，也就代表了阀门的当前开度。

在进行 LVDT 设计时，应使其输出信号具有“凸轮特性”，也就是当油动机活塞移动到某一定位置后，再将调节信号增大时，油动机的位移和调节汽阀的开度增加较小，使汽轮机的进汽量增加也较小，正如凸轮旋转到靠近圆弧段一样，为了实现这一设想，只需在差动变送器端单位长度上增加绕组数就可以实现。增加反馈信号意味着局部转速不等率的增大，信号变化时进汽量增加很小，但是，这样设计成的线性差动变送器所产生的位移信号就不再是线性的，不再正比于油动机的位移。因此，当油动机进入凸轮效应的影响范围后，使反馈信号增加相对减小，使得计算机来的调节信号与反馈信号比较时不再为零，也即伺服放大器一直有一信号输入，使油动机继续位移，该动态过程一直到极限位置为止。凸轮位置的开始影响点是可调的，也即油动机的极限位置是可调的。

四、电液转换器

电液转换器是将 DEH 电调装置发来的电信号控制指令转换为液压信号的转换、放大部件，它是电液调节系统中的一个关键部件。在电液调节系统中，电气调节装置将转速、功率、阀位等信号进行各种运算后输出电流或电压信号，无论是静态的线速度、精度、灵敏度，还是动态响应等指标，都达到较高的水平，所以电液转换器就应尽快地、不失真地完成这一任务。为此要求电液转换器也具有高的线速度、精度、灵敏度和动态响应。其次，为了达到这些要求，电液转换器在结构上要采用相应的措施，比一般的液压元件有更高的要求。同时为了提高灵敏度，电液转换器的液压放大部分——跟随滑阀，在结构上采取了自定中心的措施。此外还必须把电信号与液压信号两部分加以隔离。

电液转换器主要有如下几种类型：

(1) 从电磁部分的结构来分，有动圈式和动铁式；

(2) 从电磁部分的励磁方式来分，有永磁式和外激式；

(3) 从液压部分的结构来分，有断流式和继流式的，或者滑阀式和蝶阀式的；

(4) 从工质来分，有用汽轮机油的低压式（1.2MPa 和 2MPa）和抗燃油的高压式（8～18MPa）等。

图 6-30 是带双喷嘴的动铁式电液转换器结构示意图。它由一个力矩电动机、两级液压放大和机械反馈系统及 4 个通道等组成。第一级液压放大是双喷嘴和挡板系统，第二级放大是滑阀系统。它可以分为电气、液压、供油三部分，封装于一个外壳中。其弹簧管受力后能弯曲，产生一个推动力，而且也把电气与液压部分加以隔离。

液压部分为二级放大。第一级放大是双侧喷嘴加挡板，挡板与弹簧管刚性相连，当挠性弹簧管转动时，带动挡板向左或向右偏转，改变了挡板与两侧喷嘴间的间隙，从而改变滑阀阀芯两侧油的压力。第二级放大是滑阀与四通滑阀座，4 个通道中，1 个接压力油，2 个接油动机，当后续油动机为单侧进油时，可以只用一路。二级液动放大之间连有动反馈弹簧杆。

供油部分包括内部油管路、固定节流孔等组件，与液压部分相配合也分为两路，一路是用于第一级放大的控制油，它由外部专设的管路供给，以保证供油压力稳定和良好的品质，然后再通过左、右两侧固定的节流孔和油管路，经过滑阀两端腔室由左右喷嘴与挡板的

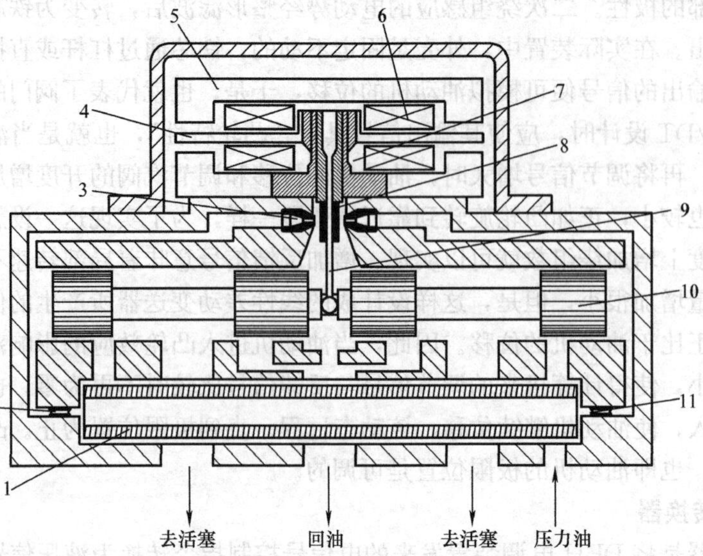

图 6-30 双喷嘴动铁式电液转换器结构示意

1—过滤器；2、11—节流孔；3—喷嘴；4—可动衔铁；5—力矩电动机；6—线圈；7—弹簧管；8—挡板；9—反馈杆；10—阀芯

间隙流出，在滑阀两端腔室形成腔室油压。另一路是受滑阀凸肩控制的高压油，利用滑阀凸肩与油口间位置开度的变化，改变高压油输入与输出方向及油量，去控制相应阀门的开关状态。

在稳定工况下，输入的电气信号为零，弹簧管两端处于磁场的中间位置，挡板也就处于两侧喷嘴的中间位置，两侧喷嘴与挡板的间隙相同喷油量相等。因此，滑阀两端腔室的油压一样，滑阀处于中间位置，利用其凸肩切断压力油口与去活塞油口以及回油口之间的连通，去活塞油口与后续的油动机没有油量交换，油动机及相应阀门也不动作。

当促使阀门动作的阀位偏差电气信号输入时，直流电流通过控制线圈，在永久磁场的作用下，对弹簧管产生一个偏转扭矩，使弹簧管和挡板同时偏转，偏转角的大小与信号电流成正比。所以力矩马达的作用是将电气信号转换成挡板的机械位移信号，并适当放大，对液压部分进行控制。

若为单侧进油的油动机，那么假设挡板向左偏转，则右侧喷嘴的喷油间隙增加，喷油量增大，使喷嘴后及其阀芯右侧容室的油压下降。与此相反，阀芯左侧容室的油压升高，滑阀两端出现的压力差将推动活塞向右移动。滑阀凸肩相对于油口的开闭状态发生变化，压力油口与右侧去活塞油口相通，右侧去活塞油口与回油油口切断。压力油进入油动机活塞的下部，高压油作用于活塞的压力足以克服油动机活塞上部弹簧的紧力，使活塞上移开大阀门。反之若输入的电气信号相反，滑阀反向移动，后续的油动机活塞下方与回油相连，高压油失去压力，活塞将在上部弹簧力的作用下，把下部的油经油口压出，阀门同时关小。由此液压部分的作用则是将挡板的机械位移信号转换成高压油控制信号，并进行信号放大和功率放大。

反馈杠杆的上端通过挡板与弹簧管刚性连接，下端支点卡入滑阀槽中。当弹簧管在电磁力矩作用下向左偏转，则滑阀右移，它在控制高压油的同时，带动反馈杠杆支点也向右移动，给挡板一个向右的力矩，力图抵消电磁力矩对挡板的作用，避免因滑阀过调而引起油动机活塞位移过大导致调节过程振荡，增加动态过程中调节系统的稳定性。当反馈杠杆的力矩和电磁力矩相等时，滑阀停留在两力矩相平衡的位置。

当油动机移动使阀门开大或关小时，同时带动油动机旁的线性差动变送器，发出一个表示阀门位置的电气信号给控制器，以抵消原来命令阀门开关的电气信号，使输入电液转换器的电气信号变小，力矩电动机的电磁力矩减小，挡板返回，两侧喷油量及油压的差别也变小，滑阀在反馈杠杆的作用下随同返回。当油动机实际位移与要求值相同时，阀门位置的反馈信号与来自控制器的动作信号完全抵消，电液转换器回复到稳定工况。

在运行时可能会突然断电引起电气信号故障，为了防止油动机发生误动作，把电液转换器及与之相连的油动机设计成在失去电信号时，借助于附加的机械力使滑阀移向关闭阀门侧，以保证关阀停机。

五、油动机

油动机用作调节信号的最后一级放大，油动机活塞的位移用来控制阀门的开度，要求输出功率要大。

油动机按进油方式分为两种：一种是双侧进油式；另一种是单侧进油式。

油动机有两个重要工作指标：一是提升力；二是时间常数。

对于双侧进油式油动机，工作时两个腔室一侧进油，另一侧排油；稳定时，两侧既不进油，也不排油。由于双侧进油式油动机无论向哪个方向移动都依靠两侧油压差，因此，当压力油管破裂而失压时，活塞将无法动作，致使调节汽阀无法关闭。虽然这个问题在调节汽阀阀杆上装设压缩弹簧可以解决，但对于现在的大功率汽轮机，对安全性要求非常高等，所以DEH电液调节系统执行机构的油动机，基本上都采用了单侧进油式油动机，为此只对单侧进油式油动机进行讨论。

1. 单侧进油式油动机的控制方式

如图6-31所示，单侧进油式油动机在活塞的同一侧实现进、排油。在调节过程中，当需要开大调节汽阀时，断流式滑阀活塞上移，油动机进油通道打开，活塞一侧进油，克服另一侧弹簧力的作用，使活塞产生位移。当需要关小调节汽阀时，断流式滑阀活塞下移，油动机活塞有油的一侧与排油接通，使活塞在另一侧弹簧力的作用下移动。

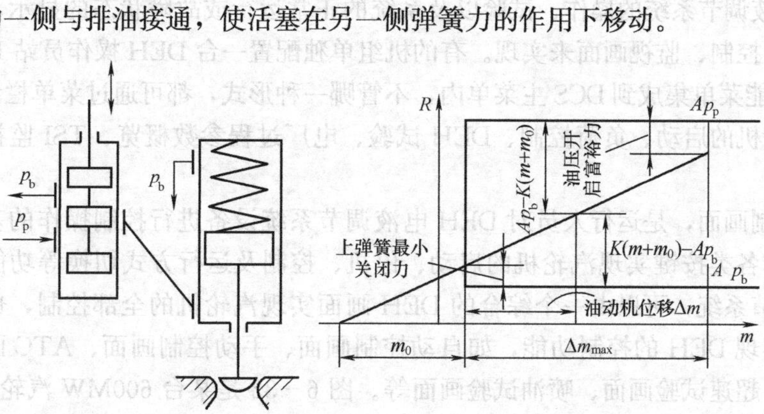

图6-31　断流式滑阀—单侧进油式油动机

(a) 进油控制方式；(b) 提升力与油动机位移的关系

当系统采用断流式电液转换器时，如果液压部分的输出功率足够大，则电液转换器滑阀与单侧进油式油动机可采用直接连接方式，电液转换器输出的油压较高，调节油直接进入油动机，推动活塞移动。如果电液转换器液压部分输出功率较小，则只能采用间接连接方式，即在电液转换器滑阀与油动机之间必须加设断流式滑阀，这时电液转换器输出的调节油压信号转换成断流式滑阀的位移，进而间接控制单侧进油式油动机的进、排油。

2. 单侧进油式油动机的提升力

单侧进油式油动机开启调节汽阀时的提升力是作用在油动机活塞上的油压作用力与弹簧作用力之差。如图 6-31 所示，随着油动机活塞的上移，弹簧不断被压缩，其变形力不断增大，故提升力不断减小。显然油动机活塞在全开位置处的提升力最小。为了使调节汽阀能可靠地提升，则要求油动机的最小提升力必须大于开启调节汽阀时所需的力，并留有一定的富裕量。

在相同的油动机尺寸和油压条件下，单侧进油式油动机的提升力比双侧进油式油动机的提升力小，这是它的一个缺点。但是，单侧进油式油动机是靠弹簧关闭的，不需要用压力油，这不仅保证在压力油失去的情况下仍能可靠地关闭调节汽阀，而且可大大减少机组甩负荷时的用油量，这是最大优点。大功率汽轮机通常设计成一只油动机驱动一只调节汽阀，这样每只油动机所需要的提升力可减小。由于其耗油量少，所以液压油泵的设计容量可明显减小。目前，在大功率汽轮机上广泛应用单侧进油式油动机。

3. 单侧进油式油动机的时间常数

单侧进油式油动机关闭调节汽阀的速度取决于弹簧力将油压出的速度。由于弹簧力与活塞位置有关，所以其速度是一个变量。

在相同的油动机尺寸和油压条件下，双侧进油式油动机时间常数小于单侧进油式油动机时间常数。但是，双侧进油式油动机时间常数受液压油泵容量的限制而难以进一步减小，而单侧进油式油动机只要弹簧设计合理，滑阀的排油口足够大，就能将时间常数减小到需要的数值。使用单侧进油式油动机对提高调节系统的稳定性、可靠性以及甩负荷性能都有益处。

六、DEH 操作员站（OPS）

DEH 电液调节系统的操作、试验以及系统的正常运行或故障状态的显示，都可以通过操作员站的各控制、监视画面来实现。有的机组单独配置一台 DEH 操作员站 LCD，有的机组将 DEH 功能菜单集成到 DCS 主菜单内，不管哪一种形式，都可通过菜单栏调出不同的画面，进行汽轮机的启动、负荷控制、DEH 试验、电厂过程参数概览、TSI 监视、参数趋势图及报警等。

DEH 控制画面，是运行人员对 DEH 电液调节系统设备进行控制操作的基本画面，通过操作员操作各类按键实现汽轮机的启动、停机、控制及运行方式切换等功能。对每一个 DEH 电液调节系统，可以由一个综合的 DEH 画面实现汽轮机的全部控制，也可以分为若干个画面来实现 DEH 的控制功能，如自动控制画面、手动控制画面、ATC 画面、阀门活动试验画面、超速试验画面、喷油试验画面等。图 6-32 是某台 600MW 汽轮机 DEH 的一个控制画面。该画面可以分为四大部分：第一部分显示画面的名称、汽轮机转速和功率；第二部分显示启动方式、控制方式、主汽阀状态、蒸汽参数等；第三部分为各个阀门开度的柱状和数字显示；第四部分为汽轮机运行的功能操作按钮。

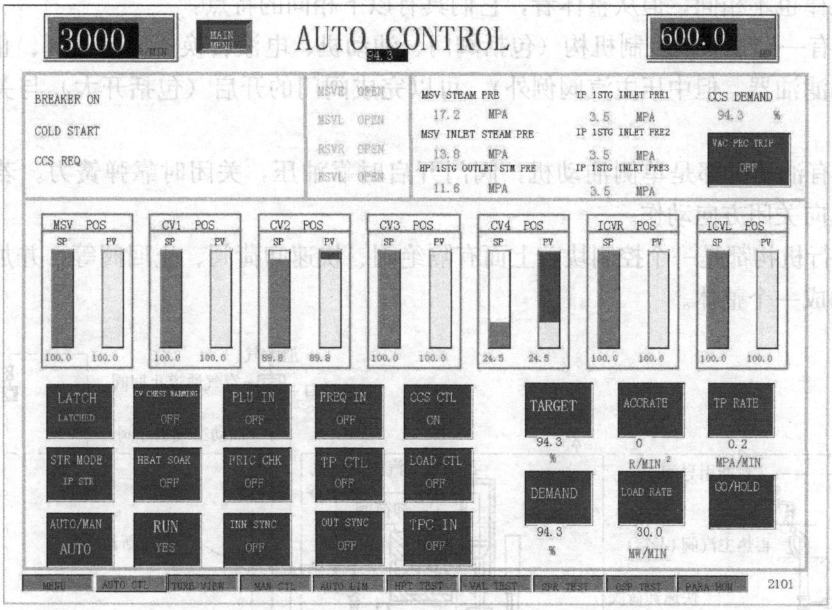

图 6-32　DEH 控制画面

第五节　DEH 液压调节系统

汽轮机组调节及保安系统最终的动作效果，是使汽轮机汽阀（主汽阀、调节汽阀以及旁路阀等）在开启（或开度增大）和关闭（或开度减小）之间变化。为了实现汽阀的开度改变，在 DEH 调节系统中，数字部分的输出，必须经过数/模转换后，进入液压调节系统，该系统由伺服放大器、电液转换器、油动机、阀门及其位移反馈装置（LVDT）组成，是 DEH 调节系统的末级放大与执行机构。

在正常调节过程中，液压调节系统使阀门的开启或关闭是比较平缓的。但当发生危急情况时，为了保证机组的安全，则要求阀门迅速完成目标动作，特别是需要阀门快速关闭时，执行机构应能保证既快速又可靠地完成阀门关闭动作。

汽轮机通常设有四道阀门，即高压主汽阀、高压调节汽阀、中压主汽阀和中压调节汽阀。若中压调节汽阀和中压主汽阀设在同一个阀体内，则将它们统称为中联门。每只阀门都配置有各自独立的液压控制机构。它根据 DEH 装置发出的阀位指令，对阀门进行相应的控制。

高压调节汽阀可以同时开启，并维持基本相同的开度，实现全周进汽方式；也可以一部分调节汽阀同时先开，全开后再逐渐或依次开启剩余的调节汽阀，实现部分进汽方式。

图 6-33 为上海汽轮机厂 600MW 超临界机组 DEH 调节系统的液压系统图，它由四部分组成：图的右下方为保护和遮断系统，用于机组保护；右上方为遮断试验系统，用于系统的试验；左上方为中压主汽阀（2 个）和中压调节汽阀（4 个）的控制装置；左下方为高压主汽阀（2 个）和高压调节汽阀（4 个）的控制装置。各个油动机及其相应的汽阀称为 DEH 系统的执行机构，整个调节系统有 12 个这种机构，由于其调节对象和任务不同，其结构形

式和调节规律也不相同，但从整体看，它们具有以下相同的特点：

(1) 都有一套独立的控制机构（包括阀门、油动机、电液转换器、隔绝阀、止回阀、快速卸荷阀和滤油器，但中压主汽阀例外），可以完成阀门的开启（包括开大）与关闭（包括关小）。

(2) 所有油动机都是单侧油动机，阀门开启时靠油压，关闭时靠弹簧力。若系统漏油时，油动机向关闭方向动作。

(3) 执行机构都是一个控制块，上面有隔绝阀、快速卸荷阀、止回阀等，并加上相应的附加组件构成一个整体。

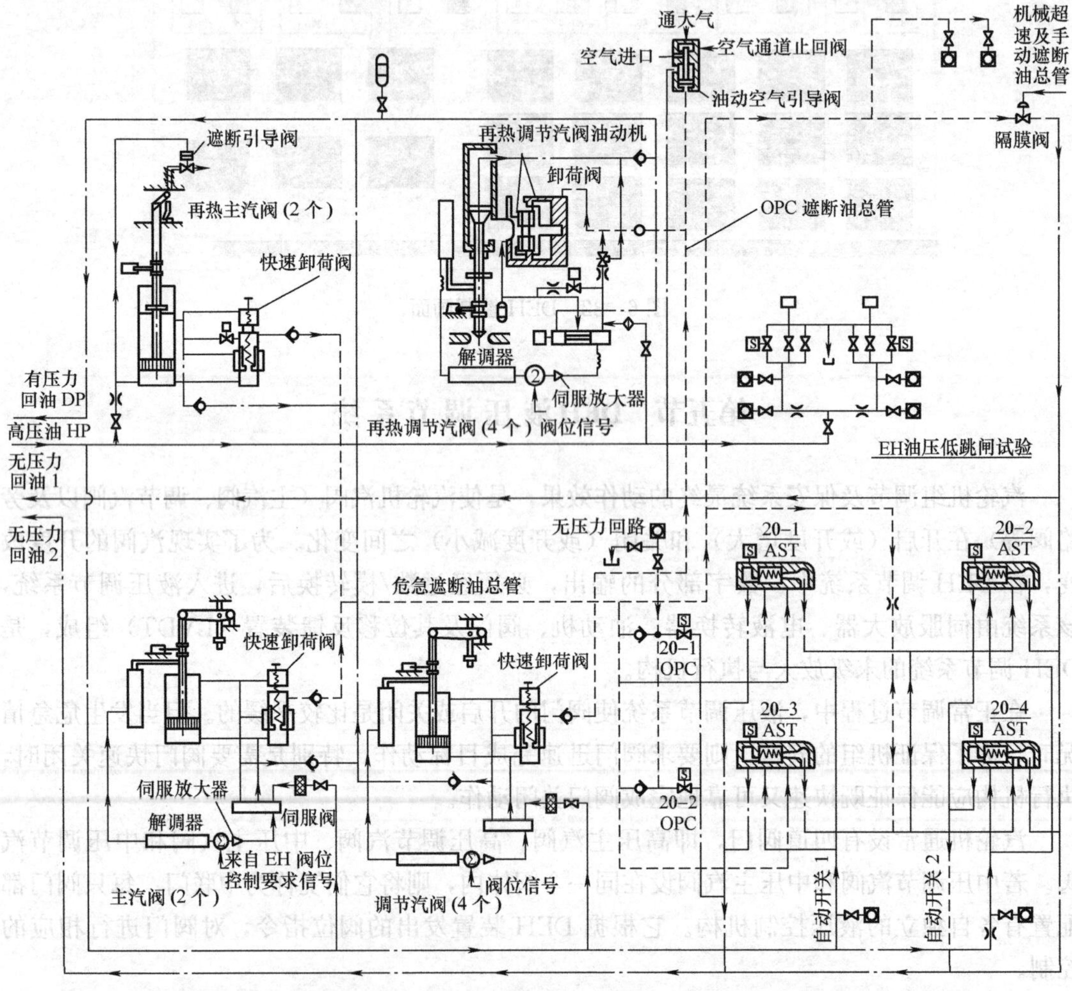

图 6-33 上海汽轮机厂 600MW 超临界机组 DEH 调节系统的液压系统图

一、高压主汽阀和高压调节汽阀的控制装置

高压主汽阀和高压调节汽阀是一种控制型的阀门机构，运行时可以根据需要将汽阀控制在任意的开度上，其调节规律是蒸汽流量与阀门的开度成正比。

1. 阀门控制工作原理

图 6-34 为高压主汽阀和高压调节汽阀的工作原理图，图中给出了组合阀门的各种主要功能构件，高压主汽阀和高压调节汽阀的结构相同。

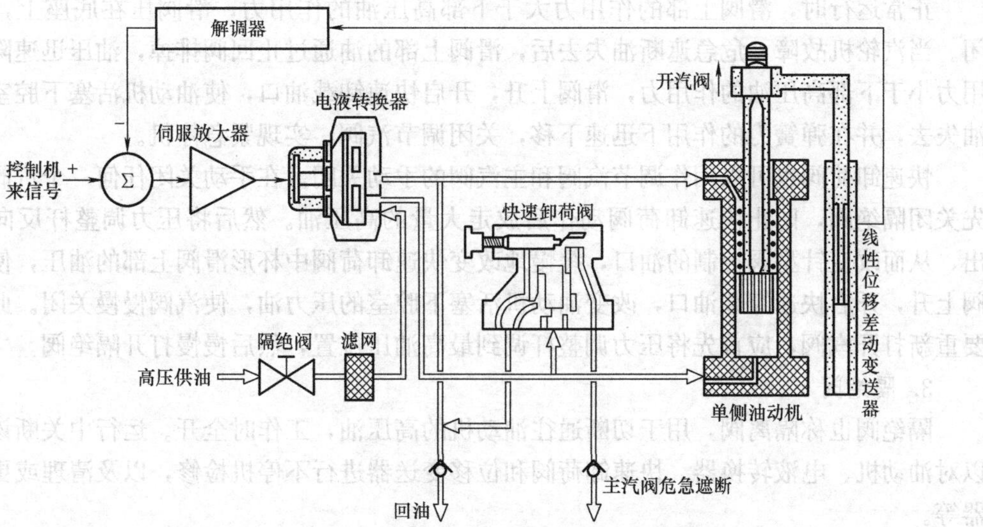

图 6－34　高压主汽阀和高压调节汽阀的工作原理图

高压抗燃油经隔绝阀和滤油器到电液转换器，并由电液转换器来控制油动机内压力油的多少。当给定或外界负荷变化时，DEH 控制器输出开大或关小汽阀的电压信号，与线性位移变送器送来的阀位信号在综合比较器中进行比较，其差值经伺服放大器转换成电流信号并进行功率放大，使电液转换器动作，控制油动机活塞内的高压油油量，从而改变油动机的位移即阀门开度，去适应外界负荷的变化。

当油动机活塞移动时，用于反馈的线性位移变送器及时地将阀位信号转换成电信号，经解调器送到比较器与控制器输入的信号进行比较，当两者差值为零时，电液转换器切断油动机的油路，油动机停止移动，系统处于一个新的平衡状态。

2. 快速卸荷阀

快速卸荷阀是一种由导阀控制的溢流阀，它的作用是：用于汽轮机故障需要紧急停机时，通过安全油系统使遮断油总管失压，快速泄去油动机下腔的高压油，使油动机依靠弹簧力迅速关闭，实现对机组的保护。在快速卸荷阀动作的同时，工作油还可排入油动机的上腔室，从而避免回油管路的过载。

图 6－35 为快速卸荷阀的工作原理图。该阀安装在油动机板块上，它的上部装有一杯状滑阀，滑阀下部的腔室与油动机活塞下部的高压油路相通，并受到高压油的作用。在滑阀底部的中间有一个小孔，使少量的压力油通到滑阀上部的油室。该室有两条油路，一路经过止回阀与危急遮断油路相通，正常运行时由于危急遮断油压高于油动机活塞内的油压，它顶着止回阀并使之关闭，滑阀上的压力油不能由此路泄去；另一路是经针型阀控制的缩孔，控制通到油动机活塞上腔的油通道，调节针型阀的开度，可以调整滑阀上的油压，以供调试整定之用。

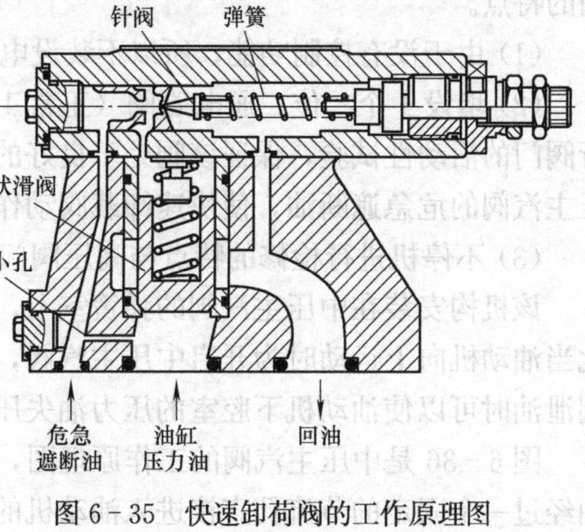

图 6－35　快速卸荷阀的工作原理图

正常运行时，滑阀上部的作用力大于下部高压油的作用力，滑阀压在底座上，该阀关闭。当汽轮机故障、危急遮断油失去后，滑阀上部的油通过止回阀排掉，油压迅速降低使作用力小于下部高压油的作用力，滑阀上升，开启快速卸载油口，使油动机活塞下腔室的压力油失去，并在弹簧力的作用下迅速下移，关闭调节汽阀，实现紧急停机。

快速卸荷阀也可以用作调节汽阀和主汽阀的手动关闭。在手动关闭任何一个汽阀前，首先关闭隔绝阀，防止快速卸荷阀动作后放走大量的高压油。然后将压力调整杆反向慢慢旋出，从而改变针型阀控制的油口，缓慢地改变快速卸荷阀中杯形滑阀上部的油压，使杯形滑阀上升，开启快速卸载油口，改变油动机活塞下腔室的压力油，使汽阀慢慢关闭。此后，如要重新打开汽阀，应首先将压力调整杆调到最高油压位置，然后慢慢打开隔绝阀。

3. 隔绝阀

隔绝阀也称隔离阀，用于切断通往油动机的高压油，工作时全开。运行中关断该阀，可以对油动机、电液转换器、快速卸荷阀和位移变送器进行不停机检修，以及清理或更换过滤器等。

4. 过滤器

为了保证电液转换器工作油的清洁，防止喷嘴堵塞和滑阀卡涩，所有进入电液转换器的高压油，均需经过过滤器的过滤。滤网要每年更换一次，被更换下来的滤网，经过合适的滤网清洗设备彻底清洗干净后还可以再使用。

此外，电液转换器内还有一道过滤器，以确保油的清洁。

5. 止回阀

在油动机的控制回路上设有 2 个止回阀，1 个是通往危急遮断油路总管去的止回阀，其作用是当检修某一台油动机时，阻止危急遮断油总管上的油倒流入该油动机。另一个止回阀是安装在回油管路上，用于防止在油动机检修期间，压力回油总管的油倒流到被检修的油动机中。两个止回阀共同保证了油动机的不停机检修。

二、中压主汽阀的控制装置

中压主汽阀也称为再热蒸汽主汽阀，它属于开关型阀门，只有全开和全关两个位置，没有控制功能。

中压主汽阀控制装置的主要部件是：油动机、控制块、电磁阀、溢流阀、隔绝阀、止回阀（2 个）等，其组成与上述高压调节汽阀类似，但由于它是一种开关型阀门，因此具有不同的特点。

(1) 由于没有控制功能，所以不装设电液转换器和相应的伺服放大器。

(2) 增设 1 个二位二通电磁阀（正常工作时失电），用以开关中压主汽阀，以及定期进行阀门的活动性试验，保证该阀处于良好的工作状态。当电磁阀带电动作时，能迅速泄去中压主汽阀的危急遮断油，使快速卸载阀动作，紧急关闭中压主汽阀。

(3) 不停机进行检修的特点与高压阀门相同。

该机构安装在中压主汽阀的弹簧室上，其油动机活塞杆与该主汽阀的阀杆直接相连，因此当油动机向上运动时为开启中压主汽阀，油动机向下运动时为关闭中压主汽阀。快速卸载阀泄油时可以使油动机下腔室的压力油失压，依靠弹簧力的作用，快速关闭中压主汽阀。

图 6 - 36 是中压主汽阀的工作原理图，高压动力油自隔绝阀引入。隔绝阀打开时，高压油经过一个固定的节流孔直接进入油动机的下腔室，该节流孔是用来限制油动机进油的，其

作用一是开阀门时使汽阀缓慢开启，避免冲击；二是在危急遮断系统动作关闭主汽阀时，避免大量的高压油自隔绝阀进入，导致中压主汽阀关闭减慢，引起超速。

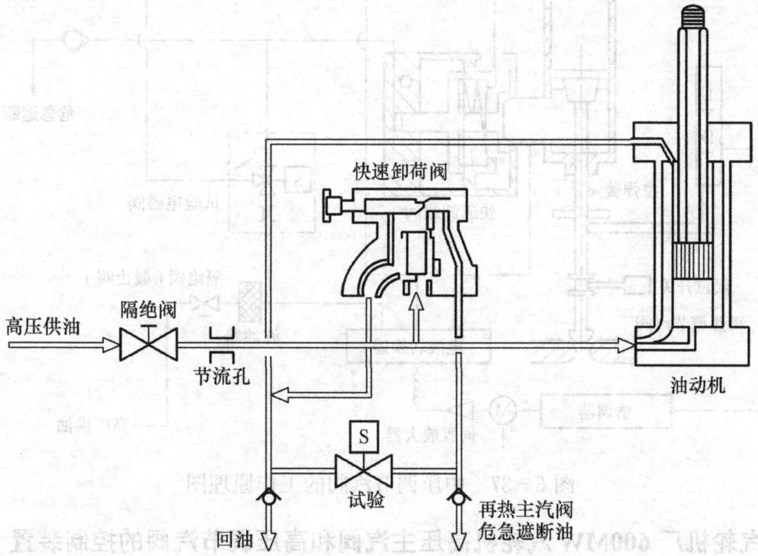

图 6－36　中压主汽阀的工作原理图

快速卸载阀的结构和工作原理与图 6－35 相同，由危急遮断总管油压控制。当该总管油压被迫遮断时，通过快速卸载阀，迅速关闭中压主汽阀。此外快速卸载阀的回油管与油动机的上腔室相连，因而瞬间的大量排油也不会引起回油管的过载。

二位二通电磁阀用于遥控，它的开启可以泄去快速卸载阀杯形滑阀上部的压力油，使杯形滑阀上移，泄掉油动机活塞下的压力油，迅速关闭中压主汽阀。因此需要进行中压主汽阀的活动性试验时，使该电磁阀带电，可以使中压主汽阀关小或关闭。此外，手动压力调整杆，也可以使中压主汽阀关小或关闭。

由于中压主汽阀只有全开和全关位置，因此不设 LVDT 变送器，而且该阀在安装后一般不作特殊的调整工作。同样，对于每一个中压主汽阀的控制装置，只要关断隔绝阀的进油，并有止回阀阻止回油的倒流，都可以进行不停机检修，保证机组仍可继续运行。

三、中压调节汽阀的控制装置

中压调节汽阀也称为再热蒸汽调节汽阀，是一个控制性阀门，它由油动机、隔绝阀、过滤器、电液转换器、快速卸荷阀、止回阀和 LVDT 等组成。

图 6－37 是中压调节汽阀的工作原理图。高压动力油自隔绝阀引入，经滤油器过滤后，一路通向电液转换器，受 DEH 控制器的阀位指令控制；另一路经三通试验电磁阀通到快速卸载阀的右侧腔室，其压力受危急遮断油和逆止阀的控制。

当汽轮机挂闸建立起危急遮断油后，逆止阀关闭，通过三通试验电磁阀进入到快速卸载阀的右侧腔室的压力油使快速卸载阀关闭，切断油动机下腔室与排油通道，使油动机活塞下部具备建立油压的条件。

中压调节汽阀的开大与关小过程同高压调节汽阀。

试验电磁阀带电和危急遮断油失去，都可以关闭中压调节汽阀，只不过试验电磁阀失电后中压调节汽阀又可以开启。

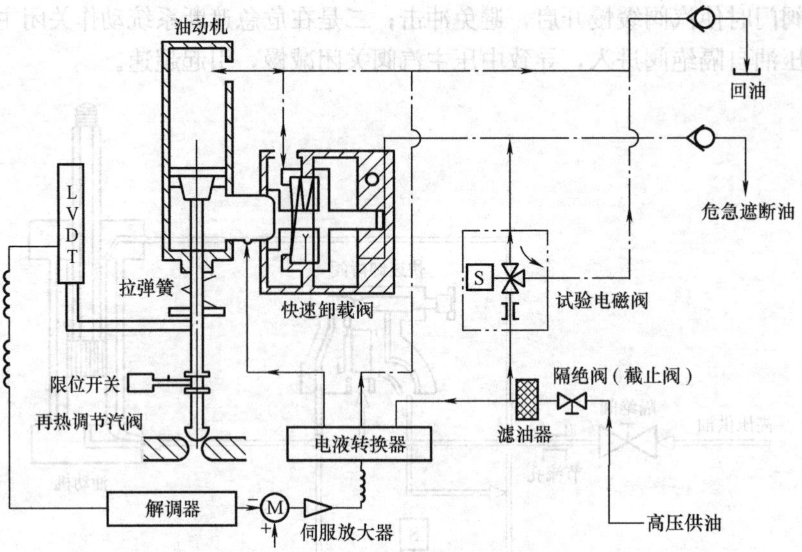

图 6－37　中压调节汽阀的工作原理图

四、东方汽轮机厂 600MW 汽轮机高压主汽阀和高压调节汽阀的控制装置

由于汽轮机的制造厂家不同，采用的技术不同，其阀门的控制装置也不同，图 6－38 和图 6－39 为东方汽轮机厂 600MW 汽轮机右侧高压主汽阀和 1 号高压调节汽阀的工作原理图。

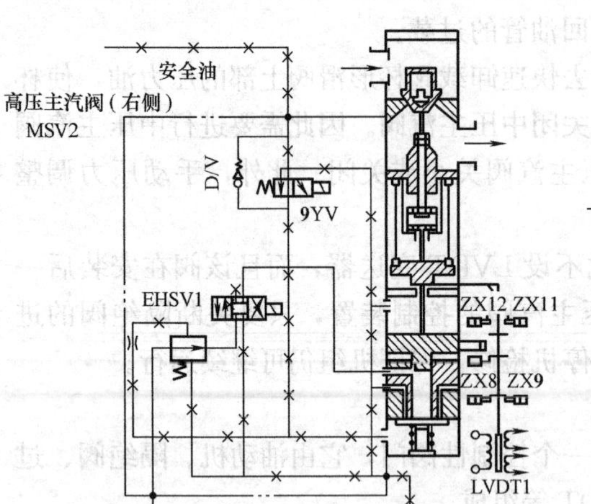

图 6－38　高压主汽阀的工作原理图

9YV—遮断电磁阀；EHSV1—电液转换器

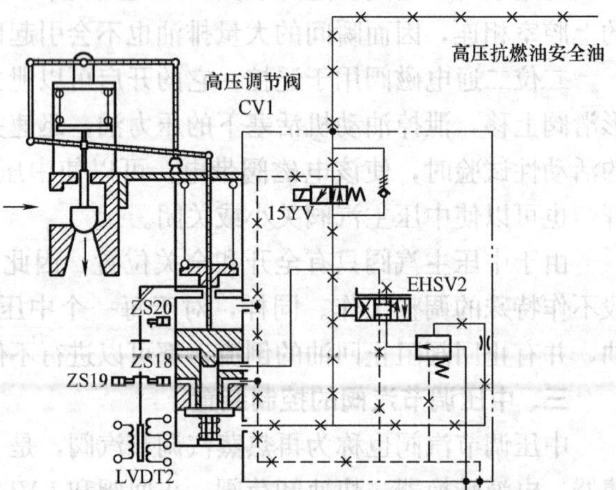

图 6－39　高压调节汽阀的工作原理图

15YV—遮断电磁阀；EHSV2—电液转换器

右侧高压主汽阀和高压调节汽阀的液压控制装置都是由过滤器、关断阀、电液转换器、遮断电磁阀、单侧进油油动机和卸载阀（油动机底部）等组成，因此其工作原理相同，只不过高压主汽阀由油动机直接带动，高压调节汽阀通过传动杠杆带动。

汽轮机挂闸后建立高压安全油，安全油通过失电的遮断电磁阀作用于卸载阀下腔室使其克服弹簧力向上移动而关闭，切断油动机压力油进口与排油口的通道；同时关断阀在安全油的作用下开启，这样压力油经关断阀通到电液转换器前，并根据阀位请求信号改变油动机腔室内油量的多少，调节阀门的开度。

第六节　汽轮机保安系统

为了保证汽轮机的安全运行，防止设备损坏事故的发生，除了要求调节系统动作灵敏、可靠外，汽轮机组都配有必要的保护装置及相应的自动保护系统，以监视运行中的一些关键性参数。一旦这些参数超过了规定的安全界限，保安系统将会立即动作。由于机组超速的危害最大，因此除超速兼有超速保护和危急遮断多重保护外，其余重要参数的超标，都是通过危急遮断系统实行紧急停机。

一、机组超速保护的类型

上海汽轮机厂制造的300MW亚临界和600MW超临界汽轮机设有：机械式超速保护装置，其动作为额定转速的（110%～112%）；电气低超速保护控制系统，其动作转速为额定转速的103%；ETS危急遮断系统的超速控制，其动作转速为额定转速的110%。

二、机械式超速保护装置

机械式超速保护装置由危急保安器、危急遮断滑阀及保安操纵装置组成，如图6-40所示，一旦汽轮机的转速达到额定转速的（110%～112%）或就地手动跳闸手柄时，该装置动作，关闭汽轮机的所有汽阀。

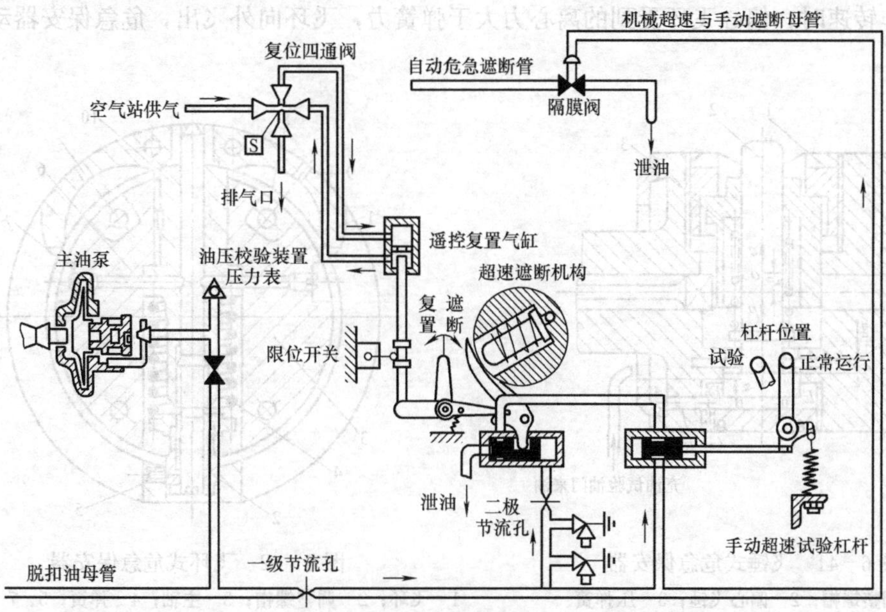

图6-40　机械式超速保护装置的工作原理图

该系统采用的是润滑油。自主油泵出口的压力油经节流后分两路进入危急遮断滑阀，其中一路经二级节流后，作用在危急遮断滑阀并使之压紧在阀座上，把滑阀的泄油口关闭；另一路经一级节流引入超速保护试验滑阀，再进入危急遮断滑阀，同时与隔膜阀上部相联系。另外还有一路作为喷油试验用油。

(一) 主要设备

1. 危急保安器

机械式危急保安器实质上是转速超限时的危急信号发送器，按其结构特点可分为飞锤式和飞环式两种。

图 6 - 41 所示为飞锤式危急保安器的结构，它装在主轴前端，主要由飞锤、压弹簧、调整螺帽等组成。飞锤的重心与汽轮机的转子旋转中心偏离一定的距离，所以又称偏心飞锤。在转速低于飞锤的动作转速时，压弹簧对飞锤的作用力大于飞锤所受的离心力，飞锤处于图示位置，不动作；当转速升高到略大于飞锤的动作转速时，飞锤所受的离心力增大到略超过压弹簧的作用力，飞锤动作，迅速向外飞出。随着飞锤向外飞出，飞锤的偏心距增大，离心力相应不断增大，同时弹簧的压缩力增加，因此弹簧力也随之增加，但是离心力的增大速度大于弹簧力的增大速度，所以飞锤一经飞出，就一直走完整个行程，达到极限位置为止。随着飞锤的飞出作用在脱扣板击上，使板击围绕其短轴旋转，带动危急遮断滑阀向右运动，蝶阀随之离开阀座并泄油，导致机械脱扣油母管中的油压降低，通过隔膜阀的作用，使汽轮机紧急停机。

随着汽轮机转速的降低，飞锤的离心力减小，当转速降低到飞锤离心力小于弹簧约束力时，飞锤开始回复，随着飞锤的回复，偏心距减小，离心力和弹簧力同时减小，但离心力的减小速度大于弹簧力，弹簧力超出离心力部分不断增大，所以飞锤一旦回复便一直运动到原来位置。飞锤回复时的转速称为危急保安器的复位转速。

图 6 - 42 是飞环式危急保安器的结构图。偏心飞环套在短轴上，当汽轮机转速升高到略大于动作转速时，偏心飞环受到的离心力大于弹簧力，飞环向外飞出，危急保安器动作。

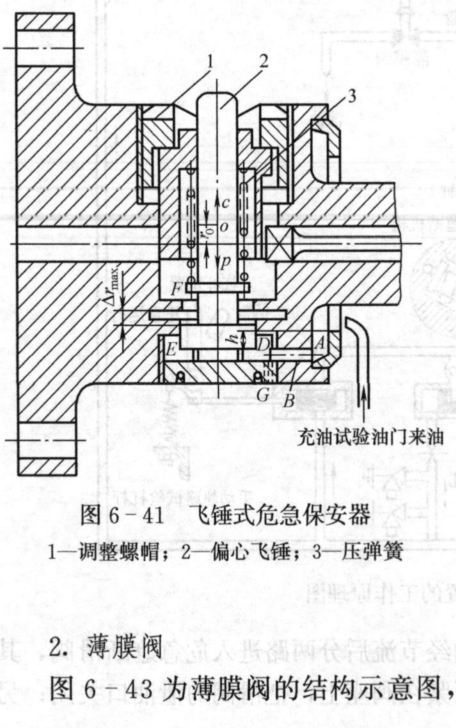

图 6 - 41 飞锤式危急保安器

1—调整螺帽；2—偏心飞锤；3—压弹簧

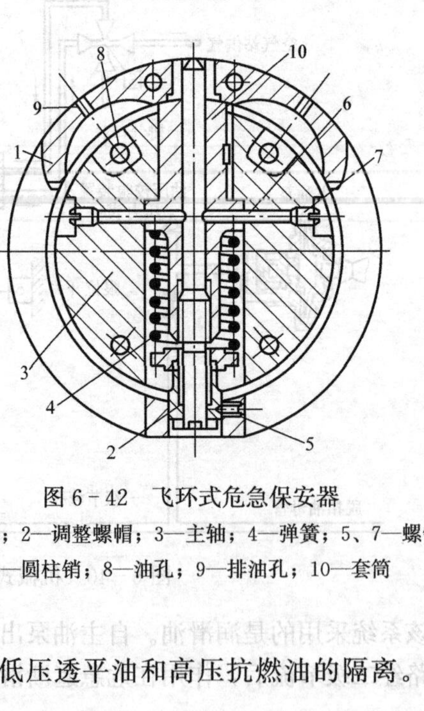

图 6 - 42 飞环式危急保安器

1—飞环；2—调整螺帽；3—主轴；4—弹簧；5、7—螺钉；6—圆柱销；8—油孔；9—排油孔；10—套筒

2. 薄膜阀

图 6 - 43 为薄膜阀的结构示意图，它实现了低压透平油和高压抗燃油的隔离。汽轮

机在正常运行时，机械脱扣油母管中的油供到隔膜上部，克服隔膜下部弹簧力的作用，将阀芯紧紧压在阀座上，切断了危急遮断油的一个泄油通道。当机械式超速保护装置或手动危急遮断装置动作后，机械脱扣油母管中的油压快速下跌，在弹簧力作用下隔膜带动阀芯迅速向上移动，打开了危急遮断油的泄油通道，使危急遮断油压快速下跌，机组停机。

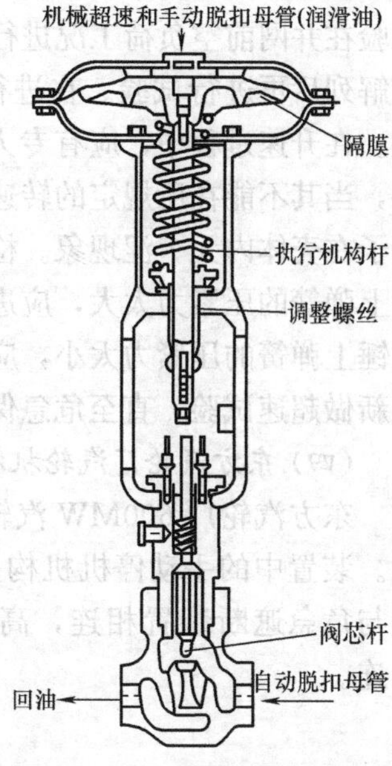

图 6－43　隔膜阀结构示意

（二）挂闸/复位

汽轮机停机后，转速降低，达到复位转速时飞锤回归。为了使脱扣碰钩复位，建立起危急遮断油（安全油），必须通过运行人员手动或遥控挂闸/复位。

手动复位即用手推动手动遮断和复位杠杆至“复位”位置，使危急遮断滑阀左移，滑阀中的蝶阀压在阀座上，泄油口关闭，使机械脱扣油母管中的油压作用在隔膜阀上而关闭，建立起危急遮断油，此时机组才能重新开机。

遥控复位需要运行人员在集控室进行操作，该装置主要由四通电磁阀及遥控复位气缸组成。在复位挂闸前，电磁四通阀断电，压缩空气进入气缸活塞下部，气缸活塞上部与大气相通，将活塞推到高限，并由行程开关指示气缸内活塞的位置。当需要重新挂闸复位时，在控制室内点击复位按钮，使四通电磁阀通电，则四通阀改变其通道位置，将压缩空气通到气缸活塞上部，气缸活塞下部通大气，压缩空气推动气缸活塞下移，经过杠杆使手动遮断和复位杠杆转到复位的位置上，让遮断滑阀复位，建立起机械脱扣油母管中的油压，手动遮断与复位杠杆亦回到正常位置，这时行程开关指示挂闸复位状态，并且使四通电磁阀断电，这时压缩空气又改通气缸活塞下部，气缸活塞恢复到正常位置。

（三）机械式保护装置的试验

1. 手动遮断试验

此试验是在汽轮机正常运行情况下，用来检查遮断机构以及危急遮断滑阀工作的可靠性。试验时先将超速试验杠杆拉到“试验”位置，然后把手动遮断及复位杠杆推到“遮断”位置，使连杆推动扳机转动，而扳机又推动了遮断滑阀的移动。试验完毕后进行复位，最后再松开试验杠杆。

2. 机械式超速保护装置的喷油试验

此试验是在汽轮机正常运行条件下检查飞锤动作的可靠性，防止其卡涩。在喷油试验时，为不使汽轮机跳闸停机，必须在试验的整个过程把试验杠杆拉到“试验”位置。该试验通过喷油试验阀进行，并可以通过该阀调节喷嘴前的压力，用压力表指示飞锤动作时的油压，与以前的压力进行比较，可以判定危急保安器动作是否正常。

3. 机械式超速保护装置的超速试验

为了保证汽轮机的安全运行，应当使机械超速保护的动作准确（额定转速的 1.10～1.12 倍），及时关闭各阀门。故应定期进行超速试验，校验飞锤动作转速的设定值以及保证机械超速保护系统的正常动作。

机组在安装初始启动期间、每次大修之后以及前轴承箱检修结束后应做超速试验。超速试验在并网前空负荷工况进行，冷态启动机组要求先并网带20%～40%负荷运行4h，降负荷解列后再进行试验。在进行超速试验时，设置目标转速为3360r/min，慢慢升至跳闸转速。在升速过程中，应有专人密切注意转速表，并有一个运行人员始终站在手动跳闸手柄旁，当其不能在所规定的转速下自动跳闸时手动进行跳闸停机并检查危急保安器，以确信撞击子在壳体内无卡涩现象。检查后重新进行超速试验，若危急保安器仍不动作，则可能是飞锤上弹簧的压紧力太大，应进行调整减小弹簧的压紧力。若危急保安器提前动作，则可能是飞锤上弹簧的压紧力太小，应进行调整增大弹簧的压紧力。飞锤弹簧上的压紧力调整后，应重新做超速试验，直至危急保安器的动作转速符合要求。

（四）东方汽轮厂汽轮机机械式超速保护装置

东方汽轮厂600MW汽轮机采用日本日立技术，其机械式超速保护装置如图6-44所示。装置中的手动停机机构、机械停机电磁铁、机械遮断阀等分别通过危急遮断装置连杆与危急遮断装置相连，高压安全油通过高压遮断组件和机械遮断阀后与无压排油管相连。

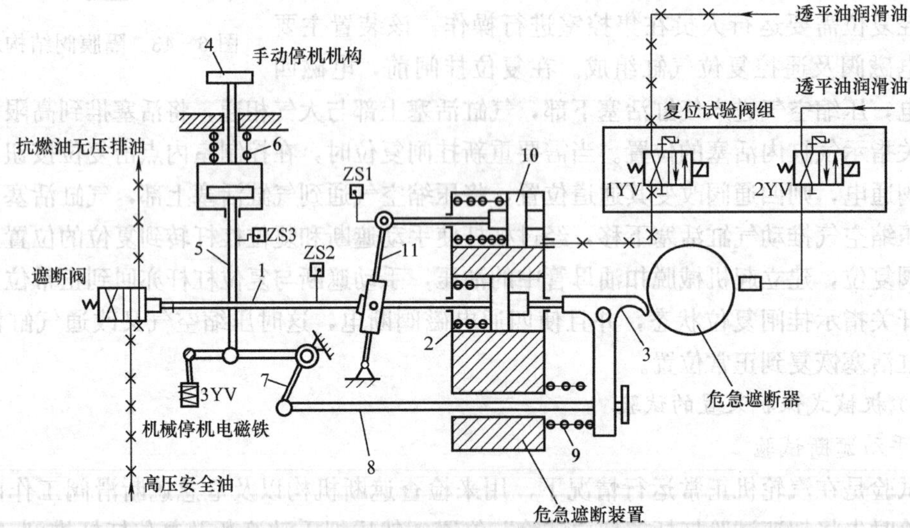

图6-44 东方汽轮机厂600MW汽轮机机械式超速保护装置

1—主杠杆；2—弹簧（压）；3—挂钩；4—手动停机把手；5—手动停机杠杆；6—弹簧（压）；7—斜角杠杆；8—杠杆；9—弹簧（拉）；10—复位油动机；11—连杆

当汽轮机的转速升高到额定转速的110%～111%（3300～3330r/min）时，飞环式危急保安器的飞环飞出，打击在危急遮断装置的挂钩上（顺时针方向），使挂钩脱扣，脱扣机构的主杠杆在压弹簧和拉弹簧的共同作用下向右移动，使机械遮断阀动作，泄掉高压安全油，快速关闭各进汽阀，遮断机组进汽。同时ZS1和ZS2行程开关向DEH发出信号，显示汽轮机跳闸。

三、ETS危急遮断系统

上海汽轮机厂600MW超临界汽轮机的ETS电磁阀控制系统如图6-45所示，它由2个OPC电磁阀、4个AST电磁阀、2个止回阀和空气引导阀等组成。

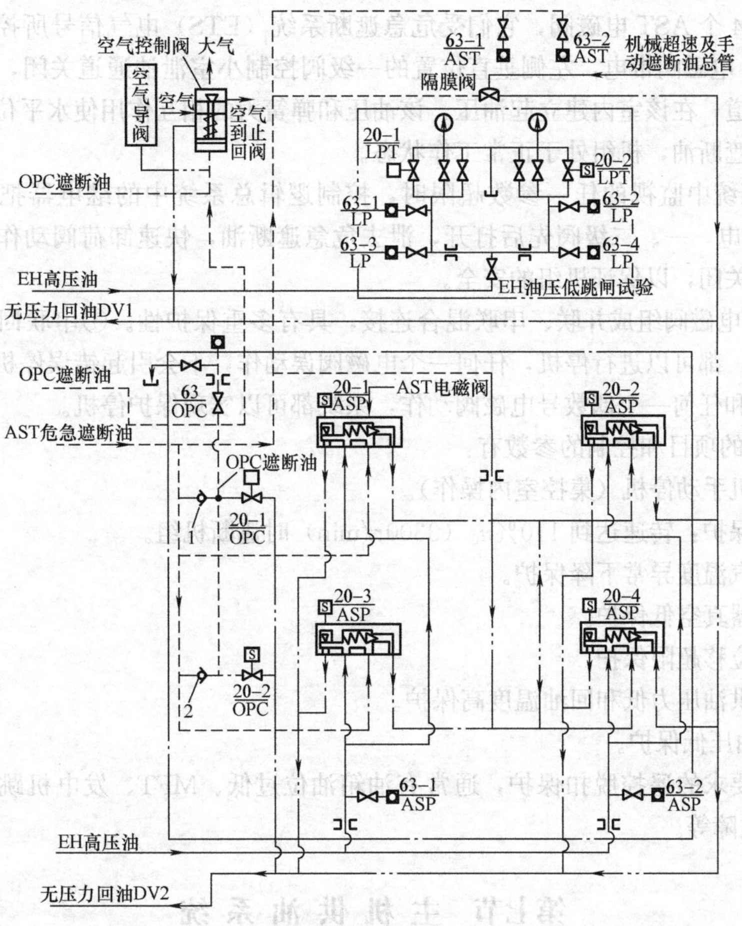

图 6-45　上海汽轮机厂 600MW 超临界汽轮机 DEH 电磁阀及控制块系统图

1. 低超速保护电磁阀（OPC 电磁阀）

两个 OPC 电磁阀由 DEH 控制器的 OPC 系统控制。机组正常运行时，该阀失电而关闭，切断了 OPC 总管的泄油通道，使高压和中压调节汽阀的快速卸荷阀关闭，起正常控制作用。当 OPC 系统动作时，例如转速达到 103%n_0，OPC 电磁阀通电打开，泄去 OPC 总管的安全油，快速卸荷阀随之动作泄去油动机的压力油，使高、中压调节汽阀关闭。

两个 OPC 电磁阀并联布置，这样即使一路拒动，另一路仍可动作，泄掉 OPC 油使高、中压调节汽阀关闭，提高了超速保护控制的可靠性。另外，还可以进行在线试验，即当对一个回路进行在线试验时，另一回路仍具有连续的保护功能，避免了系统的失控。

当 OPC 电磁阀动作使高、中压调节汽阀关闭后，若汽轮机的转速回到额定转速的 103%以下时，则 DEH 控制器的 OPC 控制又使 OPC 电磁阀关闭，重新建立起 OPC 油，使高压调节汽阀和中压调节汽阀重新开启。

2. 自动停机危急遮断系统（AST 电磁阀）

该系统用来监督对机组安全有重大影响的某些参数，以便在这些参数超过安全限定值时，通过该系统去关闭汽轮机的全部进汽阀门。

系统设有4个AST电磁阀，它们受危急遮断系统（ETS）电气信号所控制。当机组正常运行时AST电磁阀带电，左侧垂直位置的一级阀控制小室泄油通道关闭，切断了EH高压油的泄油通道，在该室内建立起油压，该油压和弹簧力的相互作用使水平位置的二级阀关闭，切断危急遮断油，机组处于正常工作状态。

当ETS系统中监视的任一参数超限时，控制逻辑总系统中的继电器把电路断开，使AST电磁阀失电，一、二级阀先后打开，泄去危急遮断油，快速卸荷阀动作，使主汽阀和调节汽阀迅速关闭，以保证机组的安全。

4个AST电磁阀组成并联、串联混合连接，具有多重保护性。①串联回路中的任何一个电磁阀动作，都可以进行停机，任何一个电磁阀误动作，不会引起错误停机。②任何一个奇数号电磁阀和任何一个偶数号电磁阀动作，系统都可以实现保护停机。

ETS监视的项目和控制的参数有：

(1) 汽轮机手动停机（集控室内操作）。

(2) 超速保护：转速达到110%n_0（3300r/min）时遮断机组。

(3) 主蒸汽温度异常下降保护。

(4) 凝汽器真空低保护。

(5) 轴向位移超限保护。

(6) 轴承供油压力低和回油温度高保护。

(7) EH油压低保护。

(8) 用户要求的遥控脱扣保护，通常有油箱油位过低、MFT、发电机跳闸、汽轮机振动大、DEH故障等。

第七节 主机供油系统

主机供油系统主要是指汽轮发电机组的润滑油系统、顶轴油系统、调节/安全油系统，是保证机组安全稳定运行的重要系统。汽轮发电机组的主机供油系统主要采用汽轮机油作为润滑油和氢密封油、采用抗燃油作为调节/保安用油，其汽轮机油和抗燃油是两个完全独立的油系统，称为双工质供油系统，但也有少数机组全部采用汽轮机油作为润滑油和调节用油，称为单工质供油系统。下面介绍的是双工质供油系统。

一、润滑油系统

（一）润滑油系统的作用

(1) 向汽轮发电机组轴系的支持轴承、推力轴承和盘车装置提供润滑油。在轴承的轴瓦与转子的轴颈之间、推力瓦块与推力盘之间形成油膜，起润滑作用，并通过油流带走由摩擦产生的热量和由高温转子传来的热量。

(2) 向氢冷发电机密封油系统提供密封用油。为了提高发电机的效率，减小发电机体积，大容量发电机普遍采用有压氢气对其进行冷却。若漏入到空气中的氢气达到一定浓度时就有可能发生爆炸，所以用汽轮机油进行密封。

(3) 向机械式超速保护装置提供压力油。送到汽轮机机械式超速保护装置的压力油，一种是通过形成机械脱扣油（低压安全油）使隔膜阀关闭而建立高压危急遮断油；一种是通过复位电磁阀转化为复位油，使得机械式超速危急遮断系统复位后建立高压安全油。另外该压力油还可以作为机械式超速保护装置的试验用油。

（二）润滑油系统

根据润滑油系统中主油泵的形式不同，润滑油系统可以分为具有容积式油泵的润滑油供油系统和具有离心式油泵的润滑油供油系统两大类，而今大型汽轮机多采用离心油泵的润滑油供油系统。

图 6－46 是一种典型的汽轮机润滑油系统示意图。从保证系统正常工作的要求来看，该润滑油系统主要由润滑油主油箱、主油泵、注油器、交流润滑油泵、直流润滑油泵、冷油器、排烟风机、油位计、加热装置、过压阀以及管道、阀门等部件组成。

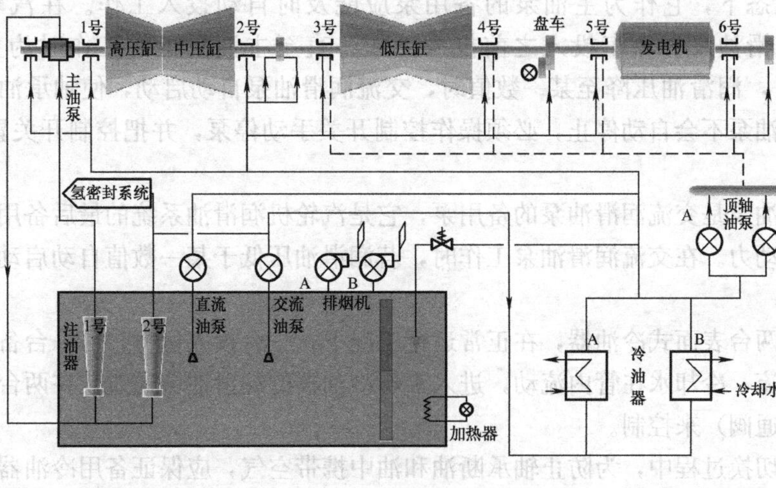

图 6－46　典型的汽轮机润滑油系统

离心式主油泵直接由汽轮机的机头小轴驱动。在正常运行时，润滑油系统的全部需油量由主油泵和注油器提供。主油泵出口的压力油作为装于主油箱内注油器的动力油，其中 1 号注油器将油箱内的润滑油不断地送往主油泵入口，以保证主油泵入口油压为正，维持主油泵的正常工作；2 号注油器与 1 号注油器并联运行，用于将油箱内的润滑油不断地送往各轴承、盘车装置作为润滑油，向机械式超速保护装置和发电机的密封油系统供油。

润滑油经过轴承和盘车装置后，油温将升高，因此润滑油系统设有两台冷油器。正常运行时，一台冷油器工作，另一台备用，由此可以轮换进行清洗和维护。两台冷油器间装有三通转换阀，可以在运行中进行冷油器的切换，但备用冷油器在切换前必须充满油，以防止在切换后的瞬间造成轴承断油而引起事故（根据厂家需要及运行情况，冷油器也可以设计成两台并列运行）。

（三）润滑油系统的主要设备

1. 主油泵

主油泵位于前轴承箱内，其叶轮安装在与汽轮机高压转子直接相连的短轴上，与汽轮机具有相同的转速，大多数为双吸、单级、离心式油泵。它供油量大，出口压力稳定，轴向推力小，且对负荷的适应性好。在额定转速或接近额定转速运行时，主油泵供给润滑油系统的全部压力油。

2. 主油箱

主油箱是润滑油系统的储油罐，还担负着分离油中的水分、气体以及沉淀杂质的作用。油箱体是一个由钢板焊成的方形容器，坐落于零米的基础上，箱体上布置有交流润滑油泵、直流润滑油泵、排烟风机等。油箱内部装有内部油管路、注油器、止回阀等。这种组合式油箱使得润滑油系统的结构更加紧凑，同时可以减少运行时油的泄漏，有利于系统的封闭运行。

3. 交、直流润滑油泵

交流润滑油泵又称为备用油泵。在汽轮机启、停过程中，交流润滑油泵必须投入工作；在事故状态下，它作为主油泵的备用泵应能及时自动投入工作。在汽轮机启动过程中，交流润滑油泵在盘车投入之前投入工作，直至主油泵正常工作时为止。在停机或事故状态下，润滑油压降至某一数值时，交流润滑油泵自动启动，使轴承油压恢复。在油压回升后此油泵不会自动停止，必须操作控制开关手动停泵，并把控制开关置于“自动”位置。

直流事故油泵是交流润滑油泵的备用泵，它是汽轮机润滑油系统的最后备用油泵，由电厂蓄电池供给动力。在交流润滑油泵工作时，若润滑油压低于某一数值自动启动该泵。

4. 冷油器

机组装有两台表面式冷油器，在正常运行工况下，一台投入运行，另一台备用。油在壳体内绕管束环流，冷却水在管内流动，进入工作冷油器的润滑油流通过装在两台冷油器之间的切换阀（三通阀）来控制。

在冷油器切换过程中，为防止轴承断油和油中携带空气，应保证备用冷油器切换前已充满油，为此将两台冷油器的出油口通过管道和注油阀连接起来，切换前必须打开注油阀，使油从工作冷油器流向备用冷油器，进行充油。在机组运行过程中，为了保证备用冷油器能迅速投入使用，注油阀一直开着，当要清洗备用冷油器时，才关闭注油阀，清洗结束后，应重新打开注油阀。

冷油器的出口油温可通过调节冷却水流量来控制，冷却水量由供水管上的阀门调节。

5. 排烟风机

由于润滑油在工作过程中既是润滑介质，同时又对轴承进行冷却，随着油温的升高，在有关工作区域会分离出油烟，并聚集在轴承箱、回油管道以及主油箱油面以上空间，如果油烟积累过多，油烟压力将升高，从而使轴承回油不畅以及迫使油烟从油挡等部位漏出，污染车间空气；另外，发电机密封油系统的一部分回油也回到主油箱，该部分油中溶有一定量的氢气，若氢气离析而聚集于油箱，会对系统构成极大威胁，所以在油箱顶部设有两台并列的离心式排油烟风机。

润滑油系统工作时，排油烟风机必须连续工作，一台运行，一台备用。只有当润滑油系统完全停止后，排油烟风机才可以停用。

6. 油温控制

在机组启动时，若润滑油温度过低，不利于油的流动和油膜的形成，则可启动油箱中的电加热器来升温。正常运行时，若润滑油油温太高，对轴承内的油膜不利，同时还会加速油的劣化，则可通过自动装置改变冷油器的冷却水量来进行调整。

（四）润滑油净化装置

由于润滑油系统是由大量的各种管道、阀门和其他设备组成的复杂系统，即使是很小的有害颗粒亦可使轴承受到破坏，从而导致高昂的检修代价，所以在系统中，不仅要合理地配置设备和系统的流程，而且还有一个非常重要的任务，这就是确保系统中润滑油的理化性能和清洁度，能够符合正常工作时的使用要求。

设置润滑油净化装置的主要目的，是将汽轮机油箱中的润滑油进行过滤、净化处理，以清除润滑油中的水分、固体粒子和其他杂质，使润滑油的油质达到使用要求，并将经净化处理后的润滑油再送回汽轮机油箱。

二、高压抗燃油系统

（一）概述

对于高参数大容量机组，为了提高调节系统的工作性能，增加它的可靠性和灵敏度，要求有更高的工作油压，以改善调节响应的品质，减小调节系统执行机构的尺寸，降低机械惯性和摩擦的影响，减少耗油量，但油压的提高可能会引起更多的油泄漏，导致与高温蒸汽管道与部件接触的概率升高，增加了发生火灾的危险，因此调节系统用油均采用了抗燃油。抗燃油不仅具有良好的润滑性能、抗燃性能和流体流动性能，自然点在560℃以上，所以局部的漏油即使接触到高温部件，也不易引起火灾，但它价格昂贵并对人体健康有一定影响，不宜在润滑油系统等其他有一定开放性的油系统中使用，故采用独立的、封闭的抗燃油供油系统，常称为EH（Electric Hydraulic）油系统。

（二）EH油系统

国产优化引进型300MW机组的EH油系统如图6-47所示。它主要由EH油箱、EH油泵、过滤器、控制单元、蓄能器、冷油器、抗燃油再生装置及其他有关部套组成。系统的基本功能是提供电液控制部分所需要的压力油，驱动液压伺服执行机构，同时保持油质完好。

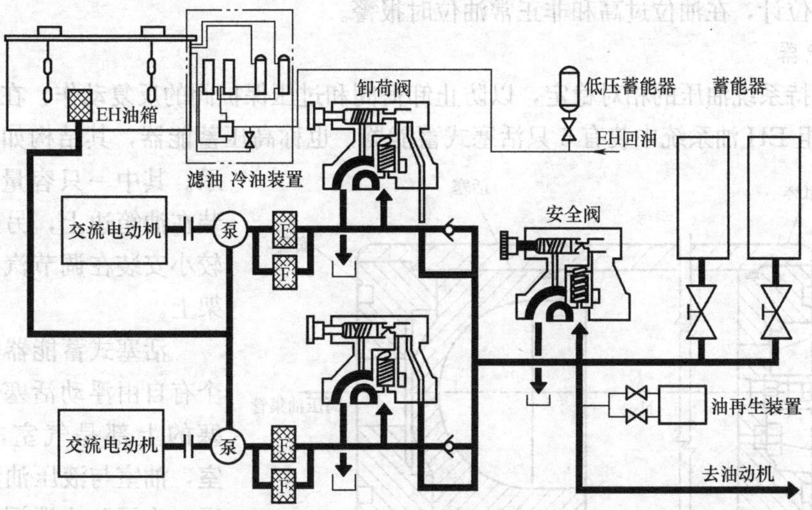

图6-47 EH油系统

整个EH油系统由功能相同的两套设备组成，当一套投运时，另一套作为备用，如果需要则立即自动投入运行。

系统工作时，油箱中的抗燃油经过滤网进入交流电动机驱动的EH油泵，其出口的高压油经过控制单元的滤油器、卸荷阀、逆止阀和过压保护阀，进入高压集油管和蓄能器，建立液压伺服系统需要的油压。当油压达到14.484MPa时，卸荷阀动作，切断油泵出口与高压集油管的联系，将油泵的出口油直接送回油箱，此时油泵在卸荷（无负荷）状态下工作，EH的油压由蓄能器维持。在机组运行中，DEH调节系统中的液压伺服机构和系统中其他部件的间隙漏油使EH系统内高压集油管的油压逐渐降低，当油压降到12.42MPa时，卸荷阀复位，EH油泵出口的油重又供向EH系统。EH油泵始终在承载和卸荷的交变工况下运行，使能量的消耗量和油温的升高量减少，因而可以增加油泵的工作效率和延长油泵的寿命。回油箱的抗燃油由方向控制阀导流，经过一组滤油器和冷油器流回油箱。抗燃油的回油管是压力回油管，回油管中的压力靠低压蓄能器维持。

系统正常运行时，油压由卸荷阀控制并维持在12.42～14.484MPa范围内。当油泵在卸荷状态下工作时，位于卸荷阀和高压集油管之间的逆止阀可以防止抗燃油从EH油系统通过卸荷阀反流进入油箱。运行和备用的两套装置有一个共用的过压保护阀，用以防止EH油系统的油压过高，当压力达到15.86～16.214MPa时，过压保护阀动作，将高压集油管中的一部分油直接送回油箱。

在高压集油管上装有压力开关，用于自动启动备用油泵和对油压偏离正常值时进行报警。另外在冷油器出水口管道上装有温度控制器，通过调节冷却水量来控制油箱的温度。

（三）EH油系统的主要设备

1. EH油箱

油箱是EH油系统的重要设备之一，它必须保证系统全部设备运行所需的总油量。由于抗燃油有一定的腐蚀性，油箱用不锈钢板制成，布置在汽轮机零米或中间层。

油箱顶部装有控制单元组件、各种监视仪表和维修人孔等。油箱中装有空心不锈钢磁棒，完全浸没在油中作为磁性过滤器，以吸附油中可能带有的导磁性杂质。油箱内还装有温度测点和油位计，在油位过高和非正常油位时报警。

2. 蓄能器

为了维持系统油压的相对稳定，以防止卸荷阀和过压保护阀的反复动作，在国产引进型300MW机组EH油系统中装有5只活塞式蓄能器，也称高压蓄能器，其结构如图6－48所示。其中一只容量为19L，安装在油箱边上，另外4只容量较小安装在调节汽阀附近的支架上。

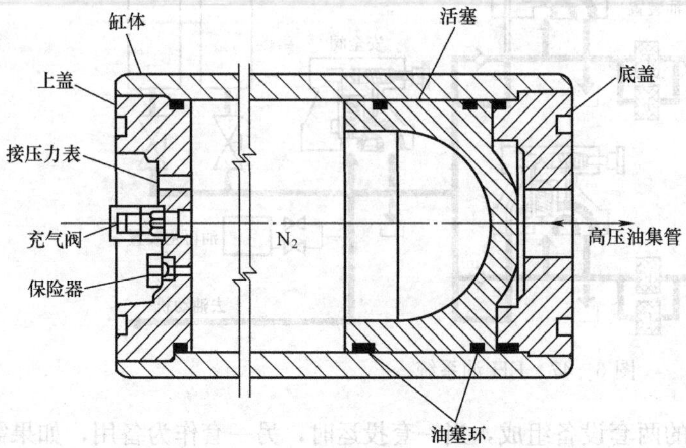

图6－48 活塞式蓄能器

活塞式蓄能器实际上是一个有自由浮动活塞的油缸。活塞的上部是气室，下部是油室，油室与液压油集油管路相通，为了防止泄漏，活塞上装有密封圈。蓄能器的气室充以干燥的氮气，充气时用隔离阀将蓄能器与系统隔绝，然后打开回油阀排油，使油室压力为 0，此时从蓄能器顶部气阀充气，活塞落到下限位置，达到正常的充气压力。系统运行时，蓄能器中的气压与系统中的油压相平衡，不会发生气体泄漏。但停机时，系统中无油压，会有一定的漏气发生。当气室压力小于规定值时，需要再次充气。

蓄能器气室中的氮气是可压缩的介质，故油压高于气压时，活塞上移，压缩气体，油室中油量增多。在调节机构动作而 EH 油泵又没有及时连续地向高压集油管输油的情况下，蓄能器的储油借助气体膨胀被活塞压入高压集油管，以保证调节机构动作所需要的油量和油压。当高压集油管油压一旦超过设定值而引起卸荷阀动作时，活塞式蓄能器的气室压力仍是设定值，用以维持系统的油压和补充系统的用油量。

国产引进型 300MW 机组 EH 油系统通向油箱的压力油回油管路上装有 4 个低压蓄能器。低压蓄能器的结构是球胆式，如图 6－49 所示。它是由合成橡胶制成的球胆装在不锈钢壳体内组成的。通过壳体上的充气阀可以向球胆内充入干燥的氮气，达到初期充气压力。壳体下端接压力回油管，球胆将气室与油室分开，起隔离油气的作用，由于合成橡胶球胆可以随氮气的压缩或膨胀任意变形，因此使低压蓄能器在回油管路上起调压室的缓冲作用，减小了回油管中的压力波动。当球胆中的氮气压力降到规定数值时，必须再充气。

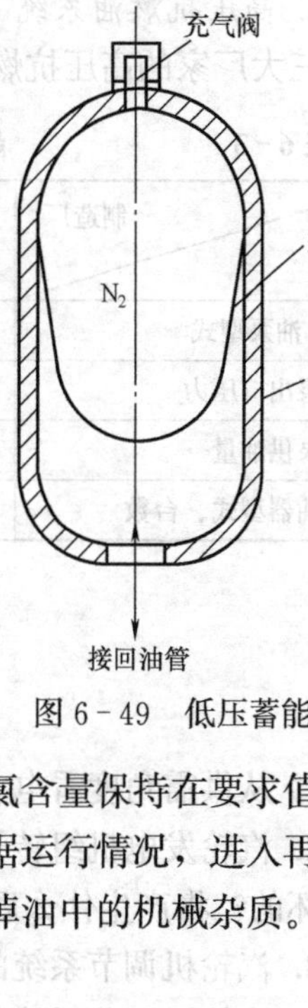

图 6－49　低压蓄能器

3. 抗燃油再生装置

抗燃油再生装置是一种用来储存吸附剂和使抗燃油得到再生的装置，再生的目的是使油保持中性，并去除油中的水分等。

该装置主要由硅藻土过滤器与波纹纤维滤油器（精密滤油器）串联而成，实际上是一个精密滤油器组件。国产引进型 300MW 机组的抗燃油再生装置通过带节流孔的管道与高压集油管相连，再生后的油进入油箱。

硅藻土过滤器能够吸收油中的酸和水分，并使液压油的酸度和氯含量保持在要求值的范围内，这样可以增加系统的可靠性和延长液压部件的使用寿命。根据运行情况，进入再生装置的油可以通过硅藻土过滤器的旁路仅流入波纹纤维滤油器，以滤掉油中的机械杂质。

三、超超临界 1000MW 汽轮机油系统简介

1. 润滑油系统

三大汽轮机制造厂的润滑油系统，与原引进 300MW 机组的润滑油系统有明显的区别，如上海汽轮机厂 1000MW 汽轮机在前轴承箱内不设主油泵，东方汽轮机厂 1000MW 汽轮机在前轴承箱内虽设主油泵，但不采用注油器，而是采用油涡轮泵的形式，在正常工作时，不仅向整个油系统供油，还向主油泵入口供压力油。各厂家润滑油系统的基本情况见表 6－2。

表 6－2　超超临界 1000MW 汽轮机润滑油系统基本情况

制造厂 类别	上海汽轮机厂机组	东方汽轮机厂机组	哈尔滨汽轮机厂机组
主油泵形式	单级离心泵，由电动机直接驱动，2 台	单级双吸离心泵，由主机主轴直接驱动，1 台	单级双吸离心泵，由主机主轴直接驱动，1 台

续表

类别＼制造厂	上海汽轮机厂机组	东方汽轮机厂机组	哈尔滨汽轮机厂机组
主油泵出口压力	0.55MPa	1.55MPa	1.96MPa
轴承油压	0.01～0.2MPa	0.176MPa	0.12MPa
冷油器形式、台数	板式，2台	板式，2台	—
盘车油泵形式	—	离心式	离心式
盘车油泵出口压力	—	0.31MPa	0.34MPa
顶轴油泵形式	容积泵	柱塞泵	柱塞泵
顶轴油泵出口压力	17.5MPa	21.0MPa	20.58MPa

2. 高压抗燃油系统（液压油系统）

三大厂家的高压抗燃油系统基本相同，其基本情况见表6-3。

表6-3　超超临界1000MW汽轮机高压抗燃油系统基本情况

类别＼制造厂	上海汽轮机厂机组	东方汽轮机厂机组	哈尔滨汽轮机厂机组
EH油泵型式	柱塞泵，2台	柱塞泵，2台	柱塞泵，2台
油泵出口压力	16.0MPa	14.0MPa	14.0MPa
油泵供油量	$2.4m^3/h$	$9.0m^3/h$	$6.6m^3/h$
冷油器型式、台数	空冷，2台	卧式U型管式水冷，2台	列管式，2台

复习思考题及习题

1. 从供需角度看电力生产有何特点？供电质量如何评价？

2. 汽轮发电机组转子上作用有哪些力矩？当外界负荷变化时，力矩的平衡关系是如何被破坏的？将产生什么后果？如何解决？

3. 汽轮机调节系统的任务是什么？

4. 汽轮机调节系统的型式有哪些？各有什么特点？

5. 简述三种典型液压调节系统在外界负荷变化时的调节过程，达到平衡时需要具备哪些条件？

6. 根据液压调节系统方框图，说明其调节原理。

7. 简述液压调节系统静态特性曲线的求取方法，并说明静态特性曲线的评价指标有哪些？这些指标对机组运行会产生什么影响？

8. 何谓一次调频和二次调频？

9. 何谓液压调节系统中同步器的调节范围，其大小是如何确定的？

10. 影响调节系统动态特性的主要因素有哪些？并说明这些因素是如何影响的。

11. 中间再热机组的调节有何特点？

12. 画出数字电液调节系统的方框图，并说明其工作原理。

13. 数字电液调节系统由哪几部分组成？可以实现的功能有哪些？其运行方式有哪些？

14. 画出数字电液调节系统的静态特性曲线并分析。

15. 线性位移差动变送器的作用是什么？它是怎样工作的？

16. 电液转换器的任务是什么？它是怎样工作的？

17. 油动机有哪几种类型？为什么现代机组多采用单侧油动机？

18. DEH 操作员站有哪些功能？

19. 简述上海汽轮机厂 600MW 超临界机组数字电液调节系统中高压调节汽阀、中压主汽阀、中压调节汽阀执行机构的工作原理。

20. 简述东方汽轮机厂 600MW 超临界机组数字电液调节系统中高压主汽阀、高压调节汽阀执行机构的工作原理。

21. 简述上海汽轮机厂引进型 300MW 汽轮机机械式超速保护装置的组成和工作原理。

22. 简述东方汽轮机厂 600MW 超临界汽轮机机械式超速保护装置的组成和工作原理。

23. 上海汽轮机厂 600MW 超临界汽轮机的危急遮断系统有哪些主要组成部分？进行保护的项目有哪些？其控制的参数是多少？

24. 汽轮机的供油系统有哪几种形式？

25. 润滑油系统采用什么油？有哪些作用？它由哪些设备组成？这些设备在系统中各起什么作用？

26. 润滑油为什么要净化？净化时要去除油中的哪些物质？

27. 高压抗燃油系统采用什么油？该油有什么特点？

28. 高压抗燃油系统由哪些设备组成？这些设备在系统中各起什么作用？为什么要对抗燃油进行再生？

第七章 汽轮机运行与事故处理

第一节 汽轮机的热应力、热膨胀和热变形

汽轮机的可靠性、经济性和使用寿命，在很大程度上取决于启动、停机和负荷变化时的操作是否规范。频繁启停或启停及负荷变化过程中金属温度变化率超过允许值，会造成金属内部产生较大的温差，导致热应力、热膨胀和热变形，引起主要零部件的损坏。因此，在启停机和变负荷过程中，采用正确的操作方法十分重要。

一、汽轮机的受热特点

汽轮机在启动、停机和负荷变化过程中，各部件金属温度都将发生变化，尤其在启动过程中，金属温度变化尤为剧烈。高参数汽轮机在冷态启动时，其进汽部分的金属温度将由原来的室温升高到500℃以上。在金属温度的大幅变化过程中，由于各部件的受热条件不同、加热和传热情况不同，使汽轮机各金属部件内部形成温度梯度，产生热应力、热膨胀和热变形。当热应力、热膨胀和热变形超出允许范围时，这些部件将产生永久变形甚至更严重的损坏。为了保证汽轮机启动的安全，必须了解并掌握汽轮机在启动过程中的受热情况。

当汽轮机冷态启动时，温度较高的蒸汽与冷的通流部分金属表面（包括汽缸内壁和转子表面）相接触，金属部件被加热，蒸汽对金属的热量传递方式主要是凝结放热；当汽缸内壁的金属温度高于该蒸汽压力下的饱和温度之后，蒸汽向金属的传热方式主要是对流换热。蒸汽的对流放热系数远远低于凝结放热系数，其大小取决于蒸汽的流速和密度，蒸汽密度又随压力和温度而改变。在通常的流速范围内，流速越高，放热系数越大。流速不变时，高压蒸汽和湿蒸汽的放热系数较大；低压微过热蒸汽的放热系数较小。放热系数越大，蒸汽传递给金属表面的热量就越大，金属表面的温升率就越大。因此，在启动过程中，应通过改变蒸汽压力、温度、流量和流速等方法，控制蒸汽对金属的对流放热量。

汽轮机金属本身的换热过程是热传导过程。以汽缸为例，在启动过程中，加热蒸汽直接与汽缸内壁相接触，内壁温度升高，热量通过金属的热传导传递给外壁，从而形成汽缸内外壁温差。对汽轮机转子来说，其表面与蒸汽直接接触，且受热面积大，受热条件比汽缸好一些，但转子中心温度的升高，仍然是通过热量从外表面以热传导的方式传递至中心实现的。因此，转子沿半径方向也会出现温度梯度。一般情况下，转子出现的径向温度差小于汽缸沿壁厚方向的温差。

停机时，与蒸汽直接接触的汽缸内壁和转子表面被蒸汽冷却，从而在汽缸内外壁之间、转子表面与中心之间形成与启动时相反的温差。

二、汽轮机的热应力

如前所述，启停和负荷变化过程中，汽轮机各金属部件内部会产生温差，在温差的作用下，金属部件会产生热膨胀和热变形，当膨胀和变形受到约束时，还会在金属部件内产生热应力。热应力的产生规律是热压冷拉，以启动过程为例，当汽缸内壁受热膨胀时，由于受到温度较低的外壁的限制，从而在汽缸内壁产生压缩热应力，在汽缸外壁产生拉伸热应力。停机过程则与启动过程相反。

1. 汽缸热应力

为了分析汽缸的热应力，可以把汽缸看作是一个厚壁圆筒，在近似计算时，可将汽缸视为平壁。汽缸内、外壁表面的热应力均大于沿壁厚其他各处的热应力，汽缸壁的最大热应力的通用计算式为

$$\sigma_t = \frac{\alpha_{cy}E}{1-\mu}(t_{av}-t) \tag{7-1}$$

式中　t_{av}——沿壁厚的平均温度，$t_{av}=\frac{1}{s}\int_0^s t\mathrm{d}x$，℃；

t——内壁或外壁的温度，℃；

α_{cy}——汽缸材料的线胀系数，1/℃；

E——汽缸材料的弹性模数，Pa；

μ——汽缸材料的泊松系数。

因此，汽缸内壁和外壁的热应力分别为

汽缸内壁热应力
$$\sigma_b = -\frac{2}{3}\frac{\alpha_{cy}E}{1-\mu}\Delta t \tag{7-2}$$

汽缸外壁热应力
$$\sigma_a = \frac{1}{3}\frac{\alpha_{cy}E}{1-\mu}\Delta t \tag{7-3}$$

由此可以看出，当汽缸材料一定，即线胀系数α_{cy}、弹性模数E以及泊松比μ为定值时，汽缸内、外壁的热应力均与内外壁温差Δt成正比。

汽轮机在冷态启动时，由于汽缸壁被单向加热，内壁温高于外壁温，即$\Delta t>0$。汽缸内壁产生压缩热应力，式（7-2）中的负号表示压缩热应力，汽缸外壁受到拉伸热应力，且内壁热应力的绝对值为外壁的2倍。

在停机过程中，由于汽缸内壁温度低于外壁温度，即$\Delta t<0$，因此汽缸内壁产生拉伸热应力，外壁产生压缩热应力。

实践证明，汽缸出现裂纹或损坏，大多是由拉应力所引起的。汽缸内壁在快速冷却时，将出现较大的拉应力，因此，汽轮机的快速冷却比快速加热更为危险。例如汽轮机甩负荷后被迫带厂用电运行时，由于金属被急剧冷却，与蒸汽直接接触的汽缸内壁和转子外表面会产生极大的拉伸热应力，这将是非常危险的。

汽轮机在启动、停机及负荷变化的过程中，应当使汽缸产生的热应力不超过材料的许用应力，即严格控制汽缸内外壁的金属温差在允许范围内。内外壁之间最大温差的表达式为

$$\Delta t = \frac{\omega}{2a}s^2,\ a=\frac{\lambda}{c\rho} \tag{7-4}$$

式中　ω——汽缸内壁处的金属温度变化率，$\omega=\frac{\partial t}{\partial \tau}$，℃/s；

a——导温系数，m^2/s；

λ——导热系数，W/(m·℃)；

c——汽缸金属材料比热容，J/(kg·℃)；

ρ——金属密度，kg/m^3。

由式（7-4）可以看出，汽缸内外壁温差与汽缸内壁的金属温度变化率和汽缸壁厚的平

方成正比。为了减小内外壁的最大温差以减小热应力，在运行中应将金属温度变化率控制在允许范围内，即将汽轮机的启、停和负荷变化速度控制在允许范围内。

在采用喷嘴调节的汽轮机中，当启动和负荷变化时，调节级汽室的蒸汽温度变化很大，汽缸的最大温差常常出现在调节级附近，必须严格控制调节级汽室处金属温度的变化率。

应该指出的是，汽缸是一个结构复杂的圆筒，特别是进汽部分和前后两端面附近结构更为复杂，汽缸的温度分布具有三元分布的特点。因此，按上述公式近似计算的热应力与汽缸实际产生的热应力有一定的差异。但实践证明，上述公式计算得到的热应力值，一般总是稍大于实际的热应力值，因此是保守可靠的。

2. 转子热应力

和汽缸一样，汽轮机转子在启动或停机过程中，其表面亦受到单向加热或冷却。以启动为例，高温蒸汽加热转子表面，越接近轴心部分温度越低。转子截面内的这个径向温差使转子中心产生拉伸热应力，而转子表面产生压缩热应力。当汽轮机带到一定负荷处于稳定工况后，转子截面内部温度趋近平衡，转子热应力基本消失。汽轮机停机时的情况与启动时的情况刚好相反，转子表面产生拉伸热应力，而中心处产生压缩热应力。

在分析转子的热应力时，可粗略地把转子看成是一个从表面加热或冷却的圆柱体。转子表面和转子中心的最大温差 Δt 可用式（7-5）计算

$$\Delta t = \frac{R^2 b}{4\alpha} \tag{7-5}$$

式中 R——转子半径，m；

b——转子金属表面的温度变化率，℃/s；

α——导温系数，m^2/s。

将式（7-4）和式（7-5）进行比较可以看出，若转子的半径与汽缸法兰厚度相等时，在同样的温度变化率下，转子表面和中心的最大温差恰好为汽缸内外壁最大温差的一半，汽缸的热应力成为主要监视对象。

对大容量汽轮机往往采用双层汽缸结构，使汽轮机在启、停及负荷变化时，汽缸热应力就可能不是主要矛盾，而随着汽轮机容量的增大，转子直径也越来越大，必须考虑转子的热应力、热变形问题。

3. 螺栓热应力

在汽轮机启动过程中，法兰与螺栓之间存在着较大的温度差，而且法兰的温度高于螺栓的温度。由于法兰在厚度方向上的膨胀，螺栓被拉长，此时，螺栓除承受安装时的拉伸预应力和汽缸内部蒸汽工作压力而引起的拉伸应力外，又额外地产生附加热应力。如上述三种拉应力之和超过螺栓材料的屈服极限，螺栓就发生塑性变形甚至断裂。

在螺栓产生拉伸热应力的同时，法兰则相应地受到压缩热应力的作用。若这种应力过大时，法兰结合面局部就可能因受到过度压缩而产生塑性变形，结合面的严密性将受到破坏。法兰与螺栓由于温度差所引起的热应力 σ，可用式（7-6）进行计算

$$\sigma = E\alpha_b \Delta t \tag{7-6}$$

式中 E——螺栓材料的弹性模数，Pa；

α_b——螺栓材料的线胀系数，1/℃；

Δt——法兰与螺栓的温差，℃。

由式（7-6）可知，螺栓所承受的拉伸热应力是随着法兰与螺栓温差的增大而增加的。一般情况下，汽轮机的其他部件在允许的加热速度下，螺栓的热应力是不致达到危险的程度，但是，当蒸汽温度比进汽处的汽缸金属温度高很多时，就应注意螺栓热应力的变化。

综上所述，在汽轮机启、停和负荷变化期间，控制对汽轮机零部件的加热或冷却速度，可以大大减小热应力。通常，在汽轮机启动、加负荷期间，热应力的危险部位主要集中在汽轮机的高、中压缸的进汽部分，如主汽阀、调节汽阀阀室和高、中压缸第一级处的汽缸和转子等处。保持蒸汽温度与金属温度相匹配，是避免阀门和汽缸出现过大热应力的最有效的方法。例如，某600MW机组制造厂规定，汽轮机启动时，冲转蒸汽温度与汽轮机零部件金属温度之差应控制在−111～167℃之间；暖机期间，该温差应控制在28～56℃。

三、热膨胀

1. 汽缸的热膨胀

在汽轮机启动过程中，金属温度变化量很大，汽轮机各部件的尺寸必然会发生很大的变化，即发生热膨胀。滑销系统中的横销、纵销、立销分别引导汽缸在横向、轴向和垂直方向上的膨胀。如果滑销系统卡涩或设计安装不合理影响了自由膨胀，就会引起汽轮机的热应力和热变形，造成机组振动。汽缸轴向长度较大，故在启、停过程中应主要监视其轴向膨胀值，例如，某600MW汽轮机高、中压缸绝对膨胀值可达到41mm。同时对汽缸左右两侧膨胀也要进行监视，防止汽缸左右膨胀不均引起动静不同心，造成汽轮机振动。

汽缸热膨胀值的大小取决于汽缸的长度尺寸、材料和通流部分各段的金属温度变化情况。在实际计算时，常把汽缸沿轴向分为若干个区段，整个汽缸的绝对膨胀值等于各区段膨胀值之和

$$\Delta L = \sum_{i=1}^{n} \Delta L_i = \sum_{i=1}^{n} \alpha_i(t)(t_{im} - t_0)\Delta y_i \tag{7-7}$$

式中　ΔL_i——区段的绝对膨胀值，mm；

$\alpha_i(t)$——区段平均温度下的材料线胀系数，1/℃；

t_{im}——区段平均温度，℃；

t_0——安装温度，一般取20，℃；

Δy_i——计算区段长度，mm。

对于高参数大容量汽轮机来说，由于法兰比汽缸壁厚得多，使得法兰的膨胀量滞后于汽缸的膨胀量，故汽缸通流部分各段的金属温度变化量主要应考虑法兰的平均温度变化量。通常，在汽轮机运行中，通过监视高压缸调节级区段的法兰内壁金属温度，间接了解汽缸轴向膨胀的大小。

2. 转子和汽缸的相对膨胀

汽轮机在启动、停机和升降负荷过程中，汽缸和转子分别以各自的死点为基点膨胀，由于转子和汽缸的结构不同（质面比不同），工作条件不同，使转子和汽缸之间存在一定的温差，导致转子与汽缸间存在膨胀差，把转子与汽缸沿轴向膨胀之差，即转子膨胀相对于汽缸膨胀的程度，称为转子与汽缸的相对膨胀差，简称胀差或差胀。一般规定，当转子的轴向膨胀值大于汽缸的轴向膨胀值，胀差为正值，反之，胀差为负。正胀差使本级动叶与下级静叶之间轴向间隙减小；负胀差使本级静叶和动叶之间轴向间隙减小。

转子和汽缸的正、负胀差都会引起通流部分动静间隙发生变化，一旦某一区段的正胀差

或负胀差值过大，超过动静部件轴向间隙时，将发生动静碰磨而损坏。因此，汽轮机在出厂前，都根据可能出现的动静部件摩擦的最小轴向间隙，确定正、负胀差的允许值，启动、停机和增减负荷时，必须将胀差控制在允许范围内。

现场通过胀差指示器来监视胀差的大小，胀差指示器通常安装在距离推力轴承尽量远的地方，以便能探测显示最大的胀差值。通过对最大胀差显示值的监视控制，可以保证汽轮机中间各级胀差在允许范围内。有时也会在中间位置安装额外的探测器来进行监测。

图 7－1 是某 600MW 汽轮机的滑销系统及相对膨胀示意图。该汽轮机的滑销系统共设有三个死点，分别位于低压缸（A)、(B）排汽口和 3 号轴承箱底部的中心线上。以此为基点，低压缸（A)、(B）分别向机头和发电机方向膨胀，高、中压缸向机头方向膨胀。转子的相对膨胀死点位于中轴承箱内高压转子的推力盘处，以此为基点，高压转子向机头侧膨胀，中、低压转子向发电机侧膨胀。该汽轮机的高、低压胀差指示器分别位于前轴承箱和低压缸后 8 号轴承处。该汽轮机规定，高压胀差的允许变化范围是－4.2～9.8mm，低压胀差的允许变化范围是－2.2～19.8mm。

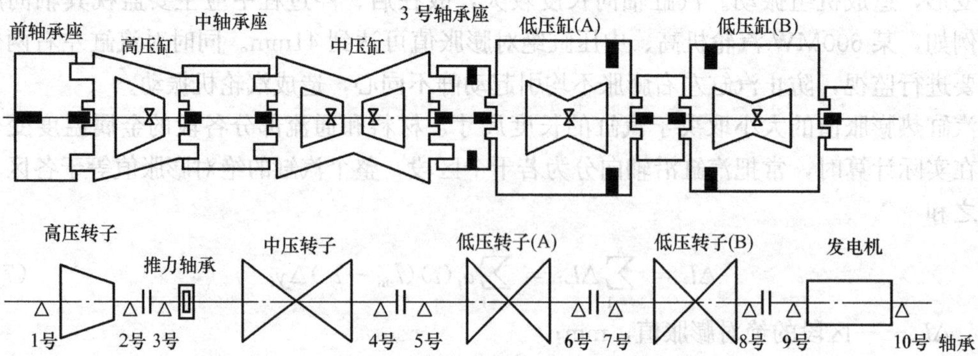

图 7－1 600MW 汽轮机滑销系统及相对膨胀示意

当汽轮机启动、加负荷时，在加热过程的初期，转子的平均温升速度大于汽缸的平均温升速度，转子与汽缸之间将产生正的温差，从而出现正胀差；当汽轮机停机或减负荷时，蒸汽温度变化率为负值，故在冷却过程的初期，转子的温降速度大于汽缸的温降速度，转子与汽缸之间产生负温差，从而出现负胀差。在转子和汽缸受热或冷却的末期，两者的温度都趋于稳定，温差越来越小，转子和汽缸的胀差也将减小。

影响胀差变化的主要因素有：主、再热蒸汽的温度变化率；轴封供汽温度的高低以及供汽时间的长短；暖机时间的长短；转速变化速度或负荷变化速度的大小；滑销系统的工作状态；凝汽器真空的变化；汽缸保温条件和疏水是否通畅；空负荷或低负荷运行（产生鼓风摩擦损失）时间；转子的泊桑效应等。转子和汽缸胀差的大小主要取决于蒸汽温度的变化率，因此在运行中通常采用控制蒸汽温度变化率的方法将胀差控制在允许范围内。此外，也可通过调整轴封供汽来控制胀差。如果在稳定运行条件下，胀差偏离设计值太多，可对汽缸的滑动部件采取涂油脂或者其他润滑措施，以控制胀差。

四、汽轮机的热变形

汽轮机启动、停机和负荷变化时，在汽缸和转子的各横截面上会产生径向温差，使汽缸和转子的金属内部除了产生热应力和热膨胀外，还会产生热变形。如果汽缸和转子的热变形过大，就有可能造成通流部分动静间隙消失，发生动静碰磨。一方面引起汽封的径向间隙扩大，增大漏汽量，使汽轮机运行的经济性降低；同时还会因动静部件的摩擦引起机组振动，摩擦产生的热量进一步加剧变形，甚至造成大轴塑性弯曲等事故。

造成汽轮机热变形的主要原因有上下缸温差、汽缸法兰内外壁温差和转子的径向温差。

1．上、下汽缸温差引起的热变形

汽轮机在启动、停机过程中，上下汽缸往往出现温差，表现为上缸温度高于下缸温度，其主要原因如下：

(1) 下汽缸布置有回热抽汽管道和本体疏水管道，散热面积大，因而在相同的保温条件下，上汽缸温度比下缸温度高。

(2) 在汽缸内，温度较高的蒸汽上升，而蒸汽释放热量转为凝结水汇集在下汽缸，形成的水膜使下汽缸受热条件恶化。

(3) 停机后汽缸内形成空气对流，温度较高的空气聚集在上汽缸，下汽缸内的空气温度较低，使上下汽缸的冷却条件产生差异，从而增大了上下汽缸的温差。

(4) 下汽缸形状复杂、管道多，使得下汽缸的保温不如上汽缸，运行时，由于振动，下汽缸保温材料容易脱落。

(5) 下汽缸置于温度较低的运行平台以下，因空气对流，使上下汽缸冷却条件不同，增大了温差。

热变形的规律是热凸冷凹，由于启、停机时上缸温度高于下缸温度，汽缸会产生拱背状热变形，造成汽轮机下部动静部件的径向间隙和轴向间隙均减小，如图 7－2 所示。因此为了防止动静碰磨，必须限制上下缸温差。通常，上下缸温差要求控制在 35～50℃范围内。

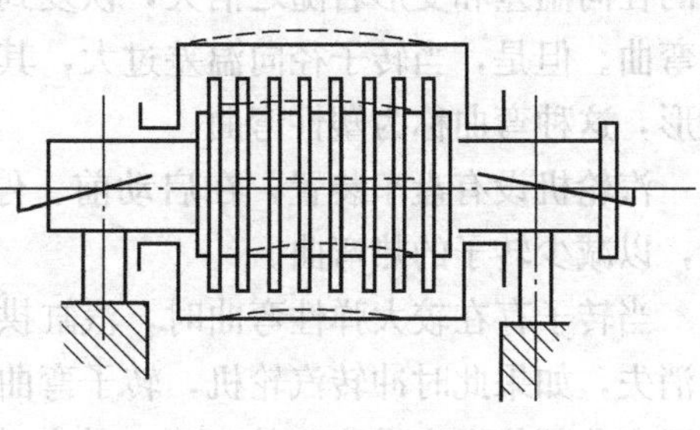
图 7－2　汽缸的拱背状变形

目前，很多大功率汽轮机的高、中、低压缸的上下汽缸上都安装了汽轮机进水探测器热电偶，上下缸之间的温度差可以通过这些热电偶测得，这些热电偶也可以用于监视汽缸轴向温度的分布情况。

在启动、停机和负荷变化时，为了控制上下汽缸温差在允许范围内，必须严格控制金属温度变化率，同时要尽可能使高压加热器随汽轮机一起启动。在启动过程中还要保证汽缸疏水畅通，不要有积水。同时还应加强运行维护，改善下汽缸保温条件，采用优质保温材料，并可适当加厚保温层或者加装挡风板，以减少空气对流对下缸的冷却。

2．汽缸内外壁和法兰内外壁温差引起的热变形

随着汽轮机容量的不断增大，汽缸和法兰的壁厚也越来越厚，在启动、停机和负荷变动时，如果控制不当，可能会出现较大的温差，使汽缸和法兰不仅产生较大的热应力，同时会造成汽缸法兰的变形。下面以启动、加负荷为例进行说明。

启动、加负荷时，由于汽缸法兰内壁温度高于外壁，在内外壁温差的作用下，法兰在水平方向产生向内凸进的热弯曲。从而造成汽缸的中部截面与两端部截面不同的热变形：汽缸中部横截面变为立椭圆，该处法兰水平结合面出现内张口变形；而汽缸前后两端部横截面变

为横椭圆，该处法兰结合面出现外张口变形。汽缸法兰热变形如图 7-3 所示。这种汽缸和法兰的变形不仅会造成相应部位的径向间隙减小，引起动静部件的摩擦，法兰结合面也会因为张口造成运行中漏汽，同时还将使螺栓拉应力增大，导致螺栓拉断或螺帽结合面压坏。

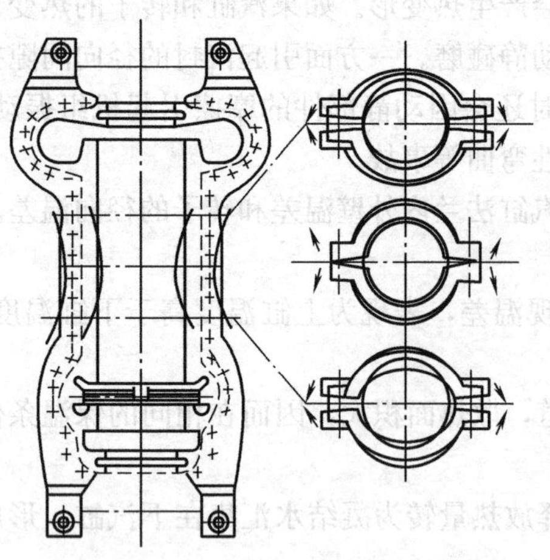
图 7-3 汽缸法兰热变形示意

汽缸法兰产生上述变形的根本原因是内外壁温差过大，因此，汽轮机在运行中，必须将汽缸法兰内外壁温差控制在规定范围内。因为法兰的宽度和厚度比汽缸壁厚得多，一般情况下，法兰的内外壁温差是大于汽缸内外壁温差的，因此汽轮机在运行中，将法兰内外壁温差控制在允许范围内就可以了。

对于设有法兰螺栓加热装置的汽轮机，其法兰内外壁温差通常控制在 30℃左右，但绝不允许外壁温度高于内壁温度。对于没有法兰螺栓加热装置的汽轮机，法兰内外壁温差要求控制在 100℃以内。

3. 转子的热弯曲

如前所述，上、下汽缸由于冷却速度不同而产生温差，这时如果在汽缸内的转子处于静止状态，那么在转子的径向也会出现温差，从而产生热变形。当上、下汽缸温差消失后，转子的径向温差和变形若随之消失，恢复到原来的状态，转子的这种弯曲是暂时的，称之为弹性弯曲。但是，当转子径向温差过大，其热应力超过材料的屈服极限时，将造成转子的永久变形，这种弯曲称为塑性弯曲。

汽轮机设有盘车装置，在启动前、停机后盘动转子，可以使转子均匀地受到加热或冷却，以减少转子的热弯曲。

当转子存在较大弹性弯曲时，汽缸拱起也较大，这时汽轮机动静部件之间的径向间隙可能消失，如果此时冲转汽轮机，转子弯曲部位就会与静止部件发生碰磨，摩擦产生的热量使转子弯曲部位温度升高，从而进一步加大转子的弯曲，使动静部件摩擦加剧，机组振动增大，如此恶性循环，甚至发生转子永久弯曲事故。因此，汽轮机在启动前盘车过程中，必须测量转子弯曲情况，同时注意倾听通流部分内部有无异音，并密切监视盘车电流，以判断机组内部有无动静碰磨。确认转子弯曲值在允许范围内，无通流部分动静摩擦方可启动冲转。

不同汽轮机转子弯曲的最大部位不同，多缸汽轮机的高压转子和背压汽轮机转子约在中部，单缸汽轮机转子则稍偏于转子的前端。一般现场都是通过测量转子的偏心度来间接地得出转子的热弯曲值。一般规定汽轮机转子启动前的偏心度不允许超过原始值的 110%。

第二节 汽轮机的寿命

汽轮机的服役年限一般为 30 年，汽轮机在整个服役年限内，要经历长期的高温连续运行和多次的启停及负荷变化，因此，其零部件的材料性能会发生很大变化，以致出现裂纹，最终导致断裂。为了确保汽轮机的安全经济运行，必须了解影响汽轮机寿命的因素，进行科学的管理。

一、汽轮机寿命的概念

汽轮机转子因为处于高速旋转和高温的运行状态下，与汽缸等其他零部件相比，其工作条件更为恶劣，因此，汽轮机寿命指的就是转子寿命。

汽轮机寿命一般分为无裂纹寿命和剩余寿命两种。所谓无裂纹寿命是指从汽轮机初次投运到转子出现第一道工程裂纹（约 0.5mm 长，0.15mm 深）所经历的运行时间。转子出现第一道工程裂纹并不意味着其寿命的终结，还有一定的剩余寿命。剩余寿命又称致裂寿命，而且这一部分寿命在总寿命中占有相当大的比例，只有当裂纹发展成临界裂纹时，才会出现裂纹失稳扩展，造成转子断裂。所以，剩余寿命是指从产生第一条工程裂纹开始直到裂纹扩展到临界裂纹为止所经历的安全工作时间。无裂纹寿命和剩余寿命之和就是转子的总寿命。

二、汽轮机的寿命损耗

影响汽轮机寿命的因素有很多，如高温蠕变、热脆性、热疲劳以及高温介质的氧化和腐蚀等，其中，主要的影响因素是长期高温运行产生的蠕变寿命损耗以及启停、负荷变化时的热疲劳寿命损耗。此外，机组事故情况下甩全负荷被迫带厂用电时，由于转子表面受到急剧冷却，在转子表面将会产生很大的热应力，也会引起较大的寿命损耗。

1. 高温蠕变寿命损耗

金属在高温和应力的作用下，即使应力不超过金属在该温度下的许用应力值，随着时间的增加，仍会发生缓慢而连续的塑性变形，这种现象称为高温蠕变。汽轮机的高温蠕变寿命损耗主要发生在带负荷连续运行的稳定工况下。在带负荷稳定运行工况下，由于汽轮机的工作温度很高，加之进入汽轮机的蒸汽具有很高的压力，在汽缸、转子等零部件上会形成很大的机械压应力，因而发生蠕变，损耗寿命。

金属在蠕变过程中，塑性变形不断增加，最终将导致在工作应力下的断裂。图 7－4 为某汽轮机转子材料 CrMoV 钢的蠕变断裂时间曲线，曲线中的参变量为转子工作温度。从图 7－4 中可以看出，在同一温度水平下，转子承受的应力越大，蠕变速度越快，蠕变断裂时间越短；同一应力水平下，转子工作温度越高，蠕变断裂时间越短。通常规定，汽轮机运行 10 万 h 后，其总的变形量不得超过 0.1%。

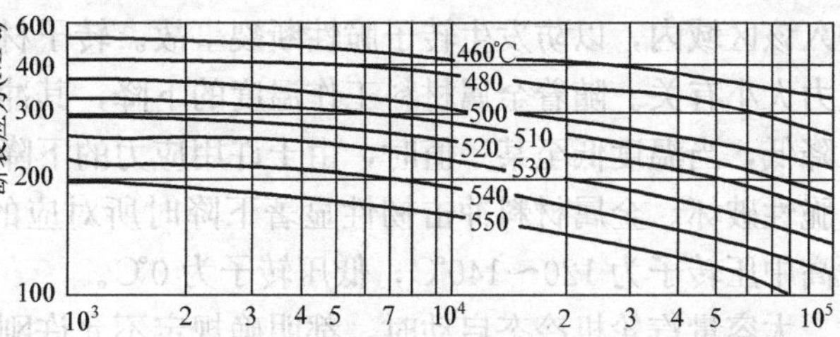

图 7－4　某转子 CrMoV 钢蠕变极限曲线

2. 热疲劳寿命损耗

热疲劳是指金属材料在加热、冷却的循环作用下，由于交变热应力的反复作用，最终产生裂纹或破坏的现象。汽轮机在启停和工况变化过程中，转子所承受的是交变热应力，在这种交变热应力的作用下，经过一定周次的循环，就会在金属表面出现疲劳裂纹并逐渐扩展以致断裂。这种交变热应力的特点是，应力水平高、交变循环周期长、频率低、疲劳裂纹萌发的循环次数少，故称为低周疲劳。

启、停和工况变化时产生的热应力与对应工况下的金属温度变化率和变化量有关，通过控制启、停和负荷变化时的温度变化速率，可以将热应力限制在允许范围内。图 7－5 为某

600MW汽轮机高压转子疲劳寿命损耗曲线，根据启、停和负荷变化时不同的金属温度变化率与温度变化量，可以确定每次启停的转子寿命损耗百分比，也可由选定的寿命损耗百分比在曲线上查得应选用的温度变化率。

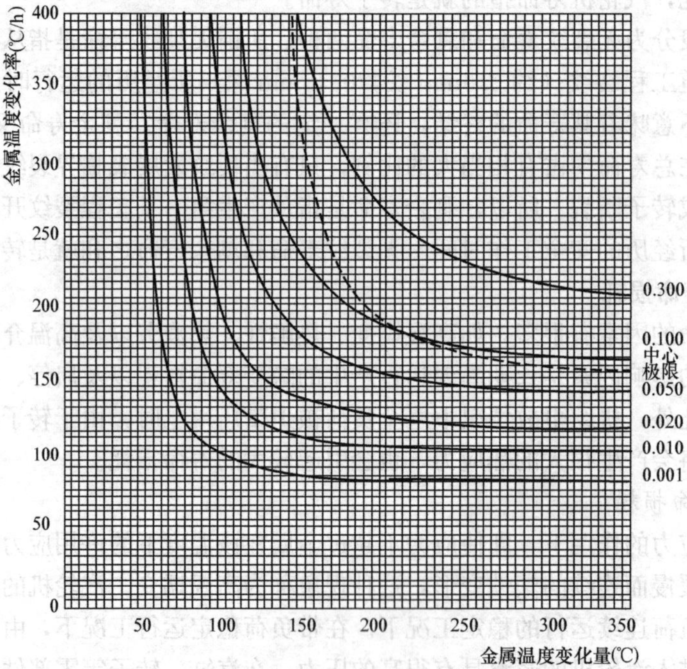

图7-5　某600MW汽轮机高压转子疲劳寿命损耗曲线

图7-5中右上角有一个中心应力极限区，启、停时，转子疲劳寿命损耗率曲线不允许进入该区域内，以防发生转子脆性断裂事故。转子材料的脆性断裂与其工作温度及所承受的应力大小有关。随着金属材料工作温度的下降，其冲击韧性将有所降低，材料的许用应力随之降低，当温度低至某一值时，由于许用应力的下降，在一定的应力作用下，金属材料将发生脆性破坏。金属材料冲击韧性显著下降时所对应的温度称为脆性转变温度（FATT），一般高中压转子为120～140℃，低压转子为0℃。

大容量汽轮机冷态启动时，都明确规定不允许刚定速就进行实际超速试验。原因是转子刚定速后，不仅其表面与中心存在较大的温差，受到较大热应力的作用，而且刚定速后，转子中心处的温度可能低于材料的脆性转变温度，许用应力大大下降。此时若进行超速试验，各项叠加的应力会造成转子材料的破坏。为此，一般规定，大容量机组在定速后，应带部分负荷运行数小时，再将负荷减到零，解列发电机，然后进行超速试验。

需要指出的是，在图7-5中，疲劳寿命损耗曲线上所标注的数值是启动和停机（或负荷升降）这样一个完整热循环的转子寿命损耗百分比，如0.001%。计算一次启动的寿命损耗率，一般取曲线上所标数值百分比的1/2。通常，在启、停和增、减负荷期间，转子因承受离心力的原因比汽缸零部件的应力值要大，因此对转子的热应力问题应非常重视。

三、汽轮机的寿命管理

汽轮机寿命管理的任务是正确评价汽轮机零部件的寿命（包括无裂纹寿命和剩余寿命），合理分配机组服役年限内各种工况下的寿命损耗率，延长汽轮机的使用寿命，避免灾难性事故的发生。

汽轮机寿命管理包含两层内容：第一是在服役年限内，如何合理分配、使用汽轮机寿命，制定汽轮机寿命分配方案以指导运行，取得最大的经济效益；第二是进行汽轮机寿命的离线或在线监测，在汽轮机启停和变负荷运行时，控制蒸汽温度和负荷的变化率，控制汽轮机零部件的热应力，使机组的寿命损耗不超过其预分配值，在机组规定的使用年限内，实现最佳的安全经济运行。

1. 汽轮机寿命分配

汽轮机的寿命分配方案与机组接带负荷的性质有密切的关系。

对于带基本负荷的机组，汽轮机寿命的损耗主要为高温蠕变寿命损耗和因正常检修启、停的低周疲劳寿命损耗。若年平均运行以7000h计算，30年内共计蠕变寿命损耗约占总寿命的25%。此外，考虑不定因素（如负荷、蒸汽参数波动、事故带厂用电运行等）的损耗后，剩余小于75%的寿命可分配给汽轮机启、停时使用。接带基本负荷的机组，终生启、停次数少，因此每次启、停的寿命损耗率可以分配得较大，以缩短机组启、停时间，增加运行时间，多发电。对于调峰机组，除检修、维护需要的正常启、停外，还应根据电网的要求安排一定次数的热态启动和一定范围内的负荷变动。在分配寿命损耗时，既要考虑汽轮机寿命的合理损耗，又要考虑到电网的调峰需要。表7-1和7-2分别为东芝和ABB 600MW机组汽轮机寿命分配方案。

表7-1　东芝公司600MW机组汽轮机寿命分配

运行方式	每次寿命损耗率（%）	30年内使用次数（次）	每年寿命损耗（%）	30年内寿命损耗（%）
冷态启动	0.01	100	0.03	1.0
温态启动	0.01	1200	0.4	12.0
热态启动	0.0091	4500	1.365	40.95
极热态启动	0.03	150	0.15	5.5
25%→100%→75%，3%/min	0.001	3000	0.10	3.0
25%→100%→50%，3%/min	0.001	3000	0.10	3.0
80%→100%→50%，3%/min	0.001	3000	0.10	3.0
50%→100%→50%，3%/min	0.05	100	0.167	5.0
30%→50%→20%，3%/min	0.001	3000	0.10	3.0
合　计				75.45

表7-2　ABB公司600MW机组汽轮机寿命分配

运行方式	每次寿命损耗率（%）	30年内使用次数	每年寿命损耗（%）	30年内寿命损耗（%）
冷态启动	0.0050	100	0.0167	0.50
温态启动	0.0030	1200	0.12	3.6
热态启动	0.0013	4500	0.195	5.85
极热态启动	0.0010	500	0.0167	0.50
负荷突变	0.000 25	4500	0.0375	1.125
合　计			0.3859	11.575

东芝公司600MW汽轮机寿命损耗分配方案中，30年内由热应力引起的低周疲劳寿命损耗达75.45%，在600MW机组中是较大的。

ABB 600MW超临界机组寿命损耗分配余度较大，30年内由热应力引起的低周疲劳损耗的寿命仅占总寿命的11.575%，其余88.425%作为高温蠕变和富裕量，该机组设计寿命富余是最大的。

2. 汽轮机寿命监测

汽轮机寿命分配虽然为运行人员预先给定了运行方案及寿命损耗率，但是，在实际工作过程中，由于不可预测的因素存在，可能导致实际寿命损耗率与预测值有较大偏差，因此，有必要对汽轮机寿命进行监测。

汽轮机寿命监测就是定期或不定期地对汽轮机寿命的实际损耗情况进行核算，以确保机组的安全运行。

监测的方法有离线监测与在线监测两种。

(1) 离线监测。一方面定期对汽轮机转子的蠕变损耗进行统计计算；另一方面在每次启、停机之后或负荷大幅变动之后，根据调节级出口的蒸汽温度变化曲线，查取各个阶段的温度变化量和温度变化率，计算其热应力以及寿命的损耗率或直接在转子寿命曲线上查取极限疲劳循环周次，从而计算出寿命的损耗率。

(2) 在线监测。将调节级出口蒸汽压力、温度、汽轮机转速等相关参数转化为数字信号输入微机，微机按预先给定的数学模型以时间为第二变量进行追踪计算，求出监督部位的热应力及相应的寿命损耗率，随时将计算结果输送到终端或进行显示、打印，实时指导运行人员进行参数调整。

第三节 汽轮机启动

汽轮机的启动过程是指汽轮机从静止状态开始冲转、升速到额定转速，然后接带负荷，并将负荷逐步增加到额定值的全过程。汽轮机的启动过程是汽轮机的加热过程，由于金属热状态发生很大的变化，各零部件会产生热应力、热膨胀和热变形，引起机组振动。因此，必须限制金属温度变化率，在保证机组安全的前提下，缩短启动时间，减少启动时的损失。

一、汽轮机的启动方式

汽轮机启动方式有四种不同的分类方法。

1. 按启动前汽轮机金属（调节级处高压内缸内壁或转子表面）温度水平分类

(1) 冷态启动。金属温度低于150～200℃；

(2) 温态启动。金属温度在200～350℃之间；

(3) 热态启动。金属温度在350～400℃之间；

(4) 极热态启动。金属温度大于400℃以上。

需要指出的是，不同制造厂在划分不同热状态启动时的金属温度水平上有较大区别，例如某300MW汽轮机规定：汽轮机调节级金属温度低于113℃为冷态启动；113～260℃为温态启动；260～400℃为热态启动；高于400℃为极热态启动。而有些汽轮机则只有冷态启动和热态启动之分，如某300MW汽轮机规定：高、中压调节级转子金属温度低于204℃为冷态启动；不低于204℃为热态启动。

有些汽轮机则是按启动前停机时数分类的，例如某600MW汽轮机规定：停机72h以上（金属温度降至该测点满负荷温度的40%以下）为冷态启动；停机10～72h（金属温度降至该测点满负荷温度的40%～80%之间）为温态启动；停机10h以内（金属温度降至该测点满负荷温度的80%以上）为热态启动；停机1h以内（金属温度接近该测点满负荷温度）为极热态启动。

2. 按启动过程中新蒸汽参数是否变化分类

(1) 额定参数启动。在整个启动过程中，汽轮机主汽阀前的新蒸汽参数始终保持额定值。这种启动方式采用小流量、高参数蒸汽冲转汽轮机，冲转时蒸汽与汽轮机金属零部件之间的温差大，调节级后温度变化剧烈，零部件受到较大的热冲击，调节阀节流损失大，而且，由于蒸汽没有达到冲转参数要求前不允许进入汽轮机，因而存在较大的汽水损失，启动时间长。对于主蒸汽系统采用母管制连接的机组，由于母管内蒸汽参数为额定值，故汽轮机必须采用额定参数启动，而大型单元制机组均不采用这种启动方式。

(2) 滑参数启动。在启动过程中，主汽阀前新蒸汽参数随转速和负荷的升高而逐渐滑升，最终达到额定值。由于滑参数启动采用大容积流量、低参数蒸汽加热汽轮机，冲转蒸汽与汽轮机金属零部件之间温差小，启动时汽缸和转子受热均匀、热冲击小。而且，锅炉升温升压的同时汽轮发电机组冲转、升速、并网带负荷，可以缩短启动时间，提高了机组的负荷适应性，没有达到额定参数的蒸汽进入汽轮机，也减小了工质损失和热量损失。因此，滑参数启动在大型单元机组中广泛采用。

按照启动冲转时的蒸汽参数不同，滑参数启动又分为真空法和压力法两种。

1) 真空法滑参数启动。采用真空法滑参数启动时，锅炉点火前，从锅炉出口到汽轮机的蒸汽管路上的所有阀门全部开启，启动抽真空设备，将真空由汽轮机各缸一直建立到过热器、再热器和汽包，锅炉点火后，一产生蒸汽就冲转汽轮机，随后的汽轮机升速和带负荷全部由锅炉控制。由于这种启动方式真空系统太大，抽真空的时间太长，而且锅炉热惯性大，汽温、汽压不易控制，在启动初期易发生汽轮机水冲击事故，故目前很少采用。

2) 压力法滑参数启动。采用压力法滑参数启动时，锅炉点火前，将汽轮机自动主汽阀和调节汽阀置于关闭状态，只对汽轮机抽真空。锅炉点火后，待自动主汽阀前蒸汽参数达到一定值时冲转汽轮机。在启动过程中，锅炉产生的蒸汽参数及流量随汽轮机暖机、升速和带负荷而逐渐变化。当锅炉出口蒸汽参数以及蒸发量达到额定值时，汽轮发电机组也基本带上额定负荷。目前国内投产的高参数、大容量汽轮机都采用压力法滑参数启动。

3. 按冲转时进汽方式分类

对于中间再热式汽轮机，按冲转时的进汽方式不同，可分为高、中压缸启动和中压缸启动两种方式。

(1) 高、中压缸启动。高、中压缸启动时，蒸汽同时进入高压缸和中压缸冲动转子。高中压缸合缸的汽轮机采用这种启动方式可使分缸处均匀受热，减少热应力并能缩短启动时间。

(2) 中压缸启动。中压缸启动冲转时，高压缸不进汽，利用高、低压旁路系统，由中压调节汽阀控制，从中压缸进汽冲转汽轮机，随后汽轮机升速、暖机，达到额定转速并网后，机组带初负始负荷，达到规定的切换负荷时，进行切缸操作，汽轮机转由高压调节阀控制进汽，中压调节阀逐渐全开，随后按高中压缸联合进汽方式升负荷至额定值。采用中压缸启动方式时，在中压缸冲转前，通常在锅炉升温升压的同时进行盘车状态下的高压缸预暖，高压缸的合理预暖可有效地减小高压缸和高压转子的热应力，控制启动过程中汽轮机的胀差在正常范围内，从而有效地缩短启动时间。

4. 按控制进汽阀门分类

(1) 调节汽阀启动。启动时主汽阀全开，进入汽轮机的蒸汽流量由调节汽阀控制。调节汽阀启动方式又可分为顺序阀控制方式和单阀控制方式两种。顺序阀控制方式采用部分进汽方式，因此会导致汽轮机全圆周受热不均，温差热应力较大，但由于没有阀切换，故操作方便。单阀控制方式在冲转时调节汽阀同时开启，使汽轮机仍为全周进汽方式，减小了温差热应力。目前采用调节汽阀启动的大型汽轮机大都采用单阀控制方式。

(2) 主汽阀启动。启动时调节汽阀全开，冲转、升速由主汽阀控制，转速达到一定值或带少量负荷后进行阀切换，改由调节汽阀控制进汽的方式。该启动方式由于汽轮机采用全周进汽，使其圆周上受热均匀，故温差热应力小。但该方式有可能使主汽阀受到冲刷导致主汽阀关闭不严。国产引进型机组采用主汽阀的预启阀来控制进汽，这样就避免了对主汽阀的直接冲刷。

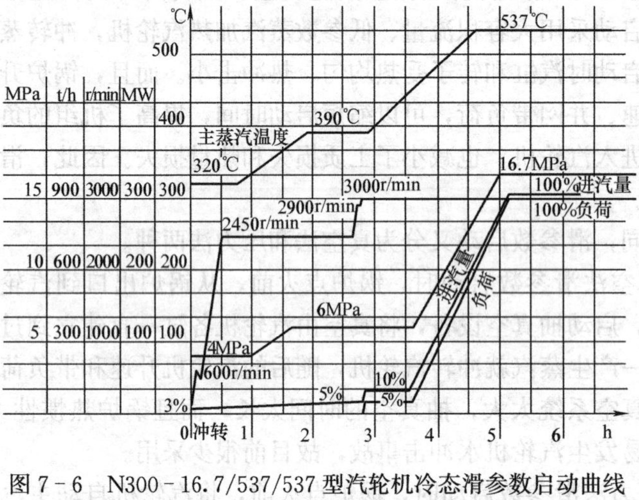

图 7-6 N300-16.7/537/537 型汽轮机冷态滑参数启动曲线

(3) 电动主汽阀的旁路阀启动。启动时自动主汽阀、调节汽阀均全开，由电动主汽阀的旁路阀冲转汽轮机。该启动方式下，汽轮机全周进汽，受热均匀，但目前300MW及以上大型汽轮机大多不设电动主汽阀。

二、冷态滑参数启动

以N300-16.7/537/537型汽轮机采用“操作员自动”方式下的高压主汽阀冲转为例，主要步骤如下（汽轮机冷态滑参数启动曲线如图7-6所示）：

1. 锅炉点火前汽轮机的检查准备

(1) 检查各设备、系统及仪表和保护装置状态完好。

(2) 向凝汽器热井补水。启动凝结水输送泵，将除盐水箱的水送至凝汽器，达到规定水位时将补水调节阀投自动。

(3) 启动一台循环水泵，投入循环水系统运行。

(4) 投入凝结水系统。开启凝结水再循环门后，启动一台凝结水泵运行，开启各低压加热器进出口阀门，关闭旁路阀，准备自除氧器上水。

(5) 投入润滑油系统。启动交流润滑油泵，确认润滑油母管油压达到规定值，直流润滑油泵试转正常后停运投备用；根据需要投入主油箱电加热装置，提升润滑油油温至35℃以上。

(6) 启动顶轴油泵，汽轮机启动前4h投入连续盘车，确认转子没有发生弯曲。

(7) 投入抗燃油系统。启动一台抗燃油泵，保持抗燃油母管油压，根据需要投入抗燃油箱电加热装置和抗燃油再生滤油装置。对高、中压主汽阀、高、中压调节汽阀进行静态试验。

(8) 投入轴封系统。对轴封供汽管道暖管疏水，启动轴抽风机运行；由辅助蒸汽系统向轴封供汽，调整轴封蒸汽压力，轴封供汽温度应与汽缸金属温度相匹配。汽轮机本体及主、再热蒸汽管道、各抽汽管道疏水门在开启状态。

(9) 汽轮机抽真空。启动两台真空泵抽真空，当达到规定真空时，停运一台真空泵投备用。

2. 锅炉点火后、汽轮机启动前的准备

(1) 锅炉点火后，确认高排止回阀关闭，投入旁路系统，对主、再热蒸汽管道进行暖管。

(2) 投入汽轮机各项保护，检查DEH系统正常，检查转子偏心度、高中压缸上下壁温差、凝汽器水位等参数正常。

(3) 当汽轮机主蒸汽参数达到冲转参数时，汽轮机准备启动，逐渐退出旁路系统运行。

3. 汽轮机冲转、升速和暖机

(1) 选择冲转模式。选择控制模式为“操作员自动”，阀门模式为“单阀方式”；检查就地打闸手柄在“打闸”位置，ETS保护屏上钥匙在“运行”位置，按下ETS保护屏上“跳闸复位”按钮。

(2) 进行远方跳闸回路试验和就地手动打闸试验。在控制盘上同时按下两个“紧急停机”按钮，进行远方跳闸回路试验，检查ETS报警正常；扳动挂闸手柄到打闸位置，进行就地手动打闸试验，检查薄膜阀上部油压下降为零。试验结束，重新按下“跳闸复位”按钮。

(3) 汽轮机冲转升速。在DEH的“自动控制”画面上，设定“阀位限制值”为“100%”，点击“挂闸”按钮进行远方挂闸，挂闸后检查高压调节汽阀1～4开启，中压主汽阀1～2开启，中压调节汽阀1～2开启；设定升速率为“100r/min”，设定目标转速为“600r/min”，按下“执行”按钮，汽轮机开始冲转升速，检查高压主汽阀逐渐开启，汽轮机转速逐渐增加。机组升速后，就地检查盘车装置自动甩开到位。

(4) 听声检查。机组转速为600r/min时，目标转速操作窗口中的“保持”灯亮。就地对汽轮机各轴承、轴封和通流部分内部等处进行听声检查，判定动静部分是否有摩擦。检查时间一般不应超过15min，在汽轮机转速降到200r/min前重新挂闸并升速到600r/min。

(5) 高速暖机。设定目标转速为“2450r/min”，按下“执行”按钮，汽轮机继续升速，当转速达1200r/min时，检查顶轴油泵自动停止，投入备用；升速过程中，机组应迅速平稳地通过轴系各阶临界转速（在临界转速区内，DEH将升速率自动设定为500r/min），若大轴振动超过规定值，应立即打闸停机；2450r/min时，控制主蒸汽参数，进行高速暖机，时间不少于2h。

(6) 阀切换。设定目标转速为“2950r/min”，按下“执行”按钮，机组继续升速，达到2950r/min后，进行主汽阀和调节汽阀的切换，高压调节汽阀逐渐关小，主汽阀逐渐全开。汽轮机由高压调节汽阀控制进汽。阀切换完成后，检查高排止回阀联动开启，高压缸抽真空阀（也称为通风阀）联动关闭。

(7) 升速至额定转速。设定目标转速为“3000r/min”，按下“执行”按钮，汽轮机继续升速。汽轮机转速升至2900r/min以上时，DEH自动将升速率设定为50r/min，机组转速达3000r/min后，进行定速暖机，时间不少于30min，定速后应检查主油泵出口压力正常，停止交流润滑油泵运行投备用。

(8) 全面检查和汽轮机试验。进行全面检查，确认一切正常后，根据具体情况进行以下汽轮机相关试验：危急遮断器喷油试验，OPC及电超速试验，手打及远方停机试验（机械超速试验前进行该试验），主汽阀及调速汽阀严密性试验，机械超速试验（在超速试验之前，应使机组带10%负荷并且暖机时间不少于4h)。

4. 发电机并网、机组带负荷

(1) 发电机并网后，自动带初负荷约为3～5MW。

(2) 在DEH自动控制画面上，设定负荷变化率为“3MW/min”，设定目标负荷为“300MW”，按下“执行”按钮，机组升负荷。

1) 控制回路切换和低负荷暖机。当负荷增加到15～20MW时，在自动控制画面选择控制回路为“功率控制回路”，同时停止增加负荷进行低负荷暖机至少30min，在此期间主、再热汽温保持不变。

2) 超速试验。低负荷暖机结束后，汽轮机如果需做超速试验，应在30MW负荷暖机不少于4h，然后降负荷解列进行试验，试验结束后，尽快并网带负荷至试验前负荷。

3) 疏水阀关闭和轴封汽源的切换。机组负荷30～90MW阶段，检查汽轮机高、中、低压部分各疏水阀(汽轮机本体疏水阀、主、再热蒸汽管道疏水阀及各抽汽管道疏水阀)陆续自动关闭；约75MW时，再热冷段满足全部轴封供汽，轴封供汽由再热冷段蒸汽供给。

4) 阀切换。负荷100MW时，可以将汽轮机的进汽方式由高压调节汽阀“单阀”控制切换至“顺序阀”控制。

5) 负荷升至150MW以上时，再启动一台凝结水泵和一台循环水泵运行；轴封系统实现自密封。

6) 逐渐开大调节汽阀，负荷至满负荷。

5. 启动过程中注意事项

(1) 在升速过程中，应检查各轴承回油温度正常，控制润滑油温在35～45℃。

(2) 在汽轮机升速过程中，应严密监视振动的变化，注意不要在临界转速区域停留。

(3) 在启动过程中，注意监视轴向位移、胀差、机体总膨胀、轴承温度、轴封压力等参数变化。

三、温态、热态、极热态滑参数启动

由于汽缸和转子都处于较高的温度状态下，因此温态、热态、极热态启动过程中，汽轮机冲转参数高，启动时间短，应特别注意防止热状态的汽缸、转子受到冷却。做好机组启动的各项准备工作，协调好各辅机启动时间，尽快地冲转、升速、并网带负荷至与汽轮机金属温度相适应的负荷水平，是温态、热态、极热态启动的关键。不要在额定转速下或空负荷下作不必要的停留，以免造成汽轮机内部零部件骤然冷却，产生很大的热应力。

1. 冲转参数的选择

温态、热态、极热态启动时，冲转参数应与较高的金属温度水平相匹配，一般应采用正温差启动，在极热态情况下允许负温差启动，但会产生交变热应力，增加寿命损耗。热态启动要求主蒸汽压力具有较高值，从而实现从冲转到带负荷至起始负荷的过程中，不必进行压力调整(起始负荷是指在正常运行情况下，与金属温度相对应的负荷)。主、再热蒸汽温度应与汽轮机高、中压第一级金属温度相匹配，主蒸汽温度应具有至少50℃的过热度，且超过调节级处金属温度50～100℃，但不能超过额定值；再热蒸汽温度也应与中压缸金属温度相匹配。

2. 主要操作

(1) 投入盘车连续运行。

(2) 先向汽轮机轴封供汽，后抽真空。

(3) 投入凝汽设备和旁路系统。

(4) 新蒸汽压力和温度达到冲转要求时冲转，在起始负荷之前的升速和升负荷过程应该尽可能地快，以减少在起始负荷之前的一切不必要的停留。一般可在低速下稍作停留进行听声检查，然后以200～300r/min的升速率提升到额定转速，迅速并列后即以每分钟5%～10%额定负荷的升荷率加到起始负荷点，避免汽轮机金属的冷却。

(5) 达到起始负荷以后，按照冷态滑参数启动曲线开始蒸汽参数的滑升，以后的操作与冷态滑参数启动时相同。

3. *启动应注意的问题*

(1) 上、下缸温差。温态、热态、极热态启动前，由于上、下汽缸冷却不均匀，可能导致较大的上下缸温差，引起汽缸拱背变形和转子热弯曲，造成动静碰磨。一般规定，外缸上下温差小于50℃、内缸上下温差小于35℃，汽轮机才允许启动。

(2) 转子热弯曲。温态、热态、极热态启动前，上下缸温差较大，为避免转子产生热弯曲，要求冲转前连续盘车不应少于4h。盘车投入后，除监测大轴的弯曲度外，还要仔细听声，检查在轴封处有无金属摩擦声，同时也可以从盘车电动机电流情况分析判断动静部分有无摩擦现象。如有摩擦，则不应启动汽轮机。如果启动前转子的弯曲度超过规定值，应先消除转子的热弯曲，方法是延长连续盘车时间。在整个盘车期间不可停止供油。经过盘车确认大轴弯曲度达到要求后方可冲转，否则应继续盘车。如动静部分摩擦严重，则应停止连续盘车，手动盘车直轴。

(3) 轴封供汽与抽真空。由于轴封段金属温度很高，一定要在连续盘车状态下先送轴封供汽后抽真空，轴封供汽温度应与金属温度相匹配，防止因轴封处吸入空气或低温蒸汽受到冷却，产生较大热应力和负胀差，引起轴封间隙消失而导致动静摩擦。

温态、热态、极热态启动时，凝汽器应适当保持较高真空。一方面可以保证主蒸汽等蒸汽管道疏水迅速排出，有利于提升蒸汽温度；另一方面当锅炉余压较高投入旁路时，不会造成凝汽器真空下降过多。

(4) 转子振动。温态、热态、极热态启动在升速过程中，要特别注意汽轮机的振动情况。异常振动并伴随前轴承箱横向晃动，则说明转子已有明显弯曲。任何盲目升速或降速的办法，都将使事故扩大，甚至造成动静部分磨损、大轴永久弯曲等事故。振动超限，应立即打闸停机，消除产生振动的原因后方可重新启动。

(5) 润滑油温。温态、热态、极热态启动时机组升速快，润滑油温过低容易造成油膜不稳引起振动。一般规定，润滑油温低于30℃，禁止冲转汽轮机。

四、中压缸启动

中间再热机组在冲转前预热高压缸，启动初期高压缸不进汽，由中压缸冲转进汽，机组带负荷到一定值后，再切换到高、中压缸联合进汽的运行方式，随后机组升负荷到额定值，这种启动方式称为中压缸启动。中压缸启动机组启动旁路系统见图7-7所示。

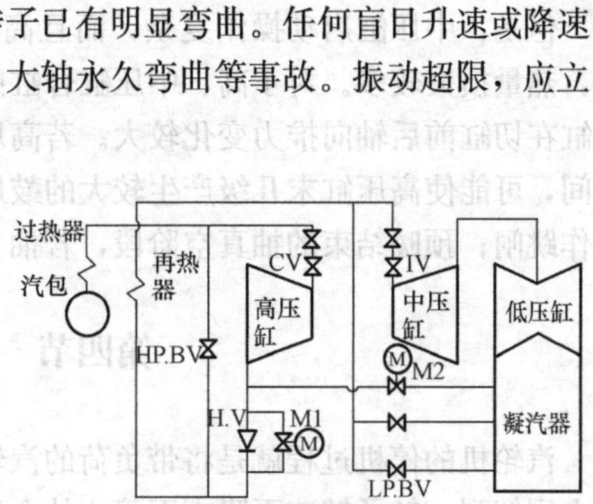

图7-7　中压缸启动机组启动旁路系统图
M1—旁路阀；M2—高压缸抽真空阀；CV—高压调节阀；
IV—中压调节阀；HP. BV—高压旁路阀；
LP. BV—低压旁路阀；H. V—高压缸排汽止回阀

1. 中压缸启动过程

(1) 高压缸预暖。冷态启动时，锅炉点火后旁路系统开始升参数，在中压缸冲转前，当再热蒸汽管道冷段蒸汽温度比高压缸温度高出50℃左右投入高压缸预暖，蒸汽通过旁路阀进入高压缸排汽管对高压缸预暖。进入高压缸的蒸汽，一部分经汽缸各疏水口排入疏水系统，另一部分经高、中压缸间轴封漏入中压缸，再经连通管进入低压缸排到凝汽器。在进行倒暖的同时，主蒸汽、再热蒸汽参数按规定升高，注意控制温升速度。

(2) 冲转、升速。蒸汽参数达到冲转要求时，开启中压调节汽阀，中压缸进汽冲转。中压缸冲转升速至中速暖机转速后，可停止高压缸预暖，同时开大高压缸至凝汽器管道上的抽真空阀（也称通风阀），使高压缸处于真空状态下，注意控制其温度水平；暖机结束后，继续升速到额定转速。

(3) 并网、带初始负荷及进汽方式切换。当机组具备并网条件后即可并网，进一步开大中压调节汽阀，逐渐关闭低压旁路阀，机组带初始负荷（5%～10%额定负荷）进行暖机。暖机结束后，在初始负荷下，进行高中压缸进汽方式切换（也称切缸，有的机组切缸负荷高于初始负荷），高压调节汽阀开启，中压调节汽阀逐渐全开。在切缸期间应检查通风阀关闭、高排止回阀自动开启。高压缸进汽后，应关小高压旁路阀直至全关。

(4) 升负荷至满负荷。旁路全关后，增加高压调节汽阀开度，机组升负荷，按高中、压缸联合启动步骤增加负荷至额定值。

2. 中压缸启动的优缺点

采用中压缸启动时，冲转升速的同时高压缸预暖，因而暖机充分，可提前越过脆性转变温度，缩短了机组启动时间，安全性、经济性较好。目前很多高、中压缸联合启动的机组也开始采用高压缸预暖，方法是在高压缸冲转前的连续盘车状态下，由辅助蒸汽或再热冷段蒸汽从高压缸排汽止回阀前的高压缸排汽管进入高压缸，暖缸结束后，高压缸由通风阀抽真空，然后进行汽轮机的冲转操作。对于采用中压缸启动而且切缸负荷较高的机组，因小流量下高压缸不进汽，不用考虑高压缸的热应力和胀差问题，故机组对特殊工况具有良好的适应性，主要体现在低负荷和空载运行时。

但是，中压缸启动操作复杂，而且高压缸不进汽期间，一部分蒸汽通过旁路排到凝汽器，热量损失较多。对于高、中压缸合缸的机组，中压缸启动时合缸处热应力较大，高、中压缸在切缸前后轴向推力变化较大。若高压缸在中速暖机期间预暖效果不佳，势必延长暖机时间，可能使高压缸末几级产生较大的鼓风摩擦损失，引起高压缸排汽部分过热超温，保护动作跳闸；预暖结束的抽真空阶段，若抽真空效果不佳，也会发生上述情况。

第四节 汽轮机停机

汽轮机的停机过程就是将带负荷的汽轮机卸去全部负荷，然后切断汽轮机进汽、发电机从电网解列，转子转速下降直至静止的全过程。汽轮机的停机过程是汽轮机的冷却过程，和启动过程一样，也会在各零部件中产生热应力、热膨胀和热变形等，其情况与启动过程相反。

一、汽轮机的停机方式

汽轮机组的停机方式可按停机原因分为正常停机和事故停机。

1. 正常停机

正常停机是指根据电网或检修需要，由电网计划安排的有准备的停机。根据停机目的不同又可分为额定参数停机和滑参数停机两种。

(1) 额定参数停机。额定参数停机时，主蒸汽参数保持不变，依靠关小调节汽阀逐渐减负荷到零，直到转子静止。这种停机方式能将停机后的金属温度控制在较高水平，可缩短再启动时间，而且停机时的热应力小，负胀差小。但依靠调节汽阀节流，节流损失大；如果停机是以检修为目的，由于汽轮机各部件降温速度慢，会延长检修工期；同时还会造成汽轮机冷却不均匀。额定参数停机一般用于母管制机组和大容量单元机组短时消缺。

(2) 滑参数停机。滑参数停机就是在调节汽阀接近全开位置并保持开度不变的条件下，依靠主蒸汽、再热蒸汽参数的滑降来降负荷和降低转速，直到汽轮机停止的停机方式。其优缺点与额定参数停机相反。大容量机组广泛采用这种停机方式。

2. 事故停机

事故停机是指机组发生影响正常运行的故障，必须解列停机的方式。事故停机又可分为紧急待机和故障停机两种。当机组发生严重危及人身及设备安全的事故，或突发不可抗拒的自然灾害时，应立即采用紧急停机方式。紧急停机时需要破坏真空。当机组发生故障，或运行参数接近控制限额经采取措施仍无法挽回时，应向上级汇报要求故障停机，故障停机时不需破坏真空。

二、滑参数停机

1. 主要操作

下面以 N300－16.7/538/538 型汽轮机为例介绍滑参数停机的主要操作，如图 7－8 所示。

(1) 停机前的准备。进行交流润滑油泵、直流润滑油泵、顶轴油泵、盘车电动机的试转，确认运行正常后停止做备用；试验主汽阀、调节汽阀、各段抽汽止回阀灵活无卡涩现象。

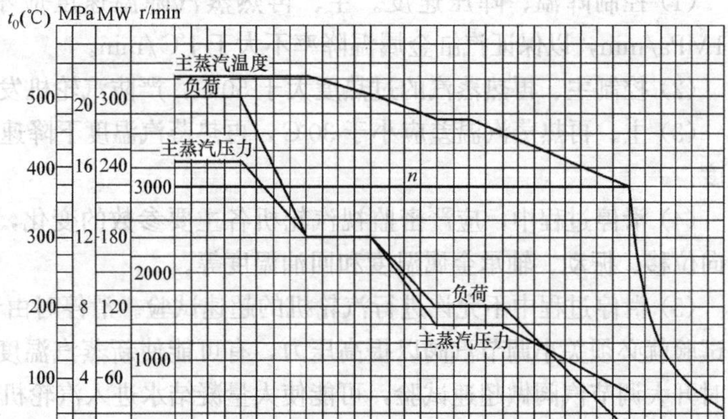

图 7－8　N300－16.7/538/538 型汽轮机滑参数停机曲线

(2) 减负荷。根据燃烧情况减少给煤量，机组开始减负荷，注意控制主、再热蒸汽温差及汽轮机胀差在规定范围内，根据运行情况及时投入旁路系统，并注意低压缸喷水冷却装置的投入；负荷减至 180MW 左右，检查轴封系统汽源切为辅助蒸汽；负荷减至 100MW 左右时，停运一台循环水泵，高压加热器疏水倒至凝汽器，注意排汽缸温度的变化；负荷减至 60MW 左右时，从高到低依次停用高压加热器汽侧运行，检查各段抽汽电动门和止回阀关闭，抽汽管道疏水门开启；负荷减至 45MW 左右时，低压缸喷水减温装置投入。负荷减至 15MW 时，启动交流润滑油泵，确认油压正常。

(3) 发电机解列、汽轮机打闸。待负荷接近零时，发电机解列、汽轮机打闸，检查高中压主汽阀、调节汽阀、高排止回阀关闭，本体疏水阀联开。

(4) 转子惰走。发电机解列后，检查汽轮机转速下降，同时开始记录转子惰走时间。转速降低至 1100r/min 时，启动顶轴油泵；转速降低至 400r/min 时，停运真空泵，开启真空破坏阀。

汽轮机打闸后，转子由于惯性仍然继续转动一段时间才能静止下来。从汽轮机打闸到转子完全静止的这段时间称为惰走时间。表示转子惰走时间与转速下降的关系曲线称为惰走曲线，如图 7-9 所示。新投产机组投入运行一段时间后，要在停机时测绘标准惰走曲线，每次停机都要记录转子惰走时间，以便与标准惰走时间进行比较。如果惰走时间明显减少，可能是轴承磨损严重或机组通流部分发生动静碰磨；如果惰走时间显著增加，可能是主蒸汽、再热蒸汽或抽汽管道阀门关闭不严。惰走曲线与真空变化有密切关系，真空下降太快，则惰走时间缩短。因此必须控制真空下降的速度，以便比较惰走时间。

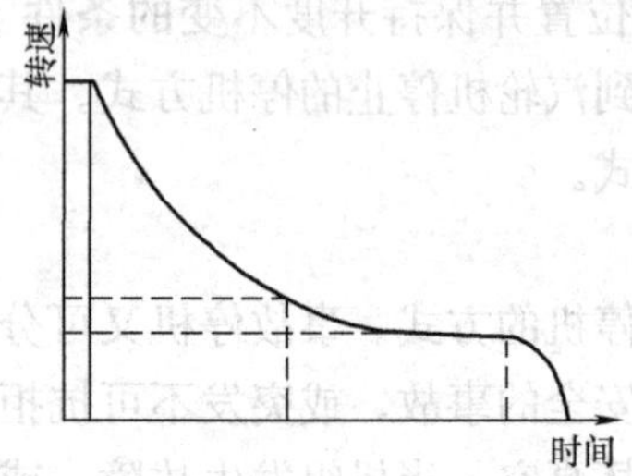

图 7-9 汽轮机停机时的惰走曲线

(5) 投盘车。转速到零，投入连续盘车，检查盘车电流正常。

(6) 汽轮机停运后的操作。真空到零，停轴封供汽，停运轴抽风机运行；盘车停运 8h 后，停运交流油泵运行，监视各轴承金属温度的变化；低压缸温度在无喷水的条件下降至 50℃以下，并确认循环水无用户使用时，可停止循环水泵运行。

2. 停机过程中的注意事项

(1) 控制降温、降压速度。主、再热蒸汽降温速度应小于 1℃/min，降压速度小于 0.1MPa/min，以保证汽缸金属温降率不大于 1℃/min。

(2) 控制主、再热蒸汽的过热度大于 50℃，严防汽轮机发生水冲击事故。

(3) 主、再热蒸汽温差应小于 30℃，再热蒸汽温度下降速度应尽量跟上主蒸汽温度下降速度。

(4) 滑停过程中，应严密监视汽轮机各主要参数的变化，如上下缸温差、胀差、总胀、轴向位移、振动、轴承金属温度和回油温度等。

(5) 滑停过程中不允许进行汽轮机的超速试验。滑停时由于新蒸汽参数较低，要进行超速试验就必须关小调节汽阀以提高压力，有可能使新蒸汽温度低于对应压力下的饱和温度，此时开大调节汽阀做超速试验，可能使大量凝结水进入汽轮机造成水冲击事故。

第五节 汽轮机的典型事故及处理

一、汽轮机严重超速

由于汽轮机进汽参数高，进汽流量大，而且动静间隙极小又处于高速旋转状态下，一旦在运行中调速系统失灵，在巨大的转动力矩作用下，汽轮机转速会在瞬间急剧升高，转子零部件的应力将达到不允许的数值，甚至造成转子断裂，毁掉整个机组，与此同时，往往造成人身伤亡。因此汽轮机超速事故是危害性极大的恶性事故。

（一）现象

汽轮机严重超速时，主要有以下现象：

（1）机组负荷到零，发电机解列。

（2）机组转速大于110%额定转速而超速保护未动作，转速继续升高。

（3）机组发出异常声音，主油泵出口压力上升。

（4）机组振动增大。

（5）轴瓦金属温度上升。

（二）原因

汽轮机严重超速的原因主要有：

（1）机组跳闸后，高、中压主汽阀或调节汽阀关闭不严，高压缸排汽止回阀或抽汽止回阀卡涩，蒸汽继续进入冲转汽轮机。

（2）发电机突然甩负荷后，功率不平衡保护未动作或动作不正确。

（3）危急保安器超速试验时，转速失控。

（4）汽轮机转速升高到超速保护装置的动作转速而超速保护拒动。

（5）DEH故障或汽轮机调速系统静态特性不合格。

（三）处理

运行中如果确认机组发生严重超速事故，应立即按“汽轮机紧急跳闸”按钮或就地拉汽轮机跳闸操作手柄，破坏真空紧急停机，确认高压主汽阀、中压主汽阀、调节汽阀、高排止回阀以及各抽汽止回阀均关闭严密，并确认转速下降。注意事故处理过程中应保持润滑油温、油压正常，迅速查明原因并隔离可能进入汽轮机本体的所有汽源。

锅炉应立即停炉，并立即打开汽轮机旁路系统，尽快泄压。

停机后应进行全面检查，消除故障后方可重新启动。定速后应进行危急保安器的注油跳闸试验、实际超速试验，试验合格后，方可并网带负荷。

二、水冲击

运行中如果汽轮机进水或进低温蒸汽，会使处于高温下的金属部件受到急剧冷却，产生很大的热应力和热变形，致使高温部件产生裂纹、阀门和汽缸结合面漏汽、大轴永久弯曲等。急剧冷却还会使大轴快速收缩，导致很大的负胀差，造成汽轮机动静部分发生严重磨损。

由于水滴和蒸汽相比重度大、流速低，当发生水冲击事故时，水滴会撞击在动叶片进口背弧处。大量水滴撞击叶片背弧，对汽轮机产生十分明显的制动作用，具体表现为机组运行时出力显著降低。

水冲击会使轴向推力急剧增大，可能造成推力轴承轴瓦乌金熔化，如果不及时停机，过大的轴向位移可能造成通流部分严重碰磨，甚至叶片大量损坏、断落。叶片损坏造成的汽轮机振动，又会损坏轴承、基础以及油管路。

（一）现象

（1）当汽轮机发生水冲击时，能清楚地听到蒸汽管道或汽轮机内有水冲击声。

（2）机组负荷晃动。

（3）蒸汽管道法兰、阀门、汽轮机轴封、汽缸结合面冒白汽或溅出水滴。

（4）推力轴承乌金温度和回油温度上升，轴向位移增大。

(5) 汽缸金属壁温急剧下降，上、下缸温差增大。

(6) 胀差急剧减小。

(7) 机组出现剧烈振动。

(8) 若因主蒸汽或再热蒸汽带水，主、再热汽温会急剧下降，主蒸汽压力剧降。

(二) 原因

进入汽轮机的水或低温蒸汽，可能来自以下设备及系统：

1. 抽汽系统

水从抽汽系统进入汽轮机引起的水冲击事故是最常见的。

给水加热器管子泄漏，加热器水位控制不良或发生故障，加热器及抽汽管道疏水不畅等，都有可能造成汽轮机进水。

运行中当加热器高水位报警信号发出时，应立即将加热器旁路，同时关闭抽汽止回阀，打开抽汽管道汽轮机侧疏水阀，防止汽轮机进水，并根据加热器退出运行的情况降低机组负荷。

2. 锅炉过热器及主蒸汽管道系统

另一个最常引起汽轮机水冲击的原因是过热器及主蒸汽管路中有水随蒸汽进入汽轮机。

运行中，锅炉主、再热蒸汽温度或汽包水位失控，以及主蒸汽流量瞬间突增，都有可能导致蒸汽带水，使汽轮机发生水冲击事故。主蒸汽流量瞬间突增，通常是由于负荷大幅增加引起的，由于主蒸汽压力快速下降，水的饱和温度下降，导致汽包内水汽化加剧，有可能造成蒸汽带水，因此，若主蒸汽压力快速下降，应切断汽轮机进汽，保护汽轮机。当锅炉灭火时，由于蒸汽温度难以控制，继续让蒸汽进入汽轮机是非常危险的，应该绝对禁止。

此外，由于锅炉过热器或主蒸汽管道疏水不充分，也会导致汽轮机水冲击。因此，汽轮机冲转前，应对锅炉至汽轮机的整个管路及阀门进行充分疏水。

3. 再热蒸汽系统

为了控制再热器出口汽温，再热蒸汽系统中都设有喷水减温装置。如果出现误操作或减温器喷水阀泄漏，水有可能通过再热蒸汽冷段返流回汽轮机的高压缸，或积水聚集在再热器中，汽轮机冲转时被带入中压缸。因此，当流过再热器的蒸汽流量很少时，不能对再热器喷水减温，以防止喷入的水汽化效果不良产生凝结。此外，应定期对喷水阀的泄漏情况进行检查。

4. 轴封系统

汽轮机在高负荷下运行时，轴封系统采用自密封方式；在启动、停机和低负荷运行时，轴封需要外来的备用汽源（辅助蒸汽、主蒸汽或冷再热蒸汽）以防止空气漏入。如果备用汽源温度过低，或在投入备用汽源时，没有对轴封供汽母管和备用汽源管道进行充分地暖管、疏水，低温蒸汽或水就会从轴封处进入汽轮机，造成水冲击事故。因此，在进行轴封系统备用汽源的切换时，应根据轴封金属温度选择合适的汽源，并保证轴封供汽系统充分暖管和疏水。

(三) 处理

运行中，主、再热汽温 10min 内突降 50℃及以上，应立即破坏真空紧急停机；主蒸汽压力每分钟内剧降 10%额定压力，应关闭汽轮机调节汽阀，以防水冲击。确认汽轮机发生水冲击事故后，应破坏真空紧急停机。尽快切断有关汽、水源，同时加强主蒸汽、再热蒸汽管道、汽轮机本体及轴封供汽系统的疏水。如因加热器或除氧器满水，应立即撤出故障加热器或除氧器，并开启相应的事故疏水，同时加强抽汽管道的疏水。

停机过程中，应严密监视推力瓦乌金温度和回油温度、轴向位移、上下缸温差，胀差、机组振动情况，准确记录惰走时间、大轴偏心度，仔细倾听机内声音。若惰走时间明显缩短，轴向位移、推力轴承温度、振动、大轴偏心度超限或机内有异常声音，应及时汇报以决定是否需要开缸检查。投盘车后，要特别注意监视盘车电流是否异常增大、晃动，以确定是否存在动静碰磨现象，严禁强行盘车。

汽轮机水冲击紧急停机后，必须连续盘车24h以上，同时偏心度、轴向位移、汽缸温差等重要技术指标合格，经上级批准后，方可重新启动汽轮机。

三、汽轮发电机组异常振动

汽轮发电机组的异常振动对机组危害很大。振动大会使轴承乌金脱落、油膜被破坏而发生烧瓦事故，强烈的振动还会造成动静间隙消失，发生动静碰磨而严重损坏设备，因摩擦产生的热量可能造成大轴弯曲，过大的振动还有可能造成某些固定件的松动甚至脱落。此外，振动引起动静部分发生摩擦后，因动静间隙的增加，造成漏汽量增加，会影响汽轮发电机组的输出功率，最终导致机组热耗的增加。

1. 现象

机组振动大表现出的现象主要有：

(1) 振动大报警。

(2) DEH、DCS监视画面显示振动指示值大。

(3) 机组声音异常。

2. 原因

(1) 机组负荷、参数骤变。

(2) 滑销系统卡涩造成汽缸两侧膨胀不均。

(3) 润滑油压、油温变化。

(4) 汽轮发电机组发生动静摩擦或大轴弯曲。

(5) 汽轮机进水或冷汽造成汽缸变形。

(6) 汽轮机断叶片引起转子不平衡。

(7) 发电机定、转子电流不平衡。

(8) 轴承工作不正常或轴承座松动。

(9) 转子中心不正或联轴器松动。

3. 处理

当机组任一轴承处的瓦振或轴振大报警时，应立即减负荷，直至振动恢复到正常值，并查找原因；若振动持续增大到不允许的数值，或就地倾听汽轮发电机组内部声音，发现有清晰的金属摩擦声或轴封处冒火花，应立即打闸停机，并破坏真空。

如果由于机组负荷或进汽参数骤变引起振动增加，应稳定负荷及进汽参数，同时检查机组膨胀、胀差、轴向位移、上下缸温差的变化，检查滑销系统有无卡涩，待振动恢复正常后，再增减负荷或改变蒸汽参数。检查润滑油温度、压力及各轴承温度是否正常，否则手动调整油温、油压至正常。

如由于油膜振荡引起的机组振动，运行中较难消除，一般应停机处理，正常后再重新启动。

若汽轮机上、下缸温差超限并伴随有汽缸进水时，按汽轮机水冲击事故处理。

如发电机升压时引起振动或正常运行中确认为发电机引起振动，应降低负荷并查明原因。

四、汽轮机叶片损坏

汽轮机叶片损坏、断裂会造成汽轮机动静碰磨和运行工况恶化，还会因转子质量不平衡引发异常振动。低压级叶片断裂飞出时，会造成凝汽器的严重损坏。

1. 现象

汽轮机叶片断裂时主要有以下现象：

(1) 汽缸内发出明显的金属碰磨声。

(2) 机组振动增加或发生强烈振动。

(3) 由于轴向推力和转子平衡情况发生变化，引起推力轴承金属温度、回油温度升高。

(4) 若某监视段后的某级叶片断裂，造成通流部分堵塞，该监视段压力升高。

(5) 当低压级叶片断裂飞出时，可能打破凝汽器铜管，使凝结水导电度、硬度明显增大，汽水品质恶化、凝汽器水位升高。

(6) 停机惰走时间减少。

2. 原因

(1) 设计不合理，制造、安装、检修质量不合格。

(2) 机组长期偏离额定周波运行。

(3) 机组超出力运行。

(4) 凝汽器真空偏低或未盘车进行冲转。

(5) 启、停机时疏水、暖机等操作不当，造成叶片过载或动静部件摩擦。

(6) 临界转速范围内长时间停留或机组发生严重超速。

(7) 主、再热蒸汽参数突降或加热器、除氧器满水，发生水冲击。

(8) 再热蒸汽参数与凝汽器真空长期不匹配，低压缸排汽湿度大，末级叶片水蚀严重。

(9) 汽水品质不合格、蒸汽带水，使叶片严重结垢或腐蚀。

3. 处理

汽轮机叶片在运行中损坏或断落，不一定同时出现上述全部现象，但当汽轮机内部有明显的金属摩擦声或机组发生强烈振动时，应立即破坏真空紧急停机。

正常运行中，如发现调节级压力或某一段抽汽压力以及抽汽压差异常变化时，应立即进行综合分析，如伴随负荷下降、轴向位移增大、推力瓦金属温度有明显变化或相应轴承的振动明显增大时，应尽快申请减负荷停机。

如果因汽轮机低压末级叶片断裂打坏凝汽器铜管使凝结水硬度、电导率上升时，若机组无异声且振动无明显增大，尚能维持运行，应进行半边水侧停运找漏并加以处理，同时根据凝结水、给水、炉水水质的情况加强水处理，若水质持续恶化，应紧急停炉、停机。

五、轴承损坏

汽轮机轴承损坏会造成轴颈损坏和油质恶化，严重时发生动静摩擦，导致汽轮机通流部分的严重损坏。

1. 现象

(1) 轴承乌金温度明显升高或轴承冒烟。

(2) 推力轴承损坏时，推力瓦金属温度升高。

(3) 回油中发现乌金碎末。

(4) 润滑油温升高。

(5) 汽轮机振动增加。

2. 原因

(1) 轴承断油或润滑油量偏小。

(2) 油压偏低、油温偏高或油质不合格。

(3) 轴承过载或推力轴承超负荷，盘车时顶轴油压低或大轴未被顶起。

(4) 轴承本身有缺陷，轴承间隙、紧力过大或过小。

(5) 汽轮机发生水冲击。

(6) 长期振动偏大造成轴瓦损坏。

(7) 交、直流润滑油泵自动连锁不正常，有关连锁保护定值不正确，造成事故时供油不正常。

3. 处理

运行中发现轴承温度升高至停机值，应立即破坏真空紧急停机。因轴承损坏停机后盘车不能投入运行时，不应强制盘车，应采取可靠的闷缸措施，防止汽缸进水或冷汽，并监视大轴弯曲情况。轴承损坏后，应彻底清理油系统，确保油质合格，方可重新启动。

六、轴向位移增大

运行中，轴向位移正值或负值过大，都有可能造成动静间隙减小甚至消失，引起动静碰磨。

1. 现象

(1) 轴向位移指示增大，报警发出。

(2) 推力轴承金属温度、回油温度升高。

(3) 机组声音异常，振动增大。

(4) 调节级压力、监视段压力升高。

2. 原因

轴向位移异常的原因主要有：

(1) 机组过负荷或机组负荷、蒸汽流量突变

(2) 同一负荷下的蒸汽参数偏低，造成进汽量偏大。

(3) 汽轮机发生水冲击事故。

(4) 推力瓦或推力盘磨损。

(5) 叶片严重结垢，造成通流面积减小，轴向推力增大。

(6) 叶片断裂。

(7) 凝汽器真空低，导致进、排汽压差变化，引起轴向推力改变。

(8) 电网周波异常或发电机转子窜动。

(9) 加热器撤出运行，造成各级流量增大，轴向推力增大等。

3. 处理

发现轴向位移增大时，应立即检查推力瓦乌金温度、回油温度、胀差与各监视段压力，注意机组振动与机内声音，适当降低机组出力，使各参数恢复至正常。

若主、再热参数降低，引起机组过负荷时，应及时调整锅炉燃烧，恢复参数，并适当降低机组出力。

若因叶片断落、汽轮机水冲击造成轴向位移异常，应破坏真空紧急停机。

汽轮机叶片结垢，应降低机组出力，使轴向位移及各监视段压力恢复正常。

若真空下降，应立即查找原因恢复真空，否则，按真空下降程度减负荷，直至凝汽器真空、轴向位移及各监视段压力恢复正常值。

当轴向位移正值或负值大报警信号发出，并伴有不正常响声或剧烈振动时，应立即破坏真空紧急停机。

加热器撤出运行，应适当降低机组出力。

七、真空下降

凝汽器真空下降，会造成蒸汽的做功能力下降，机组的出力减小；还会引起凝汽器铜管受热膨胀，使胀管口处松动、泄漏，引起凝结水品质下降；此外，排汽缸因为受热膨胀，还可能引发机组振动。真空严重下降时，可能造成排汽容积流量减小，引发末级叶片颤振。若真空下降时保持负荷不变，将使轴向推力增大，造成叶片过负荷。

1. 主要原因

(1) 机组负荷不正常增加、旁路系统投运或大量疏水进入凝汽器，造成凝汽器负荷过大。

(2) 循环水泵故障，造成冷却水量不足或中断，循环水温上升。

(3) 真空泵故障。

(4) 轴封蒸汽压力偏低。

(5) 凝结水泵工作异常，凝汽器热井水位高。

(6) 真空系统泄漏或有关阀门误动。

(7) 水封系统故障。

(8) 凝汽器铜管脏污。

2. 现象

(1) 各真空表计指示真空下降。

(2) 排汽温度升高，凝结水过冷度增大，凝汽器端差增大。

(3) 机组负荷自动下降。

3. 处理

发现凝汽器真空下降时，应对照就地真空表、低压缸排汽温度及凝结水温度，检查报警情况，分析、判断真空下降的原因，进行下列处理：

(1) 检查当时机组有无影响真空下降的操作，如有应立即停止。

(2) 凝汽器真空下降，在查明原因的同时，应启动备用真空泵、备用循环水泵运行，提高轴封供汽压力。

(3) 凝汽器真空缓慢下降时，应酌情减负荷，禁止投运旁路。

(4) 真空降至汽轮机“真空低保护”动作值时，汽轮机应自动跳闸，否则手动打闸停机。

(5) 检查循环水系统是否正常：检查循环水泵工作是否正常，若工作失常应启动备用循环泵；检查循环水压力、凝汽器进出口压差是否正常；根据凝汽器端差，检查凝汽器是否结垢，定期进行胶球清洗；检查吸水井水位和滤网是否脏污。根据需要，补水或清理滤网。

(6) 检查轴封系统是否正常：检查各轴封汽源是否正常；调整轴封母管压力正常；检查轴封加热器及其负压、疏水是否正常，水封是否破坏。根据需要，启动备用轴封加热器风机，并调整轴封疏水。

(7) 检查凝结水泵是否漏空气或汽化，真空泵是否低水位或无水位运行，必要时启动备用泵。

(8) 检查凝汽器水位是否正常，若水位高，应查明原因及时处理。

(9) 检查真空系统是否严密，若漏气，应补漏处理。

(10) 凝汽器铜管脏污，应进行半边清洗。

复习思考题及习题

1. 简述汽轮机冷态启动过程中的受热特点。
2. 简述汽缸、转子、螺栓在启动过程中的热应力特点。
3. 简述影响转子与汽缸胀差变化的主要因素。
4. 汽轮机在启动、停机过程中，上下汽缸温差产生的原因有哪些？如何控制其大小？
5. 什么是汽轮机的寿命？影响汽轮机寿命的因素主要有哪些？
6. 什么是高温蠕变？什么是低周疲劳？
7. 为什么大容量汽轮机冷态启动时，不允许刚定速就进行实际超速试验？
8. 汽轮机寿命管理主要包含哪两层内容？
9. 什么是汽轮机的启动过程？按照不同的分类方法，汽轮机的启动方式有哪些？
10. 简述汽轮机冷态滑参数启动过程的主要步骤。
11. 温态、热态、极热态启动时，冲转参数的选择原则是什么？
12. 热态启动时，为什么必须先向轴封供汽后抽真空？
13. 什么是中压缸启动方式？中压缸启动过程中有哪些主要操作？
14. 什么是汽轮机的停机过程？停机方式主要有哪些？分别适用于什么情况下？
15. 简述滑参数停机的主要步骤及注意事项。
16. 什么是转子惰走时间？停机时监视惰走时间有什么意义？
17. 为什么滑参数停机过程中不允许进行汽机的超速试验？
18. 简述汽轮机严重超速的现象、原因和处理原则。
19. 简述汽轮机发生水冲击事故的危害、产生原因和处理原则。
20. 简述汽轮发电机组的异常振动对机组的危害和处理原则。
21. 简述叶片断裂的原因和处理原则。
22. 简述轴承损坏的原因和处理原则。
23. 简述造成轴向位移异常的原因有哪些。
24. 简述真空下降的影响、现象、产生原因和处理原则。

参考文献

1. 朱新华，江运汉，张延峰，等. 电厂汽轮机. 北京：中国电力出版社，1996.
2. 吴季兰. 300MW火力发电机组丛书：第二分册. 汽轮机设备及系统. 北京：中国电力出版社，2006.
3. 韩中合，田松峰，马晓芳. 火电厂汽轮机设备及运行. 北京：中国电力出版社，2002.
4. 孙为民，杨巧云. 电厂汽轮机. 北京：中国电力出版社，2005.
5. 胡念苏. 国产600MW超临界火力发电机组技术丛书：汽轮机设备及系统. 北京：中国电力出版社，2006.
6. 盛伟，肖增弘，牛卫东，等. 电厂热力设备及运行. 北京：中国电力出版社，2007.
7. 代云修，张灿勇. 600MW火力发电机组丛书　汽轮机设备及系统. 北京：中国电力出版社，2007.
8. 代云修. 汽轮机设备及运行. 北京：中国电力出版社，2005.
9. 张磊. 超临界火力发电机组问答精选. 北京：化学工业出版社，2008.
10. 西安电力高等专科学校，大唐韩城第二发电有限责任公司. 600MW火电机组培训教材：汽轮机分册. 北京：中国电力出版社，2006.
11. 陈庚. 单元机组集控运行. 北京：中国电力出版社，2001.
12. 《火力发电职业技能培训教材》编委会. 汽轮机设备及运行. 北京：中国电力出版社，2005.
13. 靳智平. 电厂汽轮机原理及系统. 北京：中国电力出版社，2004.
14. 孙奉仲. 大型汽轮机运行. 北京：中国电力出版社，2005.
15. 沈士一，庄贺庆. 汽轮机原理. 北京：中国电力出版社，1992.
16. 翦天聪. 汽轮机原理. 北京：中国电力出版社，1992.
17. 康松. 汽轮机原理. 北京：中国电力出版社，2000.
18. 邱丽霞，郝艳红. 直接空冷汽轮机及其热力系统. 北京：中国电力出版社，2006.
19. 温高. 发电厂空冷技术. 北京：中国电力出版社，2008.
20. 张磊，马明礼. 超超临界火电机组丛书：汽轮机设备与运行. 北京：中国电力出版社，2009.